普通高等教育"十一五"国家级规划教材

农 学 概 论

主 编 王 辉
副主编 陈进红 孟亚利

中国矿业大学出版社

内 容 提 要

本书是普通高等教育"十一五"国家级规划教材。主要介绍了与种植业生产有关的基础知识和实用技术,具体包括种植业生产的生态学基础、作物的起源分类与分布、作物的生长发育与品质形成、种植业资源与生产调节技术、种植制度、种子繁育、作物病虫害防治、农业气象灾害及防御、种植业发展展望等内容。安排了主要农作物形态识别、种子的形态与结构、种子活力/纯度/净度的室内检验、叶面积系数测定、测土配方施肥软件、主要农作物产量构成因素分析及产量测定、轮作制度设计七个实验。附录中收集了与种植业生产密切相关的节气和农谚知识。

本书内容丰富、涉及知识面广,适合农业院校非农专业和理工科院校与土地利用相关专业学生使用,也可作为农业工作者和教师的参考书。

图书在版编目(CIP)数据

农学概论/王辉主编. —2版. —徐州:中国矿业大学出版社,2018.2

ISBN 978 - 7 - 5646 - 3915 - 0

Ⅰ. ①农… Ⅱ. ①王… Ⅲ. ①农学 Ⅳ. ①S3

中国版本图书馆 CIP 数据核字(2018)第 035842 号

书　　名	农学概论
主　　编	王　辉
责任编辑	褚建萍
出版发行	中国矿业大学出版社有限责任公司
	(江苏省徐州市解放南路　邮编 221008)
营销热线	(0516)83885307　83884995
出版服务	(0516)83885767　83884920
网　　址	http://www.cumtp.com　**E-mail**:cumtpvip@cumtp.com
印　　刷	徐州中矿大印发科技有限公司
开　　本	787×1092　1/16　**印张** 19　**字数** 480 千字
版次印次	2018 年 2 月第 2 版　2018 年 2 月第 1 次印刷
定　　价	29.50 元

(图书出现印装质量问题,本社负责调换)

《农学概论》编委会名单

主　编　王　辉（中国矿业大学）

副主编　陈进红（浙江大学）

　　　　　孟亚利（南京农业大学）

参　编　王友华（南京农业大学）

　　　　　王志强（河南农业大学）

　　　　　原保忠（华中农业大学）

　　　　　袁道军（华中农业大学）

　　　　　李兴锋（山东农业大学）

　　　　　刘金香（西南大学）

　　　　　丁忠义（中国矿业大学）

　　　　　牟守国（中国矿业大学）

第二版前言

《农学概论》在国家"十一五"规划教材项目资助下出版已近十年。近十年来,国家投入巨资开展农地整理和农田水利建设、中低产田提质、污染农田修复等作物生产保障工程;农业科技突飞猛进,农业科技贡献率提高了10%,太空育种、超级水稻、海水农业等研究走在世界前列;大数据支撑的精准农业、生态循环农业、休闲农业等正在成为新的发展方向。因此,有必要对教材中的部分内容进行修订。

在充足的财力和技术支撑下,我国粮食产量稳步提高,作物生产形势发生根本扭转,耕地保护和农业供给侧结构性改革对作物生产产生深刻影响,因此修订了绪论中我国作物生产形势相关内容。2014年国家修订颁布了《中华人民共和国植物新品种保护条例》,2016年修订颁布了《中华人民共和国种子法》《主要农作物品种审定办法》等,因此在种子繁育章节中修订引用了最新的法律法规,更新了部分数据。此外,在作物生长与品质形成部分补充了近期的研究成果,在农业灾害性气候中删除部分早期案例,增加了近期发生的农业气象灾害案例。

由于时间仓促和作者水平有限,错误在所难免,请读者批评指正!

编　者

2018.1.30

第一版前言

《农学概论》是普通高等教育"十一五"国家级规划教材。

农学概论不仅是农业大学各非农专业的专业基础必修课程,而且在一些非农院校与土地利用有关的专业如土地资源管理、土地开发复垦等也有开设,以帮助学生了解基本农学常识,掌握种植业生产所涉及的基本技术。由于非农院校缺少学农氛围,缺少文献资料,缺少其他农学类课程等原因,农学概论课程承担着更为艰巨的任务,在内容的广度、深度、实用性等方面都有更高的要求。

本书是根据编者多年的教学实践经验,在使用多年的农学概论讲义的基本章节框架基础上编写而成的。教材从学生对农学知识的需求出发,尽可能在围绕狭义农学范畴和不改变概论性质的前提下,安排本书的内容。其特点主要体现在以下三个方面:一是内容涉及广。本书从学生实际需要出发,与土地农业利用紧密结合,编排了种植业生态学基础、作物起源分布与利用、作物生长发育与品质形成、种植业资源与作物生长调节技术、种植制度、种子繁育、作物生物灾害及防治、灾害性天气与预防、种植业展望及农学实验等十一章内容。二是内容深度比较适中。本书突破了农学概论一般较为概括地、总结性地介绍农学基础知识和理论的特点,较为详细地、全面地阐述了部分重要内容,便于缺少基础者学习。三是突出农学知识应用。本书在内容上尽量突出知识的应用,如农田生态系统功能评价、生态农业模式设计、种植制度设计、作物生长调节技术等,尤其是实验内容是精心挑选的,不同专业学生可以根据需要选择使用。

教材编写具体分工情况如下:第一章、第二章的第二节和第九章由王辉编写;第二章的第一节、第三节和第十一章由牟守国编写;第三章由王友华编写;第四章由王志强编写;第五章由原保忠、袁道军编写;第六章由孟亚利编写;第七章由李兴锋编写;第八章由刘金香、丁忠义编写;第十章由陈进红编写。全书由王辉统稿,并进行了适当的删减。

教材编写过程中参考了相关资料,谨对相关作者和编者表示感谢。限于编者水平,书中错误和疏漏之处在所难免,恳请读者批评指正。

编　者
2008 年 9 月

目 录

第一章 绪 论

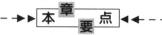

　　农学是研究作物生产理论和技术的科学,与通常所说农业科学既有联系又有区别。本章介绍农学的概念、范畴以及农学研究对象——作物生产的特点,重点介绍我国当前作物生产面临的形势和挑战。

第一节　农学的范畴和特点

　　俗话说"民以食为天",人类的生存和生活都离不开农业生产。自从有了农业,人类对农业生产技术的探索就没有一刻停止过。我国是历史悠久的世界文明古国,很早就有农业生产技术方面的文字记载,战国时期的《吕氏春秋》是我国现存最古老的农学文献,其中《上农》、《任地》、《辨土》、《审时》篇就总结了种植业生产的思想和经验。

　　虽然农业生产知识技术的积累可以追溯到农业起源之初,但农学作为一门学科的诞生至今仅有 200 年左右的历史,对农学的概念和范畴也有不同的认识。

一、农学的概念和范畴

　　对农学概念的认识可以从广义、中义和狭义三个范畴去理解。广义的农学包括农业科学的全部领域,主要有农业基础科学、农业工程科学、农业经济科学、农业生产科学和农业管理科学等,可以理解为研究农业生产理论和实践的科学。中义的农学是指农业科学中的农业生产科学,主要包括种植业生产、养殖业生产、林业生产等方面。

　　通常说的农学一般是指狭义的农学概念,是指研究农作物生产的科学,即是研究农作物尤其是大田作物的生产理论和生产技术。具体来讲,主要研究作物生长发育规律、产量形成规律、品质形成规律及对环境条件的要求,采取恰当的农业技术措施,实现农作物的高产、稳产、优质、高效和可持续发展的目的。

　　由于狭义农学主要研究的是大田作物的生产理论和技术,容易产生农学仅限于作物栽培学与耕作学两个古老研究领域的误解。农学是一门综合性很强的应用学科,需要作物学、园艺学、土壤学、植物营养学、植物保护学、育种学、生态学、农业气象学等很多学科知识作基础。因此,作物生产除了耕作学和栽培学的理论和技术外,还涉及众多学科领域,农学的实际范围也宽于耕作学和作物栽培学。同时,由于与农学相关的各个学科的研究成果和发展都直接或间接地作用于作物生产,农学必须在研究作物栽培和耕作理论与技术的基础上,引入相关学科的成果并加以综合利用,才能不断创新和发展。所以,农学的范畴是以作物栽培学和耕作学为中心,包括与作物生产相关的学科领域的综合。

二、农学的特点

农学作为一门科学,与其他学科一样,都是一种复杂的以脑力劳动为主的社会劳动成果,具有探索性和创造性的特点。同时,狭义农学作为农业科学的分支学科,也具有其他农业学科共同的特征。但是,作为以研究大田作物生产为核心,以高产、稳产、优质、高效为目标的一门科学,又具有以下突出特点:

(1)研究对象的特殊性。农学研究的对象是大田作物生产的基础理论和技术,是以持续高产优质高效为目标的植物群体生产。首先,由于作物生产以土地为基本生产资料、受自然条件的影响大、生产的周期较长,与其他社会物质生产相比具有鲜明的特点,所以,农学研究需要通过控制土地数量和质量、调节自然因素、培育优良的作物品种来达到生产的目的。其次,农学研究的是大田作物的群体而不是单株植物,因此,需要研究作物之间的相互关系,以总体产量的最大化为目标,而不是追求单株植物的最大产量。基于研究对象的特殊性,使得农学同时具有生物性和社会性的特点。

(2)农学技术的实用性。农学是在不断解决大田作物生产问题过程中逐渐建立起来的,把自然科学及农业科学的基础理论转化成实际的生产技术和生产力的科学。虽然农学也包括了一些应用基础方面的内容,如作物生长发育、产量建成和品质形成的生理生态规律,但它主要研究解决作物生产中的实际问题,所研究形成的技术在实现作物生产目标过程中必须具有适用性和可操作性,要具有简便易行、省时、省工、经济安全的特点。所以,农学是服务于种植业的综合性应用科学。

(3)农学基础的广泛性。作物生产的实质是利用农作物的光合作用把无机物合成有机物的过程,为了实现这个过程的高产高效和优质持续的目标,人类在这个过程中不断调节生产系统的各种因素使之达到最佳状态。因此,作物生产系统称为作物—环境—社会相互交织的复杂系统。作物生产的高产、优质和高效的目标通常是相互矛盾和难以协调统一的,而三者的主次关系也会随社会经济发展水平不断提高而发生变化。可见,农学学科不仅涉及自然因素,也涉及社会因素,必须要以自然科学和社会科学等多学科的理论和技术为基础,以系统科学的观点来认识农学和作物生产体系,综合应用和集成相关学科的研究成果以及信息科学、经济学等手段,才能有效推动作物生产的发展,满足社会和国民经济发展的要求。

第二节　作物生产的条件和特点

一、作物生产的条件

作物生长发育和产量形成要求一定的自然环境条件,作物的种类繁多,对环境条件的要求也不尽相同,但概括起来也有共同之处,即它们都需要光、温、水、气和养分等条件,这些条件成为作物的基本生活因素。在这些基本生活因素中,光和热来自于太阳辐射,以能量的形式存在,称为宇宙因素;水分和养分以物质形态存在,通过土壤影响作物生长,称为土壤因素;空气则介于宇宙因素和土壤因素之间。

宇宙因素至今尚不能为人类所控制,但是只要适应自然规律,善于利用自然界丰富的光热资源,作物增产潜力是很大的;水分和养分等土壤因素人类可以调节和控制,只有满足了作物对土壤因素的需要,作物对宇宙因素的充分利用才有可能。所以土壤肥力往往是农作物持续增产的关键所在。

光、温、水、气和养分五个因素,对作物具有不同的生理功能,相互之间不可代替。作物的每个生理活动,都是这些生活因素综合作用的结果,缺少其中任何一个生活因素,作物的生理活动就不能完成。同时,作物对这些因素的需求可能存在数量上的差别,但它们对于作物的重要性没有差别,是同等重要的。例如,作物生长需要大量的水分,水分占作物组成80%以上,而对微量元素如硼的需要量很少,但如果缺乏该微量元素,作物则不能正常生长,所以大量的水和微量的硼对作物生长同样重要。作物生长所表现的这种规律性,就要求我们必须满足作物生长发育所需要的全部生活因素,并且在数量和时间上与作物需求相匹配。当然,这并不说明在农业生产实践中需要对全部条件等量齐观,而是要特别注意那些容易缺乏的因素。

作物的基本生活因素之间是相互联系、相互制约的关系,如果某一因素的数量不足,就会限制其他因素的作用,进而影响作物的产量。例如在干旱的土地上,虽然光照、温度、养分条件良好,但因水分不足限制了其他因素发挥作用,作物产量的高低往往就会取决于水分的满足程度。可见,作物产量是由相对数量最低的因素决定的,这个因素称为限制因素。从事作物生产就要对基本生活因素的情况作具体分析,抓住其中的限制因素,采取相应的措施加以弥补,才能取得显著的增产效果。

作物对外界环境条件的要求是多方面的,充分而合理地利用这些条件方能获得高产稳产,光、温、水、气和养分任何一种自然资源要充分发挥其潜在生产力,必须与其他条件相互配合。只有采取综合措施,才能充分满足作物对生活条件的要求,也只有采取综合措施,才能使每一种自然资源得到充分而合理的利用。作物生产就是要充分了解当地自然条件,分析其有利和不利方面,采取综合措施满足作物对基本生活因素的需求,从而达到优质、高产、高效的目标。

二、作物生产的特点

作物生产是以绿色植物光合作用为基础的,所以绿色植物生长发育的特点以及对各种生长因素的依赖性决定了作物生产的特点。

(一)作物生产具有严格的地域性

作物生产是通过植物的生命活动与环境之间不断的物质和能量交换实现的。地球上光、热、水等自然资源的分布,不仅在时间上有明显的变异,在空间上也有显著差异。各种作物由于长期生活在某一种环境中,因而对光、热、水的要求也比较固定,如果环境条件发生变化,不能满足该作物的生长环境要求,则常常生长不良,甚至不能完成生命周期。例如,有些作物要求必须在其发育的某个时期经历一定的低温才能开花结实,如果这些作物种植在温暖地区则不能完成生命周期;而有些热带作物种植在温带或寒带,则经受不了冬季的严寒而无法安全越冬。又如有些作物需要在沼泽湿润土壤上才能生长良好,而有些作物只能生长在旱地上。因此,不同地区自然条件不同,加上社会经济条件、生产条件、技术水平也有差异,使得作物的生产具有了严格的地域性。

由于作物生产的地域性,作物生产必须根据各地的自然和社会条件,选择适合该地的作物和品种。同时,作物生产的地域性也决定了作物生产技术的多样性。从一定意义上讲,作物生产技术是在环境条件不能满足作物需要的情况下而采取的相应的弥补措施。不同的环境条件所采取的措施也不相同,因而甲地成功的经验,完全照搬到环境条件不同的乙地,很可能导致失败;同样地,也不能用乙地的失败来否定甲地的成功。忽视作物生产措施必须因地制宜的原则,采取一刀切的方法是错误的。作物、环境、措施达到最佳配合,才能生产出高产优质的农产品。

（二）作物生产具有明显的季节性

作物生产是依赖于大自然生产周期较长的社会产业,随着四季的变化,地球上光、热、水的供应也呈季节性的变化,而与之伴随的适应了环境节律变化的作物生长,也适应了环境的节律变化,表现出生命过程与环境变化时间顺序上的一致性。光、热、水等自然资源的状况随季节的不同,决定了作物生产不可避免地受到季节的强烈影响。

因此,作物生产必须顺应天时,提高利用农时的主动性。生产上如果误了农时,往往会造成光、热、水资源的大量浪费,轻则晚熟或减产,重则颗粒无收。对于多熟制地区更需要注意对各种作物的耕、种、管、收等农事活动的紧凑安排,严格掌握农时季节,使作物的高效生长期与最佳环境条件保持同步,做到春争日,夏争时,才能获得季季丰收,全年增产。

（三）作物生产具有有序性

作物是有生命的有机体,在与生态环境相适应的长期进化中,其生长发育过程形成了自身的周期性、阶段性和有序性。首先,不同作物种类具有不同的个体生命周期,如水稻、玉米和棉花等为一年生,冬小麦、油菜为两年生作物。第二,作物个体的生命周期又有一定的阶段性变化,各个阶段需要不同的特殊环境条件,例如低温长日照作物小麦有春化和光照两个发育阶段,在春化阶段需要低温诱导才能完成营养生长向生殖生长的转变,而在光照阶段每日需要足够长的光照时间才能正常发育。第三,由于作物生长发育的各个阶段是有序的、紧密衔接的过程,既不能停顿中断,又不能颠倒重来,因而具有不可逆性,例如冬小麦的春化阶段和光照阶段互相衔接,不能颠倒。

因此,作物生产时必须遵循这些生物有机体生长发育的规律,有序进行,满足它们各个阶段对环境条件的需要,才能减少消耗,获得高产。

（四）作物生产具有连续性

人类和其他生物对农产品的依赖一刻也不能停止,这就要求作物生产必须持续进行,不能间断。同时,农产品在贮藏过程中要消耗一定的能量,一般情况下不宜长期保存,为了保持作物生产的延续性,也要求作物连续生产,不能中断。作物生产的每个周期、各个环节之间相互联系,相互制约。前者是后者的基础,后者是前者的延续。在一块土地上,上一茬作物与下一茬作物,上一年生产与下一年生产,上一个生产周期与下一个生产周期,都是紧密相连和相互制约的,除合理安排本季作物的灌溉、施肥、耕作外,还要合理安排茬口,使上茬为下茬的生长准备适宜的条件,使当年生产有利于下一年生产。

因此,作物生产要有全面和长远的观点,做到前季为后季,季季为全年,今年为明年,以保证作物持续生产的实现。

（五）作物生产系统具有复杂性

作物生产不是单株植物的生产,而是一个有序列、有结构、成分复杂的系统,受自然和人为的多种因素的影响和制约。作物生产系统既是一个大的复杂系统,又是由很多子系统组成的一个统一的整体。

因此,研究作物生产必须用整体观点和系统方法,采用多学科协作,运用多学科知识,采取综合措施,全方位研究如何处理和协调各种因素的关系,发挥作物生产的总体效益,以达到高产、优质、高效的目标。

第三节　我国作物生产的形势

由于中国经济的快速发展,国家在农业上不断增加投入,改善作物生长条件,提高农业科技水平,粮食生产量不断创造新高。自 2013 年以来,我国粮食生产已经稳定在 6 亿 t 以上,人均粮食拥有量已经从新中国成立时 208.9 kg 上升到 2016 年的 445.7 kg,超过世界平均水平47 kg,按照当前我国扶贫"有衣穿有饭吃"的要求,2020 年全国人口的吃饭问题将全面解决。

但是,作物生产承载着人类生存的艰巨社会责任,对于国家而言粮食又是重要的战略物资。我们必须看到与发达国家人均粮食拥有量的巨大差距,不得不看到作物生产在自然灾害和社会灾难面前的脆弱性、部分关键作物生产资源的量少质劣以及人民对生活质量的追求等给作物生产提出更高的要求。要达到高产、稳产、优质、高效、持续的目标,粮食生产必须始终放在国民经济发展的突出位置。

一、面临的挑战

(一)耕地数量需要严加管控

我国改革开放以来,由于经济社会发展和城市化不断推进导致耕地数量总体呈现不断下降趋势,总量净减少了近 2 亿亩,截至 2017 年,我国耕地面积 20.24 亿亩,预计到 2030 年还将再减少 2 亿亩。耕地是作物生产的物质基础,离开一定数量的耕地,作物生产难以保证。耕地总量减少的原因主要有工业化和城市化推进占用耕地、灾毁耕地、生态退耕、耕地污染退化等。其中国家发展经济,快速推进工业化和城市化进程,是耕地总量减少的主要原因。此外,灾毁是耕地总量减少的又一重要原因,平均每年灾毁耕地数万公顷以上。为保护自然环境,加强生态建设,推行退耕还林还草还湖,每年退耕数百万公顷。为了满足人们对农产品多样性的需要,各地进行大量种植业结构调整,减少了大田作物的种植面积,农业供给侧结构调整就减少作物种植数万公顷。虽然出生率开始下降,但庞大的人口数量短期内依然对耕地产生巨大的压力,仍然需要用占世界 9.4% 的耕地,养育着占世界 20.8% 的人口。

(二)耕地质量有待提高

虽然我国每年大力改造中低产田,但中低产田仍然占耕地的 70% 左右。耕地肥力低、污染严重是当前中低产田的突出问题。我国土壤有机质含量偏低,平均仅为 1.8% 左右,旱地仅为 1.0% 左右,与欧洲和北美等发达国家耕地的肥力水平差距较大。长期的"重用轻养""重白不重黑"导致耕地肥力水平下降,作物生产能力减弱。

耕地土壤环境质量堪忧。据环境保护部与国土资源部 2014 年 4 月 17 日公布的《全国土壤污染状况调查公报》,调查结果显示,全国土壤环境状况总体不容乐观,部分地区土壤污染严重。此次调研覆盖面积为 630 万 km^2,全国土壤总的超标率为 16.1%,其中耕地超标率为 19.4%,中度和重度污染点位比例共占 2.9%,以 18 亿亩的耕地总量计算,中重度污染耕地约为 5 220 万亩,耕地总污染量为 3.492 亿亩。

此外,我国耕地水土流失面积约 6 亿亩,占耕地面积近 1/3,由此损失的作物产量多达30 亿 kg;土地沙化严重,每年因风沙造成的作物生产损失 15 亿 t;受盐碱渍化危害的耕地面积 1.35 亿亩,南方水稻产区的次生潜育化严重,面积达到 6 500 万亩。

（三）作物生产的水资源匮乏

我国辐射和热量资源丰富,因此水成为限制作物生产最主要的因素。我国水资源分布不均,总体上比较缺乏,全国 600 多个城市有 400 多个城市供水不足,严重缺水城市达 110 个。耕地与水资源分布不匹配影响了耕地利用的效率,在南方湿润季风气候区,河流年径流量占全国的 82%,耕地面积仅为全国的 38%;而在北方较为干旱的气候区,地表径流量只有全国的 18%,耕地却占 62%。近年来,一些水资源较为丰富的省份也开始面临缺水问题,素有"水塔"之称的青海省,约有 2 000 处河流和湖泊干涸。加上化肥、采矿、印染、冶金工业及其他化工企业的违规排污,对水资源的污染越来越严重,作物生产用水与工业用水、居民生活用水矛盾十分突出。

（四）气候异常对作物生产的影响加大

近些年来,气候异常趋势令人担忧。世界气象组织发布了有关全球气候状况的年度报告显示,自 2001 年以来的 16 年中,每年的温度至少比 1961～1990 年基准期的长期平均值高出 0.4 ℃,2016 年是创纪录的高温之年,气温要比工业化前时期显著地高出 1.1 ℃。有些专家认为全球气候变暖虽然对作物生产的栽培时间、成熟时间、生产数量会产生影响,但是这种影响不能简单地做好与坏的评价,但是农民们已经实实在在地感受到了气候变暖对农作物生产带来了影响,这种气候变化趋势的危险性值得关注。据有关资料,气温连续上升导致极端气候灾害明显增多增强,暴雨、洪水、干旱、冰雹等频频光顾,作物病虫害危害也明显增多,每年因此损失粮食数百亿公斤,对作物生产构成严峻的现实威胁。

（五）科技进步对作物生产的贡献仍需进一步提高

随着我国经济社会快速发展,农业科技突飞猛进,农业科技进步的贡献率已由 20 世纪 80 年代的 20% 提高到目前的 56 以上%。2015 年,农作物耕种收综合机械化水平达到 63%,农田有效灌溉面积占比超过 52%,主要农作物良种基本实现全覆盖,新技术新成果的应用使耕地地力提高 1 个等级、综合生产能力提高 20% 以上。但是,我们仍然需要看到与发达国家的巨大差距。当前,欧美发达国家农业科技贡献率普遍在 80% 以上,美国等最发达国家达到 90% 以上,以色列甚至在 20 世纪 80 年代农业科技贡献率就高达 96%。

从整体来看,我国农业科技体制尚未理顺,科研队伍不能持续稳定、科研经费未获基本保障,尚未形成良好的科学技术自主创新体系、机制和环境;我国农业科技推广还是普遍存在着资金不足、经费机制不合理、推广人员结构安排不合理以及推广农业科技成果的配套措施不完善等问题,制约着推广规模的扩大;我国农业高新技术产业化也面临着农业高新技术成果创新不足、运作思路没有调整到以市场为导向、高新技术企业经济实力不足和人才短缺等问题。

二、我国作物生产发展出路

（一）作物生产发展的思路

当前我国人均土地面积是世界平均水平的 1/3,人均淡水资源是世界平均水平的 28%,劳动力紧缺日益突出,劳动力红利时代已经终结,在这种情况下,为了解决人民的温饱问题和生活质量不断提高对粮食的需求,只有紧紧依靠科技创新来不断提高作物生产效益。我国作物生产发展主要有两个思路即提高作物单产和减少消耗。

1. 提高作物单产

一是提高作物的管理水平,改善作物的生活条件,缩小现实产量与潜在产量的差距;二是培育高产新品种,提高作物的产量潜力。利用常规育种、株型改良、杂种优势利用、生物技术等方法可提高产量潜力。提高作物单产的措施主要依靠综合的栽培管理技术的改进与应用,包括养分管理、水分管理、土壤管理、综合病虫害防治、作物高产适用种植技术等。

2. 减少消耗

作物生产系统投入的不仅是太阳能,耕种、灌溉、施肥、病虫防治、收获等环节都需要消耗能量。这些能量消耗,有些是直接的,有些是间接的,人力、畜力、机械等直接消耗能量,这些能量是作物生产系统的"辅助能量"。作物生产系统生产出来的粮食所含有的能量与所投入的辅助能量比值称为"热增益",可以用来衡量作物生产系统的能量效率。热增益越高,投入的辅助能量相对越少,作物生产的效率越高,效益越好。随着经济的快速发展,投入作物生产系统的辅助能量也越来越多,每年投入耕地的化肥、农药、农机耗油、灌溉耗电、数亿劳动力是巨大的。科技水平、自然条件不同,单位辅助能量获得的能量也是不同的。

所以,现在作物生产,除提高产能外,节能是一个很重要的课题,可以采取免耕少耕、减少农药使用量、测土施肥减少化肥使用量、发展再生稻、采用节水技术、提高热增益等措施。

(二) 作物生产发展的途径

我国农业科技发展至今,农业科技对传统农业的发展做出了不可忽略的贡献,但与发达国家相比,依然存在着农业科技创新体系、成果转化机制不健全,农民生产技能有待提高等方面的问题。因此,应在推进农业科技创新体系、健全农业技术推广机制、加快农业信息化、加强科技特派员农村科技创业行动、构建我国生态高值农业产业体系等方面加快我国农业科技发展。今后作物生产将主要通过增加投入和发展科学技术来保持其可持续增长,在提高资源利用效率的同时,不断提高作物单产、品质和效益。提高作物产量、品质和效益的具体途径可分为良田、良制、良种、良法四个方面。

1. 改造中低产田,维护高产良田

我国中低产田大多分布在边远地区,交通不便,生产条件差,基础设施缺乏,或者土壤贫瘠,存在一定程度的障碍因子,需要加大改造中低产田的力度。我国的高产田基本上都分布于光热条件好、土壤肥力高的地区,通常是采用优良品种,施用化肥、农药和除草剂,田间排灌和配套设施完备,田间管理到位,从而获得很高的产量,对我国粮食高产稳产做出了巨大贡献。高产田需要重视的是在开发和利用的同时合理安排生产、注重保持土壤肥力,防止土壤污染和退化,保持持续高产。

2. 改革种植制度

我国未来的种植制度改革仍将以充分利用耕地资源、增加复种指数为中心,同时实行耕地轮作休耕制度。

提高复种指数的潜力主要在自然条件较好的南方,开发晚秋及冬季农业,发展冬闲的种植业,在南方丘陵地区,发展旱地多熟种植及再生稻。间套作是提高作物复种指数和增产、稳产的有效方法。近几年,北方冬小麦与玉米、花生、大豆等套作发展迅速,在一年一熟麦区和一年一熟玉米区,实行小麦间作玉米也已获得成功。将来的发展趋势是间套作模式逐步规范化,为农业机械作业创造条件;间套作物种增加经济作物的比重;发展"粮食作物—经济作物—饲料绿肥作物"三元复合结构,促进生态环境良性循环。

2017 年年底,国土资源部牵头提出探索耕地轮作休耕制度试点,坚持产能为本、保育优先、保障安全,统筹考虑全国总体耕作情况和各地实际,制定科学缜密的轮作休耕试点方案。开始试点的重点区域是耕地质量差、利用风险大的地下水漏斗区、重金属污染区、生态严重退化区。

3. 普及优良品种

今后的育种目标要多样化，除继续加强高产育种、品质改良、抗性育种外，太空育种、海水作物等将得到相应的应用和发展。另外，一些高新技术将在育种中得到进一步的应用，主要有杂种优势利用、杂交技术和生物技术等。转基因技术和分子育种技术与常规育种技术的结合，已极大地提高了作物遗传改良的效果，为优质、高产、高效、抗性作物品种的培育展示了新的前景，并将逐步发展成为选育新品种的重要手段。

进一步完善种子产业化工程，育种、制种、种子加工、储藏、运输、销售以及配套服务等相关产业以市场为导向、效益为中心来组织和发展，成为产业实体。在产业化过程中，逐步使种植管理法制化、生产专业化、加工机械化、质量标准化、经营集团化以及育、繁、加、销、推一体化，达到生产用种全面良种化目标。

4. 发展先进适用技术

（1）作物生产信息技术。20世纪90年代以来，作物生产信息技术的快速发展和应用，显著提高了作物生产的综合效益和生产水平。作物生产受土地、气候、技术和品种等多方面的影响，表现为时空变异大、经验性和地域性强、定量化和规范化程度低。计算机和信息技术可对复杂的作物生产成分进行系统的分析和综合，实现作物生产的科学决策。因此，作物信息技术必将有助于实现作物生产模型化、知识化和科学化。在作物信息技术中，以3S为核心的精确农业已成为发达国家高新技术集成应用于农业生产的热门领域，必将对我国农作物生产产生重大影响。

（2）优质高产高效技术。目前我国的作物生产已由产量型向产量、质量、效益并重型发展。作物生产除继续发展高产栽培技术外，还应加强优质、高效、栽培技术的研究与应用，主要包括优化施肥技术、简化轻型栽培技术、设施栽培技术、机械化配套栽培技术、优质专用农产品的生产及作物生产的化学调控技术，这些技术将逐步走向标准化、机械化、安全化和智能化。

（3）可持续生产技术。未来的作物生产日益注重人类、生物、环境的协调发展，以较少的投入得到最大的产出以及质和量的统一，以获取最大的社会效益、经济效益和生态效益。可持续生产技术要求对病、虫、杂草进行综合管理，并通过生物农药进而代替化学农药，或推广低毒、高效农药，避免农药污染；通过有机肥与无机肥及生物炭等土壤改良剂的配合施用，减少化肥污染，生产清洁安全的食品。具体包括节水灌溉技术、安全施肥及用药技术、秸秆还田技术等。

此外，保持作物生产的持续性还要加强防灾减灾工作，积极应对气候变化，强化灾情监测预警等，最大限度减轻灾害损失。

 本章习题

1. 农学的概念和范畴是什么？
2. 农学作为学科有什么特点？
3. 作物生产有什么特点？
4. 目前我国作物生产面临的困难有哪些？
5. 我国作物生产发展的途径有哪些方面？

第二章 种植业生产的生态学基础

本章要点

　　种植业生产系统是以农田生态系统为主体的作物生产系统,通过农田生态系统功能的实现完成作物的生产。本章主要介绍生态学的基础知识,农田生态系统的组成、特点、结构、功能以及生物多样性及其持续利用等问题,介绍生态农业的概念和我国生态农业的典型模式及配套技术。

第一节　生态学基础知识

　　生态学研究可以分成三个层次:最低层次是研究生物种群,主要研究种群的动态,如种群的数量、出生率、死亡率、迁出、迁入等;第二个层次是研究生物群落,主要研究群落的组成和结构;生态系统是生态学研究的较高层次,主要研究在一定群落组成结构基础上的生态系统的功能。

一、生态系统的含义

　　"生态系统"一词是由英国生态学家 A. G. Tansley 于 1935 年首次提出的。生态系统就是在一定空间中共同栖居着的所有生物与其环境之间由于不断地进行物质循环和能量流动而形成的统一整体,即生物与其生存的非生物环境的总和。

　　生态系统在空间边界上是模糊的,其大小在很大程度上依据人们的研究对象、研究内容、研究目的和地理条件等因素而确定。自然界中生态系统多种多样,大小不一,不仅外观有区别,生物组成也各有其特点。从结构和功能完整性的角度来看,生态系统可以是一滴水、一个池塘、一片森林或一片草地,也可以大到整个生物圈。

二、生态系统的组成和结构

（一）生态系统的组成

　　生态系统是由非生物环境和生产者、消费者、分解者构成的。

　　非生物环境包括参加物质循环的无机元素和化合物,联系生物和非生物成分的有机物质（如蛋白质、糖类、脂类和腐殖质等）和气候以及其他物理条件（如温度、压力）。非生物环境除了为生物提供能量和养分外,还为生物提供其生命活动需要的媒质,如水、空气和土壤等。

（1）辐射：太阳的直射辐射和散射辐射是最重要的辐射成分，通常称为短波辐射。辐射成分里还有来自各种物体的热辐射，称长波辐射。辐射的太阳能是生态系统主要的能量来源。

（2）大气：动植物的生长发育和新陈代谢都离不开空气。例如，空气中的二氧化碳和氧气与生物的光合作用和呼吸作用关系密切，氮气与生物固氮有关。

（3）水体：环境中的水体有多种存在形式。例如，以海洋、江河湖泊、溪流等地表水的形式存在；也可以地下水、降水的形式存在；还可以空气中弥漫的水蒸气形式存在。

（4）土体：泛指自然环境中以土壤为主体的固体成分，其中土壤是植物生长的最重要基质，也是众多微生物和小动物的栖息场所。

自然环境通过其辐射强度、温度、湿度、压力、风速等物理状况和酸碱度、氧化还原电位、阳离子、阴离子等化学状况对生物的生命活动产生综合影响。

生态系统的组成中，与非生物环境相对应的生物成分包括生产者、消费者和分解者。

生产者指能利用简单的无机物质制造食物的自养生物，主要包括所有绿色植物、蓝绿藻和少数硝化细菌、硫细菌等自养生物。其中，绿色植物可以通过光合作用把水和二氧化碳等无机物合成碳水化合物、蛋白质和脂肪等有机化合物，并把太阳辐射能转化为化学能，贮存在合成有机物的分子键中。植物的光合作用只有在叶绿体内才能进行，而且必须在阳光的照射下。但是当绿色植物进一步合成蛋白质和脂肪的时候，还需要有氮、磷、硫、镁等15种或更多种元素和无机物的参与。生产者通过光合作用不仅为本身的生存、生长和繁殖提供营养物质和能量，而且它所制造的有机物质也是消费者和分解者唯一的能量来源。生态系统中的消费者和分解者直接或间接地依赖生产者为生，没有生产者，也就不会有消费者和分解者。可见，生产者是生态系统中最基本和最关键的生物成分。太阳能只有通过生产者的光合作用才能源源不断地输入到生态系统，然后再被其他生物所利用。蛋白质和脂肪合成有机物来维持生长的需要，而像硝化细菌等则通过化学能合成作用来制造有机物。

消费者是针对生产者而言的，它们不能利用无机物质制造出有机物质，而是直接或间接地依赖于生产者所制造的有机物质，因此属于异养生物，包括各类食草动物和食肉动物等。消费者归根结底都是依靠植物为食（直接取食植物或间接取食以植物为食的动物）。根据不同的取食地位，消费者又可分为一级消费者，直接依赖生产者为生，包括所有的食草动物，如马、牛、羊、兔等；二级消费者，以一级消费者为食，是以植食性动物为食的食肉动物，如食野兔的狐狸和猎捕羚羊的猎豹等；以后还有三级消费者（或称二级肉食动物）、四级消费者（或称三级肉食动物），直到顶级肉食动物。消费者也包括那些既吃植物也吃动物的杂食动物，如有些鱼类，它们既吃水藻、水草，又吃水生无脊椎动物。还有食碎屑者和寄生生物等都是消费者。消费者在生态系统中起着重要的作用，它不仅对初级生产物起着加工、再生产的作用，而且许多消费者对其他生物种群数量起着调控的作用。

分解者是异养生物，它们分解动植物的残体、粪便和各种复杂的有机化合物，吸收某些分解产物，最终将有机物分解为简单的无机物，而这些无机物参与物质循环后可被自养生物重新利用。分解者主要是细菌和真菌，也包括某些原生动物和蚯蚓、白蚁、秃鹫等大型腐食性动物。分解者在生态系统中的基本功能是把动植物死亡后的残体分解为比较简单的有机化合物，最终分解为最简单的无机物并把它们释放到环境中去，供生产者重新吸收和利用。由于分解过程对于物质循环和能量流动具有非常重要的意义，所以分解者在任何生态系统中都是不可缺少的组成部分。如果生态系统中没有分解者，动植物遗体和残遗等有机物很快就会堆积起来，影响物质的再循环过程，生态系统中的各种营养物质很快就会发生短缺并导致整个生态系统的瓦解和崩溃。由于有机物质的分解过程是一个复杂的逐步降解的过程，因此除了细菌和真菌两类主要的分解者之外，其他大大小小以动植物残体和腐殖质为食的各种动物在物质分解的总过程中都发挥不同程度的作用。如以大型野生动物尸体为食的兀鹫，食朽木、粪便和腐烂物质的甲虫、白蚁、粪金龟子、蚯蚓和软体动物等。有人则把这些动物称为大分解者，而把细菌和真菌称为小分解者。

需要特别指出的是非生物环境、生产者和分解者是生态系统不可缺少的组成部分，而消费者是可有可无的。

（二）生态系统的结构

1. 空间结构

从空间结构来考虑，任何一个自然系统都有分层现象。以森林生态系统为例，森林的乔木层、灌木层、草木层、枯枝落叶层和土壤层都是由不同的生物组成的。动物在空间的分布也有明显的分层现象，最上层是能飞行的鸟类和昆虫，下层是老虎和野兔的活动场所，再下层是蚂蚁等在土壤上活动，土层下还有蚯蚓和蝼蛄等。池塘生态系统的分层现象也很明显，各个生态系统在结构布局上都有一致性。上层阳光充足，集中分布着绿色植物或藻类，有利于光合作用，故上层又称为光合作用层，在光合作用层以下为异养层或分解层。生态系统中的分层有利于生物充分地利用阳光、水分、养料和空间。

2. 时间结构

生态系统的结构和外貌，同时也会随时间的变化而变化，这反映了生态系统在时间上的动态性。一般可以从三个时间尺度上来研究：一是长时间尺度，以生态系统的进化为主要内容；二是中等时间尺度，以群落演替为主要内容；三是以昼夜、季节和年份等短时间尺度的周期性变化。在生态系统中较为普遍的是短时间周期性变化。例如：绿色植物一般在白天有光照的条件下进行光合作用，在夜晚则进行呼吸作用。植物群落具有明显的季节性变化，尤其是一年生植物，它们的萌发、生长和枯黄，季节性变化十分明显。这些植物的开花，取决于随季节而变化的日照长度，各种植物多在最适的光周期下开花，许多植食性动物也伴随而生。生态系统短时间结构的变化，反映了植物、动物等为适应环境因素的周期性变化，从而引起整个生态系统外貌上的变化。这种生态系统短时间结构的变化往往反映了环境质量高低的变化。

3. 营养结构

（1）食物链

生态系统中各种成分之间最本质的联系是通过营养来实现的，即通过食物链把生物和非生物、生产者与消费者、消费者与消费者连成一个整体。生态系统中，生产者所固定的能量和物质，通过一系列取食和被食的关系在生态系统中传递，各种生物按其食物关系排列的链状顺序称为食物链。食物链上的每一个环节称为营养级。中国古语中的"螳螂捕蝉、黄雀在后"实际说的是一条食物链的关系，即植物汁液→蝉→螳螂→黄雀。一个生态系统中可以有多条食物链。

按照生物与生物之间的关系，可将食物链分成以下四种类型。

① 捕食食物链：指一种活的生物取食另一种活的生物所构成的食物链。捕食食物链是

以生产者为食物链的起点。这种食物链既存在于水域生态系统,也存在于陆地生态系统中。如植物(草)→植食性动物(兔)→肉食性动物(狼)。

② 碎食食物链:指以碎食(植物的枯枝落叶等)为食物链的起点的食物链。碎食被别的生物所利用,分解成碎屑,然后再为多种动物所食。其构成方式:植物残体→蚯蚓→线虫类→节肢动物。

③ 寄生性食物链:由宿主和寄生物构成。它以大型动物为食物链的起点,继之以小型动物、微型动物、细菌和病毒。后者与前者是寄生性关系。如哺乳动物或鸟类→跳蚤→原物动物→细菌→病毒。

④ 腐生性食物链:以动、植物的遗体为食物链的起点,腐烂的动、植物残体被土壤或水体中的微生物分解利用,后者与前者是腐生性关系。

(2) 食物网

生态系统中的食物营养关系是很复杂的。在生态系统中,一种生物不可能只出现在一条食物链上,往往同时加入数条食物链,生产者如此,消费者也如此。由于一种生物常常以多种食物为食,而同一种食物又常常为多种消费者取食,于是食物链交错起来,多条食物链相连,形成了食物网。食物网不仅维持着生态系统的相对平衡,并推动着生物的进化,成为自然界发展演变的动力。这种以营养为纽带,把生物与环境、生物与生物紧密联系起来的结构,称为生态系统的营养结构。

三、生态系统的物质循环和能量流动

(一) 生态系统的物质循环

在生态系统中,物质从非生物环境开始,经生产者、消费者和分解者,又回到物理环境,完成一个由简单无机物到各种高能有机化合物,最终又还原为简单无机物的生态循环。通过该循环,生物得以生存和繁衍,物理环境不断更新,并为生物生存提供良好的环境条件。在这个物质循环过程中,太阳能以化学能的形式被固定在有机物中,供食物链上的各级生物利用。生物维持生命所必需的化学元素虽然为数众多,但有机体的 97% 以上是由氧、碳、氢、氮和磷五种元素组成的。下面分别介绍碳、氮和磷的生态系统物质循环过程。

1. 碳循环

碳是构成生物原生质的基本元素,虽然它在自然界中的蕴藏量极为丰富(如煤、石油、天然气等),但绿色植物能够直接利用的仅是空气中的二氧化碳(CO_2)。生物圈中的碳循环主要表现在绿色植物在水的参与下,从空气中吸收二氧化碳,经光合作用转化为葡萄糖,并释放出氧气(O_2),有机体再利用葡萄糖合成其他有机化合物(如脂肪、蛋白质)。碳水化合物经食物链传递,又成为动物和细菌等其他生物体的一部分。生物体内的碳水化合物,一部分作为有机体代谢的能源,经呼吸作用被氧化为二氧化碳和水,并释放出其中储存的能量。由于碳循环的作用,大气中的 CO_2 大约 20 年就完全更新一次。

2. 氮循环

在自然界中,氮元素以分子态氮(氮气)、无机态氮和有机态氮三种形式存在。虽然,大气中含有大量的分子态氮,但是绝大多数分子态的氮都不能够被生物直接利用,只有像豆科植物的根瘤菌一类的细菌和某些蓝绿藻能够通过固氮作用,将大气中的氮气转变为硝态氮(硝酸盐)加以利用。植物只能从土壤中吸收无机态的铵态氮(铵盐)和硝态氮(硝酸盐),用来合成氨基酸,再进一步合成各种蛋白质。动物则只能直接或间接利用植物合成的有机态

氮(蛋白质),经分解为氨基酸后再合成自身的蛋白质。在动物的代谢过程中,一部分蛋白质被分解为氨、尿酸和尿素等排出体外,最终进入土壤。动植物的残体中的有机氮则被微生物转化为无机态氮(硝态氮和铵态氮),从而完成生态系统的氮素循环。

3. 磷循环

磷是有机体不可缺少的元素。生物的细胞内发生的一切生物化学反应中的能量转移,都是通过高能磷酸键在二磷酸腺苷(ADP)和三磷酸腺苷(ATP)之间的可逆转化实现的。磷元素还是构成核酸的重要元素。磷在生物圈中的循环过程不同于碳元素和氮元素,属于典型的沉积型循环。生态系统中磷的主要来源是磷酸盐岩石和沉积物以及鸟粪层和动物化石。这些磷酸盐矿床经过天然侵蚀或人工开采后,磷酸盐进入水体和土壤,供植物吸收利用,然后进入食物链。经短期循环后,这些磷的大部分随水流失到海洋的沉积层中。因此,在生物圈内,磷大部分是单向流动的,不能循环。磷酸盐资源也因而成为一种不可再生的资源。

(二)生态系统的能量流动

能量是生态系统的动力,也是推动生物圈和各级生态系统物质循环的动力。能量流动则是生态系统的基本功能之一。能量不仅在生物有机体内流动,而且也在物理环境中流动。生态系统中生命系统与环境系统在相互作用的过程中,始终伴随着能量的运动与转化。与物质循环运动不同的是,能量流动是单向的,它从植物吸收太阳能开始,通过食物链逐级传递,直至食物链的最后一环。在每一环的能量转移过程中,都有一部分能量被有机体用来推动自身的生命活动(新陈代谢),随后变为热能耗散在物理环境中。

引入生态系统总产量这一概念,能够更好地理解生态系统利用太阳能的情况。一个生态系统的总产量是指该系统内食物链各个环节在一年时间里合成的有机物质的总量。它可以用能量或生物量表示。生态系统中的生产者在一年里合成的有机物质的量,称为该生态系统的初级总产量。在优越的物理环境条件下,绿色植物对太阳能的利用率一般在 1% 左右。总产量的一半以上被植物的呼吸作用所耗用,剩下的称为净初级生产量。各级消费者之间的能量利用率也不高,平均约为 10%,即每经过食物链的一个环节,能量链的净转移率平均只有 1/10 左右。因此,生态系统中各种生物量按照能量流的方向沿食物链递减,处在最基层的绿色植物的量最多,其次是草食动物,再次为各级肉食动物,处在顶级的生物的量最少,形成一个生态金字塔。只有当生态系统生产的能量与消耗的能量大致相等时,生态系统的结构才能维持相对稳定的状态,否则生态系统的结构就会发生剧烈变化。

四、地球上生态系统的主要类型

地球上全部生物及其生活区域成为生物圈,一般指从大气圈到水圈约 20 km 的厚度范围,其中包含了边界大小不同、种类各式各样的生态系统。

(一)根据生态系统形成的原动力和影响力分类

根据其形成的原动力和影响力,可将生态系统分为自然生态系统、人工生态系统和半自然生态系统。

1. 自然生态系统

凡是未受人类干扰和干预,在一定空间和时间范围内,依靠生物和环境本身的自我调节来维持相对稳定的生态系统,均属自然生态系统。如原始森林、荒漠、冻原、海洋等。

2. 人工生态系统

按人类需求,由人类设计制造建立的、并受人类活动强烈干扰的生态系统为人工生态系统。如城市、宇宙飞船、人工气候室和一些用于仿真模拟的生态系统,如实验室微生态系统(micro-ecosystem)等。

3. 半自然生态系统

介于自然生态系统和人工生态系统之间,在自然生态系统的基础上,通过人工对生态系统进行调节管理,使其更好地为人类服务,这类生态系统属于半自然生态系统。如农田、农业生态系统等。由于它是人类对自然生态系统的驯化利用,所以又称为人工驯化生态系统。

由于人类对生态系统的干扰程度以及生态系统原动力不同,导致三类生态系统在组成、结构、功能、生态学过程方面差异很大。

(二) 根据生态系统的环境性质和形成特征分类

按照生态系统的环境性质和形态特征,可将生态系统分为陆地生态系统和水域生态系统。

1. 陆地生态系统

根据植被类型和地貌不同,可分为森林、草原、荒漠、冻原等类型。

2. 水域生态系统

根据水体理化性质不同,可分为淡水生态系统和海洋生态系统。

生态系统的环境性质和形态特征受多种因素影响,这些因素来自环境本身及生物的作用和人类的影响。所以生态系统可按生物成分不同划分为森林生态系统、草原生态系统等;按人类利用方式不同划分为放牧生态系统、农田生态系统、果园生态系统等;按生态系统的开放程度划分为开放系统、封闭系统和隔离系统,这种划分常用于生态系统的研究。

一般生态系统都是开放系统,开放系统可不断地同外界环境进行能量、物质和信息交换,以维持系统的有序状态。开放是绝对的,封闭是相对的,但为了生产、生活或研究目的,在一定时间和空间范围内允许相对独立的生态系统存在。如人们将宇宙飞船设计成密闭性很好、能够进行能量转化利用、允许能量输入和输出的封闭系统。隔离系统具有封闭的边缘,阻止了物质和能量的输入和输出,与外界处于完全隔离状态,如用做生态实验研究的微生态系统。

生态学还出现了新的划分方法,如按生态系统能量来源和水平特点对其进行划分;有的学者根据系统内所含成分的复杂程度划分;还有的则按照系统的"等级性"(系统在空间上、内涵上、结构上所具有的"序列")加以划分。总之,依据研究对象、环境性质和人为干扰程度划分生态系统的类型,是目前人们所采用的常见的方法。

五、生态平衡

(一) 生态平衡的含义

在一定时间内,生态系统中生物与环境之间、生物各种群之间,通过能流、物流、信息流的传递,达到了互相适应、协调和统一的状态,处于动态的平衡之中,这种动态平衡称为生态平衡。生态系统中的各组成成分内部及它们之间都处于不断运动和变化之中,使生态系统不断发展和变化,生物量由少到多,食物链由简单到复杂,群落由一种演替为另一种类型等。因此,生态系统不是静止的,总会因系统中某一部分发生改变而引起不平衡,然后依靠生态系统的自我调节能力,使其进入新的平衡状态。正是这种从平衡到不平衡,再从不平衡到平衡,循环往复,才推动了生态系统整体和各组成成分的发展和变化。生态系统调节能力的大小,与生态系统组成成分的多样性有关。成分越多样,结构越复杂,调节能力则越强。但是,生态系统的调节能力再强,也有一定限度,超出了这个限度也就是生态学上所称的阈值,调节就不起作用,生态平衡就会遭到破坏。如果现代人类的活动使自然环境剧烈变化,或进入自然生态系统中的有害物质数量过多,超过自然生态系统调节功能或生物与人类能够忍受的程度,那么就会破坏自然生态平衡,使人类和生物都受到损害。

在自然界有些生态系统虽然已处于生态平衡状态,但它的净生产量很低,不能满足人类的需要,这对人类来说并不总是有利的。因此,为了人类的生存和发展,就要改造这种不符合人类要求的生态系统,建立半人工生态系统或人工生态系统。例如,与某些低产自然原始林生态系统相比,人工林生态系统是很不稳定的。它们的平衡需要人类来维持,但却能比某种低质低产的原始林提供更多的林产品。应该指出的是,生态平衡不只是某一个系统的稳定与平衡,而是意味着多种生态系统的配合、协调和平衡,甚至是指全球各种生态系统的稳定、协调和平衡。

（二）生态系统平衡的主要标志

1. 能量和物质的输入和输出相对平衡

输出多,输入也相应增多。如果入不敷出,系统就会衰退;若输入多,输出少,则生态系统有积累。人类从不同的生态系统中获取能量和物质,应给予相应的补偿,只有这样才能使环境资源保持永续再生产。

2. 营养结构完整

在整体上,生产者、消费者、分解者应构成完整的营养结构,否则食物链断裂,就可导致生态系统衰退或破坏。

3. 生物种类和数目相对稳定

生物种类和数目减少,不仅失去了宝贵的资源,而且削弱了生态系统的稳定性。比利时科学家普里高津称生态系统是具有有序结构的耗散结构,这种结构是开放系统在远离平衡的条件下,由于从外部输入能量,由原来无序混乱状态变为一种在时间、空间和功能上有序的状态。这种有序状态需要不断地与外界进行物质和能量交换来维持,并保持一定的稳定性,不因外界的微小干扰而消失。生态系统就是具有耗散结构的开放系统,它有物质和能量从外界输入,也从系统内向外输出物质和能量。只要不断有物质和能量的输入和输出,生态系统仍可维持一种稳定状态。

保持生态平衡,促进人类与自然界协调发展,已成为当代和未来都需亟待解决的重要课题。

（三）生态系统的失衡

随着生产力和科学技术的飞速发展,人口急剧增加,人类的需求不断增长,人类活动引起自然界强烈的变化,给自然界造成巨大的冲击,使自然生态平衡遭到严重破坏。自然生态失调已成为全球性问题,直接威胁到人类的生存和发展。生态平衡遭破坏的原因有自然因素也有人为因素。自然因素主要是指自然界发生的异常变化,如火山爆发、山崩海啸、水旱灾害、台风等;人为因素主要是指人类对自然资源不合理开发利用以及工农业生产所带来的环境污染等。生态系统失衡主要有以下三种原因。

1. 物种改变造成生态平衡的破坏

人类在改造自然的过程中,有意或无意地使生态系统中某一物种消失或盲目地向某一地区引进某一生物,即生态入侵,结果造成整个生态系统的破坏。例如:澳大利亚本没有兔,后来从欧洲引进了这一物种作为肉用及生产皮毛。由于当地没有兔的天敌,致使引进的兔大量繁殖,遍布田野,以每年 $113 \ km^2$ 的速度扩展。该地区原来长满的青草和灌木全被吃光,再不能放牧牛羊,田野一片光秃,土壤遭雨水侵蚀,生态平衡遭破坏。澳大利亚政府曾鼓励人们大量捕杀,但不见效果,最后不得不引进一种兔传染病,使兔大量死亡。这虽然一度控制了兔造成的生态危机,但好景不长,一些兔因产生了抗体而幸存下来,导致兔继续大量繁殖。

2. 环境因子改变导致生态平衡的破坏

工农业生产的迅速发展,有意或无意地使大量污染物进入环境,从而改变了生态系统的环境因素,影响整个生态系统,甚至破坏生态平衡。例如,化学和金属冶炼工业的发展,向大气中排放大量 SO_2、CO_2、氮氧化物(NO_x)及烟尘等有害物质,产生酸雨,危害森林生态系统。欧洲有 50% 的森林受到酸雨的危害。又如,由于制冷业的发展,制冷剂进入大气,造成臭氧层破坏。由于向大气中排放污染气体 CO_2、甲烷(CH_4)等,大气的温室效应增强,使地球气候变暖。所有这些环境因素的改变都会造成生态系统的平衡改变,甚至破坏生态平衡。

3. 信息系统改变引起生态平衡的破坏

生态系统信息通道堵塞,信息传递受阻,就会引起生态系统改变,破坏生态平衡。例如,某些昆虫的雌性个体能分泌性激素以引诱雄虫交配。如果人类排放到环境中的污染物与这些性激素发生化学反应,使性激素失去引诱雄虫的作用,昆虫的繁殖就会受到影响,种群数量就会减少,甚至消失。总之,只要污染物质破坏了生态系统中的信息传递,就会破坏生态平衡。

目前全球自然生态平衡的破坏,主要表现为森林锐减、草原退化、土地荒漠化、水土流失严重、动植物资源及生物多样性减少等。

第二节　农田生态系统

农田生态系统是作物的生产系统,农田生态系统的生物组成、结构是否合理,是能否实现作物高效、持续、稳定、清洁生产的关键。

一、农田生态系统的含义与特点

(一)农田生态系统含义

农田生态系统是农田生物及其生存环境所形成的统一体,具体讲就是以作物为中心的农田中,生物群落与其生态环境间通过能量流动和物质交换及其相互作用所构成的一种生态系统,是陆地生态系统的一种。由于农田生态系统的主要生物组成——农作物是人类根据需要安排的,农作物成熟之后被收获从农田中带走,所以,农田生态系统与自然生态系统有着诸多的区别,是半人工的生态系统。

农田生态系统与农业生态系统不同,它们之间既有联系又有很大的区别。农业生态系统是在一定时间和地区内,人类从事农业生产,利用农业生物与非生物环境之间以及与生物种群之间的关系,在人工调节和控制下,建立起来的各种形式和不同发展水平的农业生产体系。这个系统是指大农业生产体系,而农田生态系统仅是就种植业而言的,所以从范围上来讲,农业生态系统不仅在空间范围上大于农田生态系统,而且从内涵上也包括了农田生态系统。农田生态系统是农业生态系统中的一个主要亚系统。

（二）农田生态系统的特点

农田生态系统在自然程度上介于自然程度最高的自然生态系统和自然程度最低的城市生态系统之间，是半自然半人工的生态系统，其在系统组成、开放程度和系统运行目标方面都有鲜明的特点：

1. 系统组成方面

与自然生态系统一样，农田生态系统也是由生物与其赖以生存的非生物环境因素构成的，但农田生态系统的生物成分以人工选育的农作物品种为主体，一般具有成熟一致、产量高、营养成分丰富、抗病虫等优点，生物群体在人工控制下，结构相对简单，物种多样降低。农田生态系统的非生物环境经过人类改造，更适于作物的生长。如人类进行基本农田建设，平整土地，建设完备的农田水利设施，施肥除草等，为生物创造了良好的生产条件。

2. 开放程度方面

农田生态系统的开放程度介于自然生态系统和城市生态系统之间，而更接近于城市生态系统，是一个能量和物质流通的开放系统。自然生态系统是相对封闭的，生产者所制造的有机物几乎全都留在系统内，而农田生态系统中绝大多数第一性生产产物被收割带离系统，农产品远销外地。此外，由于频繁耕作、翻土等农事活动扰动土壤，导致无效输出增加，如土壤养分淋失、水土流失、反硝化作用、蒸发等，使物质和能量大量地输出系统。另一方面，为使系统保持平衡并具有一定的生产力水平，必须通过多种途径投入人力、畜力、肥料、水以及大量能源，以补偿产品输出后所出现的亏损。

3. 运行目标方面

与自然生态系统相比，植物生产目标不同，产量效果也有很大差异。自然生态系统中植物的生产主要用于维持生态系统的平衡，而农田生态系统运行目标在于获得人类需要的农产品。在产量效果方面，农田生态系统仅相当于自然生态系统的早期阶段，作物群落用于呼吸的能量较少，净初级生产量较高；而一个达到顶极状态的自然生态系统，其净初级生产量为零。此外，由于人工调控使生物群体适应环境、减少病虫害，使系统消耗减少，同时又向系统投入了大量物质和能量，"补贴"的结果使农田生态系统不仅具有较高的生物产量，还具较高的收获指数，人类可以获得更多的农产品。

综上所述，农田生态系统由于人类的支配与控制，使生物组成相对简单、非生物环境有所改变、开放程度显著增加、初级生产量大大提高，成为半自然半人工的生态系统，其发展和演变及受自然条件的制约，同时还受到社会规律的支配。

二、农田生态系统的组成及生物多样性

农田生态系统与自然生态系统一样具有两大组分，即生物组分与环境组分，生物组分包括生产者、消费者和还原者。生产者主要是人类种植的农作物，消费者主要是田间的各种昆虫，还原者主要是微生物和真菌，也包括某些原生动物及腐生性生物。此外，由于农田生态系统是半人工生态系统，人是农田生态系统中最重要的消费者及干预者。

（一）农田生物组成

1. 生物组成

生产者——主要是各种农作物和杂草，它们在农田生态系统中的功能是进行初级生产，又称初级生产者，如作物青稞、小麦、油菜、豌豆等等。

生产者杂草具有特殊性，在农田生态系统中所扮演的角色存在争议。过去一直认为杂草与农作物之间是残酷的竞争关系,是纯粹的负相互作用。杂草争夺光线、养分、水分及生存空间,抑制作物生长,应该将其彻底铲除。其实,杂草的存在也有积极的意义,比如田边的杂草,可以给各种害虫天敌提供栖息场地,这就为生物防治害虫提供了有利条件。

消费者——主要是以初级生产者为直接或间接食源的各种异养生物。农田生态系统中的消费者根据其食性不同,可分为草食动物、肉食动物、杂食和寄生四类。草食动物主要是各种植食性昆虫,即农田害虫;肉食动物主要包括肉食性昆虫、蜘蛛类、两栖类、爬行类和鼹鼠、黄鼬等小型兽类;杂食者主要有蚂蚁等;寄生者主要是各种寄生真菌。

消费者害虫也有特殊性,是否应该在农田生态系统中存在争议。过去一直认为害虫和农作物之间是你死我活的捕食关系,是纯粹的负相互作用,应该对害虫“除早、除小、除了”。但有研究表明,农田中需要进行防治的害虫种类并不多,大多数害虫,由于天敌的存在,并不会构成虫灾。而它们的存在,反而能吸引各种天敌终年留在农田中,使天敌能及时发挥作用。适量的害虫存在于农田中是有益无害的。

分解者——主要是农田中的各种微生物,如真菌、细菌、放线菌等小型生物,也包括蚯蚓等低等动物。它们将动植物有机残体分解为简单化合物,最终分解为无机物质。

2. 非生物环境

农田生态系统由于有人为调控性,使其非生物环境更适合于作物的生长。从这个角度上讲,其环境组分又可以分成自然环境组分与人工环境组分有两方面。自然环境组分主要指阳光、温度、水分、大气和土壤等各种自然因子。在农田生态系统中,这些自然因子都已不同程度地打上人类活动的烙印,其中尤以土壤受到的影响最大,如长期生产水稻就形成了具有犁底层的水稻土。人工环境组分是人工创造的环境,如地膜、温室、水库、防护林带等。这些人工环境的存在,对自然生态因子发生着各种影响,间接地作用于农田生物。

（二）农田生物多样性及其利用

当前,自然生态系统中的生物多样性问题已经引起了人们的广泛关注,同样,农田生态系统中生物多样性问题也应该引起足够的重视。实际上做好农田生态系统生物多样性的引入、保护和利用对于作物生产、生态保护等有重要的现实意义。

1. 农田生态系统生物多样性的产生

农田生态系统作为半人工的生态系统,其结构设计和功能实现基本上取决于人类的需要,这是其最主要的特征。由于耕地小片经营,以及间作、套种等原因,农田生态统中作物种类并不单一,使得系统中的农作物本身就存在着多样性。此外,农田生态系统依然受到自然界的影响,除了诸如日照、温度、湿度和降水等环境因素外,还有杂草的存在以及其他生物的迁入、迁出也对系统产生着重要的影响。如农田中有记录的杂草就有560多种,对农作物有害的病虫鸟兽等有害生物有1 300多种,天敌生物近2 000种。在这种开放的农田生态系统中,必然会形成了以各种农作物为主体的,包括多种动物、植物和微生物在内的生物群落,由此也就产生了农田生态系统中的生物多样性问题。

2. 农田生态系统生物多样性存在的意义

（1）对人类经济利益的影响

正如前面所言,农田生态系统由于人类的作用和系统的开放性,存在生物多样性是必然的,而系统中的生物多样性对于人类从事农业生产的经济利益会产生重要的影响。虽然有研究表明农田中危害作物的害虫种类并不多,但由于条件适宜,其数量迅速增长,会导致虫灾爆发,带来严重的经济损失。如 2007 年 8 月黑龙江省鹤岗等地出现的大豆蚜虫灾害,造成直接经济损失就达到 1.3 亿元人民币。虽然人们投入大量资金,采用各种手段要彻底消灭害虫,铲除杂草,但效果并不理想。因此,应该正视农田生态系统中的物种多样性,研究其形成、演化和维持机制,多角度、多层次地抑制有害物种,使其控制在一定的数量,低于经济为害水平,既不造成经济损失,同时还可以反过来刺激作物增产,变害为利,促进作物的生长。

对这类问题的研究,主要集中在虫害的生态防治方面。用"生态控制"逐渐替代"综合防治"应对农田害虫问题,将成为害虫管理对策的发展趋势和生态控制的主要手段。复合农林业是当前种植业的一个发展趋势,这其中所涉及的景观及生物多样性问题,如如何确定林木和农田斑块的大小、形状和数量,如何划定有关的廊道的位置和宽度等,都是值得研究的内容,有利于害虫群体的生态控制。应用生物多样性的思想和方法,指导害虫的生态控制,实施天敌的生境保育,将有利于深入利用生态系统内在的调控机制,探讨生物多样性与害虫爆发的关系,能为揭开生物灾害的形成机理开辟新的途径。搞好农田生态系统生物结构的控制与调节,利用多样化的生物群落结构和物种关系,用生态控制的方法,促进那些对作物有利的因素,抑制那些对作物有害的因素,既提高了作物产量,又减少了化学药剂的投入,能大大地提高了种植业生产的经济效益。

所以,只有遵循客观规律,正确认识和利用农田生态系统生物多样性,才能获得最大的经济效益。

(2)对物种保存和生态环境保护的作用

随着人类文明的发展,人类活动的范围和空间日益扩大,导致野生物种的栖息之所——自然生态系统不断缩小。农田生态系统作为人类掌控下的半自然生态系统,与自然生态系统有类似的生态条件,常常在空间上又镶嵌在一起,是野生物种活动空间的有效补充。农田生态系统中存在的多种生物,为野生物种活动提供了食物。在这种情况下,农田生态系统既扩大了野生物种的栖息场地,又能为它们提供食物(如害虫)等生存条件,使野生物种有效地保存下来。如果不重视农田生态系统生物的多样性,不充分考虑农田生态系统对野生动物活动空间的补充作用,那么野生物种的保护也很难实现。所以,让农田生态系统中的生物多样性保持在一个适当的水平,对于野生物种的保存有着重要的意义。而作为全球生态系统的一部分,农田生态系统及其中的生物多样性问题对于全球生物多样性保护也同样起着不容忽视的作用。

农田生态系统及其生物多样性的存在,对于保护改善生态环境质量也有着不可低估的作用和意义。人们通常仅仅关注农田生态系统的农产品生产的功能,而忽略了它的生态作用,即农田生态系统作为城市生态系统与自然生态系统之间的缓冲区和生态库的作用。农田生态系统不论是在空间位置还是自然程度上,均介于自然和生物多样性程度最高的自然生态系统和程度最低的城市生态系统之间。它既可以作为一道屏障,挡住城市中人类强烈活动对自然生态系统的辐射,又可以为自然生态系统中生物的扩散提供空间。作为生态库,农田生态系统还可以为毗邻的自然和城市生态系统提供一定的生态上的补偿。此外,农田生态系统中生物多样性的有效利用,避免了生产中使用大量化学农药进行病虫草害的控制,减轻了环境的污染。

3. 农田生态系统生物多样性的持续利用

（1）农田生态系统中生物多样性的持续利用

对于人类来讲，保护生物的多样性，避免物种的灭绝，根本目的还是为了生物资源的持续利用，而农田生态系统中的生物多样性同样存在着持续利用问题，尤其是天敌生物包括各种有利于农作物的植物、微生物和昆虫等的持续利用。人们很早就知道利用生物的多样性，如利用天敌生物控制害虫，但是很少注重生物多样性的保护和持续利用。对于那些有益的生物，常常是任其自生自灭，一旦希望利用时就无处寻觅或数量过少，这也是生物在害虫防治和其他方面所起的作用，总是不能令人满息的原因之一。如果能设计好作物结构和景观布局，为它们提供生息、繁育、避难和越冬的必要条件，就能够有效地解决当前生物防治害虫中存在的问题，真正实现农业生产的生态化。

（2）农田生态系统中生物多样性的设计

我们知道，农田生态系统的最大特点是其结构和功能取决人类的需要。如何安排作物的结构和布局，才能充分利用生物的多样性，获得最大的经济效益和生态效益，就需要对农田生态系统生物的多样性进行设计，即通过人工引种和培育等手段，根据增加有益因素，抑制有害因素的指导思想，组织农田生态系统中的生物多样性结构。

因此，农田生态系统的生物多样性设计应该围绕获取更大的经济与环境效益为目的，包括直接从农田生态系统自身获得的效益和农田生态系统辐射给与之毗邻的自然和城市生态系统而间接获得的效益。应该以生物多样性能够持续利用为设计的重要原则，包括生物资源提供的经济、环境和社会等方面价值的持续利用。农田生态系统生物多样性设计的另一个重要原则是适度，即生物多样性的构成和物种的种群密度既不影响农作物的生长和管理，又能保证一定的经济、环境和社会效益。不同的农田生态系统的生物多样性都有不同的度的问题，在进行设计的时候要具体分析，合理设计。

农田生态系统生物多样性设计的思路和方法主要是通过利用物种之间的相互关系，延长或缩短食物链，对生态系统的组分进行重新组装。按照这种方法，可以增加物种的多样性，维持系统稳定，增加系统功能。农田生态系统的景观设计也是农田生态系统多样性设计的主要方法，因为景观的异质性可以降低内部种的丰富度，增加边缘种的丰富度，所以可以通过调整景观的异质性来改变物种的构成。例如，在农田生态系统中，设计好作为廊道的树篱的位置、宽度对动物群落尤其重要，既可以为天敌生物提供栖息的条件，又可以在自然生态系统和城市生态系统之间，为野生动物在两地间迁移提供一条通道，有利于野生物种的保护。

三、农田生态系统的基本结构

与自然生态系统类似，农田生态系统的结构也包括物种结构、时间结构、空间结构和营养结构。这几种结构是从不同角度分析同一个事物，因此，它们之间是相互联系，相互渗透和不可分割的。

（一）物种结构

农田生态系统的物种群结构，即农田生物的组成结构及各种农田生物物种结构。例如，农田中的作物、杂草与土壤微生物及农田作物中的粮食作物、经济作物、饲料作物等的数量组成结构。

（二）时间结构

时间结构是随着季节变化而种植不同作物形成的结构。在农田生态系统中时间结构反映各种作物在时间上的相互关系，同时也反映每种作物所占的时间位置。

（三）空间结构

农田生态系统的空间结构是通过生物的配置与环境组分相互安排与搭配，进而形成了所谓的水平结构和垂直结构。空间结构反映各种生物成分在空间上的相互关系，同时也反映每个种所处的空间位置。

1. 水平结构

水平结构是农田生物在水平面上的分布，如粮、棉、油、麻、糖等作物的数量和分布。农田生态系统的各种生物成分，常表现出不同的水平分布。如各种杂草常因农田中生态因子分布的不均匀而呈现不同的水平分布，低洼湿地多生长喜湿种类，高地干旱处多生长耐旱的种类；农田边缘多生长喜光种类，农田中间地段多生长耐阴种类等。再如农田中的各种昆虫，由于习性等原因，在农田中常呈现随机或聚集分布，呈现不同的水平格局。农田生态系统中的其他生物，有不少种类存在着不同水平分布的情况。农田中各种生物的水平分布汇总在一起，就形成了农田生态系统的水平结构。

2. 垂直结构

垂直结构是农田生态系统区域内，农田生物种群在立面上的组合状况。如单作农田中，农作物处在高层，杂草处于低层，间套作农田中，作物和杂草在垂直方向上有多个层次。对于农田中的各种动物，依其生态习性分布于作物、杂草植株的不同高度，微生物则分布于土壤中作物根系附近。

（四）营养结构

生态系统的营养结构是指食物链和食物网结构，它反映各种生物在营养上的相互关系，同时也反映每一种生物所占的营养位置。在农田生态系统中，各种作物和杂草是生产者，在食物链上处于第一营养级；植食性昆虫以作物、杂草为食，处于第二营养级；肉食性昆虫和两栖类以植食性昆虫为食，处于第三营养级。这样，各种生物以物质和能量为纽带，形成若干条链状营养结构，并进而形成网状营养结构。

四、农田生态系统的基本功能与分析

（一）农田生态系统的基本功能

生物生产和能量流动是生态系统的基本功能，也是农田生态系统的基本功能，即在人类的调控下，通过农作物与环境的相互作用，把环境中的物质转变成人类需要的农产品，把太阳能转变成化学能存储在农作物中。

1. 生物生产

农田生态系统中生物生产过程就是作物通过光合作用，固定太阳能，吸收无机物合成有机物质的过程。人类投入化肥等人工合成的化合物，促进了生物生产。由于农田生态系统的开放性，生物生产过程仅为物质循环过程的一部分。

2. 能量流动

农田生态系统的能量来源与两个部分：一部分是太阳辐射能，另一部分为人工辅助能，包括有机能和无机能。因此，农田生态系统中的能量流动，不仅有太阳能转化成化学能，在植物、草食动物和肉食动物之间以及生物与非生物环境之间的传递，而且还有人类为提高作物的生产力而投入的辅助能量的流动。辅助能量的投入形式主要是有机肥、化肥、劳动力、畜力、柴油等。农田生态系统能量流动的结果是提供人类需要的能量,存储在农产品中。

生物生产和能量流动是农田生态系统的基本功能,农田中信息的传递和人类对价值的追求也影响着基本功能的实现方式和实现程度。

(二) 农田生态系统的功能分析

农田生态系统是一个复杂的、耗散性的、开放的生态系统,其基本功能是能量流动和生物生产。农田生态系统的生物生产能力、能量转化效率,尤其是投入的辅助能量的转化效率一直为人类所关心。建立合理的物质与能量投入结构,保持农田生态系统输入输出的平衡,能够不断提高农田生态系统能量与物质的转化率。生态系统能流、物流效率有很多分析方法,而最为简单常用的是投入—产出分析法。该方法通过分析系统中能流、物流及价值流的投入—产出之间经济活动的数量关系,评价农田生态系统的结构与功能,进而调整和改进农田生态系统。其计算方法如下:

1. 农田生态系统的物质投入—产出

农田生态系统中物质的投入—产出主要是计算不同时期农田生态系统中营养物质(N、P_2O_5、K_2O)的投入与产出情况,并计算不同时期的养分平衡值与单位面积的盈亏进行比较。

$$M_i = \sum_{j=1}^{n} E_{ij}$$

M_i 表示农田生态系统中所有投入物质折合第 i 种物质(N、P_2O_5、K_2O)所得的数值;E_{ij} 表示第 j 种投入物质折合第 i 种物质(N、P_2O_5、K_2O)的数量;n 表示农田投入物质的种类数。

$$D_i = \sum_{j=1}^{m} F_{ij}$$

D_i 表示农田生态系统中所有产出物质折合第 i 种物质(N、P_2O_5、K_2O)所得的数值;F_{ij} 表示第 j 种产出物质折合第 i 种物质(N、P_2O_5、K_2O)的数量;m 表示农田产出物质的种类数。

第 i 种物质的平衡值$=M_i-D_i$

第 i 种物质单位面积盈亏率$=$第 i 中物质的平衡值/总播种面积。

2. 农田生态系统的能量投入—产出

$$总投入能 \quad E_{TI} = \sum_{i=1}^{n} a_i$$

$$总产出能 \quad E_{TO} = \sum_{i=1}^{n} b_i$$

a_i 表示第 i 中农田投入物质的能量;n 表示农田物质投入的种类数;b_i 表示第 i 种农田产出物质的能量;m 表示农田产出物的种类数。

$$a_i = p_i \times \lambda_i$$

p_i 表示第 i 种农田中投入物质的数量;λ_i 表示第 i 种农田投入物质的单位折能系数。

$$b_i = q_i \times \lambda_i$$

q_i 表示第 i 种农田产出物质的数量;γ_i 表示第 i 种农田产出物质的单位折能系数。

$$能量产投比 \quad r = E_{TO}/E_{TI}$$

3. 农田生态系统的价值投入—产出

分别计算出农田生态系统不同时期的所有投入物与产出物的价值以及价值产投比,来比较不同时期的农田生态系统的价值产出能力。

$$V = \sum_{i=1}^{n} Q_i \times P_i$$

V 表示农田生态系统中所有投入物质的价值;Q_i 表示第 i 种物质的投入量;P_i 表示第 i 种投入物质的单位价格;n 表示农田生态系统投入物质的种类数。

$$V' = \sum_{j=1}^{m} Q_j \times P_j$$

V' 表示农田生态系统中所有产出物质的价值;Q_j 表示第 j 种物质的产出量;P_j 表示第 j 种产出物质的单位价格;m 表示农田生态系统产出物质的种类数。

$$农田生态系统价值产投比 \quad r = V'/V$$

4. 农田生态系统的功能分析

农田生态系统的物质生产效率分析,主要分析物质的投入量、有效物质的产出量、农田养分平衡状况等。农田生态系统的能流分析应主要放在人工辅助能上,因为辅助能量不但对农作物转化太阳能的效率产生决定性影响,同时也控制这些化学能的进一步转化和分配。根据农田生态系统能量转化过程的分析计算结果,绘制出能量流程图,再根据能量流程图和能量、物质、价值产投比的计算结果,就可以具体分析某一农田生态系统的功能。

第三节　生态农业

一、生态农业

(一) 生态农业的提出

在近万年的农耕历史中,人类经历了刀耕火种的原始农业,自给自足的传统农业以及伴随着工业社会发展形成的、以机械化与化学化为特征的现代农业等发展阶段。

西方现代农业在 20 世纪 30～40 年代特别是第二次世界大战以后,在化学和机械工业的推动下,得到迅速发展。它依靠向农业投放大量石油资源换来的化学品和机械动力,维持着较高的生产效率,故有人称西方现代农业为"工业化农业"或"石油农业"。其主要特点是:高投入、高产出、高效率,但同时存在对生态环境的高污染和高破坏等方面的问题。具体表现有如下几个方面。

(1) 能量过度消耗。如按目前的能量消耗速度,地球上的石油储量只能维持 40～100 年。

(2) 水资源不足。全球性的水资源在质和量方面都面临着比以往更严重的危机,发展灌溉正受到资源和经济条件的限制。

(3) 生产成本增加。随着能量投入的增加和燃油、化肥、农药等价格的上涨,农产品成本迅速增加,农民收入下降,政府的财政负担也日益加重。

(4) 环境污染加剧。石油农业已造成大气污染、土壤污染、水污染、生物污染和农产品污染,并最终危及人、畜健康。

（5）产生其他多方面的负效应。如水土流失、灾害频发、草地退化、土壤沙化等。

至 20 世纪 60 年代,西方"石油农业"带来的生态环境问题达到了顶峰,危及世界农业及经济的发展。这时,西方各国的政治家、科学家都在探索农业发展的方向、道路、模式,并相继提出了"替代农业"模式,如"有机农业"、"自然农业"、"生物农业"、"生物动力学农业"等。

1971 年美国土壤学家威廉姆·艾布瑞克特在《Acres》杂志上首先提出了生态农业思想。他从土壤—植物—动物是一个相互联系的有机整体出发,认为只要通过增加土壤腐殖质,建立良好的土壤条件,就会有健壮的植物和健康的动物,而不需要使用农药。他提出生态农业后,在美国很快形成了一个生态农业潮流,并继而波及全世界。

我国在 1981 年正式提出了生态农业的概念,指出只有大力提倡和推广生态农业,中国农业才大有希望。

（二）生态农业的概念

生态农业是根据生态学生物共生和物质再生等原理,运用现代科学技术和系统工程方法,因地制宜、合理安排农业生产的优化模式。主要手段是通过提高太阳能的利用率,使物质在系统内部得到多次重复利用和循环利用,以高效和无废料等特点来组织和发展农业。其主要目的是:提高农产品的质和量,满足人们日益增长的需求;使生态环境得到改善,不因农业生产而破坏或恶化环境;增加农民收入。

中国的生态农业包括农、林、牧、副、渔和某些乡镇企业在内的多成分、多层次、多部门相结合的复合农业系统。20 世纪 70 年代主要措施是实行粮豆轮作,混种牧草,混合放牧,增施有机肥,采用生物防治,实行少、免耕,减少化肥、农药、机械的投入等;80 年代创造了许多具有明显增产增收效益的生态农业模式,如稻田养鱼、养萍,林粮、林果、林药间作的主体农业模式,农、林、牧结合,粮、桑、渔结合,种、养结合等复合生态系统模式,鸡粪喂猪、猪粪喂鱼等有机废物多级综合利用的模式。生态农业的生产以资源的永续利用和生态环境保护为重要前提,根据生物与环境相协调适应、物种优化组合、能量物质高效率运转、输入输出平衡等原理,运用系统工程方法,依靠现代科学技术和社会经济信息的输入组织生产。通过食物链网络化、农业废弃物资源化,可以充分发挥资源潜力和物种多样性优势,建立良性物质循环体系,促进农业持续稳定地发展,实现经济、社会、生态效益的统一。因此,生态农业是一种知识密集型的现代农业体系,是农业发展的新型模式。

（三）生态农业的基本内涵与特点

1. 中国生态农业的基本内涵

按照生态学原理和生态经济规律,因地制宜地设计、组装、调整和管理农业生产和农村经济的系统工程体系。它要求把发展粮食与多种经济作物生产,发展大田种植与林、牧、副、渔业,发展大农业与第二、三产业结合起来,利用传统农业精华和现代科技成果,通过人工设计生态工程,协调发展与环境之间、资源利用与保护之间的矛盾,形成生态、经济两个良性循环,经济、生态、社会三大效益的统一。

2. 生态农业的特点

（1）综合性

生态农业强调发挥农业生态系统的整体功能。即以大农业为出发点,按"整体、协调、循环、再生"的原则,全面规划、调整和优化农业结构,使农、林、牧、副、渔各业和农村一、二、三产业综合发展,并使各业之间互相支持,相得益彰,提高综合生产能力。

（2）多样性

生态农业针对我国地域辽阔,各地自然条件、资源基础、经济与社会发展水平差异较大的情况,充分吸收我国传统农业精华,结合现代科学技术,以多种生态模式、生态工程和丰富多彩的技术类型装备农业生产。这使得各区域能扬长避短,充分发挥地区优势,各产业能根据社会需要与当地实际协调发展。

（3）高效性

生态农业通过物质循环和能量多层次综合利用及系列化深加工,实现经济增值,实行废弃物资源化利用,降低农业成本,提高效益,为农村大量剩余劳动力创造农业内部就业机会,保护农民从事农业生产的积极性。

（4）持续性

发展生态农业能够保护和改善生态环境,防治污染,维护生态平衡,提高农产品的安全性;能够变农业和农村经济的常规发展为持续发展,把环境建设同经济发展紧密结合起来。因而,在最大限度地满足人们对农产品日益增长的需求的同时,提高生态系统的稳定性和持续性,增强农业发展的后劲。

（四）生态农业的内容

生态农业主要包括 5 个方面的内容。

（1）建立综合农业体系,统一规划,协调农、林、牧、副、渔业生产,使每种农产品的"废料"均能作为一种农业环节上的原料或饲料,沿着食物链多次循环利用,变废为宝,形成无废料、无污染的生产系统。

（2）充分利用太阳能,提高土地生产率,因地制宜地建立立体式结构,将山、水、林、田联成一个整体,极大地提高植物对太阳光能的吸收率和利用率。

（3）开发能源。如发展农村沼气,建立太阳灶用水能、风能和地热能等,降低能量消耗。

（4）扩大肥源,科学地使用肥料,多施有机肥田,改革耕作制度等,不断提高土壤肥力。

（5）改善和提高农业劳动者的生活和收入。

（五）我国生态农业的主要类型

根据生态系统的结构与功能,结合各地的自然条件、生产技术和社会需要,可以设计多种多样的农业生态工程体系。下面介绍几种最常见的类型。

1. 物质能量的多层分级利用系统

利用秸秆生产食用菌和蚯蚓等的生产设计。

秸秆还田是保持土壤有机质的一种有效措施,但秸秆未经处理直接返回土壤,需要经过长时间的分解,方能发挥肥效。现在则利用糖化过程先把秸秆变成家畜喜食的饲料,而后以家畜的排泄物及秸秆残渣来培养食用菌,生产食用菌的残余物又用于繁殖蚯蚓,最后才把利用后剩下的残物返回农田。虽然最终还田的秸秆有机质的肥效有所降低,但增加了食用菌、蚯蚓,特别是畜产品等,所以明显增加了经济效益。必须注意的是,分级利用并非级数越多越好,能量毕竟有限,要符合生态规律,方能得益。

2. 水陆交换的物质循环系统

桑蚕鱼塘体系是比较典型的水陆交换生产系统,是我国南方各省农村比较多见而行之有效的生产体系。桑树通过光合作用生成有机物质桑叶,桑叶喂蚕,生产蚕茧和蚕丝。桑树的凋落物、桑葚和蚕沙施撒入鱼塘中,经过池塘内另一食物链过程,转化为鱼体等水生生物;

鱼类等的排泄物及其他未被利用的有机物和底泥,其中一部分经过底栖生物的消化、分解,取出后可做混合肥料,返回桑基,培育桑树。人们可以从该体系中获得蚕丝及其制成品、食品、鱼类等水生生物以及沼气等综合效益,在经济和保护农业生态环境方面都大有好处。

3. 农林牧渔联合生产系统

这个体系中 4 个亚系统进行物质和能量交换、互为一体。林区保护农田,为农田创造良好的小气候条件,同时招引益鸟捕食农林害虫。作物籽粒及秸秆为禽畜提供饲料,而禽畜的粪便又为农田提供有机肥料,或为鱼池提供肥水。鱼池底泥可用做肥料。在此系统中,物质与能量得到充分的利用,能够实现林茂粮丰、禽畜兴旺、水产丰收的状态,并能得到较高的经济效益和生态效益。

(六)中国生态农业的发展

我国于 20 世纪 90 年代初启动生态示范区建设工作,国家环境保护总局将生态省、生态市、生态县、生态示范区、生态功能区、生态工业园区等的建设统统纳入生态示范区建设的范畴。在建设生态园区、社区方面的主要经验是:坚持从实际出发是根本,领导重视是关键,正确政策是灵魂,法制建设是保障。这里的法制建设包括制定政策、法律和其他规范性法律文件,加强政策和法律的宣传教育、实施和监督。

为了推进循环经济,进行生态省、生态市、模范城市、生态县、生态示范区、生态功能区、生态工业园区的建设,1994 年国家环境保护局组织制定了《全国生态示范区建设规划》,1995 年 3 月发布了《全国生态示范区建设规划纲要》,明确了目标和任务。1996 年至 1999 年间,全国先后分 4 批开展了 154 个国家级生态示范区建设试点,其中生态省 2 个(海南省、吉林省),生态地、市(盟)(州)16 个,生态县(市)129 个,其他 7 个。1999 年完成第一批 33 个生态示范区试点单位的考核验收,2000 年 3 月由国家环境保护总局命名第一批 17 个生态示范区。2001 年新增 13 个国家级生态功能保护区建设试点、85 个国家生态示范区建设试点,2002 年国家生态示范区和生态功能保护区试点地区已经达到 297 个。"十五"期间,国家新建 120 个国家级生态示范区,100 个生态农业示范县,积极推进海南省、吉林省、黑龙江省、陕西省、福建省等生态省建设;建立江河源头区、重要水源调蓄区和防风固沙区等 15 个国家级生态功能保护区和 40 个省级生态功能保护区。

二、我国典型生态农业模式

生态农业是农业可持续发展进程中逐步发展形成的新型农业方式,是我国农业现代化的必然选择,其技术实质是农业生态经济系统工程。我国幅员广阔,跨越众多经纬度和海拔高度带,农业生态经济区划类型多样化,因此,在 20 多年的生态农业研究和实践中开发了丰富多彩的生态农业模式类型。

农业部科技司向全国征集到 370 种生态农业模式或技术体系,通过专家反复研讨,遴选出经过一定实践运行检验、具有代表性的 10 大类型生态农业模式,共 34 小类的模式和配套技术。即北方"四位一体"生态模式及配套技术;南方"猪—沼—果"生态模式及配套技术;平原农林牧复合生态模式及配套技术;草地生态恢复与持续利用模式及配套技术;生态种植模式及配套技术;生态畜牧业生产模式及配套技术;生态渔业生产模式及配套技术;丘陵山区小流域综合治理模式及配套技术;设施生态农业模式及配套技术;观光生态农业模式及配套技术。

（一）北方"四位一体"生态模式及配套技术

"四位一体"生态模式是在自然调控与人工调控相结合的条件下,利用可再生能源(沼气、太阳能)、保护地栽培(大棚蔬菜)、日光温室养猪及厕所等4个因子,通过合理配置形成以太阳能、沼气为能源,以沼渣、沼液为肥源,实现种植业(蔬菜)、养殖业(猪、鸡)相结合的能流、物流良性循环系统,这是一种资源高效利用、综合效益明显的生态农业模式。运用本模式冬季北方地区室内外温差可达30 ℃以上,温室内的喜温果蔬正常生长,畜禽饲养、沼气发酵安全可靠。

（1）工程设计

工程设计包括日光温室设计、沼气池工程设计、猪舍建筑设计等。

（2）基本要素

基本要素包括建一个坐北朝南、$200 \sim 600 \ m^2$ 的日光温室,温室内部西侧、东侧或北侧建一个 $20 \ m^2$ 的畜禽舍和一个 $1 \ m^2$ 的厕所,畜禽舍下部为一个 $6 \sim 10 \ m^3$ 的沼气池。

（3）核心技术

核心技术包括沼气池建造及使用技术,猪舍温、湿度调控技术,猪舍管理和猪的饲养技术,温室覆盖与保温防寒技术,温室温度、湿度调控技术和日光温室综合管理措施等。

（4）配套技术

配套技术包括无公害蔬菜、水果、花卉高产栽培技术,畜、禽科学饲养管理技术和食用菌生产技术等。

（二）南方"猪—沼—果"生态模式及配套技术

"猪—沼—果"是利用山地、农田、水面、庭院等资源,采用"沼气池、猪舍、厕所"三结合工程,围绕主导产业,因地制宜开展"三沼"(沼气、沼渣、沼液)综合利用,达到对农业资源的高效利用和生态环境建设、提高农产品质量、增加农民收入等效果。工程的果园(或蔬菜、鱼池等)面积、生猪养殖规模、沼气池容积必须合理组合。模式工程技术包括猪舍建造、沼气池工程建设、贮肥池建设、水利配套工程等。

（1）基本要素

基本要素包括户建一口池,人均年出栏2头猪和人均种好1亩果。

（2）运作方式

运作方式是沼气用于农户日常做饭和照明,沼肥(沼渣)用于果树或其他农作物,沼液用于拌饲料喂养生猪;果园套种蔬菜和饲料作物,满足育肥猪的饲料要求。除养猪外,还包括养牛、养鸡等养殖业;除果业外,还包括粮食、蔬菜、经济作物等。该模式突出以山林、大田、水面、庭院为依托,与农业主导产业相结合,延长产业链,促进农村各产业发展。

（3）核心技术

核心技术包括养殖场及沼气池的建造、管理,果树(蔬菜、鱼池等)的种植和管理等。

（三）平原农林牧复合生态模式及配套技术

农林牧复合生态模式是指借助接口技术或资源,利用它们在时空上的互补性所形成的两个或两个以上产业或组分的复合生产模式。所谓接口技术是指联结不同产业或不同组分之间物质循环与能量转换的连接技术。如种植业为养殖业提供饲料饲草,养殖业为种植业提供的利用秸秆转化饲料技术、利用粪便发酵沼气和有机肥生产技术等均属接口技术,是平原农牧业持续发展的关键技术。平原农区是我国粮、棉、油等大宗农产品和畜产品乃至蔬菜、林果产品的主要产区,进一步挖掘农林、农牧、林牧不同产业之间的相互促进、协调发展的能力,对于我国的食物安全和农业自身的生态环境保护具有重要意义。

1. 粮饲—猪—沼—肥生态模式及配套技术

(1) 基本内容

这一模式主要包括四个方面的基本内容。一是种植业由传统的粮食生产一元结构或粮食、经济作物生产二元结构向粮食作物、经济作物、饲料饲草作物三元结构发展。饲料饲草作物正式分化为一个独立的产业,为农区饲料业和养殖业奠定物质基础。二是进行秸秆青贮、氨化和干堆发酵,开发秸秆饲料用于养殖业,主要是养牛业。三是利用规模化养殖场畜禽粪便生产有机肥,用于种植业生产。四是利用畜禽粪便进行沼气发酵,同时生产沼渣沼液,开发优质有机肥,用于作物生产。主要有粮—猪—沼—肥、草地养鸡、种草养鹅等模式。

(2) 主要技术

主要技术包括秸秆养畜过腹还田技术、饲料饲草生产技术、秸秆青贮和氨化技术、有机肥生产技术、沼气发酵技术以及种养结构优化配置技术等。

(3) 配套技术

配套技术包括作物栽培技术、节水技术、平衡施肥技术等。

2. 林果—粮经立体生态模式及配套技术

这一模式国际上统称为农林业或农林复合系统,主要利用作物和林果之间在时空上利用资源的差异和互补关系,在林果株行距中间开阔地带种植粮食、经济作物、蔬菜、药材乃至瓜类,形成不同类型的农林复合种植模式。这也是立体种植的主要生产形式,一般能够获得较单一种植更高的综合效益。我国北方主要有河南兰考的桐粮间作,河北与山东平原地区的枣粮间作和北京十三陵地区的柿粮间作等典型模式。

(1) 主要技术

主要技术有立体种植和间作技术等。

(2) 配套技术

配套技术包括合理密植栽培技术、节水技术、平衡施肥技术和病虫害综合防治技术等。

3. 农田林网生态模式与配套技术

我国农田林网生态模式与配套技术也可以归结为农林复合这一类模式中。主要指为确保平原区种植业的稳定生产,减少农业气象灾害,改善农田生态环境条件,通过标准化统一规划设计,利用路、渠、沟、河进行网格化农田林网建设以及部分林带或片林建设,一般以速生杨树为主,辅以柳树、银杏等树种,并通过间伐保证合理密度和林木覆盖率,这样便逐步形成了与农田生态系统相配套的林网体系。

(1) 主要技术

主要技术包括树木栽培技术和网格布设技术等。

(2) 配套技术

配套技术包括病虫害防治技术、间伐技术等。其中以黄淮海地区的农田林网最为典型。

4. 林果—畜禽复合生态模式及配套技术

此模式主要是在林地或果园内放养各种经济动物,放养动物以野生取食为主,辅以必要的人工饲养;生产较集约化养殖更为优质、安全的畜禽产品,接近有机食品。主要有林—鱼—鸭、胶林养牛、山林养鸡、果园养鸡(兔)等典型模式。

（1）主要技术

主要技术包括林果种植和动物养殖以及种养搭配比例等。

（2）配套技术

配套技术包括饲料配方技术、疫病防治技术、草生栽培技术和地力培肥技术等。

（四）草地生态恢复与持续利用模式及配套技术

草地生态恢复与持续利用模式遵循植被分布的自然规律，按照草地生态系统物质循环和能量流动的基本原理，运用现代草地管理、保护和利用技术，对草地进行生态恢复，以持续利用。具体措施有：在牧区实施减牧还草，在农牧交错带实施退耕还草，在南方草山草坡区实施种草养畜，在潜在沙漠化地区实施以草为主的综合治理。这种模式能够恢复草地植被，提高草地生产力，遏制沙漠东进，改善生存、生活、生态和生产环境，增加农牧民收入，使草地畜牧业得到可持续发展。

1. 牧区减牧还草模式

我国牧区草原退化、沙化严重，草畜矛盾尖锐，直接威胁牧区和东部广大农区的生态和生产安全。通过减牧还草、恢复草原植被，可使草原生态系统重新进入良性循环，实现牧区的草畜平衡和草地畜牧业的可持续发展；可使草原真正成为保护我国东部生态环境、防止沙化的有利屏障。

牧区减牧还草模式的配套技术包括：

① 饲草料基地建设技术。在水源充足的地区建立优质高产饲料基地，在无水源条件的地区选择条件便利的旱地建立饲料基地，以满足家畜对草料的需求，减轻家畜对天然草地的放牧压力，为家畜越冬贮备草料。

② 草地围封补播植被恢复技术。草地围封后禁牧 2～3 年或更长时间，使草地植被自然恢复；或补播抗寒、抗旱、竞争性强的牧草，以加速植被的恢复。

③ 半舍饲、舍饲养技术。在牧草禁牧期、休牧期进行草料的贮备与搭配以满足家畜生长和生产对养分的需求。

④ 季节畜牧业生产技术。主要技术有：引进国内外优良品种对当地饲养的家畜进行改良，生长季划区轮牧和快速育肥结合，以改善生产和生长性能。

⑤ 再生能源利用技术。主要是应用小型风力发电机、太阳能装置和暖棚，以满足牧民生活、生产用能，减缓冬季家畜掉膘，减少对草原薪柴的砍伐，提高牧民的生活质量。

2. 农牧交错带退耕还草模式

农牧交错带退耕还草模式是指在农牧交错带有计划地进行退耕还草，发展草食家畜，以增加畜牧业的比例，实现农牧耦合，恢复生态环境，遏制土地沙漠化，增加农民收入。

农牧交错带退耕还草模式的配套技术包括：

① 草田轮作技术。牧草地和作物田以一定比例播种种植，2～3 年后倒茬轮作，可以改善土壤肥力，增加作物产量和牧草产量。

② 家畜异地育肥技术。购买牧区的架子羊、架子牛，利用农牧交错带饲料资源和秸秆的优势，进行集中育肥，进入市场。

③ 优质高产人工草地的建植利用技术。选择优质高产牧草建立人工草地用于牧草生产或育肥幼畜放牧，可以解决异地育肥家畜对草料的需求。

④ 再生能源利用技术。主要是在风能、太阳能利用的基础上增加沼气的利用。

3. 南方山区种草养畜模式

我国南方海拔 1 000 m 以上的山区,水热条件较好,适宜建植人工草地,饲养牛羊,具有发展高效草地畜牧业的潜力。利用现代草建植技术建立"白三叶＋多年生黑麦草"人工草地,选择适宜的载畜量,对草地进行合理的放牧利用,可使草地得以持续利用,草地畜牧业的效益大幅度提高。

南方山区种草养畜模式的配套技术包括:

① 人工草地划区轮牧技术。因"白三叶＋多年生黑麦草"人工草地在载畜量偏高或偏低的情况下均出现草地退化、优良牧草逐渐消失的现象,故适宜的载畜量并实施划区轮牧计划可保持优良牧草比例的稳定,使草地得以持续利用。

② 草地植被改良技术。首先采取对天然草地植被重牧,之后施入磷肥,对草地进行轻耙,将所选牧草种子播种于草地中,可明显提高播种牧草的出苗率和成活率。

③ 家畜宿营法放牧技术。即将家畜夜间留宿在放牧围栏内,以控制杂草和虫害、调控草地的养分循环和维持优良牧草的比例。

④ 家畜品种引进和改良技术。通过引进优良家畜品种典型案例对当地家畜进行改良,利用杂种优势提高农畜的生产性能,提高畜牧业生产效率。

4. 沙漠化土地综合防治模式

干旱、半干旱地区因开垦和过度放牧使得沙漠化土地面积不断增加,以每年 2 000 km^2 的速度发展,严重威胁着当地人民的生活和生产安全。沙漠化土地综合防治模式能够根据荒漠化土地退化的阶段性和特征,综合运用生物、工程和农艺技术措施,遏制土地荒漠化,改善土壤理化性质,恢复土壤肥力和草地植被。

沙漠化土地综合防治模式的配套技术包括:

① 少耕免耕覆盖技术。即在潜在沙漠化地区的农耕地实施高留茬少耕、免耕或改秋耕为春耕,或增加种植冬季形成覆盖的越冬性作物或牧草,以降低冬季对土壤的风蚀。

② 乔灌围网,牧草填格技术。即在土地沙漠化农耕或草原地区利用乔木或灌木围成林(灌)网,在网格中种植多年生牧草,以增加地面覆盖。在特别干旱的地区,采取与主风向垂直的灌草隔带种植技术。

③ 禁牧休耕、休牧措施。即在具有潜在沙漠化的草原或耕地,采取围封禁牧休耕措施,或每年休牧3～4 个月,以恢复天然植被。

④ 再生能源利用技术。即风能、太阳能和沼气的利用。

5. 牧草产业化开发模式

牧草产业化开发模式是指在农区及农牧交错区发展以草产品为主的牧草产业,种植优良牧草实现草田轮作,以增加土壤肥力,改造中低产田,减少化肥造成的环境污染,同时有利于奶业和肉牛、肉羊业的发展。运用优良的牧草品种、高产栽培技术、优质草产品收获加工技术,以企业为龙头带动农民进行牧草的产业化生产。

牧草产业化开发模式的配套技术包括:

① 高蛋白牧草种植管理技术,即以苜蓿为主的高蛋白牧草的水肥平衡管理及病虫杂草的防除等。

② 优质草产品的收获加工技术,即采用先进的切割压扁、红外监测适时打捆和烘干等手段,减少牧草蛋白的损失,生产优质牧草产品。

③ 产业化经营,以企业为龙头,实现"基地＋农户"的规模化、机械化、商品化生产。

(五)生态种植模式及配套技术

生态种植模式指依据生态学和生态经济学原理,利用当地现有的资源,综合运用现代农业科学技术,在保护和改善生态环境的前提下,进行高效的粮食、蔬菜等农产品的生产。在生态环境保护和资源高效利用的前提下,开发无公害农产品、有机食品和其他生态类食品已成为今后种植业的一个发展重点。

1. "间套轮"种植模式

"间套轮"种植模式是指在耕作制度上采用间作套种和轮作倒茬的模式。利用生物共存、互惠原理发展有效的间作套种和轮作倒茬技术是进行生态种植的主要模式之一。

间作指两种或两种以上生长季节相近的作物在同一块地上同时或同一季成行的间隔种植。套种是在间前作物的生长后期,于其株行间播种或栽植后作物的种植方式,是选用两种生长季节不同的作物,可以充分利用前期和后期的光能和空间。合理安排间作套种可以提高产量,充分利用空间和地力,还可以调剂用工、用水和用肥等矛盾,增强作物抗击自然灾害的能力。

典型的间作套种种植模式有:北京大兴区西瓜与花生、蔬菜间作套种的新型种植方式;河南省麦、烟、薯间作套种模式;山东省章丘市的马铃薯与粮、棉及蔬菜作物的间作套种;山东省农技推广总站推出的小麦、越冬菜、花生/棉花间作套种等。

轮作倒茬是关于土地养用结合的重要措施。轮作倒茬模式可以均衡利用土壤养分,改善土壤理化性状,调节土壤肥力,且可以防治病虫害,减轻杂草的危害,从而间接地减少肥料和农药等化学物质的投入,达到生态种植的目的。

典型的轮作倒茬种植模式有:禾谷类作物和豆类作物轮换的禾豆轮作;大田作物和绿肥作物的轮作;水稻与棉花、甘薯、大豆、玉米等旱作轮换的水旱轮作以及西北等旱区的休闲轮作。

2. 保护耕作模式

保护耕作模式是指用秸秆残茬覆盖地表,通过减少耕作防止土壤结构破坏,并配合一定量的除草剂、高效低毒农药控制杂草和病虫害的一种耕作栽培技术。保护性耕作通过保持土壤结构、减少水分流失和提高土壤肥力达到增产的目的,是一项大田生产和生态环境保护相结合的技术,俗称"免耕法"或"免耕覆盖技术"。国内外大量实验证明,保护性耕作可起到根茬固土、秸秆覆盖和减少耕作等作用,可以有效地减少土壤水蚀,并能防止土壤风蚀,是进行生态种植的主要模式之一。

保护耕作模式的配套技术包括:

中国农业大学"残茬覆盖减耕法",陕西省农科院旱农所"旱地小麦高留茬少耕全程覆盖技术",山西省农科院"旱地玉米免耕整秆半覆盖技术",河北省农科院"一年两熟地区少免耕栽培技术",山东淄博农机所"深松覆盖沟播技术",重庆开县农业生态环境保护站"农作物秸秆返田返地覆盖栽培技术",四川苍溪县的水旱免耕连作,重庆农业环境保护监测站的稻田垄作免耕综合利用技术等。

3. 旱作节水农业生产模式

旱作节水农业是指利用有限的降水资源,通过工程、生物、农艺、化学和管理技术的集成,将生产和生态环境保护相结合的农业生产技术。其主要特征是运用现代农业高新技术手段,提高自然降水利用率,消除或缓解水资源严重匮乏地区的生态环境压力、提高经济效益。

旱作节水农业生产模式的配套技术包括:

抗旱节水作物品种的引种和培育;关键期有限灌溉、抑制蒸腾、调节播栽期避旱、适度干旱处理后的反冲机制利用等;农艺节水技术包括:微集水沟垄种植、保护性耕作、耕作保墒、薄膜和秸秆覆盖、经济林果集水种植等;抗旱剂、保水剂、抑制蒸发剂、作物生长调节剂的研制和应用;节水灌溉技术、集雨补灌技术、节水灌溉农机具的生产和利用等。

4. 无公害农产品生产模式

无公害农产品生产模式是指发展生态种植业,注重农业生产方式与生态环境相协调;在玉米、水稻、小麦等粮食作物主产区,推广优质农作物清洁生产和无公害生产的专用技术,集成无公害优质农作物的技术模式与体系;在蔬菜主产区,进行无公害蔬菜的清洁生产及规模化、产业化经营模式。

无公害农产品生产模式的配套技术包括:

平衡施肥技术,如中国农科院土肥所推出并推广的"施肥通"智能电子秤;新型肥料,如包膜肥料及阶段性释放肥料的施用;采用生物防治技术控制病虫草害的发生;农药污染控制技术,如对靶施药技术及新型高效农药残留降解菌剂的应用;增加膜控制释放农药等新型农药的应用等。

（六）生态畜牧业生产模式及配套技术

生态畜牧业生产模式是指利用生态学、生态经济学、系统工程和清洁生产的思想、理论和方法进行畜牧业生产。其目的在于达到保护环境、资源永续利用的同时,生产优质的畜产品。

生态畜牧业生产模式的特点是,在畜牧业全程生产过程中,既要体现生态学和生态经济学的理论,同时也要充分利用清洁生产工艺,从而生产优质、无污染和健康的农畜产品。其模式的成功关键在于饲料基地、饲料及饲料生产、养殖及生物环境控制、废弃物综合利用及畜牧业粪便循环利用等环节能够实现清洁生产,实现无废弃物或少废弃物生产过程。现代生态畜牧业根据规模及与环境的依赖关系,分为综合型生态养殖场和规模化生态养殖场两种生产模式。

1. 综合型生态养殖场生产模式

该模式的主要特点是以畜禽动物养殖为主,辅以相应规模的饲料粮（草）生产基地和畜禽粪便消纳土地,通过清洁生产技术生产优质畜产品。根据饲养动物的种类可分为以猪为主的生态养殖场生产模式、以草食家畜（牛、羊）为主的生态养殖场生产模式、以禽为主的生态养殖场生产模式和以其他动物（兔、貂）为主的生态养殖场生产模式。

综合型生态养殖场生产模式的技术组成包括:

（1）无公害饲料基地建设

通过饲料（草）品种的选择、土壤基地的建立、土壤培肥技术、有机肥制备和施用技术、平衡施肥技术、高效低残留农药施用等技术配套,实现饲料原料清洁生产的目的。主要包括禾谷类、豆科类、牧草类、根茎瓜类、叶菜类、水生饲料等。

（2）饲料及饲料清洁生产技术

此技术根据动物营养学,应用先进的饲料配方技术和饲料制备技术,根据不同畜禽种类、长势进行饲料配方,生产全价配合饲料和精料混合料。作物残体（纤维性废径物）营养价值低,或可消化性差,不能直接用做饲料。但是如果将它们进行适当的处理,即可大大提高其营养价值和可消化性。目前,秸秆处理方法有机械(压块)、化学(氨化)、生物(微生物发酵)等处理技术。国内应用最广的是青贮和氨化。

（3）养殖及生物环境建设

即在畜禽养殖过程中利用先进的养殖技术和生物环境建设,达到畜禽生产的优质、无污染。通过禽畜舍干清粪技术和疫病控制技术,使畜禽生长环境优良,畜禽无病或少病发生。

（4）固液分离技术和干清粪技术

对于水冲洗的规模化畜禽养殖场而言,其粪尿采用水冲洗方法排放,既污染环境浪费水资源,也不利于养分资源利用。采用固液分离设备首先对粪尿进行固液分离,固体部分进行高温堆肥,液体部分进行沼气发酵。同时为减少用水量,应尽可能采用干清粪技术。

（5）污水资源化利用技术

即采用先进的固液分离技术分离出液体部分,在非种植季节进行处理,达到排放标准后排放或者进行蓄水贮藏,在作物生产季节可以充分利用污水中的水肥资源进行农田灌溉。

（6）有机肥和有机无机复混肥制备技术

即采用先进的固液分离技术分离出的固体部分利用高温堆肥技术和设备,生产优质有机肥和商品化有机无机复混肥。

（7）沼气发酵技术

即利用畜禽粪污进行沼气和沼气肥生产。这项技术的应用可以合理地循环利用物质和能量,解决燃料、肥料、饲料矛盾,改善和保护生态环境,促进农业全面、持续、良性发展,促进农民增产增收。

2. 规模化养殖场生产模式

该模式的特点是主要以大规模畜禽动物养殖为主,但缺乏相应规模的饲料粮(草)生产基地和畜禽粪便消纳的土地场所,因此需要通过一些生产技术措施和环境工程技术进行环境治理,最终生产优质畜产品。根据饲养动物的种类,该模式可以分为规模化养猪场生产模式、规模化养牛场生产模式和规模化养鸡场生产模式。

规模化养殖场生产模式的技术组成包括:

（1）饲料及饲料清洁生产技术

（2）养殖及生物环境建设

生态生产的内涵就是过程控制。即在畜禽养殖过程中利用先进的养殖技术和生物环境建设,达到禽畜生产的优质、无污染;通过禽畜舍干清粪技术和疫病控制技术,使畜禽生长环境优良,无病或少病发生。

（3）固液分离技术

（4）污水处理与综合利用技术

（5）畜牧业粪便无害化高温堆肥技术

即采用先进的固液分离技术,固体部分利用高温堆肥技术和设备,生产优质有机肥和商品化有机无机复混肥。

（6）沼气发酵技术

3. 生态养殖场产业开发模式

生态养殖场产业化经营是现代畜牧业发展的必然趋势,是生态养殖场生产的一种科学组织与规模化经营的重要形式。商品化和产业化生态养殖场生产主要包括饲料饲草的生产与加工、优良动物新品种的选育与繁育、动物的健康养殖与管理、动物的环境控制与改善、畜禽粪便无公害化与资源化利用、动物疫病的防治、畜产品加工、畜产品营销和流通等环节。此模式科学合理地确定各生产要素的连接方式和利益分配,从而发挥畜禽产业化各生产要素专业化和社会化的优势,实现生态畜牧业的产业化经营。

（七）生态渔业生产模式及配套技术

该模式是遵循生态学原理,采用现代生物技术和工程技术,按生态规律进行生产,保持和改善生产区域的生态平衡,保证水体不受污染,保持各种水生生物种群的动态平衡和食物链网结构合理的一种模式。包括以下几种模式及配套技术。

1. 鱼和鱼池塘混养模式及配套技术

（1）常规鱼类多品种混养模式

常规鱼类指草鱼、鲢鱼、鳙鱼、青鱼、鲤鱼、罗非鱼等。主要利用草鱼为草食性、鲢（鳙）鱼为滤食性、青鱼与鲤鱼为吃食性、罗非鱼为杂食性的食性不同以及草鱼、鲢鱼、鳙鱼在上层,鲤鱼在中层,青鱼、罗非鱼在中下层的垂直分布不同,合理搭配品种进行养殖。本模式适宜池塘、网箱养殖,由于所养殖的鱼类是大宗品种,因此经济效益相对较低。

（2）常规鱼与名特优水产品种综合养殖模式

名特优水产品种因品质较好而市场畅销,为经济价值较高的养殖品种,但是名特优水产品种多为吃食性鱼类。如鳜鱼、斑点叉尾鮰、美国红鱼、加州鲈、条纹鲈、胭脂鱼、蓝鲨等。本模式适宜池塘、网箱养殖。本养殖模式若是以创造较高的经济效益为目的,则一般以名特优水产品种为主,以常规品种为次,采用营养全、效价高的人工配合饲料进行养殖,其特点是技术含量较高,高投入、高产出,反之亦然。

2. 鱼和渔池塘混养模式及配套技术

（1）鱼与鳖混养技术

如罗非鱼与鳖混养模式主要利用罗非鱼和鳖的生长温度、食性及底栖等相似的生物学特点,将两者进行混养。在这一养殖模式中利用罗非鱼的“清道夫”功能,主养鳖。其特点比单一养殖鳖经济效益高。

（2）鱼与虾混养技术

主要有淡水鱼虾混养和海水鱼虾混养两种类型。淡水鱼虾混养多为常规或名特优淡水鱼类与青虾、罗氏沼虾混合养殖,海水鱼虾混养主要是海水鱼类与对虾混养殖。淡水鱼虾混养中的“鱼青混养”一般以鱼类为主,青虾为辅;“鱼罗混养”则以罗氏沼虾为主。海水鱼类与对虾混养则以虾类为主。特别值得一提的是中国对虾与河鱼屯、鲈鱼的混养,在养殖过程中以中国对虾为主,同时放入少量的肉食性鱼类（河鱼屯或鲈鱼）,河鱼屯、鲈鱼摄食体质较弱、行动缓慢的病虾,避免了带病毒对虾死亡后释放病原体于水中的可能,从而阻断了病毒的传播途径。

（3）鱼与贝混养技术

一般包括淡水鱼类与三角帆蚌混养、海水鱼类与贝类（缢蛏、泥蚶）混养。在三角帆蚌育珠中,配以少量的上层鱼类如鲢鱼、鳙鱼和底栖鱼类罗非鱼等,可以清洁水域环境,减少杂物附着,提高各层养殖质量。在缢蛏、泥蚶等贝类养殖池塘中放入少量的鲈鱼、大黄鱼进行混养。鲈鱼、大黄鱼的残饵与排泄物可以起到肥水作用,促进浮游生物的生长,同时摄食体质较弱的贝肉;肥水增加的浮游生物又被滤食性的贝类所利用,从而达到生态平衡。

(4) 鱼与蟹混养技术

通常指梭子蟹与鲈鱼、鲷鱼或对虾混养。梭子蟹为底栖生物,以动物饵料为食,适合在透明度为 30 cm 的水中生长。鲈鱼、鲷鱼的残饵与排泄物可以起到肥水促进浮游生物生长的作用,为梭子蟹生长提供适宜的环境。应注意的是鲈鱼、鲷鱼为凶猛的肉食性鱼类,为避免捕食蜕(换)壳蟹,散养时应投喂足够的饵料或采用小网箱套养。

3. 基塘渔业模式及配套技术

(1) 桑基、果基渔业模式及配套技术

为了充分利用土地资源,提高资源的利用率,在养殖鱼类池塘的塘埂上种植桑树、果树。这种基塘渔业模式比单一养殖创造的经济效益更高。

(2) 基围渔业模式及配套技术

基围养殖主要构造在潮涧带滩涂上,为便于潮汐纳水,一般建成"下埝上网"的养殖池,开展新对虾属类品种的养殖。关键技术主要包括对虾养殖技术。

4. 稻田养殖模式及配套技术

利用稻鱼共生的原理,开展养殖的模式。目前稻田渔业主要有稻田养鱼、养蟹、养贝等几种模式。稻田养殖根据所养殖的种类不同、所处的地域不同,构建的养殖工程也不同。一般分"平田式"、"鱼凼式"、"沟池式"、"垄稻沟鱼式"。养殖品种应选择耐浅水、耐高温、耐低氧、食性广的种类,鱼类可选革胡子鲇、罗非鱼、鲤鱼、鲫鱼、草鱼;蟹类可选河蟹;贝类可选三角帆蚌。稻田养殖的关键是要做好管水、投饵、施肥、用药、防洪、防旱、防逃、防害、防盗等工作。

关键技术主要包括鱼类、贝类、蟹类养殖技术。

5. 以渔改碱模式及配套技术

(1) 抬田渔改碱模式及配套技术

为充分利用国土资源,在三荒地上即在沿黄低洼地上通过深挖池塘、筑(抬)田的工艺路线,构成鱼—粮、鱼—草、鱼—鸭的种植、养殖结合的模式。本模式一般是抬田种粮(草)、池塘养鱼、种藕(莲、菱),池水养鸭。关键技术主要包括反碱工艺、养殖技术和种植技术。

(2) 盐碱地对虾养殖模式及配套技术

根据盐碱水质多样性和复杂性的特点,采取治理、改良、调控盐碱水质等创新技术,使荒废的国土资源变废为宝,开展虾、鱼、贝、蟹等品种的水产养殖。通过建立盐碱地不同水质水产生态养殖模式,可治理改善当地恶劣的生态环境,提高内陆盐碱地和咸水水域的利用率,并对调整农业产业结构、增加农民收入起到积极的作用。关键技术主要包括离子平衡(水质调控)技术、养殖技术。

6. 湖泊网围(栏)模式及配套技术

湖泊网围养殖是充分利用大水面优越的自然资源(水质清新、溶氧高),养殖以丰富的天然水草、螺蚬资源为主饲料的吃食性鱼、蟹、虾类的生态养殖模式,因而具有节地、节能、节粮、节资功能。同时,它能以经济效益为中心,实施经济(渔民致富)、社会(市场丰富)、生态(环境优化)三个效益的统一。湖泊网围养殖对象为草鱼、团头鲂、鳊等草食性鱼类,辅以鲫、鲢、鳙滤食性鱼类,同时可兼养河蟹、青虾等。

关键技术包括:① 网围水域(草型湖泊)的选择,② 网围设施建造技术,③ 鱼(蟹、虾)种放养技术,④ 补饵及投喂技术,⑤ 日常管理技术,⑥ 捕捞技术。

7. 渔牧综合模式及配套技术

根据生物的生长环境、动物的食性不同等特点,在互不干扰的前提下,使牧、渔、农成为互为利用的综合生态类型。

(1)鱼与水草综合养殖模式及配套技术

有些养殖鱼类如鳜、黄鳝喜好栖息在水草繁茂的水域中。在土池养殖黄鳝时,往往在池内种植一些水葫芦、慈姑、浮萍等水生植物。而水葫芦、慈姑、浮萍既可为养殖生物提供生长环境,又可净化养殖水质,还可用做猪的青饲料。关键技术主要包括鳜鱼和黄鳝养殖技术、水草种养技术。

(2)鱼与芡实、菱、藕类的综合模式及配套技术

芡实、菱、藕类为水生经济植物,生长所需营养主要从水域环境中获取。芡实、菱、藕类种植池塘中兼养一定比例的鱼类,鱼类的残饵与排泄物在微生物的作用下可转化为植物生长所必需的有机营养盐,达到种养间的生态平衡。关键技术主要包括鱼类养殖技术,芡实、菱、藕类种植技术。

(3)鱼与禽综合养殖模式及配套技术

主要是在鱼池中放禽的"鱼禽混养"、"上禽下鱼"的养殖模式。利用禽粪肥水促进浮游生物的生长,即禽粪在微生物的作用下可转化为浮游植物生长所必需的有机营养盐,浮游生物又被养殖鱼类所利用。鱼禽混养中鱼类多为常规性鱼类,要求耐低氧、食性广、抗性强的种类,一般是革胡子鲶、罗非鱼、鲤、鲫、草鱼等,禽主要是鸭子;上禽下鱼养殖中的禽,往往需要在池塘上构建禽舍,禽可是鸡也可是鸭等,而养殖鱼类同"鱼禽混养"的鱼类。关键技术主要包括鱼类、禽类养殖技术。

(4)鱼与畜综合养殖模式及配套技术

利用畜粪肥水促进浮游生物的生长,即畜粪在微生物的作用下可转化为浮游生物生长所必需的有机营养盐,浮游生物又被养殖鱼类所利用。养殖鱼类多为常规性鱼类,一般选择耐低氧、食性广、抗性强的种类,如革胡子鲶、罗非鱼、鲤、鲫、草鱼等。由于某些疾病属人、畜、禽、鱼共患,并对人危害性较大,如线虫纲大部分种类等,因此利用畜粪肥水之前,一定要严格预处理,经无害化处理后方可使用。关键技术主要包括鱼类、畜类养殖技术及疫病防预技术。

(5)牧、渔、农复合模式及配套技术

本模式主要有"三元"复合模式和"多元"复合模式两类。"三元"复合主要包括菜—猪—鱼、猪—草—鱼、草—鸭—鱼、鸡—猪—鱼综合养殖技术;"多元"复合主要包括鸡—猪—蛆—鱼、鸡—猪—沼—鱼、草—猪—蚓—鱼综合养殖技术等。

(八)丘陵山区小流域综合治理模式及配套技术

我国丘陵山区约占国土面积的 70%,这类区域的共同特点是地貌变化大、生态系统类型复杂、自然物产种类丰富,其生态资源优势使得这类区域特别适宜发展农林、农牧或林牧综合性特色生态农业。

1. "围山转"生态农业模式及配套技术

这种生态农业模式的基本做法是:依据山体高度的不同因地制宜地布置等高环形种植带,农民形象地总结为"山上松槐戴帽,山坡果林缠腰,山下瓜果梨桃"。这种模式合理地把

退耕还林还草、水土流失治理与坡地利用结合起来,恢复和建设了山区生态环境,发展了当地农村经济。等高环形种植带作物种类的选择因纬度和海拔高度而异,关键是作物必须适应当地条件,并且具有较好的水土保持能力。例如,在半干旱区,选择耐旱力强的沙棘、柠条、仁用杏等经济作物建立水土保持作物条带等。另外,要注意在环形条带间穿播布置不同收获期的作物类型,以便使坡地终年保存可阻拦水土流失的覆盖作物等高条带。建设坚固的地埂和地埂植物篱,这也是强化水土保持的常用措施。云南哈尼族梯田历数千年不衰也证实了生态型梯地利用的可持续性。

该模式的配套技术包括:等高种植带园田建设技术,适应性作物类型选择技术,地埂和植物篱建设工程技术,多种作物类型选择配套和种植、加工技术等。

2. 生态经济沟模式及配套技术

该模式是在小流域综合治理中通过荒地拍卖、承包形式建立起来的一类治理与利用结合的综合型生态农业模式。小流域既有山坡也有沟壑,水土流失和植被破坏是突出的生态问题。按生态农业原理,实行流域整体综合规划,从水土治理工程措施入手,突出植被恢复建设,依据沟、坡的不同特性,发展多元化复合型农业经济。在平缓的沟地建设基本农田,发展大田和园林种植业;在山坡地实施水土保持的植被恢复措施,因地制宜地发展水土保持林、用材林、牧草饲料和经济林果种植(等高种植),综合发展林果、养殖、山区土特产和副业(如编织)等多元经济。目前主要是通过两种途径来发展该模式:一是依靠政府综合规划和技术服务的帮助,带动多个农户业主共同建设;二是单一或几家业主联合承包来建设。后一途径的条件是业主必须具有一定的基建投资能力和综合发展多元经济的管理、技术能力。

该模式的配套技术包括:水土流失综合治理规划技术;水土流失治理工程技术,等高种植和梯田建设技术,地埂植物篱技术,保护性耕作技术,适应植物选择和种植技术,土特产种养和加工技术和多元经济经营管理技术等。

3. 西北地区"牧—沼—粮—草—果"五配套模式及配套技术

该模式主要适应西北高原丘陵农牧结合地带,以丰富的太阳能为基本能源,以沼气工程为纽带,以农带牧,以牧促沼,以沼促粮、草、果种植业,形成生态系统和产业链合理循环的体系。

该模式的配套技术包括:阳光圈舍技术,沼气工程技术,沼渣、沼液利用技术,水窖贮水和节水技术,粮草果菜种植技术,畜禽养殖技术和农畜产品简易加工技术等。

4. 生态果园模式及配套技术

生态果园模式也适应于平原果区,但在丘陵地区应用最广泛。该模式基本构成包括:标准果园(不同种类的果类作物)、果林间种牧草或其他豆科作物,林内有的结合放养林蛙,果园内有的建猪圈、鸡舍和沼气池,有的还在果树下放养土鸡以帮助除虫。生态果园比传统果园的生态系统构成单元多,系统稳定性强,产出率高,病虫害少,劳动力利用率高。

该模式的配套技术包括:生物防治技术;生物间协作互利原理应用技术,果、草(豆科作物)种植技术,草地鸡放养技术,沼气工程和沼气(渣、液)合理利用技术等。

(九)设施生态农业模式及配套技术

设施生态农业模式及配套技术是在设施工程的基础上通过以有机肥料全部或部分替代化学肥料(无机营养液)、以生物防治和物理防治措施为主要手段进行病虫害防治、以动物与植物的共生互补良性循环等技术构成的新型高效生态农业模式。其典型模式与技术如下。

1. 设施清洁栽培模式及配套技术

该模式的主要内容包括：

① 设施生态型土壤栽培。通过采用有机肥料（固态肥、腐熟肥、沼液等）全部或部分替代化学肥料，同时采用膜下滴灌技术，使作物整个生长过程中化学肥料和水资源能得到有效控制，实现土壤生态的可恢复性生产。

② 有机生态型无土栽培。通过采用有机固态肥（有机营养液）全部或部分替代化学肥料，采用作物秸秆、玉心芯、花生壳、废菇渣以及炉渣、粗砂等作为无土栽培基质取代草炭、蛭石、珍珠岩和岩棉等，同时采用滴灌技术，实现农产品的无害化生产和资源的可持续利用。

③ 生态环保型设施病虫害综合防治模式。通过以天敌昆虫为基础的生物防治手段以及一批新型低毒、无毒农药的开发应用，以减少农药的残留；通过环境调节、防虫网、银灰膜避虫和黄板诱虫等离子体技术等物理手段的应用，以减少农药用量，使蔬菜品种品质明显提高。

该模式的技术组成包括：

① 设施生态型土壤栽培技术。主要包括有机肥料生产加工技术，设施环境下有机肥料施用技术，膜下滴灌技术；栽培管理技术等。

② 有机生态型无土栽培技术。主要包括有机固态肥（有机营养液）的生产加工技术，有机无土栽培基质的配制与消毒技术，滴灌技术，有机营养液的配制与综合控制技术，栽培管理技术等。

③ 以昆虫天敌为基础的生物防治技术。

④ 以物理防治为基础的生态防病、土壤及环境物理灭菌，叶面微生态调控防病等生态控病技术体系等。

2. 设施种养结合生态模式及配套技术

通过温室工程将蔬菜种植、畜禽（鱼）养殖有机地组合在一起而形成的质能互补、良性循环型生态系统。目前，这类温室已在中国辽宁、黑龙江、山东、河北和宁夏等省、市、自治区得到了较大面积的推广。该模式目前主要有两种形式。

① 温室"畜—菜"共生互补生态农业模式

该模式主要利用畜禽呼吸释放出的 CO_2，供给蔬菜作为气体肥料；畜禽粪便经过处理后作为蔬菜栽培的有机肥料来源；同时，蔬菜在同化过程中产生的 O_2 等有益气体供给畜禽来改善养殖生态环境，实现共生互补。

② 温室"鱼—菜"共生互补生态农业模式

该模式利用鱼的营养水体作为蔬菜的部分肥源，同时利用蔬菜的根系净化功能为鱼池水体进行清洁净化。

该模式的技术组成包括：

① 温室"畜—菜"共生互补生态农业模式。主要包括："畜—菜"共生温室的结构设计与配套技术，畜禽饲养管理技术，蔬菜栽培技术，"畜—菜"共生互补合理搭配的工程配套技术，温室内 NH_3、H_2S 等有害气体的调节控制技术。

② 温室"鱼菜"共生互补生态农业模式。主要包括："鱼—菜"共生温室的结构与配套技术，温室水产养殖管理技术，蔬菜栽培技术，"鱼—菜"共生互补合理搭配的工程配套技术，水体净化技术。

3. 设施立体生态栽培模式及配套技术

设施立体生态栽培模式有三种主要形式：

① 温室"果—菜"立体生态栽培模式。利用温室果树的休眠期、未挂果期地面空间的空闲阶段，选择适宜的蔬菜品种进行间作套种。

② 温室"菇—菜"立体生态培养模式，通过在温室过道、行间距空隙地带放置食用菌菌棒，进行"菇—菜"立体生态栽培，食用菌产生的 CO_2 可作为蔬菜的气体肥源，温室高温高湿环境又有利于食用菌生长。

③ 温室"菜—菜"立体生态栽培模式。利用藤式蔬菜与叶菜类蔬菜空间上的差异，进行立体栽培，夏天还可利用藤式蔬菜为喜阴蔬菜遮阳，互为利用。

该模式的技术组成包括：

① 设施工程技术：包括温室的选型，结构设计，配套技术的应用，立体栽培设施的工程配套等。

② 脱毒抗病设施栽培品种的选用。

③ "果—菜"、"菇—菜"、"菜—菜"品种的选用与搭配。

④ 立体栽培设施的水肥管理技术。

⑤ 病虫害综防植保技术。

（十）观光生态农业模式及配套技术

该模式是指以生态农业为基础，强化农业的观光、休闲、教育和自然等多功能特征，形成具有第三产业特征的一种农业生产经营形式。主要包括高科技生态农业园、精品型生态农业公园、生态观光村和生态农庄等四种模式。

1. 高科技生态农业观光园

该模式主要以设施农业（连栋温室）、组配车间、工厂化育苗、无土栽培、转基因品种繁育、航天育种、克隆动物育种等农业高新技术产业或技术示范为基础，并通过生态模式加以合理联结，再配以独具观光价值的珍稀农作物、养殖动物、花卉、果品以及农业科普教育（如农业专家系统、多媒体演示）和产品销售等多种形式，形成以高科技为主要特点的生态农业观光园。

该模式的技术组成包括：设施环境控制技术，保护地生产技术，营养液配制与施用技术，转基因技术，组培技术，克隆技术，信息技术，有机肥施用技术，保护地病虫害综合防治技术和节水技术等。

2. 精品型生态农业公园

通过生态关系将农业的不同产业、不同生产模式、不同生产品种或技术组合在一起，建立具有观光功能的精品型生态农业公园。一般包括粮食、蔬菜、花卉、水果、瓜类和特种经济动物养殖精品生产展示，传统与现代农业工具展示，利用植物塑造多种动物造型，利用草坪和鱼塘以及盆花塑造各种观赏图案与造型，形成综合观光生态农业园区。

该模式的技术组成包括：景观设计、园林设计、生态设计技术，园艺作物和农作物栽培技术，草坪建植与管理技术等。

3. 生态观光村

生态观光村专指已经产生明显社会影响的生态村。它不仅具有一般生态村的特点和功能（如村庄经过统一规划建设、绿化美化环境卫生清洁管理，村民普遍采用沼气、太阳能或秸秆气化,农户庭院进行生态经济建设与开发,村外种养加生产按生态农业产业化进行经营管理等),而且由于具有广泛的社会影响,已经具有较高的参观访问价值,具有较为稳定的客流,可以作为观光产业进行统一经营管理。

该模式的技术组成包括:村镇规划技术,景观与园林规划设计技术,污水处理技术,沼气技术,环境卫生监控技术,绿化美化技术,垃圾处理技术和庭院生态经济技术等。

4. 生态农庄

一般由企业利用特有的自然和特色农业优势,经过科学规划和建设,形成具有生产、观光、休闲度假、娱乐乃至承办会议等综合功能的经营性生态农庄。这些农庄往往具备赏花、垂钓、采摘、餐饮、健身、狩猎、宠物乐园等设施与活动。

该模式的技术组成包括:自然生态保护技术,自然景观保护与持续利用规划设计技术,农业景观设计技术,人工设施生态维护技术,生物防治技术,水土保持技术和生物篱笆建植技术等。

 本章习题

1. 生态系统是怎样进行物质循环和能量流动的?
2. 什么是生态平衡? 保持生态平衡有什么意义?
3. 农田生态系统有哪些特点?
4. 简述农田生态系统生物多样性的意义。
5. 举例说明如何持续利用农田生态系统生物的多样性。
6. 农田生态系统有哪些功能? 如何进行分析?
7. 举例说明生态种植模式及配套技术。

第三章 作物的起源、分类与分布

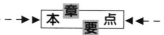

本章要点

　　人类栽培的作物种类很多,包括粮、棉、油、糖、麻、烟、茶、桑、果、菜、药、杂等 1 500 多种,其中大田作物也有数十种。而作物的品种数量和质量与人类的生产生活密切相关。本章主要介绍作物的概念、分类、起源和传播,并概要地讲述目前全球和我国的作物生产的分布情况。

第一节　作物的起源和分类

一、主要栽培作物的起源

　　作物的起源(origin)历来受到植物学家、作物遗传育种学家和栽培学家、生态学家的重视。研究作物的起源对丰富作物的遗传变异"基因库"、改良作物的产量和品质性状、培育更多有价值的作物品种以及提高植物资源的种群生态利用效率都具有重要的价值。从林奈(Linnaeus)到达尔文(Darwin)和孟德尔(Mendel),都先后开展了作物的起源研究。瑞士植物学家德堪尔(De Candolle)曾对 477 种栽培植物起源进行研究,于 1883 年出版了《栽培植物的起源》。20 世纪 20 年代起以苏联植物学家瓦维洛夫(Н. И. Вавилов)为代表,经系统研究出版了《栽培植物的起源中心》,40 年代后,达灵顿(C. D. Darlington,1945)和贾奈基·阿马尔(E. K. Janaki Ammal,1945)、哈伦(J. K. Harlan,1951)、茹科夫斯基(В. И. Куковскнй,1968)、泽文(A. C. Zeven)和茹科夫斯基(1975)通过研究提出了修改意见,并进一步发展了作物起源中心学说。

(一)作物起源中心学说

　　瓦维洛夫等借助植物形态分类、杂交验证、细胞学、免疫学等手段,组织对世界 60 多个国家采集到的 30 多万份作物及其近缘亲属的样本进行系统研究,并以考古学、历史和语言学对植物地理划分加以修改,形成了作物起源中心的概念,提出了作物起源中心学说,明确了作物起源中心具有基因多样性和显性基因(Dominant Gene)频率较高的两个主要特征,将作物起源分为最初始起源地——原生起源中心(Primary Origin Center)和扩散至边缘地点形成的隐形基因(Recessive Gene)控制的多样化地区——次生起源中心(Secondary

Origin Center)。一定生态环境中的作物间在遗传性状方面存在相似平行现象(遗传变异性的同源系列规律),作物可分为人类有目的驯化的原生作物和伴随原生作物分离出的次生作物。作物起源中心初步确定了世界作物起源的 8 个作物起源中心(原生)(见表 3-1)。

表 3-1 **8 个作物起源中心(原生)**

分类	起源中心	包括的作物和物种
Ⅰ	中国—东亚中心	包括 11 种作物 136 个物种
Ⅱ	印度中心	包括 15 种作物 117 个物种
Ⅲ	中亚西亚中心	包括 15 种作物 42 个物种
Ⅳ	西亚中心	包括 20 种作物 83 个物种
Ⅴ	地中海中心	包括 6 种作物 84 个物种
Ⅵ	埃塞俄比亚中心	包括 15 种作物 38 个物种
Ⅶ	南美和中美中心	包括 9 种作物 49 个物种
Ⅷ	南美中心	包括 7 种作物 62 个物种

瓦维洛夫提出作物起源中心学说后,又于 1935 年出版了《育种的植物地理基础》,其中的一些基本理论至今仍有重要的指导作用。瓦维洛夫的作物起源中心学说也在后人的研究工作中引起争论和修改。1945 年,达灵顿和贾奈基·阿马尔对瓦维洛夫的 8 个起源中心做出了补充修订,将世界作物起源或多样性中心划分为 12 个起源中心。1951 年,哈伦提出作物的起源与变异要从空间和时间两方面来论证,并根据作物扩展面积的远近和大小将作物的起源分为 5 种类型。1968 年,茹科夫斯基提出大基因中心观念,1975 年泽文和茹可夫斯基共同编写了《栽培植物及其变异中心检索》,对 12 个基因中心扩大了地理基因中心起源的概念(见图 3-1)。

(二)栽培作物的传播与演变

野生植物在人类未干预条件下的传播(dissemination),凭借风、雨、水流以及动物活动等自然因素进行,有的则在繁殖器官成熟时破裂的弹力作用下向外传播。随着传播至新生态条件下的自然选择产生的变异形成了新的种类,甚至其后代与新生态条件下的物种异交产生特异类型。自然传播的范围和距离十分有限,因而植物种群的扩展是缓慢的。

作物的传播除表现野生植物的传播方式外,突出表现为以人类活动、人类迁徙为主要传播的途径,即人类有目标的引种传播。古代农业和传统农业中的栽培作物传播随人类通过陆路或水路迁徙的踪迹而发展。陆路传播一般随人类迁徙的渐进形成作物种类和品种的辐射,水路传播一般随人类迁徙形成沿海岸线扩展或跨海型扩展。丁颖(1957)、柳子明(1975)研究认为栽培稻可能发源于中国云贵高原和东南亚各大河流流域,并沿着大河川的河谷及河谷间的路径扩散至各大河流域下游;约在公元前 12 世纪由海路东传至日本,约在公元前 1 000 年以前传至菲律宾,稻种也由籼型野生稻分化演变成籼亚种和粳亚种两大类型。而发源于近东的普通小麦,经陆路传播到中国和欧洲,进一步由海路远传到非洲,15 世纪末传入印度群岛,18 世纪被引入到澳大利亚。发源于中美洲的玉米,由海路传入西班牙,再由陆路传至欧洲和中东,16 世纪 30 年代传入东亚,经好望角海路传到马达加斯加、印度和东南亚各国,并演变发展为 2 个种 9 个亚种类型。

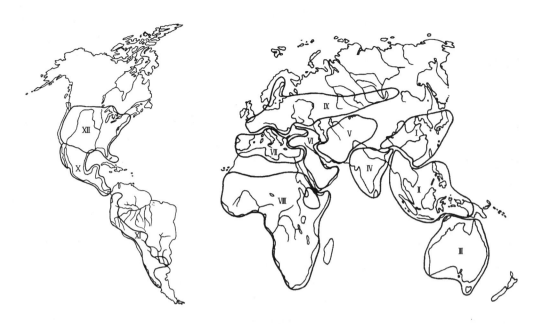

图 3-1　世界作物起源地理基因中心

Ⅰ.中国—日本中心。确认中国为栽培稻、黍、稷、粟、大麦、荞麦、大豆、裸燕麦等作物的原生基因中心,为普通小麦、高粱等作物的次生基因中心;日本为由中国发展的次生基因中心。

Ⅱ.印度支那—印度尼西亚中心。确认爪哇稻和芋的原生基因中心和丰富的热带野生植物资源。

Ⅲ.澳大利亚中心。确认烟草的原生基因中心和野生稻种。

Ⅳ.印度斯坦中心。确认栽培稻、甘蔗、绿豆、红豆、豇豆、棉花等原生基因中心和许多热带果树。

Ⅴ.中亚西亚中心。确认栽培小麦、豌豆、山黧豆等原生基因中心。

Ⅵ.近东中心。确认栽培小麦、黑麦原生基因中心。

Ⅶ.地中海中心。确认燕麦、甜菜、亚麻、三叶草、羽扇豆等次生基因中心。

Ⅷ.非洲中心。确认高粱、棉花、栽培稻等原生基因中心。

Ⅸ.欧洲—西伯利亚中心。确认甜菜、苜蓿、三叶草等原生基因中心。

Ⅹ.南美洲中心。确认马铃薯、花生、木薯、烟草、栽培稻、苋菜等原生基因中心。

Ⅺ.中美洲—墨西哥中心。确认甘薯、玉米、栽培稻等原生基因中心。

Ⅻ.北美洲中心。确认向日葵、羽扇豆等原生基因中心。

世界历史上著名的中国通往西方的丝绸之路、哥伦布开辟好望角航行发现美洲新大陆、阿拉伯人公元 8～10 世纪的经商活动等,都有力地推进了作物在东西方向的大量相互传播。经过传播交流的作物类型,有的在异地生长更好,有的发展更快。如原产中国的大豆,现在北美洲、南美洲栽培面积最大,单产最高,品种类型也最丰富。原产于南美的花生,现在印度和中国栽培面积最大。原产于南美的马铃薯,现成为欧洲各国的主要食品作物。原产于中美洲高原的陆地棉,传入亚洲后,使中国和印度成为最大的产棉国。作物的传播依赖于农业社会发展的交通、信息条件。古代农业由于交通不便、信息不发达,农作物类型传播到新的生态区域形成一定栽培规模需要几百年乃至上千年时间。到中世纪,玉米、甘薯、棉花的传播发展则仅用几十年至近百年时间。而到现代,矮秆稻、麦品种类型的传播发展只用了几年至几十年的时间。现代生物技术的广泛应用,甚至只需 1～2 年时间就能完成一个作物品种的传播发展和新种类型的创造,而以最快的速度推进世界范围作物生产的发展。如近几年棉花 Bt 抗虫基因在我国广泛应用迅速有效地推进了我国抗虫棉花的生产。应该引起重视的是,现代作物的传播不能忽视由于不慎引进一个有害作物(基因),可能对某一生态区域的作物生产造成的严重危害,特别是对区域性食品安全和生物安全可能引发的危害。

二、作物的概念及分类

(一)作物的概念

作物(crop)是指由野生植物经过人类不断选择、驯化、利用、演化而来的具有经济价值的栽培植物。地球上有记载的 39 万种植物中,被人类利用的有 2 500 种以上。目前世界栽培种植的植物约 1 500 种,其中粮、棉、油、糖、麻、烟、茶、桑、果、菜、药、杂等这些人工栽培的植物统称为作物,这是广义的作物概念。狭义的作物概念主要指农田大面积栽培的农作物(Field Crop),一般称大田作物,俗称庄稼。

(二)作物的分类

我国栽种的作物种类繁多,常见的农作物有 50 多种。由于人类长期的培育和选择,作物品种非常丰富,仅我国目前就收集保存着各种作物品种材料约 20 多万份。为了便于比较、研究和利用,可分为若干类别。其分类方法较多,常见的分类方法有如下几种。

1. 传统分类方法

作物栽培学通常采用的分类法一般将大田作物(不包含园林学科领域)分为 3 部分 9 个类别。

(1)粮食作物(或称食用作物 food crop)

该类作物包括禾谷类作物(或称谷类作物 cereal crop)、豆类作物(或称菽谷类作物 legume crop)、薯类作物(或称根茎类作物 tuberous crop)等。

① 禾谷类作物主要有稻、小麦、大麦、燕麦、黑麦、玉米、高粱、粟、黍(稷)和薏苡等,因蓼科的荞麦同其籽粒供食用而习惯上列入此类。

② 豆类作物主要有大豆、蚕豆、豌豆、绿豆、红小豆、鹰嘴豆、饭豆、豇豆 、扁豆等。

③ 薯类作物主要有甘薯、马铃薯、木薯、豆薯、山药、芋、菊芋等。

(2)经济作物(或称工业原料作物 economic crop & industrial crop)

该类作物包括纤维作物(fiber crop)、油料作物(oil crop)、糖料作物(sugar crop)、嗜好类作物(stimulant crop)和其他作物等。

① 纤维作物主要有棉花、红麻、黄麻、苎麻、大麻、亚麻、剑麻等。

② 油料作物主要有油菜、花生、向日葵、芝麻、红花、橄榄、蓖麻、棕榈等,大豆、棉籽、高油玉米等也作油料用。

③ 糖料作物主要有甘蔗、甜菜、甜叶菊等。

④ 嗜好类作物主要有烟草、茶、咖啡、可可等。

⑤ 其他作物:包括桑、漆、橡胶、芦苇,香料作物薄荷、留兰香,染料作物番红花、蓝靛,编织作物席草、蒲草,药料作物枸杞、百合、何首乌、三七、天麻、人参、甘草、麻黄等。

(3)饲料及绿肥作物(forage and green manure crop)

该类作物主要有苜蓿、苕子、紫云英、草木樨、四菁、柽麻、紫穗槐、三叶草、黑麦草、早熟禾、苏丹草、狼尾草以及水葫芦、水浮莲、绿萍等。

生产实践中,同一种作物可能有多种用途。如大豆可作油料、豆制品和蛋白纤维原料,玉米可作食用原料、青饲料或油料,棉籽可作油料、蛋白质原料,各种粮食作物都可作为食品加工和饲料的原料(见表 3-2)。

表 3-2   **各种作物主要用途**

中文名	学　名	英文名	主要用途
\multicolumn{4}{c}{禾本科(Gramineae)}		
稻	Oryza sativa L.	Rice	籽实食用
小麦	Triticum aestivum L.	Wheat	籽实食用
大麦	Hordeum sativum Jess.	Barley	籽实食用、饲用
黑麦	Secale cereale L.	Rye	籽实食用
燕麦	Avena sativa L.	Oat	籽实食用、饲用
玉米	Sea mays L.	Corn(maize)	籽实食用、饲用
高粱	Sorghum bicolor(L.)Moench	Sorghum	籽实食用
黍(稷)	Panicum miliaceum L.	Proso	籽实食用
粟	Setaria italica(L.)Beaur	Foxtail millet	籽实食用
薏苡	Coix lacrymajobi L.	Joba-tears	籽实食用
甘蔗	Saccharum officinarum L.	Sugarcane	茎糖用
苏丹草	Sorghum sudanense(Piper)Stapf	Sudan grass S	饲用
狼尾草	Penuisetum glaucum L.	Pennisetum americanumxp	全株饲用
黑麦草	Lolium perenne L.	Perennial ryegrass	茎用
芦苇	Phragmites communis Trinl.	Common reed	茎造纸用
席草	Lepironia articulate Dominl.		全株编织用
\multicolumn{4}{c}{蓼科(Polygonaceae)}		
荞麦	Fagopyrum Mill	Melilotus spp.	籽实食用
\multicolumn{4}{c}{旋花科(Convolvulaceae)}		
甘薯	Ipomoea batatas Lam.	Sweet potato	块根食用
\multicolumn{4}{c}{薯蓣科(Dioscoreaceae)}		
山药	Diodcorea opposite Thunb.	Chinese yam	块根食用
\multicolumn{4}{c}{茄科(Solanaceae)}		
马铃薯	Solanum tuberosum L.	Potato	块茎食用
烟草	Nicotiana tabacum L.	Tobacco	叶制烟
枸杞	Lycium chinense Mill	Chinese wolfberry	籽实药用
\multicolumn{4}{c}{豆科(Leguminosae)}		
大豆	Glycine max(L.)Merrill	Soybean	种子油用、食用
花生	Arachis hypogaea L.	Peanut	种子油用、食用
蚕豆	Vicia faba L.	Broad bean	种子食用
豌豆	Pisum arvonse L.	Garden pea	种子食用
豇豆	Vigna cylindrica(L.)Skeels.	Common cowpea	种子食用
饭豆	Phaseolus calcaratus Roxb.	Rice bean	种子食用
绿豆	Phaseolus radiatus L.	Mung bean	种子食用
红小豆	Phaseolus angularis Wight.	Adzuki bean	种子食用

中文名	学　名	英文名	主要用途
扁豆	Dolichos lablab L.	Hyacinth bean	种子食用
鹰嘴豆	Cicer arietinum L.	Cicer arietinus	种子食用
紫云英	Astragalus sinicus L.	Milkvetch	全株绿肥、饲料
紫花苜蓿	Medicago sativa L.	Alfalfa	全株绿肥、饲料
苕子	Vicia spp	Vetch	全株绿肥、饲料
柽麻	Crotalaria juncea L.	Sunn hemp	全株绿肥、饲料
三叶草	Trifolium L.	Clover	全株绿肥、饲料
紫穗槐	Amorpha fruticosa L.	Amorpha,Falseindugio	茎叶绿肥
田菁	Sesbania cannabina Pers.	Sesbania	全株绿肥
草木樨	Melilotus spp.	Sweet clover	茎叶绿肥
豆薯	Pachyrhizus erosus Urban.	Yambean	块根食用
天南星科（Aaceae)			
芋	Colocasia esculenta Schott.	Dasheen	球茎食用
水浮莲	Pistia stratiotes L.	Water-lettuce	全株饲用
大麻科（Cannabinaceae)			
大麻	Cannabis sativa L.	Hemp	韧皮纤维用
亚麻科（Linaceae)			
亚麻	Linum usitatissimum L.	Common flax	韧皮纤维用
美人蕉科（Cnnaceae)			
蕉藕	Canna edulis Ker.	Edible canna	块茎食用、饲用
锦葵科（Malvaceae)			
棉花	Gossypium spp.	Cotton	种子纤维、纺织用
红麻	Hibiscus cannabinus L.	Kebaf	韧皮纤维用
苘麻	Abutilon avicennae Gaertn.	Chingma,Abutilon	韧皮纤维用
椴树科（Tiliaceae)			
黄麻	Corchorus spp.	Jute	韧皮纤维用
荨麻科（Uicaceae)			
苎麻	Boehmeria nivea(L.)Gaud.	Ramie	韧皮纤维用
龙舌兰科（Agavaceae)			
剑麻	Agave sisalana Perr.	Sisal	叶纤维用
五加科			
人参	Panax ginseng C. A. Mey	Aiatic ginseng	根药用
橄榄科（Burseraceae)			
橄榄	Canarium album(Lour.)	White canary	籽实油用、果用
棕榈科（Palmae)			
棕榈	Trachycarpusfortumei(Hook. f.)H. Wendl	Fortune windmillpalm	籽实油用

中文名	学　名	英文名	主要用途
唇形科（Labiatae）			
薄荷	Mentha haplocalyz Brig	Peppermint	全株油用
留兰香	Mentha spicata L.	Spearmint	全株药用
漆树科（Moraceae）			
漆树	Toxicodendron. verniciflurum(stokes)	True lacquer tree	树汁制漆
百合科（Liliaceae）			
百合	Lilium sp.	Lily	鳞茎药用
茶科（Thoaceae）			
茶	Camellia sinenses Kuntzel	Tea	叶制茶
十字花科（Cruciferae）			
油菜	Brassica spp.	Rape	种子油用、食用
胡麻科（Pedaliaceae）			
芝麻	Sesamum indicum L.	Sesame	种子油用、食用
菊科（Compositae）			
向日葵	Celianthus annus L.	Sunflower	种子油用
菊芋	H. tuberosus L.	Jerusalem artichoke	块茎食用
甜叶菊	Stevia rebaccdiana Bart	Sweet stevia	全株制糖
红花	Catthambls tiuclorius L.	Saffloneer	籽实油用、花药用
大戟科（Euphotbiaceae）			
蓖麻	Ricinus communis L.	Castor	种子油用
木薯	Manihot esculenta Crantz.	Cassava	块根食用
橡胶树	Heven brasiliensis Muell-Arg.	Rubber tree	树汁制胶
藜科（Chenopodiceae）			
甜菜	Beta vulgaris L.	Sugar beet	根制糖
雨久花科（Pontederiaceae）			
水葫芦	Eichhornia rassipes Solmus-Laub	Water hyacinth	全株饲用
槐叶萍科（Sadviniaceae）			
绿萍	Azolla imbricata(Roxb)Nakai	Ducknleed	全株绿肥
桑科（Moraceae）			
桑	Morus alba L.	Mulberry	叶饲用

2. 其他分类方法

（1）按生物学特性分类

可根据作物感温特性、光周期反应特性、光合作用 CO_2 同化途径、感水特性等进行分类。

① 按作物感温特性，可将作物分为喜温作物和耐寒作物。喜温作物有稻、玉米、高粱、

棉花、大豆、烟草、花生、甘蔗等;耐寒作物有小麦、大麦、黑麦、油菜、蚕豆等。

② 按作物光周期反应特性,可将作物分为长日照作物、短日照作物、日中性作物和定日照作物。长日照作物有麦类作物、油菜、蚕豆等;短日照作物有稻、玉米、大豆、棉花等;日中性作物有荞麦、豌豆等;定日照作物甘蔗的某些品种只能在 12 h 45 min 日长条件下才能开花。

③ 按作物光合作用 CO_2 同化途径,可将作物分为碳 3 作物、碳 4 作物和 CAM 作物。碳 3 作物有稻、麦、大豆、棉花、油菜、蚕豆等;碳 4 作物有玉米、高粱、甘蔗、四倍体黑麦草等;CAM 作物有菠萝、凤梨科和龙舌兰科等。

④ 按作物感水特性,可将作物分为水生作物(莲藕、菱、萍等)、喜水作物(水稻、茭瓜等)、耐涝作物(高粱、麻等)和耐旱作物(粟、棉花等)。

(2) 按播种、收获季节分类

可分为春播作物(棉花、玉米等)、夏播作物(水稻、大豆、花生、玉米等)、秋播作物(小麦、大麦、油菜、蚕豆等),夏收作物(小麦、油菜、大麦、蚕豆、马铃薯等)和秋收作物(水稻、玉米、棉花、大豆、花生、甘蔗、甘薯等)。

第二节　作物的分布

一、环境与作物分布

作物的分布(distribution)与作物的生物学特性、气候条件、地理环境条件、社会经济条件、生产技术水平和社会需求等有关。

作物生长发育离不开光照、温度和水分。水是植物体的重要组成成分。绿色植物通过叶绿体把太阳能转化为自身的能量,把二氧化碳和水合成有机质。在能量和物质的转化过程中,各种作物所需温度不同,对光能和水的利用各异,对环境的适应性也有显著差异,从而需要的生活环境条件不同。例如谷子耐旱,多分布在北方干旱地区;高粱抗旱耐涝,多分布在北方低洼易涝地区。

种类繁多的作物起源地不同,其生长环境各异。一般作物只有在具备与起源地相似环境条件的地区才能生长良好。例如野生稻生长在热带、亚热带的沼泽地带,形成了水稻喜温好光,需水较多的特性,在我国南方种植较多,而在北方则种植较少;小麦喜冷凉,可秋播,也可春播,并能利用晚秋、冬季或早春的光热资源。

纬度、海拔、地势、地貌影响光照、温度、降雨等气候条件,从而影响作物的分布。纬度每增加 1°,夏至日长增加 4.5 min,年平均气温则降低约 0.5 ℃,水稻晚熟 2.4 天。海拔每升高 100 m,气温下降 0.5~0.6 ℃。北半球南坡接受太阳辐射多,气温及土壤温度较高,北坡则相反。新疆盐碱地多,棉花等耐盐作物分布较多。

科学技术是第一生产力。人们利用农业科学技术成果可以改善作物品种特性,使其耐贫瘠、抗干旱、抗病、优质等,使作物的分布不断扩大。例如美国最初种植大豆时,因病虫害严重,栽培面积较小,但从我国引进了优质抗病大豆材料育成高抗病优质大豆品种后,迅速发展成为世界上最大的大豆生产国。

随着社会的发展,人们的生活、消费水平和消费习惯对作物分布的影响越来越明显。近几年,随着人们对粳米的喜爱,粳稻的种植面积在不断扩大。青食玉米和爆玉米花在城市成了居民可口的蔬菜和小食品,这使得特用玉米在城镇郊区的分布扩大。农产品贸易在国际贸易中占有特殊的地位。国际贸易市场的变化在很大程度上激励世界各国大力选择发展自己的优势作物,从而影响了作物的分布。例如,泰国和越南大面积种植水稻、巴西扩大大豆种植面积,以满足国际市场对大米和豆油的需要。

二、世界栽培作物的分布

(一)主要作物的分布和生产

世界栽培作物的分布与作物起源中心及其传播的区域密切相关,也与作物对自然资源(气候条件、地理环境)和社会资源(社会经济条件、生产技术水平和社会市场需求)的适应性密切相关,同一作物在相对一致的自然生态范围的不同地域的栽培历史的长短和种植规模可能存在较大的差异和变化。

全世界用于栽培作物的可耕地面积约为 14 亿～15 亿 hm^2。随着现代农业新技术、新材料、新能源不断应用于作物生产,推进了作物的产量和品质的提高,也形成了一些特色作物。但从总体上看,谷物、油料等作物总是保持相对稳定的规模和种植分布区域。

1. 禾谷类作物

谷物是人类的主粮。全世界谷物的收获面积,据联合国粮农组织 2003 年统计为 6 742.383万 hm^2,占全部作物面积的 56.6%,总产量 20.75 亿 t。谷物遍及世界各个国家,主要有稻谷、麦类、玉米等。亚洲的谷物面积占世界总谷物面积的 47%～48%,欧、非、北美洲约占 15%～19%。中国、美国、印度、俄罗斯、尼日利亚、巴西、澳大利亚、加拿大是世界主要谷物生产国,总产以中国、美国最高,分别占 21.7%、16.97%,印度的收获面积最大占 14.3%。

小麦是世界栽培面积最大的谷类作物,2003 年小麦产量占谷物总产量的 29.5%。小麦适应范围广,自南纬 45°到北纬 67°均有小麦栽培,其中北半球欧亚大陆和北美洲为主产区,占世界小麦面积的 86.8%,而南美洲和大洋洲面积较小。中国为世界栽培小麦产量最大的国家,总产量居世界小麦总产的 15.5%,印度、美国居第二、三位。栽培的麦类作物还有大麦、燕麦、黑麦等。

稻谷是世界第二大栽培谷物,2003 年稻谷总产量占谷物总产量的 28%。全世界有 112 个稻谷生产国,主要集中分布在温暖湿润的东南亚季风地区,约占世界稻谷收获面积的 89.6%,欧洲和大洋洲很少种植。中国为世界最大稻谷生产国,总产量占世界总产的 38.2%。印度稻谷收获面积居世界第一,但单产和总产不高。泰国和日本以生产优质稻米著称。

玉米为世界第三大谷类作物,2003 年玉米产量占谷物总产量 30% 多,居谷物总产量之首。玉米为粮食、饲料、经济兼用作物,种植分布范围极广,以亚洲和北美洲为主产区,占世界玉米总收获面积的 60.4%,大洋洲最少。美国为世界最大的玉米生产国,总产量占世界玉米总产的40.3%。中国居第二,约占世界玉米总产的 17.9%。

2. 豆类作物

世界豆类作物收获面积占作物总面积的 11.3%。豆类作物分布遍及世界各大洲,以亚洲和北美洲种植最多。豆类作物包括大豆、蚕豆、豌豆、小红豆等,其中大豆面积 8 369.55 万 hm^2,大豆也作油料作物。美国是大豆栽培的最大国家,总产量达世界总产的 1/3。

3. 薯类作物

薯类是世界重要的食品作物,实际收获面积占作物总面积的 3.9%,包括马铃薯、甘薯、木薯等,集中分布于非洲、亚洲和欧洲,其中马铃薯主产国为俄罗斯、中国、印度和美国,甘薯主产国为中国。

4. 油料作物

油料作物为世界第二大类作物,收获面积占世界作物总面积的 17.6%。各大洲均有油料作物种植,以亚洲和美洲为主,占 77.1%。大豆、油菜籽、花生和向日葵为世界四大油料作物,还有油橄榄、芝麻、油茶、油玉米等。大豆以美国为最大生产国,巴西居世界第二,中国现为世界第三。2003 年油菜籽总产量以中国居第一,占世界总产的 31.6%。加拿大油菜籽收获面积为世界第二,占世界油菜籽面积的 20.4%,印度居第三。花生以亚洲和非洲为主,占世界收获面积的 94.3%,中国、印度、尼日利亚为世界最大的花生生产国。世界向日葵面积主要分布在俄罗斯、乌克兰、印度、中国和罗马尼亚等国。

5. 纤维作物

全世界纤维作物收获面积为 9.09 万 hm^2,占世界作物面积的 7.4%。棉花是最主要的纤维作物,主要分布于中国、印度、美国、巴基斯坦、巴西等国家。中国为世界最大的产棉国,2003 年棉花总产量占世界棉花总产的 25.1%。印度收获面积居世界第一,总产居第二。埃及为主要的长绒棉生产国。麻是重要的纤维作物,面积约 500 万 hm^2,其中亚洲分布 97%,麻以黄麻、红麻、亚麻为主。

6. 糖料作物

全世界糖料作物收获面积为 2.56 万 hm^2,其中 2/3 为甘蔗,1/3 为甜菜(623.6 万 hm^2,总产 2.50 亿 t),少量种植甜叶菊等。甘蔗以亚洲和南美洲为集中产区,巴西、印度为最大的甘蔗生产国,分别占世界甘蔗总产量的 28.3% 和 21.6%。甜菜产于温带,主产国有白俄罗斯、德国、意大利等。白俄罗斯甜菜产量占世界甜菜总产量的 67.8%。

7. 饲料作物

全世界饲料作物以牧草为主,牧草栽培面积为 31.55 亿 hm^2,绝大部分用非可耕地栽培(人工草场)。非洲、欧洲、北美洲、南美洲、大洋洲为牧草主产区,南亚、东南亚牧草面积约4 000万 hm^2。牧草作物主要有禾本科和豆科两类。

8. 嗜好类作物

全世界嗜好类作物主要包括烟草、茶叶、咖啡、可可等,总收获面积 400 万 hm^2。其中烟草主产国有中国、巴西、印度、美国、津巴布韦、土耳其、印度尼西亚等,亚洲占世界烟草总面积的 65.2%,中国烟草面积占世界总面积的 32.3%。茶叶栽培以亚洲为主,中国、印度、巴基斯坦、肯尼亚为主要产茶国。咖啡、可可栽培主要分布于赤道两侧地区,南美洲的巴西、哥伦比亚是世界最大的咖啡生产国,非洲的科特迪瓦、埃塞俄比亚、赤道几内亚等国以生产咖啡、可可著称。

9. 园艺作物

园艺作物包括果树、蔬菜和观赏作物。果树作物分布呈明显的气候区域,全世界果树总面积为 4 633.6 万 hm^2,其中亚洲 2 157.8 万 hm^2,美洲 6 633 万 hm^2,非洲 833.8 万 hm^2,欧洲 943.6 万 hm^2。以苹果为例,主要分布于中国、日本、美国、土耳其、波兰等国的温带地区;以香蕉、椰子为例,主要分布于南美洲、东南亚的热带、亚热带地区;以柑橘为例,主要分布在中国、巴西、美国、墨西哥、尼日利亚、西班牙的热带、亚热带地区,而桃、梨、葡萄等广泛分布于亚热带、温带地区。全世界蔬菜总面积为 4 999.3 万 hm²,其中亚洲 2 444.3 万 hm²,非洲、美洲、欧洲360~500 万 hm²,蔬菜栽培分布较为广泛、分散,中国、印度、美国为最大蔬菜生产国。观赏作物的分布具有明显的气候区域。荷兰是世界上以出口全年观赏植物而著名的国家。

(二)世界大农区的作物分布特点

根据国际地理联合会农业类型学专门委员会的研究,将世界范围的农业类型划分为 10 个大农区。10 个大农区的作物分布具有显著特点。

1. 非洲撒哈拉以南农业区

该区包括东非、西非、中非、南非的广大地域,面积 2 210 万 km²。作物分布适应于热带雨林气候、热带沙漠气候和热带草原气候的咖啡、可可、棉花、花生、油棕、茶叶、剑麻等。粮食作物种类很多,咖啡产量仅次于南美洲,可可产量居世界第一位。

2. 北非西亚农业区

该区包括北非的埃及、利比亚等以及西亚的伊拉克、叙利亚、土耳其、伊朗等 25 个国家和地区,面积 1 500 万 km²。作物分布适应于亚热带地中海气候、热带沙漠气候、热带和亚热带干旱和半干旱气候的棉花、柑橘、葡萄、烟草、橄榄、土豆、椰枣以及谷物等。

3. 东南亚与南亚农业区

该区包括中南半岛的缅甸、泰国等,太平洋的群岛国菲律宾、印度尼西亚等,南亚次大陆的印度、巴基斯坦等国,面积 845 万 km²。其中长期牧场 2 015 万 hm²,作物分布适应于热带季风森林气候、热带季风草原气候、热带雨林气候、亚热带草原气候、亚热带季风森林气候的稻谷、棉花、麻类、油菜籽、花生、甘薯、香蕉、菠萝、甘蔗、椰子、橡胶、油棕以及林木等。

4. 拉丁美洲农业区

该区包括中美洲的墨西哥、南美洲各国,面积 2 072 万 km²,其中牧场草地 53 950 万 hm²。作物分布适应于热带雨林和草原气候、亚热带地中海式气候、亚热带草原气候的玉米、小麦、稻谷、大豆、棉花、可可、咖啡、甘蔗、柑橘、香蕉、香瓜、烟草等。

5. 澳大利亚与新西兰农业区

该区面积 851 万 km²,永久性草地占 58.4%。作物分布适应于热带沙漠气候、温带海洋气候、亚热带季风气候的小麦、大麦、燕麦、稻谷、玉米、棉花、猕猴桃、苹果等。

6. 北美农业区

该区包括美国和加拿大,面积为 1 929 万 km²,其中人工牧场草地 26 115 万 hm²。作物分布适应于温带海洋气候、热带大陆气候、亚热带森林气候、地中海式气候、热带沙漠气候的小麦、燕麦、玉米、油菜籽、棉花、向日葵、葡萄、柑橘、烟草、苹果、甜菜、大豆等。

7. 西欧、北欧和南欧农业区

该区包括法国、英国、挪威、德国、意大利、西班牙等 26 个国家和地区,面积 359.6 万 km²。作物分布适应于温带海洋气候、温带大陆气候、亚热带地中海气候的小麦、马铃薯、葡萄、橄榄、玉米、甜菜、稻谷、柑橘等。

8. 东欧和西伯利亚农业区

该区包括俄罗斯、保加利亚、波兰、乌克兰等国,面积 1 816.3 万 km²。作物分布适应于温带大陆气候、温带海洋气候、地中海气候、亚寒带森林气候的小麦、大麦、燕麦、向日葵、马铃薯、甜菜、玉米、黑麦、橄榄、棉花等。

9. 中西亚农业区

该区包括哈萨克斯坦、乌兹别克斯坦、土库曼斯坦、吉尔吉斯斯坦等国,面积 400.51 万 km²。作物分布适应于亚热带陆地气候、温带陆地气候的小麦、稻谷、玉米、棉花、甜菜、烟草、葡萄、红麻等。

10. 东亚农业区

该区包括中国、日本、俄罗斯(亚洲部分)、蒙古等国,面积 1 020 万 km²。作物分布适应于亚热带季风气候、温带季风气候、温带陆地气候、热带季风气候等的稻谷、玉米、小麦、油菜籽、花生、棉花、麻类、甘蔗、甜菜、大豆、甘薯、马铃薯、烟草、茶叶、柑橘、苹果、梨等。

三、中国栽培作物的分布

(一)主要栽培作物的分布

1. 禾谷类作物的分布

稻谷在我国 31 个省市栽培,但 90％以上的稻田集中分布在秦岭淮河以南、青藏高原以东区域,长江三角洲、珠江三角洲、皖中平原、鄱阳湖平原、洞庭湖平原、江汉平原、川西平原、海河流域平原、三江平原等是我国著名的产稻区。稻谷在长江以南可双季栽培,品种以籼稻为主;长江以北一般单季栽培,品种以粳稻为主。湖南、江西、广东、广西等省(自治区)稻谷栽培面积在 2.1×10^6 hm² 以上,河北、江苏、安徽、四川等省稻谷栽培面积在 1.8×10^6 hm² 以上(见表 3-3)。稻谷平均单产以江苏、湖北、四川最高,可达 7 630 kg/hm²;中国的杂交稻研究和生产在世界稻米生产中享有很高的声誉。

表 3-3　　　　　中国主要省、市稻谷生产情况(2004 年)

	全国	湖南	江西	广东	湖北	广西	江苏	安徽	四川	黑龙江	云南
面积/10³ hm²	28 379.0	3 410.0	2 685.3	2 130.0	1 805.1	2 356.3	1 840.9	1 972.4	2 040.3	1 290.9	1 043.1
总产量/10³ t	17 908.8	2 070.2	1 360.5	1 170.5	1 341.3	1 202.7	1 404.6	963.7	1 471.9	842.8	635.9
单产/kg·hm⁻²	6 310.6	6 071.0	5 066.0	5 495.0	7 431.0	5 104.0	7 630.0	4 886.0	7 214.0	6 529.0	6 096.0

注:资料来自《中国农业年鉴》。

我国的麦类作物以小麦为主,除海南以外的 30 个省市均栽培小麦,栽培品种主要为普通小麦。长城以南、岷山以东地区为冬小麦区,栽培面积占小麦总面积的 83％左右,以华北平原的河南、山东、河北和苏北、皖北、关中平原为集中产区。长城以北、岷山以西地区为春小麦区,栽培面积占 17％左右。河南、山东小麦栽培面积在 2.9×10^6 hm² 以上,河北、安徽、江苏小麦栽培面积在 1.6×10^6 hm² 以上(见表 3-4)。小麦平均单产以北京、山东、西藏、新疆最高,可达 5 140～6 445 kg/hm²;就小麦品质而言,淮河以北地区为强筋小麦产区,长江沿岸及以南地区为弱筋小麦产区,江淮地带为中筋小麦产区。我国的大麦面积 775.3×10³ hm²,主要分布在江苏、云南、河南、湖北、甘肃等地,作饲料和啤酒原料。大麦单产以西藏、宁夏、甘肃、河南较高,可达 4 788～6 190 kg/hm²。全国燕麦栽培面积 241.1×10³ hm²,主要分布在西藏、山西和内蒙古,其中单产西藏最高。

表 3-4　　　　　　　　　　中国主要省市小麦生产情况(2004 年)

	全国	河南	山东	河北	安徽	江苏	四川	陕西	甘肃
面积/10^3 hm²	21 626.0	4 856.0	2 968.2	2 161.5	2 026.6	1 601.0	1 255.7	1 152.7	933.5
总产量/10^3 t	9 195.2	2 480.9	1 584.5	1 053.2	790.1	687.7	415.7	410.3	272.3
单产/kg·hm⁻²	4 251.9	5 108.9	5 338.2	4 872.5	3 835.6	4 294.9	3 310.5	3 559.5	2 916.9

注:资料来自《中国农业年鉴》。

我国的玉米栽培几乎遍及各个省市,集中产区形成从东北黑龙江、吉林、辽宁经华北的山东、河北、河南、内蒙古到西南的四川、云南、贵州及陕西的斜长弧形玉米分布带(见表3-5)。北方为春玉米产区,黄淮流域为夏玉米产区,西南为春夏玉米产区。吉林、河北、山东、河南、黑龙江主产区的玉米栽培面积都在 2 000 hm² 以上。玉米的平均单产以宁夏、新疆、辽宁、吉林最高,可达 6 148～6 801 kg/hm²,我国栽培的玉米以饲料玉米为主,栽培品种一般为非转基因杂交种,具有较大的出口前景。专用玉米如甜玉米、糯玉米、油用玉米等栽培面积较小。

表 3-5　　　　　　　　　　中国主要省市玉米生产情况(2004 年)

	全国	吉林	河北	山东	河南	黑龙江	内蒙古	辽宁	四川	云南
面积/10^3 hm²	25 446.0	2 901.5	2 630.6	2 455.1	2 420.0	2 179.5	1 675.6	1 598.8	1 172.6	1 111.1
总产量/10^3 t	13 028.7	1 810.0	1 157.6	1 499.2	1 050.0	939.5	948.0	1 079.7	557.4	425.7
单产/kg·hm⁻²	5 120.1	6 238.2	4 400.5	6 106.5	4 338.8	4 310.6	5 657.7	6 753.2	4 733.5	3 831.3

注:资料来自《中国农业年鉴》。

粟、稷等作物原产于我国,在 20 世纪 50 年代以前栽培面积较大,俗称谷子、小米,主要分布在河北、山西、内蒙古和辽宁等省市。高粱主要分布在辽宁、黑龙江、吉林、内蒙古、山西等地。荞麦栽培面积 225.0×10^3 hm²,主要分布在内蒙古、云南、四川等省市。

2. 薯类作物分布

中国是世界上最大的薯类作物生产国,全国 31 个省市均有栽培。薯类作物栽培面积 9 701.6×10^3 hm²(2003 年),其中 53.4% 为甘薯,46.6% 为马铃薯。甘薯主产区为四川、河南、安徽、山东、广东等省市,四川栽培面积 807.5×10^3 hm²,单产以山东、吉林、江苏、浙江最高。马铃薯主产区为内蒙古、黑龙江、贵州、云南、甘肃等省,内蒙古栽培面积 530.6×10^3 hm²,单产以西藏、吉林、新疆、安徽、辽宁最高。

3. 豆类作物分布

我国的豆类作物种类多、分布广,以籽粒为产品的主要有大豆、蚕豆、绿豆、红小豆等。大豆原产于我国,我国生产的大豆主要用于油料、豆腐原料和菜用原料。黑龙江省是最大的大豆生产省,占全国的 1/3,其余栽培面积较大的有河南、安徽、内蒙古、吉林和辽宁,但全国每个省市都可栽培大豆。东北三省为春大豆区,黄淮海产区为夏大豆区,其余地区春、夏大豆兼作。我国现有大豆产量远不能满足国内需要,需要进口与生产量相等的量以补充需要。随着社会需求的迅速提高,菜用大豆的生产规模逐渐提高。西藏、新疆、吉林、上海、江苏等省是我国大豆的高产地区,西藏可达 4 000 kg/hm²。我国的绿豆主要产于内蒙古、吉林、安徽、河南等省,单产以江苏、吉林最高。我国的蚕豆栽培以云南、四川、江苏为主产地,单产以西藏、江苏、四川最高。红小豆栽培以黑龙江、吉林、内蒙古为主产区,单产以吉林、广东最高。

4. 油料作物分布

我国的油料作物有油菜籽、花生、大豆、向日葵、芝麻等。油菜栽培主要分布于长江流域和云贵高原,以冬油菜栽培;内蒙古、陕西、青海、东北三省以春油菜栽培。油菜集中产区为湖北、安徽、四川、江苏、湖南、江西,单产最高的省有山东、西藏、江苏、新疆、四川等。我国栽培的油菜品种以甘蓝类型为主。全国花生栽培主要分布于黄淮平原的山东、河南、河北和东南沿海的广东、广西、安徽、江苏以及四川、辽宁等地区。山东、河南的花生栽培面积近 $1\ 000 \times 10^3\ hm^2$,平均单产以山东、湖北、河北最高,达 $3\ 000\ kg/hm^2$。我国的花生产品以油用和休闲食品并用。全国向日葵栽培面积 $1\ 172.9 \times 10^3\ hm^2$,总产量 $1\ 743.5 \times 10^3\ t$(2003年),集中分布于内蒙古、黑龙江、山西、新疆等省,其余各地零星种植,平均单产以山东、新疆、甘肃、云南等地较高,可达 $2\ 000\ kg/hm^2$ 以上。我国的向日葵产品目前以油用和休闲食品并用,随着葵花子油的广泛应用,向日葵栽培面积呈上升趋势。芝麻是我国著名的调味油作物,几乎全国各省都有栽培,但栽培面积较少,全国仅有 $687.3 \times 10^3\ hm^2$,主要集中分布于河南、湖北、安徽和吉林,平均单产较高的为江苏、浙江、山东、黑龙江等省。

5. 纤维作物分布

我国的纤维作物主要有棉花和麻类。我国是世界上最大产棉国,除青海、西藏、黑龙江、宁夏外均可种植棉花,以新疆、河南、山东、河北、江苏、安徽、湖北、湖南为主产区(见表3-6)。随着种植业结构的连续调整,新疆已成为我国最大的产棉区,长江流域和黄河流域传统产棉区的栽培面积趋于缩小。平均皮棉单产以新疆、甘肃最高,达到 $1\ 500\ kg/hm^2$ 以上。我国的棉花品种以细绒陆地棉为主,近几年抗棉铃虫品种得以广泛应用,彩色棉发展也较快。我国栽培的麻类作物面积中苎麻 $127.8 \times 10^3\ hm^2$、亚麻 $155.1 \times 10^3\ hm^2$、黄红麻 $40.5 \times 10^3\ hm^2$(2003年)。苎麻主要分布于湖南、湖北、四川,亚麻主要分布于黑龙江、新疆,黄红麻主要分布于河南、安徽。此外,大麻、剑麻等也有一定的栽培面积。

表 3-6　　　　　　　　　　　中国主要省市棉花生产情况(2004年)

	全国	新疆	河南	山东	河北	江苏	湖北	安徽	湖南
面积/$10^3\ hm^2$	5 693.0	1 136.9	951.8	1 059.2	669.1	409.6	408.3	398.9	167.6
总产量/$10^3\ t$	6 324.0	1 783.0	667.0	1 098.0	665.0	503.0	395.0	412.0	203.0
单产/$kg \cdot hm^{-2}$	1 110.8	1 568.3	700.8	1 036.6	993.9	1 228.0	967.4	1 032.8	1 211.2

注:资料来自《中国农业年鉴》。

6. 糖料作物分布

我国的糖料作物栽培面积 $1\ 657.4 \times 10^3\ hm^2$。甘蔗产区集中在我国东南热带、亚热带的广西、广东和云南,占全国甘蔗面积的 82.0%,其余分散于淮河以南的广大区域。甘蔗单产以广东、广西最高。甜菜产区集中在我国北部温带的黑龙江、新疆、内蒙古,占全国甜菜面积的 90.1%,平均单产最高的为新疆、山西。

7. 青饲料作物分布

我国的青饲料作物包括人工草场牧草和耕地栽培牧草。全国青饲料作物总面积为3 532.4×10³ hm²,不仅面积较少,且分布分散,几乎全国各省市均有分布。其中内蒙古青饲料作物面积为564.7×10³ hm²,(360~380)×10³ hm² 的有四川、新疆,青饲料作物面积为(234~266)×10³ hm² 的有广西、黑龙江、湖南,(100~200)×10³ hm² 的有河北、湖北、云南、甘肃,其余各省都在100 hm² 以下。

8. 嗜好类作物分布

我国栽培的嗜好类作物主要有烟草、茶叶。我国为世界最大烟草生产国,烟草类型以烤烟为主,零星栽培白肋烟、香料烟、晒烟。烟草栽培要求相适应的土壤条件,由于国家对烟草行业实行专卖管理,因而烟草栽培的区域和面积也由国家计划指导。其中云南、贵州、河南三大产烟省栽培面积占全国烟草栽培面积的54.2%,湖南、四川、福建、重庆、湖北、山东、黑龙江 7 省市的栽培面积占35.6%,尚有16 个产烟省仅占10%左右。烟叶的平均单产较均衡,一般维持在1 500~2 300 kg/hm²。全国的烟叶以云贵高原产品质较适应于我国优质高档卷烟的配方要求。茶叶为我国的名特作物产品。我国是世界闻名的产茶大国,年产茶叶768 万 t 以上。茶叶的分布一般与土壤条件和茶叶品种相联系,主要分布在福建(以铁观音茶和乌龙茶著名)、浙江(以西湖龙井茶著名)、云南(以滇红工夫茶、沱茶和普洱茶著名)、湖北(以玉露茶和毛尖茶著名)、湖南(以岳麓毛尖和苦丁茶著名)、四川(以蒙顶茶和竹叶青著名)、安徽(以祁红茶、太平猴魁茶著名)、江苏(以碧螺春茶、雨花茶、茉莉花茶著名)以及广东(乌龙茶和红茶著名)。

9. 蔬菜、瓜类的分布

蔬菜、瓜类为我国第四大作物类型。其中栽培面积在百万公顷以上的蔬菜生产省有山东、河南、江苏、广东、湖北、河北、湖南、广西和四川。从总体上看我国的蔬菜和瓜类栽培分散且品种繁多,一般城郊部为集中生产地,在某个区域的品种较为一致且形成一定的种植规模。近几年集约化、标准化无公害蔬菜和瓜类生产基地迅速发展,例如山东寿光蔬菜基地、四川涪陵的榨菜基地、新疆哈密的香瓜基地在国内影响较大。

我国果树栽培面积为 9 436.7×10³ hm²,一般以区域性集中生产。苹果主要分布在渤海湾、西南(山东、辽宁、河北、河南)和陕、甘等地,梨主要分布在河北、山东、新疆、陕甘和苏皖等地,柑橘主要分布在湖南、四川、江西、福建、浙江、广东、广西等地,葡萄主要分布在新疆、河南、山东、辽宁等地,荔枝、香蕉集中在广东、广西两省和海南、福建,桃主要分布在河北、山东、河南、江苏、湖北、四川等省。

10. 其他作物的分布

我国的蚕桑业与"中国丝绸"闻名于世,栽培历史悠久,主要分布在江苏、浙江、云南、湖南、江西等地。全国橡胶面积66.08 万 hm²,主要分布在广东、云南、海南等地。药材是我国丰富的资源,在全国各地都有一定量的栽培。

(二)我国种植业区域划分及优势产业带

1991 年,全国种植业区划委员会将我国种植业划分为10 个一级区域,近几年农业部又提出 8 大优势带和11 个优势农产品的规划。

1. 东北大豆春麦玉米甜菜区

本区包括大小兴安岭、三江平原、松嫩平原、长白山区、辽宁平原丘陵区和黑吉西部区。

本区主产玉米、小麦和大豆等,马铃薯、甜菜、稻谷、亚麻、粟、稷、高粱等作物具有较大的发展潜力,辽东半岛、辽西走廊为我国苹果和梨的重要商业基地,此区规划为"大兴安岭沿麓优质强筋春小麦产业带"、"东北高油大豆优势区"、"东北内蒙古专用玉米优势区"和"渤海湾优势带"。

2. 北部高原小杂粮甜菜区

本区包括长城沿线区、黄土高原区和内蒙古北部区。本区农牧交替,为我国半干旱农业区,主产小麦、玉米、高粱、大豆、粟、稷等旱粮和甜菜,马铃薯、油菜籽、胡麻子、向日葵、枣、苹果、梨等作物具有较大的发展潜力。此区规划为"东北、内蒙古专用玉米优势区"和"东北高油大豆优势区"。

3. 黄淮海棉麦油烟果区

本区包括燕山太行山平原区、冀鲁豫平原区、黄淮海平原区、山东丘陵区、汾渭各地平原区。本区主产小麦、玉米、大豆、棉花、芝麻、花生、烟叶、苹果等,蔬菜、红麻、水果、甘薯等作物的发展潜力较大。本区规划为"黄淮海优质强筋专用小麦优势产业带"、"黄淮海专用玉米优势区"和"黄河流域棉花优势产业带"。

4. 长江中下游稻棉油桑茶区

本区包括长江中下游平原区和鄂、豫、皖、苏丘陵山地。本区主产小麦、稻谷、油菜、棉花、茶叶、蚕桑,是我国重要的商品粮、棉、油、茶、蚕基地,蔬菜(瓜类)、柑橘、梨、桃、葡萄、花生、芝麻、玉米、大麦、大豆、甘薯等作物是有较好的发展潜力。本区规划为"长江流域'双低'油菜优势区"、"长江流域棉花优势产业带"、"长江下游优质弱筋专用小麦优势产业带"。

5. 南方丘陵双季稻茶柑橘区

本区包括江南丘陵区和南岭山地丘陵区,是全国黄壤集中区。本区主产双季稻、油菜、芝麻、茶叶、柑橘、烟叶等,甘薯、蔬菜、菜用大豆、花生、甘蔗、药材等发展潜力较大。此区规划为"赣南—湘南—桂北柑橘带"。

6. 华南双季稻热带作物甘蔗区

本区包括闽、粤、桂中南部、云南南部、海南、雷州半岛、台湾,是全国红壤区。本区主产双季稻、油茶、甘蔗、香蕉、菠萝、杧果、茶叶、荔枝、龙眼、柑橘、烟叶等,花生、蚕桑、蔬菜、橡胶、咖啡、药材发展潜力较大。此区规划为"桂中南'双高'甘蔗优势区"、"浙南—闽西—粤东柑橘带"、"滇西南和粤西双甘蔗优势区"、"长江上游'双低'油菜优势区"。

7. 云贵高原稻玉米烟草区

本区包括湘西、贵州、云南中东部,为红壤丘陵高原地。本区主产油菜籽、烟叶、水稻、玉米、茶叶、小麦等,马铃薯、蚕桑、蚕豆、菜用大豆、瓜类、蔬菜、药材等具有很好的发展潜力。

8. 川陕盆地稻玉米薯类柑橘桑区

本区包括秦岭大巴山区、四川盆地。本区主产小麦、油菜、稻谷、玉米、甘薯、花生、蔬菜、柑橘、茶叶等作物,烟叶、干果、马铃薯、甘蔗、蚕桑、菜用大豆等具有较好的发展潜力。

9. 西北绿洲麦棉甜菜葡萄区

本区包括内蒙古西部区、甘肃、宁夏、青海、新疆等区。本区主产棉花、青饲料、葡萄、瓜果、香梨、甜菜等,小麦、玉米、干果、亚麻、药材、蔬菜、大豆、向日葵、甜菜等发展潜力较大。本区规划为"西北内陆棉花优势区"、"西北黄土高原苹果优势区"。

10. 青藏高原青稞小麦油菜区

本区包括西藏高原、川西区、青海南部。本区主产青稞、油菜、燕麦等作物，小麦、甜菜、饲料、果树具有较好的发展潜力。

 本章习题

1. 什么是作物？作物共分为哪几大类？其主要栽培地在哪里？

2. 世界有哪几大作物起源中心？分别是哪些作物的起源地？

3. 请简述我国种植业区域划分及优势产业带。

第四章　作物的生长发育与品质形成

作物生产发育状况和品质形成过程决定作物产量的高低和品质的好坏,本章主要介绍作物生长发育过程和作物主要器官的生长发育;作物产量构成因素和形成过程以及与作物产量形成有关的生理基础;作物品质类型、评价指标以及影响作物主要品质形成的因素。

第一节　作物的生长发育

一、作物生长发育的过程

(一) 作物生长发育的概念

生长和发育是作物一生中的基本生命现象,它们既相互联系又有所区别。

1. 生长的概念

生长是指作物个体、器官、组织和细胞在体积、重量和数量上的增加,是一个不可逆的量变过程,它是通过细胞的分裂和伸长来完成的。作物的生长包括营养体生长和生殖体生长。

2. 发育的概念

发育是指作物一生中,结构、机能的质变过程,表现在细胞、组织和器官的分化,最终导致植株根、茎、叶、花、果实、种子等的形成。

3. 生长和发育的关系

生长和发育二者存在着既矛盾又统一的关系。

(1) 首先,生长和发育是统一的。生长是发育的基础,停止生长的细胞不能完成发育,没有足够大小的营养体不能正常繁殖后代。例如,水稻的基本营养生长期,即水稻必须经过一定时间的营养生长后,才能在高温短日诱导下产生花芽分化,不经过营养期的生长,即使外界条件满足也不会发育;发育又促进新器官的生长。作物经过内部质变,形成具备不同生理特性的新器官,继而促进了进一步的生长。

(2) 其次,生长和发育又是相互矛盾的。在生产实践中经常出现两种情况:第一,生长快而发育慢。有时营养生长过旺的作物往往影响开花结实,如"贪青晚熟";第二,生长受到抑制时,发育却加速进行。例如营养条件不良时,作物提早开花结实,发生"早衰"。

因此,要实现农作物的高产优质,必须根据生产需求,调节、控制作物的生长发育过程和强度。

(二)作物的生育期和生育时期

1. 作物的生育期

(1)作物生育期的概念。在作物生产实践中,把作物从出苗到成熟之间的总天数称为作物的全生育期,即作物的一生。生育期的概念可以分为两类:第一,以种子或果实为播种材料和收获对象的作物,其生育期是指自种子出苗至新的种子成熟所持续的总天数,其生物学的生命周期和作物生产中的生产周期相一致。第二,以营养器官为播种材料或收获对象的作物,如甘薯、马铃薯、甘蔗等,其生育期是指自播种材料出苗至主产品收获期所经历的总天数。

(2)影响生育期长短的因素。作物生育期的长短主要是由作物本身的遗传特性和所处的环境条件决定的。影响作物生育期长短的因素主要有四个方面。第一,品种类型。同一作物的生育期长短因品种而异,有早、中、晚熟之分,如水稻有早稻和晚稻。早熟品种生育期短,晚熟品种生育期长,中熟品种介于二者之间。第二,生育期所处的温度。一定程度的高温可加速生育进程,缩短作物生育期。例如,相同的品种在不同的海拔高度种植(温度不同),生育期会发生变化。第三,光照条件。作物对光周期的反应不同。例如:对于长日照作物,光照时间长,生育期缩短,光照时间短,生育期延长;对于短日照作物(水稻),光照长,生育期延长,光照短,生育期缩短。第四,采取的栽培措施。栽培措施对生育期也有很大的影响。水、肥条件好,茎叶常常生长较旺,成熟延迟,生育期延长;土壤缺少氮素,则生育期缩短。

(3)作物生育期与产量。一般情况下,早熟品种单株生产力低,晚熟品种单株生产力高,但不是绝对的。对于一季作物而言,生育期长的品种比生育期短的品种产量高。但从整年来看,并不是生育期长的品种相互搭配就可以取得全年作物高产,只有把生育期长短不同的作物合理搭配,才能充分、有效地利用全年生长季节,从而获得全年作物高产。

2. 作物的生育时期

(1)生育时期。指作物一生中其外部形态呈现显著变化的若干时期。

(2)生育时期的划分。作物一生中可以根据外部形态的变化划分为若干生育时期。各种作物因为形态差异较大,所以不同作物生育时期的划分不能达到完全统一。主要农作物生育时期的划分如下:

① 稻麦类:出苗期、分蘖期、拔节期、孕穗期、抽穗期、开花期、成熟期。

② 玉米:出苗期、拔节期、大喇叭口期、抽穗期、吐丝期、成熟期。

③ 豆类:出苗期、分枝期、开花期、结荚期、鼓粒期、成熟期。

④ 油菜:出苗期、现蕾期、抽薹期、开花期、成熟期。

⑤ 马铃薯:出苗期、现蕾期、开花期、结薯期、薯块发育期、成熟期、收获期。

⑥ 甘蔗:发芽期、分蘖期、蔗茎伸长期、工艺成熟期。

另外,还可以把个别较长的生育期划分地更详细一些。例如,开花期可以细分为:始花期、盛花期、终花期。成熟期可以细分为:乳熟期、蜡熟期、完熟期。图4-1为小麦主要生育时期的划分。

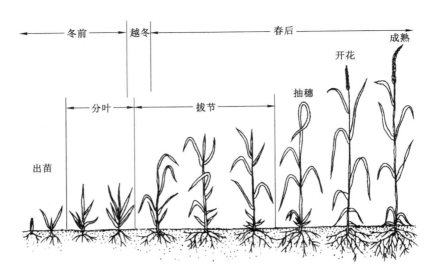

图 4-1　小麦主要生育时期的划分

（三）作物生长的一般过程

1. 作物 S 形生长过程

无论是作物群体、个体，还是器官、组织乃至细胞，当以时间为横坐标、生长量为纵坐标作图时，都遵循 S 形生长曲线，即初期生长缓慢，以后逐渐加快，后期又减缓，直至生长完全停止，形成"慢—快—慢"的规律。作物生长的这种规律称为生长大周期。整个过程可划分为 5 个时期：

（1）初始期。作物生长初期，植株幼小，生长缓慢。

（2）快速生长期。植株生长较快，生长速率不断加大，干物质积累与叶面积成正比。

（3）生长率渐减期。随着植株的生长，叶面积增加，叶片互相遮阴，单位叶面积净光合速率随叶面积的增加反而下降，生长速率逐渐减小。但是由于此期叶面积总量大，单位土地面积上群体的干物质积累呈直线增长。

（4）稳定期。叶片衰老，功能减退，干物质积累速度减慢，当植株成熟时，生长停止，干物质积累停止，趋于稳定。

（5）衰老期。部分叶片枯萎脱落，干物质不但不增加，反而有减少的趋势。

2. 作物 S 形生长理论的应用

研究作物的生育进程，对于作物生产有着重要的现实意义。

（1）各种促进或抑制生长的措施都应在生育最快速度到来之前应用。例如：用矮壮素控制小麦拔节，应在基部节间尚未伸长前施用。

（2）同一作物的不同器官通过生育周期的步伐不同，生育速度各异。在控制某一器官生育的同时，应注意这项措施对其他器官的影响。例如：拔节前对水稻施有效性氮肥，虽然能对早、中稻的穗形大小或小花分化起促进作用，但同时也能促使基部 1～2 个节间伸长，容易引起生育后期植株倒伏。

（3）作物生育是不可逆的，在作物出苗至成熟的整个过程中，应当密切关注苗情，使之达到该期应有的长势长相。因为任何器官一经形成，便无法补救。

（4）S形曲线可以作为检验作物生长发育过程是否正常的依据之一。如果在某一阶段偏离了S形曲线轨迹，或未达到，或超越了，都会影响作物生育进程和速度，从而最终影响产量。

3. 作物生长的极性和再生现象

作物某一器官的上下两端，在形态和生理上都有明显的差异，通常是上端生芽下端生根，这种现象叫作极性。例如，扦插的枝条上端生芽、下端长不定根。由于有极性现象存在，所以生产中扦插枝条时不能倒插。

作物体各部分之间既有密切的关系，又有其独立性。当作物体失去某一部分后，在适宜的环境条件下，仍能逐渐恢复所失去的部分，再形成一个完整的新个体，这种现象叫再生。例如扦插繁殖、分根繁殖等都是利用作物体的再生能力。

（四）营养生长和生殖生长

1. 营养生长和生殖生长的概念

作物生长包括营养体的生长和生殖体的生长。作物营养器官根、茎、叶的生长称为营养生长，作物生殖器官花、果实、种子的生长称为生殖生长。营养生长和生殖生长通常以花芽分化（穗分化）为界限，把生长过程大致分为两段。花芽分化之前属于营养生长，之后则属于生殖生长。但是营养生长和生殖生长的划分并不是绝对的，因为作物从营养生长过渡到生殖生长之前，均有一段营养生长与生殖生长同时并进的阶段。

2. 营养生长和生殖生长的关系

（1）营养生长期是生殖生长期的基础。营养生长是作物转向生殖生长的必要准备。如果没有一定的营养生长期，作物通常不会开始生殖生长。因此，营养生长期作物生长的优劣，直接影响到生殖生长的优劣最后影响到作物产量的高低。一般地说，只有根深叶茂，才能穗大粒满。但是作物营养生长期过旺或过弱，都会影响生殖生长，导致产量不高。

（2）营养生长和生殖生长并进阶段，彼此间会存在相互影响和相互竞争的关系。例如，小麦在拔节时，茎秆在伸长，幼穗也在发育时期。这时叶片制造的光合产物和根系吸收的营养物质既要满足茎秆的生长，又要保证幼穗发育的需要。因此，这时增施孕穗肥和适当灌水，有良好的增产效果；但是如果施肥灌水过多，则造成茎叶徒长，植株倒伏，籽粒反而不易饱满。

3. 营养生长和生殖生长的调控

营养生长和生殖生长是相互影响，又相互竞争的关系，因而在生产时协调好二者之间的关系是十分重要的。但由于各种作物收获对象不一样，所以促控植株的生长发育，调节营养生长和生殖生长的关系也就不一样。

（1）以果实、种子为收获对象的作物（稻、麦、玉米、油菜等）。开花前重点培育壮苗，使营养生长良好，搭好丰产架子，为生殖生长做好物质准备。但要防止生长过旺，否则就会出现"好禾无好谷"的现象。

（2）以营养器官为收获对象的作物（甘薯、马铃薯）。生长前期以茎叶生长为主，生长后期以块根、块茎生长为主，因此要促控结合，前期要促茎叶生长良好，后期要控制茎叶疯长，否则消耗养分过多，不利于块茎形成。

（3）茎用作物（甘蔗）。在营养生长期要尽量利用肥水条件促进茎的伸长，从而达到高产的目的。要促进早分蘖，控制晚分蘖。因为早分蘖能成为有效茎而增加产量，晚分蘖因为受到主茎和早分蘖的影响很难形成有效茎。控制晚分蘖的主要目的是防止徒耗养分,避免影响主茎和早分蘖的生长。

(4)叶用作物(烟草)。前期保证植株良好生长,后期控制生殖生长,即封顶打杈。

二、作物器官的生长发育

(一)种子

1. 种子的概念

在农业生产中和植物学研究中对种子概念的定义是不同的。植物学上的种子是指由胚珠受精后发育而成的有性繁殖器官,通常需经配子体所产生的雌雄配子的融合作用而形成。而农业生产上的种子含义更广,即作物生产上所说的种子泛指用于播种繁殖下一代的播种材料。它包括植物学上的三类器官。

第一类:真种子,植物学上所指的种子,它们都是由胚珠发育而成的。如豆类、油菜等。

第二类:类似种子的果实,它们是由子房发育而成的果实。如禾本科的颖果。

第三类:进行无性繁殖的根茎类。如甘薯(块根)、马铃薯(块茎)等。

2. 种子的休眠及解除

(1)种子休眠。某些作物新鲜的种子虽具有生活力,但在适宜的环境条件下却不能发芽,这种现象称为种子休眠。

(2)种子休眠的原因。种子休眠的原因有多种,大致可分为三种类型。

① 胚的后熟:即种子收获或脱落时,胚组织在生理上尚未成熟,因而不具备发芽能力。对于这类种子,可通过低温处理或水分处理,促进后熟使之发芽。

② 硬实(种子透性不良):种子在成熟时变得硬实,种皮不透水、不透气,因而不发芽。如绿豆、大豆等。对于这类种子,一般采用机械磨伤种皮的方法或用酒精、浓硫酸等化学物质处理,使种皮溶解,增强其透性。

③ 发芽抑制物质:种子休眠的重要原因之一是果实的种子中含有某种抑制发芽的物质,致使种子不能发芽。对于这类种子,可用高温处理、浸水清洗等方法;此外可用赤霉素、乙烯等植物激素处理。

(3)种子休眠的解除

在实际生产过程中,为了做到适期播种,促进种子尽早萌发,常采取一定的措施打破种子的休眠。对于种皮较厚、透性较差的种子,可采用机械摩擦、加温或加酸处理等方法,种皮破损后可增加种子的透水和透气性能,加速种子萌发。对于因为胚发育不完全和后熟作用所引起休眠的种子,常采用层积法、变温处理和激素处理等方法解除休眠。层积法是将处理的种子与湿砂分层堆积,温度保持在 0~5 ℃,堆放 1~3 个月,这种方法主要用于林木和果树种子。对于后熟作用引起的种子休眠,常采用晒种和化学药剂处理等方法,这在农作物种子中经常用到。因为有抑制物质的存在而引起的休眠,常采用用水浸泡、冲洗、生长调节剂处理等方法解除种子休眠。

3. 种子萌发条件

种子发芽首先决定于其自身是否具有发芽能力即生理条件,包括种子的休眠、种子的新陈度、种子的饱满度等。其次是外界条件,包括水分、温度和氧气。

(1)水分:是种子萌发的首要生态条件。当种子细胞内自由水增多时,才有可能使种子中部分贮藏物质变为溶液,同时使酶的活性增强,并起到催化作用,因此水分是种子萌发的首要外界条件。

(2)温度:种子萌发需要适宜的温度,因为种子萌发过程是在一系列酶的参与下进行的。不同作物种子发芽的温度三基点不同。如水稻种子发芽的最低温度为10~12 ℃、最适温度为30~37 ℃、最高温度为40~42 ℃;小麦种子发芽的温度三基点分别为3~5 ℃、15~31 ℃和30~43 ℃;玉米种子发芽的温度三基点分别为5~10 ℃、32~35 ℃和40~45 ℃。

(3)氧气:种子在发芽时,呼吸作用加强,而且酶活性的维持也需要氧气。因此,氧气是种子萌发的必要条件。

此外,有的种子萌发还需要光照,例如烟草和莴苣的种子。

4.种子萌发的过程

(1)吸水膨胀。种子内含有的蛋白质、淀粉、纤维素等亲水物质,具有吸胀作用,能与水分子结合。当水进入细胞后,使有机物逐渐变成溶胶状态,种子便慢慢膨胀。种子吸水膨胀是物理过程。

(2)萌动。种子吸水膨胀后,种皮变软,胚乳和子叶中贮藏的营养物质在酶的催化下陆续分解转化。淀粉转化成葡萄糖,脂肪先转化为甘油和脂肪酸以后再转化为糖,蛋白质转化为氨基酸。这些可溶性的物质被运送到胚部供其吸收利用。一部分用于呼吸消耗,另一部分用于构成新的细胞,使胚生长。当胚细胞不断增多,体积增大,从而顶破种皮时,称为萌动。萌动后胚根首先突破种皮向土中伸入。

(3)发芽。种子萌动后胚根和胚芽继续生长,当胚根的长度与种子的长度相等,胚芽长度约为种子长度的一半时,称为种子发芽。种子发芽后,胚根和胚芽继续生长,逐步分化成根、茎、叶,长成能够独立生活的幼苗。

如果种子贮藏的有机物质多,则出苗快,且苗壮、苗齐。因此,播种时要选用粒大饱满的种子。

(二)根

1.作物的根系

作物的根系是由初生根、次生根和不定根生长演变而成的。作物根系可分为两类,一类是单子叶作物的根,属须根系[见图4-2(b)],如禾谷类作物的根系;另一类是双子叶作物的根,属直根系[见图4-2(a)],如豆类、油菜、花生等。

(1)初生根。指由种子内胚根发育而来的根。双子叶作物只有1条根,生长时垂直下扎,形成主根。一些单子叶作物如稻、粟等也只有1条根;大多数单子叶作物如麦类、玉米等,则可有多条胚根。由于胚根属于种子萌发后第一批长出的根,故统称为初生根。又因为初生根直接来自种子,因此俗称种子根。

(2)次生根。双子叶作物中,次生根是指主根生长到一定程度时发生的侧根或分枝根。禾本科作物中,指幼苗生长一段时间后,在基部节间上下部位长出的根;由于这些根排列有序,层次分明,因此也称节根。玉米、高粱等作物,地上部的茎节也能生长次生根,由于它们最初长在空气中,之后才伸入土壤,所以称之为气生根。

(3)不定根。指由茎、叶等处随时发生没有固定位置的根,如甘薯的茎、豆科作物的胚轴和匍匐枝上发生的根都属于不定根。植物学中把禾本科作物的次生根也称为不定根。不定根有扩大植物吸收面积和增强固着或支持植物的功能。

根除了上述类型外,尚有一些根的变态,如甜菜、甘薯等作物的块根。甜菜的块根由上胚轴发育而来,植物学上称肉质直根;甘薯的块根由不定根发育而来。块根主要起贮藏养分的作用,是作物的产量器官。图 4-3 为玉米的根系。

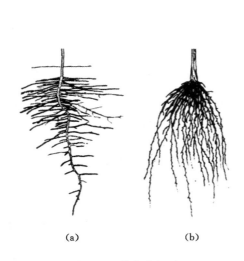

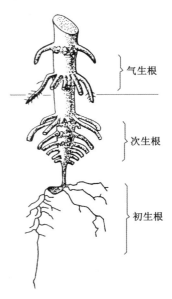

图 4-2　作物的根系

(a) 棉花的直根系;(b) 小麦的须根系

图 4-3　玉米的根系

2. 根的生长

(1) 根的生长

禾谷类作物根系,随着分蘖的增加,根量不断增加,并且横向生长显著,拔节以后转向纵深伸展,到孕穗或抽穗期根量达最大值,以后逐渐下降。禾谷类作物的根系以次生根(节根、不定根)为主要构成部分,在幼苗有 1～3 片叶时,从芽鞘节开始,然后第一节、第二节 …… 依次向上长出不定根(节根、次生根),直至拔节后节间伸长伸出土面,地上节不与土壤接触,一般不发生不定根,但是玉米等作物近地面的茎节上常发生一轮或数轮较粗的节根,也叫支持根(气生根),它们也属不定根。胚根的生长是依靠根尖分生组织分裂细胞及其新细胞伸长的作用,胚根不断伸长下扎发育成初生根。次生根是从茎节上分化根原基经过细胞分裂、伸长出来的。

双子叶作物生长前期,主根生长较快,下扎也较深。就根系大小和重量的增长来说,也同地上部分相似,前期增长较慢,中期加快,后期又减缓下来。

(2) 影响根系生长的条件

① 土壤阻力:土壤疏松,阻力小,有利于根系生长。

② 土壤水分:根系有向水性,根系入土深浅与土壤水分有很大的关系。如水稻根系较浅,旱地作物根系较深,总之水分过少或过多都不利于根系的生长,但土壤适当的干旱,有利于根系向纵深伸展。

③ 土壤养分:作物根系有趋肥性,在肥料集中的土层中,一般根系比较密集。氮肥有利于茎叶生长,而磷、钾肥促进根系生长。

④ 土壤氧气:作物根系有向氧性,因此,土壤通气性良好,是根系生长的必要条件。水稻之所以能够生活在水中,是由于连接叶、茎、根的通气组织比较发达。

⑤ 土壤温度:土壤温度过高或过低都不利于作物根系的生长,根系生长的适宜温度范围为 20~30 ℃。

3. 根系的功能

(1) 不同层次根系,从不同角度深入土中,对作物生产有支撑作用。

(2) 从土壤中吸收水分和养分,并输送到作物各生长器官。

(3) 合成物质,如生长素、细胞分裂素等物质都在根中合成后输送到地上部分,根系越多,合成物质越多。

(4) 作物地上部分收割之后根系残留在土壤中,腐烂后增加了土壤有机质的含量。

(5) 有些作物的根系有大量贮存养分的作用,如甘薯、萝卜等。

(6) 根可作为繁育器官,如甘薯、木薯等。

(三) 茎

1. 单子叶作物的茎(禾谷类作物)

(1) 形态结构

① 禾谷类作物的茎多数为圆形,大多中空,如稻、麦等;有的为实心,如玉米、甘蔗等。

② 茎秆由许多节和节间组成,节上着生叶片。

③ 禾本科作物茎节分为两种:一种是节间伸长不显著的基部茎节,密集于土内靠近地表处,称为分蘖节。其上着生的腋芽在适宜的条件下能萌发成为新茎,即分蘖。另一种是节间显著伸长,拔节后伸出地面的上部茎节,称为伸长节。其上各节叶腋所着生的腋芽在一般情况下不萌发而处于休眠状态。

(2) 单子叶作物茎的生长

禾谷类作物地上部分节间主要靠每个节间基部的居间分生组织的细胞进行分裂和伸长,使每个节间伸长而逐渐长高,其节间伸长方式为居间生长。各节间的伸长有一定的顺序性和重叠性,即当基部第一节间伸长接近固定时,第二节间加快伸长;当第二节间伸长接近固定时,第三节间加快伸长;依此类推,节间伸长自下而上呈波浪式推进。在作物生产上,当基部第一节间伸长达 1~2 cm 时称为拔节。

2. 双子叶作物的茎枝

双子叶作物的茎都为实心,由节和节间组成,其主茎每一个叶腋都有一个腋芽,可长成分枝,从分枝上还可以长成分枝。其分枝有两类,一类是分枝性强的,如豆类、油菜,分枝对产量构成有较大的作用,栽培上要促进分枝早且多发;另一类是分枝性弱,如烟草,分枝对产量和品质不利,栽培上要抑制其发生。

双子叶作物的茎,主要靠茎尖顶端分生组织的细胞分裂和伸长,使节数增加,节间伸长,植株逐渐长高,其节间伸长的方式为顶端生长。

3. 茎枝的功能

(1) 茎枝有支撑叶、穗或果实生长的作用。

(2) 茎枝是连接根、叶、花或果实的运输通道,起着转移水分、养分的输导系统的作用。

(3) 绿色幼嫩茎、枝同时具有合成有机养料的作用。

(4) 茎枝是临时贮存养料的器官。

（5）沼泽作物的茎、枝有通气功能。

（6）茎可作为繁育器官，如甘蔗、马铃薯(块茎)等。

4. 影响茎、枝(分蘖)生长的因素

高产栽培对稻、麦等分蘖作物要求有一定的分蘖成穗数。对油菜、大豆等分枝作物要求有一定的分枝数。作物的分蘖、分枝习性因不同种及品种而异，同时受环境条件的影响也非常明显。

（1）种植密度：总的来说，稀植分枝、分蘖数多，密植分枝、分蘖数少且弱。

（2）肥料：增施底肥和苗肥，有促进分蘖和分枝的作用。

（3）不同作物和品种的影响：水稻分蘖能力强，单株可达数百个分蘖；玉米一般不发生分蘖；小麦不同品种分蘖不同，如冬性品种比春性品种分蘖力强。

（四）叶片

1. 叶的形态

根据来源和着生部位的不同可分为子叶和真叶。子叶是胚的组成部分，着生于胚轴上。双子叶作物有两片子叶，内含丰富的营养物质，供种子发芽和幼苗生长之用。单子叶作物有一片子叶形成包被胚芽的胚芽鞘；另一片子叶形如盾状，称为盾片，在发芽和幼苗生长时，起消化、吸收和运输养分的作用。

真叶简称叶，着生于主茎或分枝(分蘖)的各节上。大多数双子叶作物的叶由叶片、叶柄和托叶三部分组成，称为完全叶，如棉花、大豆、花生等；但有些双子叶作物缺少托叶如甘薯、油菜等，有些缺少叶柄如烟草等，称为不完全叶。禾谷类作物的叶一般包括叶片、叶鞘、叶耳和叶舌四部分，具叶片和叶鞘的为完全叶，缺少叶片的为不完全叶，如水稻的第一片叶即鞘叶。叶片是作物进行光合作用和蒸腾作用的主要器官；双子叶作物的叶柄，主要起输导物质和支撑叶片的作用；单子叶作物的叶鞘不仅对茎秆起保护和支持作用，也能进行光合作用，并是贮藏和输导养分的重要器官。另外，叶片也是某些作物的产品器官，如烟草、剑麻和蕉麻等。

根据一个叶柄上着生叶片数的多少，也可分为单叶和复叶。一个叶柄上只生一片叶，不论其完整或是分裂的都称单叶，如棉花、甘薯和单子叶作物的叶。一个叶柄上着生两个以上完全独立的小叶片的叶，称复叶。复叶又可分为三出复叶，如大豆；羽状复叶，如花生；掌状复叶，如大麻。图 4-4 为棉花的叶片。

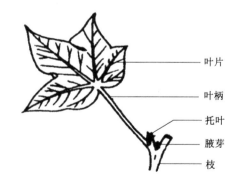

叶片
叶柄
托叶
腋芽
枝

图 4-4　棉花的叶片

2. 叶的生长

叶起源于茎尖基部的叶原基，在茎尖分化成生殖器官前，可不断分化出叶原基。因此茎尖周围通常包围着大小不同、发育程度不同的多个叶原基和幼叶；当叶原基形成雏形时，叶茎尖的各个部分已分化完毕。之后，叶的生长则有赖于细胞的分裂和细胞的增大。一片叶的生长过程是先形成叶尖，而后由上而下形成一定形态的叶片。

叶的一生经历分化、伸长、功能、衰老四个时期，其中叶从开始输出光合产物到失去输出能力所持续的时间段称为叶的功能期,一般是指从达到定长至全叶一半变黄所经历的时期。栽培条件对叶片功能期的长短影响很大,适当的肥水管理、适宜的密度有利于延长叶的功能期。

3. 叶片生长的特征

(1) 出叶速度:指作物主茎上发生新叶的速度,常用主茎发生一片新叶所需的天数来表示。

(2) 叶片数目:① 每一种作物的主茎叶片数都是比较稳定的,这也是作物品种的特性之一。② 在同一地区,同一品种中,除播种期显著推迟而使叶片数稍有减少外,一般很少发生变化。但如果条件改变,生育加快,则叶数减少,延迟则增加。③ 主茎叶片数与品种生育期长短有直接的关系,通常晚熟品种比中早熟品种多。例如:早稻 10～13 叶,中稻 14～15 叶,晚稻 16 叶以上。

由于每个品种主茎叶片数相对稳定,所以栽培上常以当时田间植株主茎出叶数(叶龄)作为看苗诊断、因苗管理的主要依据之一。

(3) 叶层分组

禾谷类作物的叶片,根据其出生先后和着生部位,大致可分为下、中、上三层即三组。各组叶片作用也不相同,一般认为,下层叶片其光合产物供给根系、分蘖、幼叶等营养器官生长为主;中层叶片供给茎秆、穗的生长;上层供给结实器官。

(4) 叶面积指数

在作物生产中,通常要考虑单位土地面积上所有叶面积的大小,其与产量相关。因此,用叶面积指数来表示叶面积的大小。

叶面积指数是指作物群体的总绿色叶面积与该群体所占据的土地面积的比值。即作物群体的叶面积指数因时间而变化,作物出苗后,随着植株的生长发育,叶面积指数增大,大约在群体最繁茂的时候,叶面积指数达到最大值,而后随着部分叶片老化变黄或脱落,叶面积指数减小。

叶片是作物进行光合作用的主要器官,叶片面积大则光合产物多。但并不是叶面积越大,光合产物就越多,因为叶片过多,叶面积指数过大,叶片间互相遮阴,光照不足,造成倒伏等。因此,一定的作物都存在一个最适叶面积指数。最适叶面积指数是指当多数叶片处于光饱和点的光强之下,最底层叶片又能获得大约二倍于光补偿点的光强时,作物群体的物质生产可望达到最大值,此时的叶面积指数被认为是最适叶面积指数。最适叶面积指数的大小因生产水平、作物种类和品种而异。

4. 叶的功能

(1) 进行光合作用,是作物体内合成有机物质的主要器官。

(2) 是作物进行蒸腾作用的主要器官,对于降低叶温、吸收运输养分具有重要的意义。

(3) 具有直接吸收水分和无机盐溶液的功能。正因为如此,作物生产中的叶面喷肥才有实际效果。

(五) 花

营养生长至一定阶段,茎的顶端分生组织分化形成花原基。然后形成花的各个部分,经有性生殖过程,产生果实与种子。禾谷类作物的穗分化过程为:生长锥伸长、穗轴节片或枝梗分化、颖花分化、雌蕊和雄蕊分化、生殖细胞减数分裂形成四分体、花粉粒充实。双子叶作物花芽分化过程为：花萼形成、花冠和雌雄蕊形成、花粉母细胞和胚囊母细胞形成、胚囊母细胞和花粉母细胞减数分裂形成四分体、胚囊和花粉粒成熟。作物生育器官的分化顺序是由外向内分化，直至性细胞成熟。

1. 花的组成与基本结构

双子叶植物的花多为典型花，由花柄、花托、花被、雄蕊群和雌蕊群五部分组成。图 4-5 为棉花的花。

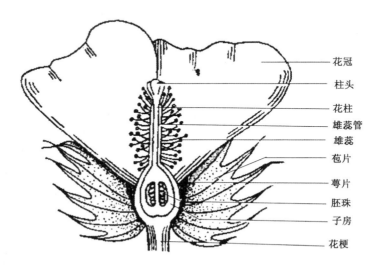

图 4-5　棉花的花

花柄是着生花的小枝，花柄的顶端部分为花托。花被着生于花托边缘或外围，有保护和传送花粉的作用。多数作物的花被有内外两轮，外轮多为绿色的花萼，由数个萼片组成；内轮多为鲜艳颜色的花冠，由数片花瓣组成。雄蕊群由一定数目的雄蕊组成，多数作物的雄蕊分化成花药和花丝两部分，花药内产生花粉。

雌蕊群是一朵花中一至多枚雌蕊的总称。组成雌蕊的单位称心皮，一枚雌蕊可由一至数个心皮构成，多个心皮可联合或分离。雌蕊一般分为柱头、花柱和子房三部分。柱头位于顶端可接受花粉。花柱连接柱头和子房。子房是雌蕊基部膨大的部分，着生于花托之上。子房内有数量不等的子房室，其数目与心皮数相等。子房室内心皮腹缝线或中轴处着生一至数个胚珠，由珠被、珠心、胚囊等组成。成熟的胚囊中有 8 个核：1 个卵细胞、2 个助细胞、1 个中央细胞（含 2 个极核）、3 个反足细胞。

单子叶禾谷类作物的花一般较小，称为小花，由外稃、内稃、浆片和花蕊（雄蕊和雌蕊）组成。由一至数朵小花和颖片组成小穗，再由小穗和穗轴组成花序，呈穗状。

2. 开花、授粉和受精

当雌蕊和雄蕊发育成熟时，花被打开，雌雄蕊露出，花粉散放，完成传粉的过程。然后花粉管萌发，通过花柱进入子房（胚囊），发生双受精作用，即花粉粒中一个精细胞与卵细胞结合形成胚，另一个精细胞与极核结合形成胚乳，从而完成有性过程。

由花粉囊散出的花粉借助于一定的媒介力量被传送到同一花或另一花的柱头，这一过程称为授粉。花粉落到同一朵花的柱头上的过程称自花授粉。有些作物是严格自花授粉的作物,如小麦、水稻、大豆、花生等。一朵花的花粉落在另一朵花的柱头上的过程称异花授粉,如玉米、大麻等。棉花、高粱、蚕豆等作物的异交率在 5%～40%之间,通常把这些作物称为常异花授粉作物。传送花粉的外力有风、动物、水等。

（六）果实

1. 果实的结构

果实是被子植物独有的繁育器官,一般是由受精后雌蕊的子房发育形成的特殊结构,包括果皮和种子两部分。果皮包被着种子,具有保护种子和散布种子的作用。果皮可分为外果皮、中果皮和内果皮。在有些作物中三层果皮分层比较明显,如肉质果中的梅、桃等核果类。在仅由子房发育形成的果实中,果皮是由子房壁发育成的,有些作物的花托等结构参加了果皮的形成。不经过受精,子房就发育成果实的过程,称为单性结实。单性结实的果实里不含种子,称为无籽果实。单性结实有自发形成的,称为自发单性结实,突出的例子如香蕉。另外一种是通过诱导作用以引起的单性结实,称诱导单性结实。

2. 果实的类型

果实种类繁多,分类方法也多种多样。

多数被子植物的果实是直接由子房发育而来的,叫作真果。如桃、大豆的果实;也有些植物的果实,除子房外,还有其他部分参加,最普通的是子房和花被或花托一起形成果实。这样的果实叫作假果,如苹果、梨、向日葵及瓜类的果实。

多数植物一朵花中只有一个雌蕊,形成的果实叫作单果。也有些植物,一朵花中具有许多离生雌蕊聚生在花托上,以后每一个雌蕊形成一个小果,许多小果聚生在花托上,叫作聚合果,如草莓。还有些植物的果实,是由一个花序发育而成的,叫作复果或称花序果、聚花果,如桑、凤梨和无花果等。

如果按果皮的性质来划分,可分为干果与肉果。按干果成熟后是否开裂,又分为裂果与闭果等。

（1）肉果。肉果的果皮柔软多汁且常具有鲜艳的色彩,可吸引动物前来取食,借此散播种子,其种子外部常具有较坚硬的结构或可抵抗强酸的化学物质,保护种子避免在通过动物的消化道时受到消化液的腐蚀。我们所食用的美味水果就有很多归属于肉果之列。

① 浆果:有一个或多个心皮形成的果实。一般柔嫩、肉质而多汁,内含多数种子。葫芦科植物的果实是浆果的一种,一般称为瓠果;还有柑橘类的果实是浆果的另一种,称橙果或柑果。

② 核果:通常由单雌蕊发展而成,内含一枚种子,三层果皮性质不一。外果皮极薄,由子房表皮和表皮下几层细胞组成;中果皮是发达的肉质食用部分;内果皮的细胞经木质化后,成为坚硬的核。

③ 梨果:多为具有子房下位花的植物所有,如梨、苹果等。

（2）干果。干果成熟后具有干燥而坚硬的果皮,内果皮、中果皮及外果皮的分界不明显。少了甜美的果汁及诱人的色彩,但干果类果实在种子传播方面还是具有独特之处的。昭和草的瘦果长有白色的冠毛,借风力可轻易地向各方飞散;槭树的翅果像一面小小的旗子,也是借风力传播的;黄野百合的种子借荚果开裂时扭转的力量弹出;鬼针草、苍耳的果实上有钩刺,可附在人的衣服或动物的毛皮上随之迁移。果实成熟以后,果皮干燥,有的果皮能自行裂开,为裂果;也有的即使果实成熟,果皮仍闭合,为闭果。根据心皮结构的不同,又可进一步区分为以下几种类型。

① 裂果类。又可分为四类。荚果:由单心皮发育而成,果实成熟后,果皮沿背缝和腹缝两面开裂。蓇葖果:由单心皮或离生心皮发育而成,成熟后只由一面开裂。果:由合生心皮的复雌蕊发育而成。角果:由两心皮组成的雌蕊发育而成。十字花科植物多具有这类果实。可分为长角果和短角果。

② 闭果类。可进一步分为瘦果、颖果、翅果、坚果、双悬果和胞果等。图 4-6 为小麦的颖果。

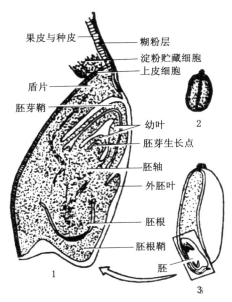

图 4-6　小麦的颖果
1——胚的纵切面;2——籽粒外形;3——籽粒纵切

3. 果实的形成

果实是由显花植物的子房在开花授粉后发育而来的,主要的功能为保护种子及协助种子的传播。一般果实包含了果皮及种子两个部分,果皮又可分为外果皮、中果皮和内果皮三层,由子房壁发育而成;种子则由胚珠发育形成,其中珠被发育成种皮,极核和卵核则分别发育成胚乳和胚。种子是植物传宗接代的重要器官,果皮则负责在种子发育过程中保护未成熟的种子,并在种子发育完全后协助其传播。

在果实发育的过程中,花的各部分发生很大的变化。花萼、花冠一般脱落,雄蕊和雌蕊的柱头、花柱也先后脱落枯萎,这时胚珠发育成种子,子房逐渐增大,发育成果实。

果实的形成,需要经过传粉和受精作用,但有些植物只经过传粉而未经受精作用也能发育成果实,这种果实无种子,称单性结实,如香蕉、无籽葡萄、无籽柑橘等。也有些植物的结实是通过某种人为诱导,形成具有食用价值的无籽果实,这种结实称诱导单性结实,如马铃薯的花粉刺激番茄的柱头,而形成无籽番茄。无籽的果实不一定都是由单性结实形成的,也可在植物受精后,因胚珠的发育受阻而形成无籽果实。

果实停止生长后发生一系列生理生化变化的过程为果实的成熟过程。成熟的果实色、香、味及质地等都发生了一系列的转变。其生物学意义在于有利于种子的传播,而有些为人类食用的果实,成熟过程对其商品价值也很重要。果实自身产生的乙烯和外源的乙烯都能诱导果实成熟。

三、作物的生长发育特征

（一）作物生长发育对环境生态因子的反应

1. 环境、生态因子的概念

环境是生物有机生活空间的外界自然条件的总和。

生态因子是指环境中对生物的生长发育、生殖、行为和分布有着直接或间接影响的环境要素,如温度、湿度、氧气、二氧化碳和其他相关生物等。

2. 生态因子分类

在任何综合的环境中,都包含着许多性质不相同的单因子。每一单因子在综合环境中的质量、性能、强度等,都会对植物起着主要的或次要的、直接的或间接的、有利的或有害的生态作用。而且这些作用在时间和空间上,也不是固定的,在不同的情况下它们的作用也是不同的。在研究环境与植物间的相互关系中,根据因子的类别通常可划分为下列五种类型:

（1）气候因子:光能、温度、空气、水分、雷电等。

（2）土壤因子:土壤有机和无机物质的物理、化学等性能以及土壤生物和微生物等。

（3）地形因子:地球表面的起伏、山岳、高原、平原、洼地、坡向、坡度等,这些都是影响植物生长和分布的因子。

（4）生物因子:动物的、植物的、微生物的影响等。

（5）人为因子:人对植物资源的利用、改造、发展和破坏过程中的作用以及环境污染危害作用等。

在以上五种因子中,人为因子对植物的影响远远超过其他所有的自然因子。这是因为人为活动通常是有意识和有目的的,可以对自然环境中的生态关系起到促进或抑制、改造或建设的作用。放火烧山、砍伐森林、土地耕作等都是人为活动影响自然环境的例子。人类在利用自然过程中,逐步认识自然和掌握环境变化的规律性。但是自然因子也有其强大的作用,非人为因子所能代替。例如生物因子中的昆虫授粉作用,可使虫媒花植物在广阔的地域传粉结实,这绝非是人工授粉作用所能胜任的。又如风媒花植物的授粉作用是靠空气因子(风)来传粉的;世界上主要的粮食作物,如水稻、小麦等都是靠风媒授粉的。自然因子威力之大,也不是人工因子所能代替的。

3. 环境因子的生态学分析

在研究生态因子的过程中,必须注意下面几个基本问题。

（1）生态因子相互联系的综合作用

生态环境是由许多生态因子组合起来的综合体,对植物起着综合的生态作用。通常所谓环境的生态作用,也是指环境因子的综合作用。

各个单因子之间不是孤立的,而是互相联系、互相制约的,环境中任何一个因子的变化,必将引起其他因子不同程度的变化。例如光照强度的变化,不仅可以直接影响空气的温度和湿度等气候因子的变化,同时也会引起土壤的温度和湿度的变化。因此,环境对植物的生态作用,通常表现为各个生态因子共同组合在一起,对植物起综合作用。

（2）主导因子

组成环境的所有生态因子都是植物生活所必需的,但在一定条件下,其中必有一两个因子起主导作用,这种起主要作用的因子就是主导因子。主导因子包括两方面的含义:第一,从因子本身来说,当所有的因子在质和量上相等时,其中某一个因子的改变能引起植物全部生态关系发生变化,这个能对环境起主要作用的因子称为主导因子。第二,对植物而言,由于某一因子的存在与否和数量的变化,而使植物的生长发育情况发生明显的变化,这类因子也称为主导因子。例如植物春化阶段的低温因子,光周期现象中的日照长度。

（3）生态因子间的不可代替性和可调剂性

植物在生长发育过程中所需要的生存条件,如光、热、水分、空气、无机盐类等因子,对植物的作用虽不是等价的,但都是同等重要而不可缺少的。如果其中随便缺少一种,便能引起植物的正常生活失调,生长受到阻碍,甚至死亡。而且任何一个因子,都不能由另一个因子来代替,这就是植物生态因子的不可替代性和同等重要性规律。但另一方面,在一定情况下,某一因子在量上的不足,可以由其他因子的增加或加强而得到调剂,并仍然有可能获得相似的生态效应。例如,增加 CO_2 浓度,可以补偿由于光照减弱所引起的光合强度降低的效应。但是因子之间的补偿作用,也并非是经常和普遍的。

（4）生态因子作用的阶段性

每一个生态因子,或彼此有关联的若干因子的结合,对同一植物的各个不同阶段所起的生态作用是不相同的。也可以说植物对生态因子的需要是分阶段的。植物的一生中,并不需要固定不变的生态因子,而是随着生长发育的推移而变化。例如,低温在某些作物春化阶段中是必需的条件,但在以后的生长时期中,低温对植物则是有害的。另外,同一生态因子在植物某一发育阶段可能不起作用,而在另一阶段则为植物所必需。例如光照的长短在植物的春化阶段并不起作用,但在光周期阶段则是必需的。

（5）生态因子的直接作用和间接作用

在对植物的生长发育状况和分布原因的分析过程中,必须区别生态环境中因子的直接作用与间接作用。很多地形因素,如地形起伏、坡向、坡度、海拔、经纬度等,可以通过影响光照、温度、雨量、风速、土壤性质等而对植物发生影响,从而引起植物与环境的生态关系发生变化。例如,我国四川省二郎山的东坡上,分布着湿润的常绿阔叶林;山脊的西坡上,则分布着干燥的草坡,不但任何树木不能生长,灌丛植物亦很少见到。同是一个山体的坡面上,东西两面具有迥然不同的植被类型。这是由于东西运动的潮湿气流,在东坡随着海拔的逐步增高,气温的逐步降低,把空气中大量的水汽丢失在东坡的坡面上,使东坡非常潮湿,形成常绿阔叶林。当空气运行到山脊顶部时,已成为又干又冷的空气。这种干冷的空气,本来缺水已经达到极点,在由山脊沿着西坡向下运行时,随着海拔逐步降低,温度逐步增高,干空气又向坡面上吸收水分,使坡面上进一步干燥,因此西坡分布着干燥的草地。这就是生态因子间接作用的一个例子。

4. 作物生长发育对主要生态因子的反应特性

作物的生长和发育过程一方面由作物的遗传特性决定,另一方面又受到外界环境条件的影响。因而表现出不同层面的生长发育特性。

（1）对温光的反应特性

在作物的个体发育过程中,植株由营养体向生殖体过渡,要求一定的外界条件。研究证明,温度的高低和日照的长短对许多作物实现由营养体向生殖体的质变有着特殊的作用。

作物生长发育对温度高低和日照长短的反应特性,称为作物的温光反应特性。例如,冬小麦植株只有顺序地通过特定的低温和长日照阶段才能诱导生育器官的分化,否则就只进行营养器官的生长分化,植株一直停留在分蘖丛生状态,不能正常抽穗结实完成生育周期。根据作物对日照长度的反应特性,一般分为长日照作物、短日照作物和中间型作物三大类,长日照作物指在某一生育时期中要求日照连续超过 12 小时以上时,才能通过发育阶段正常开花结实的作物,如小麦、大麦、油菜、萝卜、甜菜等。短日照作物在某一生育时期中要求日照连续在 12 小时以下,才能顺利通过发育阶段正常开花结实的作物,如水稻、棉花、大豆、玉米、高粱、谷子等。中间型作物介于长日照作物和短日照作物之间,如黄瓜、番茄、四季豆、菜豆等。根据作物对光照强度的要求,将作物分为喜光作物和耐阴作物,现在人类栽培的大部分作物都是喜光作物。但相对来说,大豆、黑麦、豌豆、生姜、荞麦等作物比较耐阴;作物所需的温度差别很大,一般可分为喜凉作物和喜温作物。喜凉作物要求的积温少,可以忍耐冬春低温。喜温作物是农业生产上的主体,这类作物生长发育盛期的适温为 20～30 ℃,需大于或等于 10 ℃的积温为 2 000～3 000 ℃。

由于作物的温光反应类型不同,即使同一个品种在不同的生态地区,生育期表现长短也不同。例如,长日照作物的小麦北种南移,生育期变长;短日照作物的水稻北种南移,生育期变短。因此,相近的地区进行引种易于成功。作物的温光反应特性对栽培实践也有一定的指导意义。例如,小麦品种的温光特性与分蘖数、成穗数、穗粒数有很大的关系。若要精播高产,应选用适于早播的冬性偏强、分蘖成穗偏高的品种;而晚播独秆栽培,则可选用春性较强的大穗型品种。

（2）对水分的反应特性

根据不同作物对水分的适应性的不同,将作物分为以下几种类型。

① 喜水耐涝作物。以水稻最为典型,植株的根、茎、叶中有通气间隙,喜淹水或沼泽地生长。

② 喜湿润型。这类作物在生长期间需水较多,适宜土壤和空气的湿度较高。如陆稻、黄麻、烟草和甘蔗等。

③ 中间型。这类作物既不耐旱,也不耐涝,或者前期较耐旱,中后期需水较多。如小麦、玉米、棉花、大豆等。

④ 耐旱怕涝型。这类作物较耐旱,但怕涝,适宜在干旱或干旱季节生长。如谷子、花生、芝麻、绿豆等。

⑤ 耐旱耐涝型。这类作物既耐旱又耐涝,适应性强。如高粱、田菁、草木樨等。

（二）作物器官间生长的相关性

1. 地下部分与地上部分

作物的根、茎、叶在营养物质的分配上是互通有无、相互联系的。根供给地上部分水分、无机盐,同时根还合成某些有机物质和激素(细胞分裂素)供地上部分需要。而地上部分又为根系提供光合产物和维生素、生长素等生理活性物质。"根深叶茂"就充分反映这种协调关系。生产中用根冠比表示地下部分与地上部分之间的关系。根冠比的大小与作物种类和作物的生长时期有关。一般苗期根冠比较大,随着植株的生长,根冠比会逐渐缩小。

栽培中可以采取某些技术措施,调节地下部分和地上部分的生长,使根冠比趋向合理。例如,大田作物为获得壮苗,在苗期进行蹲苗,即在一定时期内控制水分的供应,促进幼苗的根系发生。甘薯、马铃薯、甜菜等作物后期以薯块中积累淀粉为主,根冠比达到最大值。因此在甘薯生长前期,提高土温,使土壤中有充足的水分和氮素营养,对其茎叶的生长有利;生长后期凉爽的天气及供应充足的磷、钾肥有利于块根中淀粉的合成与积累;后期如遇阴雨,则根冠比就不能很快提高,产量也会降低。

2. 顶端优势

作物的顶芽生长占优势的现象叫顶端优势。作物的主根和侧根也有类似的关系。不同作物的顶端优势有差异:向日葵的顶端优势明显;玉米、高粱的顶端优势较强,一般不产生分枝。顶端优势与农业生产有密切的关系,如棉花打顶就是解除顶端优势、抑制营养生长、促进生殖生长并能减少蕾铃脱落的措施。

3. 作物器官的同伸关系

作物各个器官的分化和形成是有一定程序的,同时,又因外界环境条件的影响而发生变化。各个器官的建成呈一定的对应关系。在同一时间内某些器官呈有规律的生长或伸长,称为作物器官的同伸关系,这些同时生长(或伸长)的器官就是同伸器官。同伸关系既表现在同名器官之间,如不同叶位叶的同时伸长,也表现在异名器官之间,如叶与茎或根,乃至叶与生殖器官之间的同时发生和生长。一般说来,环境条件和栽培措施对同伸器官有同时促进或抑制作用。因此,掌握作物器官的同伸关系,可为调控作物器官的生长发育提供依据。

第二节　作物产量及其形成

一、作物产量及构成因素

（一）生物产量、经济产量和经济系数

作物产量包括生物产量和经济产量两部分。

生物产量是指作物全生育期间生产和积累的有机物总量,一般不包括根。在组成作物的全部干物质中,有机物质占总量的 $90\%\sim95\%$。因此,作物通过光合作用形成的有机物质是产量形成的主要物质基础。

经济产量是指所收获的具有经济价值的产品数量。根据栽培目的的不同,经济产量的概念有所差异,在作物生产中一般所指的产量就是经济产量。经济产量可以是生殖体,如禾谷类作物为籽粒(颖果,农学上常称为种子),豆类作物和油料作物为种子,啤酒花为花;也可以是营养体,如甘薯的块根,马铃薯的块茎,烟草的叶,甘蔗的茎,饲料作物为地上部分植株等。有时,因栽培目的不同,同一作物经济产量的概念会有所不同。如玉米作为粮食作物时,籽粒是经济产量;而作为青贮饲料栽培时,整个地上部分都可算为产量。产量一般包括单产和总产两个内容。单产,我国通常是指每 1 亩耕地上所收获的产品数量,以 kg/亩表示,国际上则常以 kg/hm^2 表示。总产,是指某一行政单位内所生产的全部产量。

经济系数(或收获指数)是指生物产量转化为经济产量的效率,即经济系数等于经济产量和生物产量之比。生物产量是形成经济产量的物质基础。在一定的生物产量中,经济产量的高低取决于经济系数,经济系数高是高产的必要条件。经济系数是综合反映作物品种特性和栽培技术水平的一个通用指标,收获指数越高,说明植株对有机物的利用越经济。决定经济系数的因素有以下几方面。

1. 与作物种类密切相关

一般说来，以营养器官为产量器官的作物，产量的形成过程较简单，经济系数较高，如薯类为 0.75～0.85。以生殖器官为产量器官的作物，产量的形成要经过生殖器官分化发育到成熟的过程，同化物要经过复杂的转化过程，因而经济系数较低，如小麦为 0.3～0.4，水稻 0.5，大豆为 0.3。

2. 与收获产品的化学成分有关

产品器官中含碳水化合物（如淀粉）较多的作物，形成过程中耗能较少，因而经济系数较高。以含脂肪、蛋白质较多的作物器官为产品时，因其形成过程需由糖类转化，耗能就增多，因而经济系数较低。

3. 品种

就品种而言，一般矮秆品种经济系数大于高秆品种，新品种经济系数要大于旧品种，早熟品种经济系数要大于晚熟品种，高产品种经济系数要大于低产品种。

4. 栽培条件和栽培水平

实际生产中，即使同一品种，其经济系数也会因栽培技术、环境条件而有所变化。栽培技术措施应用得当，单位生物量的经济效益也就越高，经济系数越高；不当的栽培技术和不利的气候条件都会明显降低经济系数。

经济系数是一个相对值，单纯追求高的经济系数，经济产量不一定高；只有当生物产量和经济系数两者都比较高，才能获得较高的经济产量。生物产量的高低决定于作物的光合产物积累的多少。因此，提高生物产量的途径就是增加光合面积，提高光合效率和延长光合时间。提高作物的经济系数主要通过控制作物的群体结构和物质分配来实现。

（二）产量构成因素及相互关系

1. 作物产量的构成因素

决定作物产量高低的直接参数，称为产量构成因素。作物产量按单位土地面积上的产品数量计算，构成产量的因素是单位面积上的株数和单株产量。即产量＝单株产量×单位面积的株数。作物种类不同，细分其构成产量的因素也有所不同，主要表现在单株产量构成上的差别。例如，禾谷类作物产量的高低，主要取决于单位面积上的平均有效穗数、每穗平均结实粒数和每粒平均粒重（常以千粒重或百粒重来表示后，再除以粒数）的乘积。当然，也可根据具体作物的特点补充某些相应的细目，如水稻就可以用"每穗平均颖花数×结实率"来表示每穗结实粒数。

作物不同，产量构成因素也就不同。研究这些因素的形成过程和相互关系以及影响这些因素的条件，并采取相应的农业技术措施，是作物生产中的重要内容。主要作物产量的构成因素如下：

禾谷类作物：每亩穗数×每穗实粒数×粒重。

豆类：每亩株数×每株有效分枝数×每分枝荚数×每荚实粒数×粒重。

薯类：每亩株数×单株薯块数×单薯重。

油菜：每亩株数×每株有效分枝数×每分枝角果数×每角果粒数×粒重。

棉花：亩株数×株铃数×铃重×衣分。

花生：亩株数×单株果数×果重。

2. 产量构成因素间的相互关系

作物产量是各个产量构成因素的乘积,理论上任何一个产量因素的增加,都可以增加产量。但实际上并非如此,作物生产的对象是作物群体,在一定的栽培条件下,各个产量因素是很难同步增长的,它们之间有一定的制约和补偿关系。

例如,禾谷类作物产量=每亩穗数×每穗实粒数×粒重,从式子可以看出,产量随构成因素数值的增大而增加。但事实上,增加禾谷类作物单位面积上的穗数达到一定的密度时,穗粒数和粒重就会受到制约,表现出下降的趋势;相反,当单位面积的穗数较少时,穗粒数和粒重就会做出补偿性的反应,表现出相应增加的趋势。这是因为作物的群体由个体组成,当单位面积上植株密度增加时,各个体所占营养和空间面积就相应减少,个体的生物产量就有所削弱,故穗粒数、粒重就有所减少。密度增加,个体发育变小是普遍现象,但个体变小,不等于最后产量就少。因为作物生产的最终目的是单位面积上的产量。即要求单位面积上的穗数、粒数、粒重三者的乘积达到最大值。当单位面积上的株数(穗数)的增加能弥补甚至超过穗粒数和粒重减少的损失,仍表现为高产。只有当三因素中某一因素的增加不能弥补另外两个因子减少的损失时才表现减产。

(三)作物产量形成过程及影响因素

1. 作物产量的形成过程

产量形成过程是指作物产量构成因素形成和物质积累的过程,也就是作物各器官的建成过程及群体的物质生产和分配的过程。作物产量构成因素的形成,是在整个生育过程中依序而重叠地进行的。一般说来,生育前期是营养器官的生长时期,如禾谷类作物在幼穗分化前,棉花、大豆、油菜等作物在现蕾前,这一阶段的生长主要决定单位面积上的穗数、分枝数等产量构成因素。生育中期是生育器官的分化、形成和营养器官旺盛生长的重叠时期,如禾谷类作物从幼穗分化到抽穗,棉花、大豆和油菜从现蕾到盛花,这一阶段的生长主要决定穗粒数、荚数等产量构成因素。生育后期主要是生育器官的建成时期,如禾谷类作物从抽穗到成熟,棉花、大豆和油菜从盛花到收获,这一阶段的生长主要决定结实粒数、粒重等产量构成因素。

例如,禾谷类作物产量形成:第一,单位面积的穗数由株数(基本苗)和每株成穗数两个因素构成。因此穗数的形成从播种开始,分蘖期是决定阶段,拔节、孕穗期是巩固阶段。第二,每穗实粒数的多少取决于分化小花数、可孕小花数的受精率及结实率。每穗实粒数的形成始于分蘖期,决定于幼穗分化至抽穗期及扬花、受精结实过程。第三,粒重取决于籽粒容积及充实度,主要决定时期是受精结实、果实发育成熟时期。

但是,由于产量构成因素因作物而有所不同,因此其形成过程也有显著的不同。例如,以营养器官和整个植株体为产量器官的甘薯、甘蔗、饲料作物等,其整个产量形成过程往往均处于营养生长阶段。

2. 影响产量形成的因素

(1)内在因素。品种特性,如产量性状、耐肥、抗逆性等生长发育特性及幼苗素质、受精结实率等,均影响产量形成的过程。

(2)环境因素。土壤、温度、光线、肥料、水分、空气、病虫草害的影响较大。

(3)栽培措施。种植密度、群体结构、种植制度、田间管理措施,在某种程度上是取得群体高产优质的主要调控手段。

二、作物产量的生理基础

（一）作物的光合作用

光合作用是指绿色植物通过叶绿体,利用光能,把二氧化碳和水转化成储存能量的有机物,并且释放出氧气的过程。作物产量形成的过程就是作物整个生育期内利用光合器官将太阳能转化为化学能,将无机物转变为有机物,最后转化为收获产品的过程。农业生产中的各项措施,实质上都是直接或间接地创造有利于作物进行光合作用的条件。所以说,光合作用是作物生产的基础。

1. 光合作用的途径

植物的绿色部分都能进行光合作用,但叶片通常是光合作用的主要器官。高等植物的光合细胞中有叶绿体,它是光合作用的重要细胞器,外面包有双层被膜,内部形成了特别适于光合作用的微环境。其中有类囊体垛叠成的基粒,类囊体上有叶绿素 a、叶绿素 b 和类胡萝卜素,光合作用中吸收光能就是通过这些色素进行的。

光合作用是非常复杂的过程,可分为光反应和暗反应两个阶段。光反应阶段是光合作用第一个阶段中的化学反应,必须有光能才能进行。光反应阶段的化学反应是在叶绿体内的类囊体上进行的。暗反应阶段是光合作用第二个阶段中的化学反应,没有光能也可以进行。暗反应阶段中的化学反应是在叶绿体内的基质中进行的。光反应阶段和暗反应阶段是一个整体,在光合作用的过程中,二者是紧密联系、缺一不可的。

2. C_3 和 C_4 作物

碳同化有 C_3、C_4 和 CAM 三条途径。根据碳同化途径的不同,把植物分为 C_3 植物、C_4 植物和 CAM 植物。C_3 途径是所有的植物所共有的碳同化的主要形式,其固定 CO_2 的酶是 RuBP 羧化酶。C_4 途径和 CAM 途径只是 CO_2 的固定方式不同,最后都要在植物体内再次把 CO_2 释放出来,参与 C_3 途径合成淀粉等。C_4 途径和 CAM 途径固定 CO_2 的酶都是 PEP 羧化酶,其对 CO_2 的亲和力大于 RuBP 羧化酶,C_4 途径起着 CO_2 泵的作用;CAM 途径的特点是夜间气孔开放,吸收并固定 CO_2 形成苹果酸,昼间气孔关闭,利用夜间形成的苹果酸脱羧释放的 CO_2,通过 C_3 途径形成糖。

农作物主要包括 C_3 作物和 C_4 作物。C_3 作物生长在温度较低的环境中,主要分布在温带和寒带;C_4 作物生长在温度较高地区,主要分布在热带、亚热带。C_3 作物有大豆、小麦和水稻等,C_4 作物有高粱、玉米、甘蔗等,这两种作物类型的生理生态过程及光合作用速率差异明显。干旱条件下,叶片气孔关闭,C_4 植物能利用叶肉细胞间隙的低浓度 CO_2 进行光合作用,C_3 植物则不能。一般说来,C_3 作物的物质生产能力要明显低于 C_4 作物,这主要与它们的光呼吸、CO_2 补偿点及光合效率的差异有关。

CO_2 补偿点,是指在光照条件下,作物光合作用所吸收的 CO_2 量与呼吸作用所释放的 CO_2 量达到动态平衡时环境中的 CO_2 浓度。C_3 作物的 CO_2 补偿点较高,C_4 作物的 CO_2 补偿点较低。在 21% 的 O_2 浓度和 25 ℃ 条件下,C_3 作物约为 $(50\sim55)\times10^{-6}$,而 C_4 作物仅为 $(0\sim5)\times10^{-6}$。CO_2 补偿点与光合效率之间是相互联系的,低 CO_2 补偿点可作为高光合效率的一个指标。

光呼吸,是指作物绿色细胞照光后引起的耗氧与释放二氧化碳的过程。光呼吸不同于一般的呼吸作用,其底物是乙醇酸。整个乙醇酸途径是依次在叶绿体、过氧化体和线粒体中进行的。乙醇酸主要由 RuBP 加 O_2 合成,而在这一反应过程中,O_2 和 CO_2 呈一种竞争关系。高浓度的 CO_2 及低浓度的 O_2 有利于固定 CO_2、促进光合作用;相反则促进乙醇酸的合成和光呼吸。由于光呼吸消耗的是光合作用固定的 CO_2,而且氧化产物为 H_2O,呼吸效率较低,因此是一个耗能的过程。C_3 作物的光呼吸较高,而 C_4 作物的光呼吸极低。

C_3 作物与 C_4 作物光合能力的差异与叶的解剖结构有关。C_3 作物的维管束鞘细胞发育不良,其中无叶绿体,周围叶肉细胞的排列较松散;而 C_4 作物不但维管束鞘细胞发达,内含体积较大的叶绿体,而且与周围叶肉细胞联系紧密,有利于物质的频繁往来。C_4 作物中有关光合碳循环的酶系基本上集中在维管束鞘细胞内,而 C_3 途径的有关酶系大部分在叶肉细胞内。这样,当叶肉细胞把固定后的 CO_2 输送到维管束鞘细胞后,使维管束鞘细胞内的 CO_2 浓度升高、O_2 浓度降低,从而使光合作用加快,光呼吸减弱。这种结构特点,还使 C_4 作物在大气中 CO_2 浓度较低时也能得到较充足的 CO_2 供应,而且光呼吸所释放的 CO_2 也很容易被叶肉细胞再固定。

(二)作物群体和群体光能利用

1. 作物群体的概念

作物群体是指同一地块上的作物个体群。作物群体可分为单一群体和复合群体两类。一种作物组成的个体群是单一群体,两种以上作物组成的个体群是复合群体。作物个体组成了群体,同时也就逐渐形成了群体内部的环境。作物群体不是静止的,是经常变化和发展的。在群体的发展过程中,由于环境条件的变化,群体中的个体会普遍表现出"自动调节"的现象。这种自动调节的现象反应在作物产量方面时,就是产量构成因素间的制约和补偿。

作物群体是由个体组成的,但不是个体的简单相加,而是个体的有机集合。作物的生长发育和光合作用等新陈代谢都是以个体为单位进行的,个体生长发育越好,光合生产能力就越强。但是,随着个体的生长发育,个体间的竞争会加剧,群体内的环境条件会恶化,从而通过"反馈"作用抑制个体的生长发育。

2. 作物群体的层次结构与光能利用

(1)作物群体的层次结构

群体是由层次结构组成的,在这个层次结构中,光合系统和非光合系统的空间配置和与这种配置有关的小气候环境条件对物质生产的影响长期以来受到很多研究者的重视。结构的特征表现在群体内各器官的数量、质量及其空间排列分布等方面。根据器官的功能和空间分布,可以把群体的结构分成三个层次。第一,光合层(叶、穗层),包括所有的绿色部分,如叶片及穗、茎的一部分,其主要功能是进行光合作用和蒸腾作用,位于群体的上部。第二,支架层(茎层),主要功能是支持光合层,并起物质的输导作用,位于光合层之下。第三,吸收层(根层),主要功能是吸收水分和养分,并起一部分合成和代谢的作用,位于地下。各个层次间保持相互协调、平衡的状态是理想群体存在的前提。

(2)群体结构与光能利用

作物群体是进行光合作用的主体,作物群体的光合速度和生长量与群体结构有密切的关系。群体的光合层是物质生产的基础,因为其大小和配置直接关系到光合产物的生产和积累。作物学研究中,常把个体的形态(株型)和叶面积的大小作为衡量群体适度的标志。

株型是指植株在空间的存在样式。现在,世界上稻、麦等大多数作物,其株型均以中高偏矮、叶倾角小的紧凑型为特点。叶面积的大小通常以群体的叶面积指数(LAI)作为标准。叶面积指数是指作物群体的总绿色叶面积与该群体所占的土地面积之比,即叶面积指数＝

总叶面积/土地面积。叶面积指数是随作物的生长发育而变化的。作物出苗后,随着植株的生长发育,叶面积指数不断增大,大约在群体最繁茂的生育时期,禾谷类作物在齐穗期,双子叶作物在盛花结铃(或结荚、结角)期,指数达到最大值,而后又随着叶片老化变黄或脱粒,指数减小。以时间为横坐标绘图时,叶面积指数呈现一抛物线形状。

群体光合产物的积累,决定于群体的光合面积、净同化率和光合作用的持续期等因素。因此,群体光合层的大小及其配置,关系到有机物质的生产和积累。

3. 作物群体光能利用的影响因素

（1）作物特性。不同作物类型光合能力差异很大。例如 C_4 作物光合能力强,呼吸消耗低,由 C_4 作物构成的群体对光能的利用效率较高,而 C_3 作物组成的群体对光能的利用效率相对较低。另外,同类作物的不同株型等对群体的光能利用有明显的影响,株型紧凑有利于群体的光能利用。

（2）栽培技术。适时播种,使作物的生长发育处于良好的光温条件下;合理密植,使叶面积指数处于最适宜的范围内,增加对太阳光能的截获量;适宜的行株距、行向配置和合理的水肥管理;及时防治病虫草害;合理利用植物生长调节剂等。

（3）环境因子。如光、温、水、土壤、CO_2 浓度、风速等生态因子对作物群体的光能利用也有较大的影响。

（三）同化物的积累、运输和分配

1. "源"、"库"理论

（1）"源"与"库"的概念

制造营养并向其他器官提供营养的器官或部位,如进行光合作用的成长叶片、进行矿物质吸收和转化的根等,都是源。消耗利用或储藏营养的接受部位或器官是库,植物体除成长叶片外,其他部位均可以为库。

从整体植物来看,某一器官既可以是源,又可以是库,不是固定不变的,是随整体的生长发育而改变的。如在叶片长到 1/2 大小以前,须要供入营养,是库。待到成长叶片时,制造营养并输出,又成为源。幼穗、茎、叶鞘、青的果实往往具有双重性,既制造营养,又要供入营养,是暂时的源库交替的部位。

（2）"源"与"库"关系

① 源对库的影响。库是依赖于源的,源的强度（大小）,即源器官同化物形成和输出的能力,直接决定了库中能积累同化物的量,由光合速率、磷酸丙糖的输出、蔗糖合成速率等方面决定。水稻开花时,做去叶实验:去旗叶以下各叶片,穗重减轻 29.4%;去旗叶留其他叶片,穗重减轻 9.8%。

② 库对源的反馈作用。在研究中,往往过多的注意库对源的依赖作用,而忽视了库对源的同化效率及运输分配的影响。库强是指库器官接纳和转化同化物的能力。如小麦授粉两周后,旗叶中 45% 同化物运到幼穗中,如剪去幼穗,在 15 小时内旗叶光合速率降低 50%,这时把其他叶遮光,则旗叶光合速率又增加,同化物运往遮光的叶片。又如菠菜叶嫁接在甜菜上,由于甜菜块根生长需大量的同化物,这样刺激菠菜叶的光合速率大大提高。

③ 库对源的控制机理。一般是以质量作用定律来解释的,即源库的有一供求关系平衡。当供过于求时,光合产物积累,抑制光合反应,降低光合速率;部分去叶后,剩余叶片蛋白质水平提高,特别是提高了 RuBP 羧化酶的活性,这样加速 CO_2 同化,提高光合速率,库

对源产生生化反馈控制。目前研究比较注重植物激素对库强度的调控及库发出植物激素信息对同化物运输分配的影响。

所以,源与库是相互依存,相互影响的统一整体,正常情况下有一供求平衡的关系。库小源大就会降低光合速率,限制光合产物的输送分配;而源小时,供不应求,引起空瘪粒,叶片早衰等现象。

2. 同化物的运输

作物体内远距离的运输都是由维管束系统完成的。维管束是贯穿高等植物周身的运输系统,有多级分支,形成密布的网络,伸延到各个部分,保证营养物质和水分的运输供应。其中主要有两种液流的组织和通道,即木质部运输和韧皮部运输。木质部导管是死细胞构成的管状分子,没有什么阻力,运输的方向是向上的。韧皮部运输包括筛管、伴胞和韧皮部薄壁细胞,其主要作用是调节运输和装入卸出。

无机同化物主要是被根系吸收加工后随水分沿导管上升到地上部的各个部位,而有机同化物即光合产物在叶片合成后主要沿筛管输送到作物的其他部分。另外,一些外源物质,如农药、叶面微肥和生长调节剂等,通过根、叶等器官吸收或通过伤口进入植株体内后,也大多是借助维管束中的物质流而运输的。

3. 同化物的分配规律

同化物分配总的规律是由源到库,但因源库交错,有很多层次,所以比较复杂。同化物的分配决定于多种因素,如源的充足度、库的强度、源库间距离和环境条件等。一般情况下,同化物的分配具有如下规律。

(1)源库单位

植物整体同化物运输分配有时间与空间上的分工。在不同部位,不同生育时期有一定的源—库小单位,某一叶片分工供应某一部分同化物。如禾本科的小麦、水稻,常是低位叶供应根和分蘖等生长所需的同化物,构成源库单位;而旗叶与到二叶光合产物绝大部分运向穗,组成源—源库单位。双子叶植物常常是每片叶供应其叶腋的花芽生长,棉株上的蕾铃主要从最靠近的几片叶获得营养。由于叶片分化有一定的叶序,叶片与茎的维管束联系一般在同侧,所以源库单位常常是在同侧靠近。所以有同侧运输、就近供应的原则。但不是上、下绝对分开的,而是有一些交错,同侧面的叶去掉后,对侧的叶的同化物也会有一部分运输过来。

(2)向生长中心运输

生长中心指生长势最强的器官或部位,需要大量同化物的输入。不同生育时期生长中心也在转移,稻、麦在分蘖期,分蘖的生长占优势,叶片制造的养分就大量运向分蘖和新生叶片。孕穗、抽穗时,生长中心转向生殖器官。进入成熟期,穗子是物质的唯一去向,衰老叶片及茎秆中的物质,包括细胞原生质也解体运往穗部籽粒。所以收获时,茎叶中就只剩下纤维素组成的空壁了,这就是同化物的再利用和总动员。

(3)叶片中同化物的输入与输出

叶片是进行光合作用、物质同化的重要器官,但它在不同的发育时期(成长期、功能期、衰老期),同化物的输入与输出情况不同,与植物体内干物质积累与产量形成有很大的关系。

① 幼嫩叶片中同化物的双向运输。幼嫩叶片刚生长时,自身光合产物很少,需从茎部输入大量养分供应其生长,当叶片长到全叶面积的 30% 左右时,叶尖端部分已成熟,合成的光合

产物开始往外运,但仍有养分从外部输入供给叶基部生长,所以这时既有输入又有输出。

②成长叶片同化物向外运输。叶片经2天左右的伸展,达到全叶面积的50%以后,叶片进入功能期,停止输入,大量光合产物向外运输,供应生长中心,供应库。叶肉细胞光合合成的蔗糖外运速度很快,可从共质体、质外体两条通道经转移细胞、伴胞吸收迅速装入筛管运输。

③衰老叶片中内含物的撤退。当叶片进入衰老期,叶绿体解体,叶片变黄,液泡膜破坏,溶酶体中各种降解酶类释放出来,细胞发生自溶,大量分解的物质往外撤退,运往新的生长中心。

总的来看,同化物的分配受源的供应能力、库的竞争能力、源库间的运输能力等因素影响。其中竞争能力起很重要的作用。

4. 源库关系在生产中的应用

作物经济产量的90%以上是光合产物,在经济器官形成的过程中,同化物分配、输送的多少对经济产量的高低有决定性的作用。源库关系在生产上的应用主要体现在以下几个方面。

（1）掌握生长中心,促使源库及时形成,防止贪青或早衰。源与库的及时形成是产量的基本保证。掌握生育时期,及时形成足够的叶片,大量制造有机物,才有充足的物质基础。同时,要注意生长中心的转移交叉,适时分化形成经济器官,准备好贮存有机物的库。这样既能充分利用植物生长环境中物质与能量的供应条件,又充分发挥源的同化潜势,最大限度地积累物质精华。

（2）调整源库关系。源库的比例适宜才有利于经济产量的形成,生产上常用的措施有:棉花的整枝、打杈,烟草、大豆的摘心、去顶,果树的疏花、疏果、环割等。

（3）采用生长调节剂,控制同化物运输走向。如GA对蒜薹保鲜;TIBA增加大豆分枝,促进结荚,调节同化物分配;CCC作为生长延缓剂,促进小麦灌浆时同化物向籽粒分配。

三、提高作物产量的途径

（一）作物的产量潜力

作物产量潜力是指作物在通过人为措施克服某一个限制因子、几个限制因子或者所有限制因子后可能达到的最高产量。国内外学者从不同的角度均提出了作物理论最大光能利用率在5%左右,目前作物对太阳能的利用率还很低。但是,现代植物生理学已阐明提高光能利用的可能性。因此,作物的产量还有很大的潜力可挖。蔡承智等(2005年)应用模型模拟方法研究近50年来主要作物产量演变趋势结果表明,作物产量演变遵循S曲线增长规律,目前主要作物产量处于S曲线驻点(最快增长点)左右,多数作物未来产量潜力极限约为目前产量的2～3倍。

作物形成的全部干物质中,90%～95%是光合作用的产物。因此,当光合面积大,光合能力高,光合时间长,光合产物消耗少,加之光合产物分配利用合理时,就能获得高产。因此通过各种措施和途径,最大限度地利用太阳辐射能,不断提高光合生产率,形成尽可能多的光合产物,是挖掘作物生产潜力的手段。

（二）提高作物光能利用效率

1. 光能利用率

作物的产量主要是靠光合作用转化光能得来的。到达地面的太阳辐射中,只有可见光

部分的 $400\sim700$ nm 部分能被植物用于光合作用,对光合作用有效的可见光称为光合有效辐射。通常把植物光合作用所积累的有机物中所含的化学能占光能投入量的百分比作为光能利用率。作物的光合产量可用下式表示:光合产量=净同化率×光合面积×光照时间。如能提高净同化率,增加光合面积,延长光照时间,就能提高作物产量。

目前高产田的年光能利用率在 $1\%\sim2\%$ 之间,而一般低产田块的年光能利用率只有 0.5% 左右。实际的光能利用率比理论光能利用率低的主要原因有两个:一是漏光损失,作物生长初期植株小,叶面积不足,日光的大部分直射于地面而损失;二是环境条件不适,作物在生长期间,经常会遇到不适于作物生长与进行光合的逆境,如干旱、水涝、低温、高温、阴雨、强光、缺肥、盐渍、病虫草害等。在逆境条件下,作物的光合生产率要比顺境下低得多,这会使光能利用率大为降低。

2. 光能利用效率的提高途径

(1) 选育高光合效率的品种

从提高光合效率的角度培育超高产品种,选择目标很复杂。因为具有高光效的作物群体,不仅整株的碳素同化能力强,更重要的是群体水平上的碳素同化能力强。这些光合性状的表现,涉及形态、解剖结构、生理生化代谢等各个层次。

(2) 增加光合面积

① 合理密植。合理密植是恰当增加光合面积以提高光能利用率的主要措施之一。有足够种植密度,才能充分利用日光能和地力。但若种得过密,叶子互相遮蔽,下层叶子受光照过少,对有机物消耗增多,作物生长纤弱,易倒伏,落花落果,还会影响后期通风透光。所谓合理密植,就是使作物群体得到合理发展,使之有最适的光合面积,最高的光能利用率,并获得最高收获量的种植密度。种植过稀,虽然个体发育好,但群体叶面积不足,光能利用率低。种植过密,一方面下层叶子受到光照少,处在光补偿点以下,成为消费器官;另一方面,通风不良,造成冠层内 CO_2 浓度过低而影响光合速率;此外,密度过大,还易造成病害与倒伏,使产量大减等。

② 改变株型。一般好的株型为叶厚但较小,叶直,秆矮,分蘖密。近年来国内外培育出的优良高产品种如水稻、小麦等就是这样的株型。种植此类品种可增加密植程度,提高叶面积系数,并耐肥抗倒,因而能提高光能利用率。

(3) 延长光合时间

① 提高复种指数。复种指数就是全年内农作物的收获面积与耕地面积之比。提高复种指数就相当于增加收获面积,延长单位土地面积上作物的光合时间。通过轮作、间套作等措施提高复种指数,就能在一年内巧妙地搭配作物,从时间和空间上更好地利用光能。如小麦套玉米、豆套薯、粮菜果蔬间混套种等。

② 延长生育期。采取措施使作物适当延长营养生长期,前期早生快长,较早具有光合面积,后期叶片不早衰,这样光合时间延长,可积累更多的有机物。如对棉花提前育苗移栽,栽后促早发,提早开花结铃。在中后期加强田间管理防止旺长与早衰,这样就能有效地延长生育时间,特别是延长有效的结铃时间和叶的功能期,使棉花产量增加。

③ 补充人工光照。在小面积的栽培试验中,或要加速重要的材料与品种的繁育时,可采用生物灯或日光灯作为人工光源,以延长光照时间。

（三）降低作物消耗

光呼吸是在光照和高氧低二氧化碳情况下发生的一个生化过程。它是光合作用一个损耗能量的副反应。过程中氧气被消耗，并且会生成二氧化碳。光呼吸约抵消30％的光合作用。在光存在的条件下，光呼吸降低了光合作用的效率，因此降低光呼吸被认为是提高光合作用效率的途径之一。有人提出，在农业上抑制光呼吸能促进植物生长。科学家在基因工程方面做出了多种尝试，试求降低植物的光呼吸，促进植物成长，为世界粮食问题提供了一种解决方案。但是后来科学家发现，光呼吸可消除多余的 NADPH 和 ATP，减少细胞受损的可能，有其正面意义。

不同的绿色植物，光呼吸的强弱不同。具体地说，C_3 植物的光呼吸很强，常常达到它们进行光合作用所固定二氧化碳的30％左右。所以，C_3 植物又叫光呼吸植物或高光呼吸植物。C_4 植物的光呼吸很弱，有的几乎测量不出来，所以，C_4 植物又叫非光呼吸植物或低光呼吸植物。

科学家发现，对于 C_3 植物来说，适当提高空气中二氧化碳的含量，既增加了光合作用的原料，又适当降低了光呼吸的强度，从而使 C_3 植物的光合作用效率得到提高。例如，科学家将温室内二氧化碳的相对含量由 0.03％ 提高到 0.24％，可以使水稻的产量明显提高。科学家还发现，适当喷施亚硫酸氢钠溶液等光呼吸抑制剂，可以使水稻、小麦等 C_3 植物的籽粒更加饱满，从而提高产量。

（四）提高经济系数

如前所述，经济系数是指生物产量转化为经济产量的效率。作物产量与经济系数的高低有很大的关系，经济系数高是高产的必要条件。所以，在作物生产实践中，通过合理的栽培耕作措施给作物创造适宜的生长条件，增加光合产物向经济器官转移分配，提高经济系数是实现高产的重要途径。

第三节 作物品质及其形成

一、作物产品品质及其评价

（一）作物品质的概念

作物品质是指作物生产中目标产品的质量，具体包括其利用质量和经济价值。由于我国人多地少，长期以来，为了解决最基本的温饱问题，在农业生产中只注重产品数量的增加，对作物的品质问题重视不够。随着人们生活水平、健康水平的提高和国际农产品市场一体化所带来的国际市场竞争的加剧，作物品质的重要性被提高到前所未有的高度，人们也逐渐认识到品质的重要性，作物品质的优劣已经影响到了我国农业的国际竞争力和可持续发展的问题。现代作物生产中不仅要注重数量的增加，即丰产，同时也要注重品质的改善。

作物品质的优劣是相对的。是人类的需要所决定的，优良品质的标准是能最大限度地满足人类的需要。随着市场经济的发展，有时人们根据各自的经济利益，也会制定不同的质量标准。

作物种类不同，用途各异，对它们的品质要求也各不一样。依据人类栽培作物的目的，作物可粗分为两大类：一类是作为人类及动物的食物，包括各类粮食作物和饲料作物等；二是作为人类的食油、衣着等的轻工业原料，包括各类经济作物。对食用作物来说，品质的要求主要包括食用品质和营养品质等方面;对于经济作物来说,品质的要求主要包括工艺品质和加工品质等方面。

即使是同一作物,有时因产品用途不同,也会有不同的品质要求。如大麦作为饲料作物栽培时,要求蛋白质含量高、淀粉含量低;作为啤酒原料栽培时,则要求淀粉含量高、蛋白质含量低。又如,同样是小麦籽粒,栽培者追求的是籽粒饱满、整齐度好、容重大等外观品质;面粉厂家则要求的是籽粒出粉率高、易磨等物理品质;而消费者则希望的是口感好、营养丰富的食用品质和营养品质。

总之,品质的优劣是相对的。因此作物品质的评价标准也是相对的,加上作物种类繁多,用途千变万化,不可能用统一的标准去衡量各种作物,确定一个统一的评价标准也是不可能、无意义的。

（二）作物品质的评价指标

尽管对作物品质的评价不可能建立统一的标准,但随着作物品质研究的深入,很多作物的品质指标已经相当明确,有的品质指标也有较大的稳定性。根据作物的用途,逐渐建立了一些评价作物品质的指标。目前,用于作物品质评价的指标主要有两大类,即形态指标和理化指标。

1. 形态指标

形态指标是指根据作物产品的外观形态来评价品质优劣的指标,包括形状、大小、长短、粗细、厚薄、色泽、整齐度等。如禾谷类作物籽粒的大小,棉花种子纤维的长度,豆类作物种子种皮的厚薄等。

2. 理化指标

理化指标反映了经济产品的化学成分,是根据作物产品的生理生化分析结果评价品质优劣的指标。如小麦籽粒的蛋白质含量,玉米籽粒的赖氨酸含量,甘蔗、甜菜的含糖量等。对于某一种作物而言,通常以一两种物质的含量为准,如小麦籽粒的蛋白质含量,大豆籽粒的蛋白质、油分含量,特定作物的特定物质含量等。

在对作物品质进行评价时,一般要将形态指标和理化指标结合起来进行综合评价,只有这样,才能较为客观地确定作物品质的优劣。作物的形态指标和理化指标不是彼此独立的,而是有着密切联系的。例如,优质啤酒大麦的特点可以概括如下:发芽率和发芽势高,机械损伤的破粒少,啤酒酿造力高,谷壳比重小,蛋白质含量低,淀粉含量高。

（三）作物品质的主要类型

作物产品的品质是指产品的质量,即其利用质量和经济价值。作物产品依据其对人类的用途可划分为两类:一类是作为人类的食物,另一类是作为工业原料。作为食用的粮食作物品质主要包括营养品质和食用品质;作为工业原料的经济作物品质主要包括工艺品质和加工品质。

1. 营养品质

所谓营养品质主要取决于产品的营养成分及其含量,主要是指蛋白质含量、氨基酸含量、维生素含量和微量元素含量等。营养品质也可归属于食用品质的范畴。一般说来,有益于人类健康的成分越丰富,品质就越好。比如,高赖氨酸玉米在植株的外部形态上与普通玉米没有差异,但是籽粒中富含赖氨酸的蛋白质比例显著增加,使单位蛋白质的赖氨酸比例较普通玉米增加了60%以上,从而显著提高了玉米的营养价值,生物效价比普通玉米高。

2. 食用品质

所谓食用品质是指蒸煮、口感和食味等特性。稻谷加工后的精米,其内含物的90%左右均是淀粉,因此稻谷的食用品质在很大程度上取决于淀粉的理化性状,如直链淀粉含量、糊化温度、胶稠度、胀性和香味等。而小麦籽粒中含有大量的面筋,面筋是麦谷蛋白和麦醇蛋白吸水膨胀形成的凝胶体。面团因有面筋而能拉长延伸,发酵后加热又变得多空柔软。因此,小麦的食用品质很大程度上取决于面筋的特性,如麦谷蛋白和麦醇蛋白的含量及其比例等。

3. 工艺品质

作物的工艺品质是指影响产品质量的原材料特性。如棉纤维的长度、细度、整齐度、成熟度、转曲、强度等。再如,烟叶的色泽、油分、成熟度等外观品质也属于工艺品质。工艺品质不同可以加工成不同质量的产品,为了保证产品质量的稳定性,必须根据工艺品质对原材料进行分级。不同等级的原材料用于生产不同的产品,做到物尽其用。不同等级的原材料在商品交易中的价格差异很大。

4. 加工品质

加工品质是指不明显影响产品质量,但对加工过程有影响的原材料特性。例如,糖料作物的含糖率、油料作物的含油率、棉花的衣分、向日葵和花生的出仁率、稻谷的出糙率和小麦的出粉率等,均属于加工品质性状。作物的加工品质会直接影响企业的效益。例如,大豆籽粒的脂肪含量不同,加工后单位重量的产油量也不同,尽管产出的油质量没有大的差异,但生产同样量的产品,加工费用会明显不同,对企业生产效益会有很大影响。又如,甜菜的含糖量低于规定的要求,生产成本会大幅上升,甚至因企业无利可图而拒绝收购。

二、作物主要品质的形成

一般而言,与作物产量的形成过程相比,作物品质的形成决定过程在时间幅度上要短得多,主要集中于产量器官的物质积累阶段。尽管构成作物品质的性状很多,作物之间的质的性状也相差很大,但与作物生产关系最为密切的、最重要的品质性状主要是作物的理化品质,即各类有机化合物积累的数量与比例。因此,以下主要叙述各类有机化合物在作物产量器官中积累的过程和一般规律。

(一)糖类的形成与积累

作物产量器官中贮藏的糖类主要是蔗糖和淀粉。蔗糖以液体的形态、淀粉以固体(淀粉粒)的形态积累于薄壁细胞内。作物产量器官中累积的糖类,有的以蔗糖为主,例如甘蔗和甜菜中主要是蔗糖,其含量分别可达12%和20%左右;有的以淀粉为主,例如禾谷类作物种子中淀粉含量高达70%左右,薯芋类作物也可达20%左右。

蔗糖的积累过程比较简单,即通过叶片等器官形成的光合产物,以蔗糖的形式经维管束输送到贮藏组织后,先在细胞壁部位被分解成葡萄糖和果糖,然后进入细胞质中合成蔗糖,最后转移至液胞内被贮藏起来。淀粉的积累过程与蔗糖有相似之处,光合产物以蔗糖的形式经维管束输送,并分解成葡萄糖和果糖后,进入细胞质,在细胞质内果糖转变成葡萄糖,然后葡萄糖以累加的方式合成直链淀粉或支链淀粉,形成淀粉粒。通常禾谷类作物在开花几天后,就开始积累淀粉。另外,在非产量器官内暂时贮存的一部分蔗糖(如麦类作物茎、叶鞘)或淀粉(如水稻叶鞘),也能以蔗糖的形态(淀粉需预先降解)通过维管束输送到产量器官后被储存起来。

另外,油菜、花生、大豆等油料作物尽管成熟种子内主要积累的是脂肪,但在种子形成初期以积累糖类为主,到种子形成后期糖类才转化为脂肪。

（二）蛋白质的形成与积累

作物的种子内含有贮藏性蛋白质,在豆类作物种子内特别丰富,如大豆种子的蛋白质含量可达 40％ 左右。蛋白质由氨基酸合成,在种子发育成熟的过程中,氨基酸等可溶性含氮化合物从植株的其他部位输出转移至种子中,然后在种子中转变为蛋白质,以蛋白质粒的形态贮藏于细胞内。

谷类作物种子中的贮藏性蛋白质,在开花后不久便开始积累。在成熟过程中,每粒种子中所含的蛋白质总量持续增加,但蛋白质的相对含量则由于籽粒不断积累淀粉而逐步降低。以豆类作物大豆为例,开花后 10～30 天内种子中以氨基酸增加最快,此后氨基酸含量迅速下降,标志着后期氨基酸向蛋白质转化的过程有所加快。蛋白质的合成和积累,通常在整个种子形成过程中都可以进行,但后期蛋白质的增长量可占成熟种子蛋白质含量的一半以上。

在豆类种子成熟的过程中,果实的荚壳常起暂时贮藏的作用。即从植株其他部位运输而来的含氮化合物及其他物质先贮藏在荚壳内,到了种子发育后期才转移到种子中去。所以,在果实发育早期,荚壳内的蛋白质含量增加,至发育后期,荚壳内的蛋白质则开始降解,含量也就随之下降。

在果实、种子形成前,植株体内一半以上的蛋白质和含氮化合物都贮藏于叶片中,并主要存在于叶绿体内。一般叶片充分伸展时,其蛋白质含量达到高峰,而后随着叶的衰老而不断降解。在果实形成前,降解的蛋白质被上位叶等新生器官利用;在果实形成后,则开始向果实和种子转移。

（三）脂类的形成与积累

作物种子中贮藏的脂类主要为甘油酯,包括脂肪和油,它们以小油滴的状态存在于细胞内。油料作物种子含有丰富的脂肪,如花生可达 50％ 左右,油菜可达 40％ 左右,大豆可达 20％ 左右。在种子发育初期,光合产物和植株体内贮藏的同化物是以蔗糖的形态被输送至种子后,以糖类的形态积累起来的,并且以后随着种子的成熟,糖类转化为脂肪,脂肪含量逐渐增加。

油料作物种子在形成脂肪的过程中,先形成饱和脂肪酸,之后再转变为不饱和脂肪酸,所以脂肪的"碘价"（每 100 g 植物油可吸收碘的克数）随种子成熟而增大。同时,在种子成熟时,先形成脂肪酸,以后才逐渐形成甘油酯,因而"酸值"（中和 1 g 植物油中的游离脂肪酸所需的 KOH 的毫克数）随着种子的成熟而下降。所以,种子只有在达到充分成熟后,才能完成这些转化过程。如果油料作物种子在未完全成熟时就收获,这些脂肪的合成过程尚未完全完成,因此不但种子的含油量低,而且油质也差。

普通玉米籽粒的含油量随着籽粒的发育增加缓慢,而高油玉米在授粉后 14～28 天,尤其在第 14～21 天之间含油量迅速增加,在此阶段之前和之后增加较为缓慢,在籽粒成熟的最后几天甚至还有所减少。从脂肪酸组成的变化过程来看,授粉后 7～14 天脂肪酸的组成变化最大,油酸所占的比例迅速增加,而软脂酸和亚麻酸的比例迅速降低,此后的比例变化不大。

（四）纤维素的形成与积累

纤维素是植物体内广泛分布的一种多糖,只是一般作为植株的结构成分存在。从光合产物到纤维素的合成积累过程与淀粉基本类似。它们不属于贮藏物质,也不能为人类作为食物利用,而是重要的轻工业原料。作为纤维作物被人类利用的主要是棉花和麻类,棉花利用的是种子表皮纤维,麻类作物利用的大多是韧皮部纤维。棉花种子的初纤维比例为 20% 左右,棉纤维中纤维素的含量可达 93%~95%;在麻类作物中,苎麻的纤维素和半纤维素含量可占到原麻的 85%,黄麻可达 70% 以上。

棉纤维的发育要经过纤维细胞伸长、胞壁淀积加厚和纤维脱水形成转曲三个时期。胞壁淀积加厚期是纤维素积累的关键时期,历时 25~35 天。在开花 5~10 天后,在初生胞壁内一层层向中心沉淀积累纤维素,使细胞壁逐步加厚。纤维素在气温较高时淀积较致密,气温较低时则淀积疏松多孔。由于昼夜温差的关系,纤维素淀积在纤维断面上表现出明显的层次结构。

麻类作物与棉花属不同的科、属,其纤维形成过程与棉纤维也有所不同。由于麻类作物主要利用茎韧皮部纤维,因此从出苗到现蕾开花期,也即植株快速伸长期是纤维形成的重要时期。之后,对纤维的厚度等工艺品质还有一定的影响。但是,一般除留种用植株外,麻类作物在果实发育盛期开始前就应收获,这样可以避免积累于茎秆内的营养物质输向果实而影响纤维的品质。因此,实际生产中可采用一些抑制生殖生长的措施,来保证麻纤维的品质。

三、影响作物品质形成的因素

作物的品质与产量等性状一样,既受遗传因素的制约,又受环境条件和栽培技术等因素的影响。

(一)作物遗传背景

有关作物品质的许多性状,如形状、大小、色泽、厚薄等形态品质,蛋白质、糖分、维生素、矿物质含量及氨基酸组成等理化品质,都受到遗传因素的控制。因此,采用育种方法改善作物品质是一条行之有效的途径。但是在遗传方式上,大多品质性状受许多具有累加效应的微效基因或基因群控制,而且遗传规律比较复杂,因而有时通过育种方法来改善作物品质会显得举步艰难。例如,小麦的蛋白质含量在 F1 代有各种类型的遗传表现,但多数情况下为中间型,一般倾向于低值亲本。尽管如此,经过长期的努力,作物品质的育种工作还是取得了巨大的成就。如苏联经过 50 年的努力把向日葵的含油量从 30% 提高到了 50% 左右。对于禾谷类作物中,通过选育优良品种不但蛋白质含量已经明显提高,而且已得到高赖氨酸的大麦、玉米和高粱品种,显著地改善了蛋白质的品质。近年来,油菜的"双低"(低芥酸、低硫甙)育种等也取得了明显的进步。

作物品质育种工作的主要障碍是品质与产量的相互制约关系,如禾谷类作物的蛋白质含量与产量、油料作物的含油量与产量、皮棉产量与纤维强度之间常常呈现负相关关系。虽然这种关系并不是绝对的,但大大增加了作物品质育种的难度。另外,营养品质中不同组分之间也会出现相互矛盾,如大豆的含油量与蛋白质含量之间也存在一定的负相关。由于二者均是重要的品质指标,因此在确立育种目标前必须根据实际需要协调二者的关系,或者有所取舍,即培育专用的油用大豆或蛋白用大豆。

(二)环境生态因子

实践证明,很多品质性状都受环境条件的影响,这是利用栽培技术改善作物品质的理论基础。

1. 光照

由于光合作用是形成产量和品质的基础,因此光照不足,特别是品质形成期的光照不足会严重影响作物的品质。如南方麦区的小麦品质较差,其原因之一就是春季多阴雨,光照不足而引起籽粒不饱满。

另外,日照长度和日照时数对作物品质也有明显的影响。研究证实,长光照下大豆蛋白质含量下降,脂肪含量上升;甘蔗9~11月份的累计日照时数对含糖量有明显的影响,累计日照时数越长含糖量越高。

2. 温度

对禾谷类作物来说,灌浆结实期是作物品质形成的关键时期,此期温度过高或过低均会降低粒重,影响品质。例如,水稻遇到15 ℃以下的低温,会降低籽粒灌浆速度;超过35 ℃的高温,又会造成高温逼熟,影响品质。小麦籽粒蛋白质含量与抽穗至成熟期的平均气温呈极显著的正相关,日平均气温在30 ℃以下,随着温度的升高,小麦籽粒蛋白质含量增加,面团强度随之增强,制作面包时烘烤品质会得到改良。气候较冷和温差较大的地区有利于大豆油分的积累;亚麻和油菜籽的含油量则在较低温度(10 ℃)时最高(分别为46.6%和51.8%),并随着温度的增加而降低;棉纤维的发育需要较高的温度,日平均温度低于15 ℃,纤维就不能伸长,低于21 ℃,还原性糖就不能转化为纤维素。棉花的"秋桃"一般品质较差,主要与温度的下降有关。

3. 水分

作物品质的形成期大多处于作物生长发育旺盛期,因此需水量大、耗水量多。如果此时遭遇水分胁迫,一般都会明显降低品质。我国北方小麦灌浆后期常遇干热风天气,如果供水不足,就会严重影响粒重。相反,水分过多,则会抑制根的生理功能,从而影响地上部的物质积累和代谢,降低品质。我国黄淮海地区的玉米,常因降水过于集中,造成根系发育不良,导致籽粒充实不良。王育红等2006年研究表明,生育后期灌水和灌水次数的增加对强筋小麦的品质不利,特别是灌浆水大大降低了强筋小麦的品质。金银花花期土壤含水量维持在16.2%,有利于金银花获得较好的内外品质因子。

4. 土壤

土壤包括土壤肥力和土壤质地等多种因素。一般说来,肥力高的土壤和有利于作物吸收矿物质营养的土壤,常能使作物形成优良的品质。如酸性土壤施用石灰改良,可起到明显提高作物蛋白质含量的作用。土壤质地对不同作物品质的影响是不同的。黄勇等2006年研究了黏土、壤土、砂土三种质地土壤对高油玉米产量和品质的影响。结果表明,高油玉米品质的形成适宜在黏土上种植,表现为油分、蛋白质及淀粉含量的明显增加。王浩等2005年对小麦的研究表明,品质性状普遍看好的品种在不同土壤类型间的变异系数较大。

5. 大气污染

随着工业的大发展,大气污染问题显得日益严重。研究表明,大气污染不仅严重影响着作物的产量,而且对作物品质的形成也有极大的影响。如臭氧浓度增加会极大地降低大豆种子中的油酸含量,而二氧化碳浓度增加则会增加大豆种子中的油酸含量。另外,大气臭氧浓度对小麦籽粒的氨基酸、蛋白质和淀粉含量也有明显的影响。

(三)作物栽培技术

作物的栽培技术总是围绕高产和优质而进行的,因此合理的栽培技术通常能起到改善品质的作用。但是,过于偏重高产和不合理的栽培技术也会导致作物品质的下降。

1. 播种质量

播种质量包括播种密度和播种日期。就播种密度,对于大多数作物而言,适当稀播后能起到改善个体营养的作用,从而在一定程度上提高作物品质。一般禾谷类作物的种子田都要较高产田密度稀一些,这就是为了提高粒重、改善品质。生产上最大的问题通常是由于密度过大、群体过于繁茂,引起后期作物倒伏,导致品质严重下降。但是,对于收获韧皮部纤维的麻类作物而言,适当密植可以抑制分枝生长,促进主茎伸长,从而起到改善品质的效果。大豆密植会使大豆籽粒的蛋白质含量增加,油分、碳水化合物和灰分含量有所下降。而种植密度对烟叶品质也有十分显著的影响。种植过密,则品质降低;过稀,虽叶片大而重,产量较高,但叶片中蛋白质和烟碱含量较高,致使烟叶品质下降。

播种期对作物的品质也能产生很大的影响,因为播种日期不同,植株生育和物质形成所遇到的温、光、水等条件也不同,致使最终品质差异较大。例如,播种日期不仅影响大豆油分的含量,而且还影响脂肪酸的组成。与夏播相比,春播棕榈酸、硬脂酸、亚油酸、亚麻酸含量较低,油酸含量却与之相反,春播高于夏播。又如,红麻推迟播种,主要表现是红麻茎秆中髓的比重随播种期的推迟而明显增加,细浆得率明显降低。另外,小麦播种日期推迟,籽粒蛋白质含量趋向增加,面筋拉力增大,但并不是播种越晚越好。

2. 施肥

在所有的肥料中,一般认为施用较多有机肥时,作物品质较好,过量施用化肥作物品质较差,因为化肥的过量施用可能使农产品中残留有毒物质。所以在作物优质栽培中比较注重对有机肥的利用。

而在所有的化学肥料中,氮肥对作物品质的调节作用最大,特别是在地力较薄的中低产田,适当增施氮肥和增加追肥比例通常能提高禾谷类作物籽粒的蛋白质含量,起到改善品质的作用。比如,小麦籽粒蛋白质含量和赖氨酸含量均随施氮量增加而提高。但是,施用氮肥过多,容易引起物质转运不畅和生育后期植株倒伏等问题,从而引起品质下降。另外,施用磷钾肥及微量元素肥料,一般都能起到改善作物品质的效果。例如,在稻田中施锌、硼、钼、锰和铜对稻谷产量和稻米品质均有明显的改善作用。大豆增施硫肥有助于蛋白质、胱氨酸和半胱氨酸的形成和积累。而增施钼肥会使胱氨酸和半胱氨酸的含量降低。研究还证明,氮、锌配合施用可提高大豆籽粒的含油量。在增施氮肥的同时,适当配施磷、钾肥和其他微量元素,也是提高棉花产量和改善棉纤维品质的关键措施之一。

所以,在作物品质的肥料调控中,要综合考虑各种肥料类型对作物品质的调控作用,注重肥料施用的整体效果,针对不同作物做出相适宜的肥料施用方案。

3. 灌溉

根据作物需水规律,适当地进行补充性灌溉,一般能改善植株代谢,促进光合产物的增加,从而改善作物的品质。对于大多数旱地作物来说,追肥后进行灌溉,可以促进肥料吸收,增加蛋白质含量。特别是当干旱已经影响到作物正常的生长发育时,进行灌溉补水不仅有利于高产,而且也是改善品质的重要措施。

一般认为水浇地小麦常比旱地小麦品质较差。随着灌水量的增大和浇水时间的推迟,籽粒中蛋白质和赖氨酸含量呈现下降的趋势。另据研究表明,灌水对品质的影响与降雨量有很大关系,欠水年灌水可提高品质,丰水年灌水过多则对品质不利。灌水只有在施肥量较多时才能明显地影响籽粒蛋白质含量,在土壤肥力较差时,灌水对蛋白质含量基本无影响。灌溉与施肥对作物品质的影响具有明显的互作效应。

4. 收获

适时收获是获得作物高产优质的重要保证。如禾谷类作物大多数都是在蜡熟或黄熟期收获产量最高、品质最好。如小麦要求在蜡熟期收获,到了完熟期蛋白质和淀粉含量均有不同程度的下降。而水稻收获过早,则糠皮较厚,品质较差。

再如棉花,收花过早,棉纤维成熟度不够,转曲减少;收花过晚,则由于光氧化作用,不仅会使转曲减少,而且纤维强度降低,长度变短。其他经济作物等也大多有类似的问题。

(四)作物病虫害

1. 病害

作物在遭受到病害危害时,品质会有一定程度的降低。例如,大豆植株受细菌性斑点病侵染后,籽粒的含油量一般降低 1%~1.5%,而感染霜霉病的籽粒含油量一般下降 0.6%~1.7%。如果大豆灰斑病病斑率达 50%,则籽粒含油量下降 1.71%,而蛋白质含量能提高 0.62%。感染褐斑病的籽粒含油量下降 3.52%,蛋白质含量增加 1.59%。常共宇等 2006 年研究表明,黑胚病使小麦籽粒脂肪酸值和面团弱化度增大,面团形成时间、稳定时间、评价值、最大拉伸阻力、拉伸面积有所降低。据报道,枯黄萎病严重影响棉纤维的品质,主要表现在比强度和棉纤维整齐度下降,棉纤维的成熟度降低、细度变细等。丁卫新 2013 年研究表明,随着小麦样品中赤霉病麦含量的升高,小麦籽粒品质及小麦粉品质(粉质、拉伸、吹泡)的主要指标出现明显或较明显下降。

2. 虫害

作物在受到虫害危害时,品质也会降低。例如,大豆籽粒受到食心虫危害后,油分含量下降 2.26%,而蛋白质则会提高 1.7%。玉米螟虫危害特种玉米时,会降低甜玉米果穗的可用性,危害严重时根本不能用于进一步加工;爆裂玉米果穗受虫害后会降低等级,甚至成为不合格的产品;高赖氨酸玉米的果穗遭虫蛀后易引起果穗腐烂,品质下降。另外,一般品质优良的作物更容易受到害虫的危害。例如,高赖氨酸玉米在田间易受玉米螟虫、金龟子等害虫的危害,造成果穗腐烂,影响品质。在储存过程中,因为高赖氨酸玉米具有松软的胚乳和较高的赖氨酸含量,有利于害虫的繁殖,易受虫蛀,所以,在储存时要特别注意仓储害虫的防治。

 本章习题

1. 简述作物生长和发育的概念及二者的关系。
2. 简述作物 S 形生长理论及其在生产上的应用。
3. 什么是营养生长和生殖生长?两者之间关系如何?
4. 简述作物种子休眠的概念、原因和解除措施。
5. 简述作物种子萌发的条件和过程。
6. 简述作物根、茎、叶的功能。
7. 果实的类型有哪些?
8. 简述环境生态因子的概念、分类及分析中需要注意的问题。

9. 简述作物对温光的反应特性。

10. 什么是作物的生物产量、经济产量、经济系数？

11. 简述作物的产量形成以及各产量构成因素之间的关系。

12. 简述作物源库理论的主要内容及其在生产中的应用。

13. 提高作物产量的途径有哪些？

14. 简述作物品质的概念及主要类型。

15. 影响作物品质形成的因素有哪些？

第五章 种植业资源与生产调节技术

种植业资源是作物生产赖以存在和发展的物质基础。对一个地区的资源状况作详细的考察,认识种植业资源的存在状况及其规律,根据资源的优势和潜力制定该地区的种植业发展计划,合理开发与保护种植业资源,建立与资源状况相适宜的农作制度,不断提高资源生产力,是作物生产中的一个重要环节。保护和合理利用种植业资源,是农田生态系统进入良性循环和种植业可持续发展的根本保证。通过农业生产调节技术,改善农田生态环境、维护农田生态系统平衡又是合理利用种植业资源,提高资源利用效率的基础。

第一节　种植业资源的类型及其合理利用

种植业资源是人类从事作物生产所需要的全部物质要素和信息,认识种植业资源的特性是合理利用种植业资源的基本依据。

一、种植业资源的类型

种植业资源可以根据不同的特性进行分类,各种分类体系都是针对某一具体特性而言的,是相对的。

（一）按照种植业资源的来源分类

1. 自然资源

自然资源（natural resource）是指在一定社会经济技术条件下,能够产生生态效益或经济价值,提高人类当前或可预见未来生存质量的自然物质、能量的总称。包括来自岩石圈、大气圈、水圈和生物圈的物质,如由太阳辐射、降水、温度等因素构成的气候资源;由天然降水、地表水和地下水构成的水资源;由地貌、地形、土壤等因素构成的土地资源;由各种动植物、微生物构成的生物资源。生物资源是农业生产的对象,而土地、气候、水资源等是作为生物生存的环境因素存在的。

2. 社会资源

社会资源（Social Resource）是指通过开发利用自然资源创造出来的有助于种植业生产

力提高的人工资源,如劳力、畜力、农机具、化石燃料、电力、化肥、农药、资金、技术、信息等。

作物生产是自然再生产与经济再生产相交织的综合体,农产品是自然资源和社会资源共同作用的结果。自然资源是种植业生产的基础,是生物再生产的基本物质条件;社会资源是对自然资源的强化和有序调控的手段,可以增强对自然资源利用的广度和深度,反映种植业发展的程度和种植业生产水平。在种植业发展的早期,人们主要依赖优越的自然资源,如利用河漫滩的肥沃土壤或烧荒后的土壤肥力等进行作物生产。除人力、畜力及简单的农机具外,几乎没有其他社会资源的投入,生产力水平极其低下。随着科学技术的进步和现代工业的发展,社会资源的投入日益增多,生产力亦随之不断提高,现代农业生产越来越依赖社会资源的投入。

（二）按照种植业资源是否具有可更新性分类

1. 可更新资源

可更新资源(renewable resource)是指自我更新周期短,可以年复一年循环利用的资源,主要针对自然资源而言。如种植业自然资源中的生物资源,基于生物再生产的生命过程,可以通过生长发育和繁殖进行自我更新;气候资源虽然年际间有一定的变化,但能每年持续利用,永续利用;土壤资源、矿物质营养、土壤有机质可借助生物小循环不断更新;水资源在地球水分循环中得到缓慢更新,但若对地下水开采过度,形成大面积地下水漏斗,则其更新周期变长或成为不可更新资源。作为社会资源的人、畜力,可周期性地补充和更新,亦称为可更新资源。

种植业资源的可更新性并不是必然的,而是以一定的社会经济技术水平和生态条件为前提的。只有在资源可塑性范围内合理利用、适度开发,才能保持其可更新性,否则就会适得其反,使资源丧失可更新性,最终导致资源短缺或枯竭。更有甚者,由于某一单项资源的可更新性丧失,造成整体资源的破坏。如滥伐使森林退化,气候失调,灾害频繁;滥牧使草原超载,草场退化;滥垦引起水土流失,土地沙化;农田只用不养或用多养少造成地力衰退等,这些都是种植业掠夺式经营使资源可更新性受到破坏的例子。

2. 不可更新资源

不可更新资源(non-renewable resource)是指不能连续不断地或周期性地被产生、补充和更新,或者其更新周期相对于人类的经济活动来说太长的一类资源。如化石燃料、矿藏等,这些物质都是远古时代的动植物随地质变化而深埋于地壳深层形成的,储量有限,如不珍惜或不节约使用,就会供不应求,导致资源危机。保持和增强可更新资源的可更新性是种植业持续发展的基础,替代或节约不可更新资源以保护和维持可更新资源的永续利用是种植业持久发展的重要手段。

（三）按照种植业资源贮藏性分类

1. 贮藏性资源

贮藏性资源(storable resource)是指资源的生产潜力可以贮存,当年不用可以留待来年使用的资源。如肥料、种子、农药、燃料、饲料以及现代种植业不可欠缺的煤炭、石油、天然气等化石能源,磷矿石、钾矿石和微量元素等矿藏资源等。但是可贮存年限受制于其利用价值,随肥效、药效下降及种子发芽率降低等,这类资源的生产潜力将同步减少。

2. 流逝性资源

流逝性资源(non-storable resource)是指当年不用则立即流逝,不能留存下来供以后使用的资源。如太阳辐射、热量、风能、劳畜力等。这类资源必须尽可能充分利用,以减少流逝,增值增益。另外,有些资源兼有贮藏和流逝两种性质,如农机具、土地闲置等。农机具今年不用可以来年再用,但其折旧率下降,使用时间延长。土地闲置可以来年再用,也可以积累水分活化养分,从而提高作物产量。

二、合理利用种植业资源的原则

合理利用资源,可以实现资源增值,不断为人类提供越来越多的产品,丰富人们的生活。如果利用不当,超过资源增值的"阈值",就会恶化更新条件,造成资源衰退,破坏生态平衡。

(一)因地制宜发挥优势

地带性与非地带性因素交织在一起,形成了资源在平面和垂直分布上的不平衡。不同地区和经营单位的种植业社会资源更是千差万别,如人口、劳力、土地、资金、肥水供应、各种生产设施以及技术管理水平都有各自的具体情况。因此,必须根据不同地区自然资源的数量、质量及组合特点以及不同种类农作物的生态特性,结合当地社会经济条件,确定不同地区资源的利用方向和合理利用方式,建立合理的种植业生产布局和结构,并采取不同的资源保护、培育和改造措施,趋利避害,扬长避短,发挥其现实优势和潜在优势。

(二)利用、改造和保护相结合

既要充分利用各种种植业资源,又要十分珍惜资源,重视对资源的保护和培养,并努力改造不利的资源劣势为有利的资源优势,变不能利用的资源为可以利用的资源,使有限的种植业自然资源能充分发挥它们相对无限的生产潜力。例如,培育更加优质、高产、抗逆性强的各种动植物品种;改造低产的盐碱地、风沙地、涝洼地为良田;修筑梯田,防止水土流失,兴修水利发展灌溉等。

可借助自然界物质循环或生物的生长繁育使可更新资源不断地得到更新,对这类资源如能合理利用,就可取之不尽,用之不竭。但是,如果开发利用不当,就会使这些资源的可更新性遭到破坏,甚至完全枯竭。因此,资源开发利用的强度不能超过资源的"阈限"值。不可更新资源中部分是可回收并重新利用的,例如铁、铜、矿质肥料(磷、钾)、云母等,如以废物排放,则成为环境的污染物质。不可回收的非更新自然资源,如煤、石油、天然气等矿物能源要尽可能节约利用。

(三)综合开发,发挥资源的综合效益

由于种植业资源具有整体性,所以开发利用种植业自然资源不能只考虑某一资源要素的作用而忽视与其他要素的相互联系、相互制约的关系,也不能只考虑局部地区的资源利用而忽视整个地区各项资源的全面、合理利用。必须宏观全局,着眼于农、林、牧、副、渔的全面发展,充分发挥种植业自然资源的整体功能和综合效益,使自然资源能分层次多级多途径利用,废弃物能得到综合利用,提高资源的利用效率。

第二节　光照与作物生长发育

光是农业生产的基本条件之一,是地球上所有生物生存和繁衍最基本的能量来源,生命活动所必需的全部能量都直接或间接地来源于太阳光辐射能。绿色植物的光合作用将太阳光能转化为地球上生命活动所能利用的化学能。光合作用是绿色植物利用光能将 CO_2 和水合成有机物质并释放氧气的过程,所合成的有机物质主要是碳水化合物。光合作用所积累的日光能,无论是对地球上生物的生命活动,还是对人类的生产活动,都具有极其重要的意义。

　　光不仅影响作物的生长和发育,也直接影响农作物的产量和品质。一般作物都需要充足的阳光,才能生长发育良好、组织健壮、产量高、品质好。如果光照不足,光合作用弱,则会导致作物茎叶徒长、细胞壁薄、产量低、品质差,并易遭受病虫危害和倒伏。但对于有些蔬菜,为使其组织柔嫩、改善风味、增加经济价值,往往遮光栽培、减少日光直接照射、阻止光合作用,防止其由绿色变成白色。

一、作物生长发育对光照的需求

　　太阳光是十分复杂的生态因子,太阳的辐射强度、光谱成分、光照时间长短及其周期性变化对生物的生长发育和地理分布都产生着深刻的影响,生物本身也对这些多样变化的光因子有着极其多样的反应和适应。

　　（一）作物对光照强度的需求

　　光照强度是指单位面积上的光通量大小。光照强度对植物光合作用速率产生直接影响,单位面积上叶绿素接受光子的量与光通量呈正相关,光子接受多则获得的光能大,光化学反应快。光照强度对植物的生长发育、植物细胞的增长和分化、体积的增大以及干物质积累和重量的增加均有直接影响。在一定范围内,光合作用的效率与光照强度成正比,但到达一定强度后若继续增加光照强度,会发生光氧化作用使与光合反应有关的酶活性降低,光合作用的效率开始下降,这时的光照强度称为光饱和点(见图 5-1)。

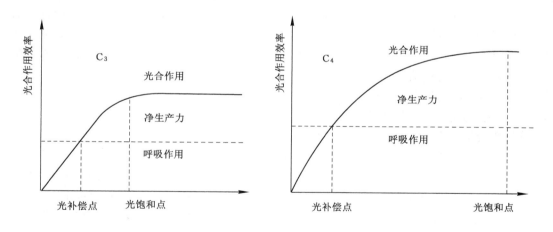

图 5-1　植物光合作用的光补偿点、光饱和点示意图(Emberlin,1983)

　　另外,植物在进行光合作用的同时也在进行呼吸作用。当影响植物光合作用和呼吸作用的其他生态因子都保持恒定时,光合积累和呼吸消耗这两个过程之间的平衡就主要决定于光照强度。光补偿点的光照强度就是植物开始生长和进行净光合生产所需要的最小光照强度(见图 5-1)。为了在不同环境中生存,植物在光照、CO_2 和水等生态因子的作用下,形成了不同的适应特性,以保证光合作用的进行。作物的光合途径不同,对光照强度的要求也不同,表 5-1 中列出了几种主要农作物的光饱和点和光补偿点。

表 5-1   **几种主要农作物的光饱和点和光补偿点**

作　物	光饱和点/lx	光补偿点/lx
小　麦	24 000～30 000	500～1 000
玉　米	25 000	300～1 800
水　稻	40 000～50 000	600～1 000
谷　子	60 000	4 500
棉　花	50 000～80 000	1 000～2 000
烟　草	28 000～40 000	500～1 000

作物群体的光饱和点与补偿点比单叶的指标高,这是因为当光照强度增加使作物群体上层的叶片(单叶)达到光饱和点时,下层叶片的光合作用仍随光照强度的增加而增加。另外,在同一自然光照下,上层叶中不同叶片因方位与角度不同,并非一律达到了光饱和点。对于群体的光补偿点来说,它应该是上层叶片光合作用的产物与下层叶片的呼吸消耗相抵消时的光照强度,其数值自然会比单叶高。在衡量光照强度对作物整体的影响时宜采用群体指标值。值得注意的是:作物群体的光饱和点与补偿点也并非是一个常数,它们随叶面积指数、CO_2含量、温度、土壤有效水分等许多因子而变化。

光照强度对植物形态的建成有重要作用。光能促进组织和器官的分化,并制约器官的生长发育速度,使植物各器官和组织保持发育上的正常比例。植物叶肉细胞中的叶绿体必须在一定的光强条件下才能形成与成熟。弱光下植物色素不能形成,细胞纵向伸长,碳水化合物含量低,植株为黄色软弱状,发生黄化现象(etiolation phenomenon)。增加光照强度有利于果实的成熟,影响果实颜色的花青素的含量与光照强度密切相关。强光照通常有利于提高作物生产的产量和品质,如使粮食作物营养物质充分积累,提高籽粒充实度,使水果糖分含量增加、色素等外观品质充分形成等。

不同作物对光照强度要求不同,光照过强或不足都会引起作物生长不良,产量降低,甚至出现过热、灼伤、黄化、倒伏等导致死亡。因此,正确地调节光照强度以提高对太阳能的利用,是作物栽培的重要课题之一。

（二）作物对光质的需求

自然条件下,绿色植物进行光合作用制造有机物质必须有太阳辐射作为唯一能源的参与才能完成,但并非全部太阳辐射均能被植物的光合作用所利用。不同波段的辐射对植物生命活动起着不同的作用,它们在为植物提供热量、参与光化学反应及光形态的发生等方面,各起着重要作用。

太阳辐射中对植物光合作用有效的光谱成分称为光合有效辐射,(Photosynthetically Active Radiation,简称 PAR)。PAR 的波长范围与可见光基本重合。光合有效辐射占太阳直接辐射的比例随太阳高度角的增加而增加,最高可达 45%。而在散射辐射中,光合有效辐射的比例可达 60%～70% 之多,所以多云天反而提高了 PAR 的比例。平均而言,光合有效辐射占太阳总辐射的 50%。

太阳可见光是由一系列不同波长的单色光组成的。这些单色光组成可见光谱,其波长范围是 380～760 nm,光合作用的光谱范围就在可见光区内。不同的光质对植物的光合作用、色素形成、向光性、形态建成的诱导等影响是不同的(见表 5-2)。其中,红橙光主要被叶绿素吸收,对叶绿素的形成有促进作用;蓝紫光也能被叶绿素和类胡萝卜素吸收,因此,这部分光辐射被称为生理有效辐射。绿光很少被吸收利用,被称为生理无效辐射。实验证明,红光有利于糖的合成;蓝光有利于蛋白质的合成;蓝紫光与青光对植物伸长有抑制作用,使植物矮化;青光诱导植物的向光性;红光与远红光是引起植物光周期反应的敏感光质。

表 5-2　　　　　　　　光的波段对植物的重要生理生态效应(蔡晓明、尚玉昌,1995)

光的波段	光色	吸收特性	生理生态效应
>1 000 nm	红外	能被组织中的水吸收	热效应
1 000~720 nm	远红光	植物稍有吸收	促进种子萌发,刺激植物延伸
720~610 nm	红光	被叶绿素强烈吸收	对植物的光合作用和光周期有强烈的影响
610~510 nm	黄橙	叶绿素吸收稍有下降	对植物的光合作用和形态建成的影响稍有下降
510~400 nm	蓝光	被叶绿素与胡萝卜素强烈吸收	能强烈影响光合作用,并抑制植物的生长,使之形成矮粗形体
400~315 nm	绿蓝	被叶绿素与原生质吸收	对光合作用稍有影响,对植物没有特殊效应
315~280 nm	紫光	被原生质吸收	强烈影响植物形态建成,影响生理过程,刺激某些生物合成
<280 nm	紫外	被原生质吸收	大的剂量能使植物致死

弄清光质的不同生态功能,有助于在生产实践中加以应用。在大棚或塑料薄膜栽培中,选用不同滤光性薄膜可获得不同的光质生态环境,以形成特定作物品种或特定生长阶段对光质的要求。

（三）作物对光照时间的需求

地球绕太阳公转时,地球相对太阳的高度角变化造成昼夜长短依纬度的不同而异,各地的昼夜长短也不同,但在一定地区和一定季节是固定不变的。不同地带的生物接受的光照时间长度也存在较大的差异,表 5-3 为北纬不同纬度地区的最长日照与最短日照。实际日照长度因天气原因大大少于其理论值,因而生理学上采用光照长度更为准确。光照长度指理论日照加上曙、暮光的有效光照时间,天空云层对其绝对长度只有较小的影响。每天光照与黑夜交替称为一个光周期(photoperiodic)。早在 20 世纪初就有科学家发现,昼夜交替及其延续时间长度对作物开花有很大影响,也影响落叶、休眠的开始,以及地下块茎等营养贮藏器官的形成。日照长度的变化对植物具有重要的生态作用,由于分布在地球各地的植物长期生活在各自光周期环境中,在自然选择和进化中形成了各类生物所特有的对日照长度变化的反应方式,这就是生物中普遍存在的光周期现象。

表 5-3　　　　　　　　不同纬度地区的日照最长日与最短日时间(据骆世明等,1987)

纬度/(°)	0	10	20	30	40	50	60	65	66.5
最长日/h	12.00	12.58	13.22	13.93	14.85	16.15	18.50	21.15	24.00
最短日/h	12.00	11.42	10.78	10.07	9.15	7.85	5.50	2.85	0.00

二、作物群体结构与光分布

有些农田作物因在植被冠层以下得不到充足的阳光而造成减产。在研究减产的原因时发现,这些农田植被中部的叶子实际上是处于"光饥饿"状态,特别是在作物种植密度很大时,这种情况更为突出。因此,充分了解作物群体中的辐射状况是很重要的。

（一）作物群体中太阳辐射的反射、透射和吸收

太阳辐射到达作物叶片后,一部分被反射,一部分被透射,剩下部分被吸收。一般叶片对太阳辐射的吸收率在 80％～90％左右,其余 10％～20％被叶片反射和透射了,但它们的数值将随太阳辐射对叶面的入射角（光线与叶面法线之间的夹角）而变化。当垂直照射时,反射率最小而透射率最大;随着入射角的增加,反射率逐渐增加而透射率相应减小。其总的结果是吸收率在一定的入射角度范围内保持相对稳定的数值。

叶片对不同波长辐射的反射、透射和吸收是不同的,对可见光部分的吸收率非常高。作物对绿光部分（0.51～0.61 μm）吸收较少,而对蓝光部分（0.40～0.51 μm）以及红光部分（0.61～0.72 μm）吸收较高。这种特性在幼嫩的健康的叶片上表现尤为突出,所以人们看到刚发芽的叶片是那么翠绿漂亮。作物对大于可见光的红外辐射（0.72～1.00 μm）几乎不吸收,波长超过 1.00 μm 后,吸收率又有所增加,而这部分辐射主要是由叶片内部的水分吸收。超过 3 μm 以后,叶片几乎变成了黑体,它可吸收几乎全部的长波辐射。

（二）作物群体中太阳辐射的分布

在研究太阳辐射与植物光合作用的关系时,常需要分析太阳辐射在作物群体中的分布,因为:① 只有被叶片截获的、吸收的太阳辐射才能被利用以进行光合作用。但是照到植被上的太阳辐射并非全部被截获与吸收,所以需要首先测出或计算出被植物截获的能量。② 作物群体中不同部位所得到的辐射强度和光谱成分都有显著的差异,其光合效应也不相同。

作物群体中各层所截获的辐射能,即辐射在植被中的分布,是一个相当复杂的问题。它不但取决于作物的株形、叶形、叶子生长方位,还取决于作物的品种、叶龄和生长史等,但穿透到植物冠层内的辐射可用数学方法近似地描述出来。作物群体内光分布一般符合 Beer-Lambert 定律,即:

$$I = I_0 e^{-K_1 F_1}$$

式中,I_0 是植物冠层顶部的光强度（即自然光强度）;F_1 是所测高度以上的叶层数;I 是植物冠层内 F_1 叶层下的光强度;K_1 是作物群体的消光系数,是一个群体特征,可以通过测定群体内不同高度（层次）的光强计算得出。实际上,K_1 值随叶片的角度、分布、厚度、颜色而改变,也随作物的种类、品种、密度、种植方式、太阳高度角、天气、时间等因素变化。

（三）作物群体中的光照

作物群体内的光照分为两部分:一是穿过上部叶片间隙的直射光,呈"光斑";另一种是透过叶片以后的透射光和部分散射光,呈"阴影"。两部分光照的强度和光谱成分均不同,对光合作用的效应也不同,起主要作用的是光斑部分。

有些学者研究后认为,当太阳直接辐射较少而散射辐射较多时,作物的光合生产率较高。当散射辐射的比例占总辐射的 30％～60％时,作物的光合生产率比散射辐射仅占 10％时高得多。虽然总的光强相等,但如果散射辐射比例大,则作物群体内荫蔽叶上的辐射量会有很大的增加。另外,散射辐射光谱成分中可见光部分所占比例大于直接辐射,也增加了作物的光合生产率。

由于作物群体中光斑和阴影部分的光强与光谱成分都有很大的区别,因此一些学者提出:在研究作物群体光合作用时,最好把植被分成三部分来研究,即全光照区（光斑部分）、全

阴区（阴影部分）和半阴区（介于两者之间部分）。

三、提高作物光能利用率的措施

（一）选育高光效优良作物品种

选育合理叶型、株型较适合高密度种植而不倒伏的品种，是提高光能利用率的重要措施之一。

从叶型来说，一般斜立叶较利于群体中光能的合理分布和利用。由于叶斜立，单位面积上可以容纳更多的叶面积。另外，斜立叶向外反射光较少，向下漏光较多，可使下面有更多的叶片见光。在太阳高度角大时，斜立叶每片叶子受光的强度可能不如垂直对光的叶，但光合作用一般并不需要太强的光照。换言之，同样的光能分布到更大的叶面积上，这对光合作用有一定的好处，因其使更多的叶面利用光能进行同化。如果作物的上层叶为斜立叶、中层叶为中间型，下层叶为平铺型，则群体光能利用率最好。理想叶的分布应为：上层叶占50％，叶与水平面呈 90°～60°；中层叶占 37％，叶与水平面呈 60°～30°；下层叶占 13％，叶与水平面成 30°。

另外，平叶、直立叶的多少及其对光合强度的影响，与叶面积指数有关。叶面积指数低时，平叶多，能增加光合量；叶面积指数大时反之。平叶与直立叶的上下分布对光能利用率有一定的影响，叶面积指数小时，对光能利用率的影响较小；叶面积指数大时，直立叶在上面为好。

选育株型紧凑的矮秆品种，群体互相遮阴少，耐肥抗倒，生育期短，形成最大叶面积快，叶绿素含量高，光能利用率高，是目前的选种方向之一。培育光呼吸作用低的品种，或用筛选法从光呼吸植物中选择光呼吸较低的植株，培育成新品种，也是提高光能利用率的一种途径。

提高光能利用率，最根本的还是通过延长光合时间、增加光合叶面积和提高光合效率等途径。

（二）延长光合时间

1. 提高复种指数

复种指数是指全年总收获面积对耕地面积的百分比，是衡量耕地每年收获的次数。提高复种指数可增加收获面积，延长单位土地面积上作物的光合时间。国内外实践证明，提高复种指数是充分利用光能、提高产量的有效措施。如将一年一熟制改为两年三熟制和一年两熟制，一年两熟制改为一年三熟制，不断提高复种指数。在一年内安排种植不同的作物，从时间和空间上更好地利用光能，缩短田地空闲时间，减少漏光率。

在条件允许的地方可以推行间套复种方法，因为间套复种在一定程度上能提高作物的光能利用率。其好处首先是能延长生长季节，使地面经常有一定作物的覆盖。比如小麦、玉米与高粱三茬套种（如果热量许可），其全年的面积是此起彼伏，交替兴衰。其次，能合理用光，因为间套作田间的作物配置，常采用高、矮秆相间，宽、窄行相间的方式。这样，可增加边行效应，把单作时光照分布的上强下弱的形势变为上下比较均匀，改善了通风透光条件，比单作增加了密度与总叶面积。

但如果生长季不够长或保证率不够高而勉强推行间套复种会造成减产，甚至使后茬失收。间套复种还必须考虑肥力、劳力、植保、总的经济效益等方面的因素，其中有的甚至比气象条件更重要，故必须因条件而制宜，不可盲目推行。

2. 延长生育期

在不影响耕作制度的前提下，适当延长作物的生育期。例如，前期要求早生快发，较早形成较大的光合叶面积;后期要求叶片不早衰。这样,就可以延长光合时间。当然,延长叶片寿命不能造成贪青徒长;因为贪青徒长,光合产物用于形成营养器官,反而造成减产。

3. 人工补充光照

在小面积的栽培中,如日光温室等,当光照不足或日照时间过短时,还可以用人工光照补充。日光灯的光谱成分与日光近似,而且发热微弱,是较理想的人工光源。

(三)增加光合面积

光合面积即作物的绿色面积,主要是叶面积。它是影响产量最大的因素,同时又是相对容易控制的一个因素。但是叶面积过大,又会影响作物群体的通风透光而引起一系列矛盾。所以,光合面积要适当地增加。

1. 合理密植

合理密植是提高光能利用率的主要措施之一。合理密植可以使作物群体得到最好的发展,因为有较合适的光合面积以及充分利用了光能和地力。种植密度过低,作物个体发展好,但作物群体得不到充分发育,光能利用率低;种植密度过高,下层叶子受到的光照少,在光补偿点以下,变成消费器官,光合生产率降低,导致作物减产。

2. 改变植株株型

新近培育出的小麦、水稻和玉米等作物高产品种株型有着共同的特征,如秆矮,叶直立小而厚,分蘖密集等。株型改善能增加密植程度,增大光合面积,耐肥不倒伏,充分利用光能,提高光能利用率。

(四)提高光合效率

限制光能利用率的自然因素很多,如作物生长初期覆盖率小;作物群体内光分布不合理;光能转化率低;中、高纬度区农业受冬季低温的限制;不良的水分供应与大气条件使气孔关闭,影响 CO_2 的有效性与植物的其他功能;光合作用受空气中 CO_2 含量的限制;作物营养物质的缺乏;自然灾害(气象与病虫等)的影响等。如果能设法解决上述矛盾,就可以大大提高光能利用率,从而提高作物产量。

1. 改进作物种植行向

假设太阳高度角不变,当光线顺行的方向照射时,行间因不受作物遮挡,所以该行向行间的光照条件比其他行向的行间为好;但对行内的作物而言,情况正好相反,光线顺行照射时植株间相互遮阴最严重,故光照条件反比其他行向差,当光线垂直于行向照射时,行间因受作物遮阴,光照条件差,但行内植株间彼此遮阴少,故光照条件较好。另外,在中纬度地区,根据太阳方位角一天的变化规律,夏季太阳光从东与西照射的时间,比从南面照射的时间长得多。纬度越低,太阳偏东西方向照射比偏南照射的时间越长,纬度越高情况正相反。但从东西照射时,由于太阳高度角低,故作物阴影较长,中午偏南照射时阴影较短。

根据以上两点,在中纬度将出现两种情况。① 对单作与间套作的上茬作物来说,以南北行对作物受光有利,且纬度越低,南北行越有利,纬度越高南北行的优势渐减。② 对套种的下茬作物(共生期内)来说,则以东西行对作物受光有利,且纬度越低,东西行越有利,纬度高则其优势渐减。

南北行向行间光照分布比较对称,东西行向行间光照分布则北面比南面偏多,使行间套作的几行作物长得不均匀,但可利用这种光照分布的特点,将套种的作物种在行间稍偏北而光照较多的地方。

不同行向对作物的影响是综合的,光只是一个方面。另外,行向的效应将随纬度、季节、天气与种植方式等而异,故关于哪种行向更好的结论不尽相同。

2. 改进栽培管理措施

提高单位叶面积的光合生产率,还可以从改进栽培管理措施着手。

适宜的水肥条件是提高单位叶面积光合生产率与生长适宜叶面积的重要物质基础。另一方面,水肥还通过影响叶面积进而影响群体通风透光条件,而通风透光又是提高单位叶面积光合生产率的重要条件,对于高产群体,问题尤为突出。所以水肥措施对提高植物光能利用率有着综合的影响。

采用育苗移栽(如水稻)以充分利用季节与光能;采用中耕、镇压、施用化学激素与整枝等措施,以调整株型,改良群体内的光照与其他条件;或抑制光呼吸,以提高光能利用率;加强机械化以最大限度地缩短农耗时间;精量播种,机械间苗以减少郁蔽;用化学药剂整枝以调节株型叶色等,这些对提高光能利用率都将起一定作用。

第三节 温度与作物生长发育

温度是作物生活的重要条件之一,与农业生产的关系非常密切。一方面,温度直接影响作物的生长、产量品质和分布,影响作物的发育速度,从而影响作物全生育期的长短及各发育期出现的早晚。而发育期出现的季节不同,又会遇到不同的综合条件,发生不同的影响与后果。另一方面,温度影响光、水资源的利用和作物生产的安排,影响作物病虫害的发生和发展。所以,热带、温带和寒带所分布的作物种类和生育形态都各不相同,即使在同一个地方也有冬季作物和夏季作物之分。同一作物的不同生育时期对温度的要求也不一样。一般作物生长旺盛时期以及开花结实时期,都需要较多日照、较高温度、充足雨水等,才能获得较高的产量。

一、基本温度指标

(一)三基点温度

对于作物的每一个生命过程来说都有三个基点温度,即最适温度、最低温度和最高温度。在最适温度下作物生长发育迅速而良好,在最低和最高温度下作物停止生长发育,但仍维持生命。当气温高于生育最高温度或低于生育最低温度时,作物开始不同程度地受到危害,甚至死亡。这是作物生存高、低温界限。作物的三基点温度有如下特征。

1. 不同作物的三基点温度不同

喜温作物生长适宜较高的温度,生长的起点温度也高,一般要在 10 ℃以上,如水稻、玉米、棉花、烟草等作物。耐寒作物生长的适宜温度较低,其生长的起点温度也较低,一般在2～3 ℃,如小麦、大麦、油菜、豌豆等作物。表5-4列出了部分作物的三基点温度。

表 5-4   几种作物的三基点温度

作物种类	最低温度/℃	最适温度/℃	最高温度/℃
油　菜	3～5	20	28～30
小　麦	3～4.5	20～22	30～32

作物种类	最低温度/℃	最适温度/℃	最高温度/℃
大 麦	3～4.5	25	28～30
燕 麦	4～5	25	30
黑 麦	1～2	25	30
豌 豆	1～2	30	35
玉 米	8～10	30～32	40～44
水 稻	10～12	30～32	38～42
烟 草	13～14	28	35
棉 花	12～14	30	40～45

2. 同一作物不同生育时期所要求的三基点温度不同

当作物处于不同的生物学过程时,其三基点温度也是不相同的。以光合作用和呼吸作用的三基点温度相比较,一般而言,光合作用的最低温度为0～5 ℃,最适温度为20～25 ℃,最高温度为40～50 ℃;而呼吸作用分别为 −10 ℃、36～40 ℃与50 ℃。例如,根据研究结果,马铃薯在20 ℃时光合作用达最大值,而呼吸作用只有最大值的12%;温度升高到48 ℃时,呼吸作用达最大值,而光合作用却下降为0。由此可见,温度过高光合作用制造的有机物质减少,而呼吸消耗大于制造,这对作物是很不利的。

总的说来,作物种子萌发的温度常低于营养器官生长的温度,而后者又低于生育器官发育的温度。

3. 一般最适温度接近最高温度而远离最低温度

在作物的三基点温度中,常会有这样的现象:即最适温度接近最高温度,而远离最低温度。三基点温度是最基本的温度指标,用途很广。在确定温度的有效性、作物的种植季节和分布区域,计算作物生长发育速度,计算作物生产潜力等方面都必须考虑三基点温度。除此之外,还可根据各种作物三基点温度的不同,确定其适应的区域,如 C_4 植物由于适应较高的温度和较强的光照,故在中纬度地区可能比 C_3 植物高产;而在高纬度地区,C_3 植物则可能比 C_4 植物高产。

(二)临界期温度

具有普遍意义的,标志某些重要物候现象或农事活动的开始、终止或转折的温度就是临界期温度。如作物性细胞进行减数分裂和开花时,对外界温度最为敏感,如遇低温或高温都会导致严重减产。而这种对外界温度最为敏感的时期称为温度临界期。

农业上常用的临界期温度(用日平均气温表示)有:0 ℃、5 ℃、10 ℃、15 ℃和20 ℃。它们的农业意义为:

0 ℃——土壤冻结和解冻;农事活动开始或终止。冬小麦秋季停止生长和春季开始生长(有人采用3 ℃);冷季牧草开始生长。0 ℃以上持续日数为农耕期。

5 ℃——早春作物播种;喜凉作物开始或停止生长,多数树木开始萌动。冷季牧草积极生长。5 ℃以上持续日数称生长期或生长季。

10 ℃——春季喜温作物开始播种与生长,喜凉作物开始迅速生长。常称10 ℃以上的持续日数为喜温作物的生长期。

15 ℃——喜温作物积极生长,春季棉花、花生等进入播种期,可开始采摘茶叶。稳定通过 15 ℃的终日为冬小麦适宜播种的日期;水稻此时已停止灌浆;热带作物将停止生长。

20 ℃——水稻安全抽穗、开花的指标;热带作物正常生长。

临界期温度应用广泛,如可以分析与对比年代间与地区间,稳定通过某临界期温度日期的早晚,以比较其冷暖的早晚及对作物的影响;稳定通过相邻(或选定的)两临界期温度之间的间隔日数(如春季稳定通过 0 ℃日期到稳定通过 5 ℃日期之间的间隔日数),以比较升温与降温的快慢缓急,分析对作物的"利"(如春季 0~10 ℃的间隔日数较长对小麦穗分化有利)与"弊"(如秋季 0~5 ℃,−5~0 ℃的间隔日数太短对小麦越冬锻炼不利)等;春季到秋季稳定通过某临界期温度日期之间的持续日数(如从春季稳定通过 5 ℃到秋季稳定通过 5 ℃的持续日数)可作为鉴定生长季长短的标准之一,可与无霜期指标结合使用,相互补充。

(三)积温与无霜期

1. 积温(accumulated temperature)

积温是指作物某一生育时期或某一时段内逐日平均气温累积之和。它是研究作物生长、发育对热量的要求和评价热量资源的一种指标,单位为 ℃。研究温度对作物生长、发育的影响,既要考虑到温度的强度,又要注意到温度的作用时间。在一定的温度范围内,在其他环境条件基本满足的情况下,作物发育速度主要受温度的影响。作物完成某一发育期或整个生命过程,要求有一定的积温,通常用大于或等于 0 ℃及大于或等于 10 ℃期间的温度总数来表示。如棉花早熟品种要求≥10 ℃的积温 2 600~2 900 ℃,中熟品种 3 400~3 600 ℃,而晚熟品种需要 4 000 ℃(见表 5-5)。对于同一作物品种而言,温度低则发育慢,温度高则发育快;尽管地点、年代不同,其完成发育所要求的积温值应基本一致。

表 5-5 　　　　　　　　　　几种作物所需大于 10 ℃的活动积温

作物种类	早熟型/℃	中熟型/℃	晚熟型/℃
水　稻	2 400~2 500	2 800~3 200	—
棉　花	2 600~2 900	3 400~3 600	4 000
冬小麦	—	1 600~2 400	—
玉　米	2 100~2 400	2 500~2 700	>3 000
高　粱	2 200~2 400	2 500~2 700	>2 800
谷　子	1 700~1 800	2 200~2 400	2 400~2 600
大　豆	—	2 500	>2 900
马铃薯	1 000	1 400	1 800

2. 活动积温和有效积温

活动积温是指对高于作物生长下限温度的日平均温度的累积,即对大于或等于生物学零度的日平均温度的累积。生物学零度一般是指作物三基点温度的最低温度,喜温作物多用≥10 ℃,耐寒作物常用≥0 ℃。例如某天日平均温度为 15 ℃,某作物生长下限温度为 10 ℃,则当天对该作物的活动温度就是 15 ℃。活动积温则是指作物在某时期内活动温度的总和。

有效积温是指日平均温度与作物生长下限温度之差的累积,也叫生长度日(Growing

Degree-Days，GDD）。如上述例子，日平均温度为 15 ℃那天，对生长下限温度为 10 ℃的作物来说，当天对该作物的有效温度为 15 ℃－10 ℃＝5 ℃ 。而有效积温是指作物在某时期内有效温度的总和。

两种积温比较，活动积温统计比较方便，常用来估算地区的热量资源；有效积温稳定性较强，比较确切，常用来表示作物生长发育对温度的要求。

3. 积温在作物生产中的应用

积温在作物生产中的应用较为广泛，其用途主要有以下几个方面。

（1）积温是热量资源的主要标志之一，可以根据积温的多少，确定某作物在某地能否成熟，并预计能否高产优质。例如，分析积温的多少与某地棉花霜前花比例的关系时，既涉及产量又涉及品质。此外，通过积温分析可为正确制定农业区划、安排作物布局、确定种植制度提供依据。如≥10 ℃的积温在 3 600 ℃以下的地区只适于一年一熟，3 600～5 000 ℃的地区可以一年两熟，5 000 ℃以上的地区可以一年三熟。

（2）积温是作物与品种特性的重要指标之一。在种子鉴定书（特别是商品种子与引种调运的种子）上标明该作物品种从播种（或出苗）到开花（或抽穗）、成熟所需的积温，可为引种与品种推广提供重要的科学依据，避免引种与推广的盲目性。

（3）作为物候期预报、收获期预报、病虫害发生发展时期预报等的重要依据。根据杂交育种、制种工作中父母本花期相遇的要求，或根据商品上市、交货期的要求，可利用积温来推算适宜播种期。

4. 无霜期

无霜期的长短是衡量一个地区热量资源的又一个指标，是指某地春季最后一次霜冻到秋季最早一次霜冻出现的一段时间。无霜期的长短也是作物布局和确定种植制度的依据。无霜期又是满足作物生长安全温度的一个指标，在无霜期内，各种作物能够正常生长，而在无霜期以外的有霜期，由于温度较低，并经常出现霜冻，喜温作物会受到伤害。

二、温度对作物生长发育的影响

温度作为重要的生态因子，不仅直接影响作物的生长发育，而且影响作物的产量与品质的形成。

（一）温度对发芽、出苗与生长的影响

1. 土壤温度与作物种子的发芽和出苗

土壤温度对种子发芽、出苗的影响无疑比气温直接得多，故一般用土温做指标比用气温做指标更为确切。在实际工作中，土温与气温都被广泛应用，但应注意二者之间的差别：在春播时以 5 cm 土温来说，其比气温应高 2 ℃左右。如果某作物以气温 12 ℃为播种的温度指标，改用土温时应提高 2 ℃，应改为 14 ℃。土温受具体地块的地形、坡度、土壤水分、耕作条件、天气与覆盖等的影响而千差万别，故根据土温播种时要注意这些差异。土壤不同深度的温差明显，特别是白天的温度。如春播时 3 cm、5 cm 与 10 cm 土温的差值，以日平均温度而言，差值常不到 1 ℃。但白天，特别是中午，晴天时它们之间的差别可达 2～4 ℃或更多，所以播种深度对作物发芽出苗的快慢影响很大。

小麦、大麦、燕麦当土温平均为 1～2 ℃时即能萌发；棉花、水稻、高粱则需 12～14 ℃。土温的高低对出苗时间也有很大影响。例如当温度在 5～20 ℃时，温度每升高 1 ℃，冬小麦达到盛苗期的时间可减少 1.3 天。

土温对发芽生长的影响不仅取决于日平均温度的高低,还与土壤温度的日变化有关。当日平均温度偏低,较接近作物生长的最低温度时,夜间温度接近或低于下限,作物很少或不能生长。在这种情况下,白天的温度对作物的发芽生长起主要作用,对于早播的棉花与早春小麦往往存在这种情况。当日平均温度较高,较接近作物生长的最高温度时,中午的温度往往接近或超过上限,抑制作物生长。这时,早晨与夜间的温度对作物的发芽生长起着更重要的作用,且温度日较差越大,中午不利影响就越大。

2. 土壤温度与根系的生长

土温与作物根系的生长关系十分密切。一般情况下,根系在 2～4 ℃时开始微弱生长,10 ℃以上根系生长比较活跃,土温超过 30～35℃时根系生长受阻。另外,土温的高低还影响根的分布方向,Kaspar 等发现了大豆根系的分布和地温的关系。在低温土壤中,大豆根系横向生长,几乎与地表面平行;而在高温土壤中,大豆根系却是纵向生长,能够伸向深层土壤当中,这对根系吸收土壤中的水分和养分都是十分有利的。

3. 土壤温度与块茎和块根的形成

土温的高低影响块茎的大小、含糖量以及形状等。马铃薯块茎形成最适宜的土温是15.6～23.9 ℃,也有人认为 17.8 ℃是块茎形成的最适宜温度,21.1 ℃对地上部营养体生长最好。土温低(8.9 ℃)则块茎个数多,但小而轻;土温适当(15.6～22.2 ℃)则块茎个数少而薯块大;土温过高(28.9 ℃)则块茎个数少且薯块小,块茎变成尖长型,大大减产。

甘薯块根着生土层(5～25 cm)的土壤温度日较差与上下层土温的垂直梯度的大小,对块根的形成有明显的影响,土温日较差与土温垂直梯度大,可使块根长得较圆,反之成尖长型。昼夜温差大的砂性土壤对甘薯的块根形成较为有利。

4. 土壤温度与作物对水分和养分的吸收

低温使作物根系对水分的吸收减少。其主要原因是,低温使根系代谢活动减弱,增加了水与原生质的黏滞性,降低了细胞质膜的透性。但是,土温过高,酶易钝化,根系代谢失调,对水分的吸收也不利。土温的高低还影响作物根系对矿物质营养的吸收,低温可减少根系对多种矿物质营养的吸收,但对不同元素的影响程度不同,这与所遇低温的强度与时间有关系。

(二) 温度对产量和品质的影响

温度对作物生长发育的影响,最终都会影响到产量。以小麦为例,既要有足够的苗数、穗数、穗粒数,又要有较高的粒重,才能综合形成高的产量,这就涉及小麦各个生育时期的温度条件。作物不同生育时期要求不同的温度,充分满足条件就能获得高产。如北京市历年单位面积产量与旬平均气温的回归统计分析表明,冬前、初冬和早春温度偏高,春末夏初温度偏低有利于增产。

温度对作物灌浆过程的影响是决定产量和品质的重要因素。作物粒重是灌浆速率对灌浆时间的积分,在能够进行灌浆的温度范围内,温度偏低可延长灌浆期,但日灌浆速率下降;温度偏高则反之。对小麦而言,在大多数情况下,气温偏低时虽然日灌浆速率有所下降,但灌浆期延长仍导致最终粒重的增加。因此,高纬度和高海拔地区的小麦通常更易获得大粒种子。

灌浆期处于适宜温度范围时段的长短,对小麦千粒重与产量形成有很大的影响。如拉萨小麦千粒重比北京大,在小麦抽穗到成熟期间,如果以白天(7～19 时)照光条件下的温度

15～24.9 ℃为光合作用的适宜温度范围,则拉萨每天有 9.7 h 温度处于这一范围,而北京只有 6.9 h;高于适温(＞25 ℃)的时间拉萨为 0.1 h,北京为 5.7 h;低于 14.9 ℃的时间拉萨为 3.6 h,北京为 0.4 h。可见拉萨的温度日变化有利于加强作物的光合作用与减少呼吸作用,是小麦千粒重较高的原因之一。

温度对作物品质的影响有多种表现。如草莓在形成甜味和红色时要求中等到较高的温度,但在形成特有香味时要求 10 ℃左右的温度,春季第一茬种植后的早晚可以遇到这样的温度,故香味较浓。而后几茬种植由于温度较高香味就较差。温度日较差大一般有利于糖分的积累,这也是哈密瓜和吐鲁番葡萄香甜举世闻名的主要原因。吐鲁番葡萄品质好还得益于那里炎热的夏季和干燥的空气,能使葡萄很快风干。番茄开花受精遇低温则幼果发育不良,易形成畸形果;春播小萝卜在春寒年也易分杈,纤维多且品质下降。

三、我国作物光温生产潜力

作物光温生产潜力指在 CO_2、水分、土壤肥力、农业技术措施全部适宜的条件下,由当地辐射和温度所决定的最高作物产量。

影响作物生活的因子中,光和热是自然因素,目前人类尚难于控制;而水分和矿质营养元素来自土壤,可以通过施肥、灌溉、耕作等加以控制和调节。因此,只要充分利用光和热能以及土壤水分和营养,提高其利用率,最大限度地满足作物生长发育的需要,那么作物的生产力可以不断提高。

作物所积累的有机物质,主要是作物利用太阳光能,将 CO_2 和水通过绿色叶片的光合作用合成的。因此,通过各种措施和途径,最大限度地利用太阳辐射,不断提高光合生产率,形成尽可能多的有机物质,是挖掘作物生产力的重要手段。目前,作物对太阳光能的利用率还很低,一般只有 1%～2%。而在太阳的总辐射中,2/3～3/4 尚未被光合作用利用,而是以热的形式浪费了。作物吸收光能的最大利用率,理论上应为总辐射量的 1/3～1/4。光能的损失包括土地空闲无作物生长或作物很少,光能大量通过叶片间隙透射到地表损失,或作物叶片老熟、枯黄、光能利用率极低或被叶片表面反射损失,或在叶表面转为热能散失等。

气候生产潜力受光、温、水等因子的共同制约。降水过少,或温度过低都会影响当地气候资源的利用率。我国地处温带、亚热带和热带,太阳光能资源极为丰富,充分利用可为作物高产提供良好的物质基础。根据估算,若气温≥5 ℃的时期内,全国太阳能利用率都达到 2%水平,则全国平均亩产将达到 500 kg 以上。其中,东北、西南地区为 400～500 kg,华北、西北、华中和柴达木盆地为 500～600 kg,华南和藏南各地为 600～700 kg。若能把气温≥5 ℃时期内的太阳能利用率提高到 5.1%,则全国平均粮食产量将达到 1 250 kg 以上。其中,东北、西南地区为 900～1 250 kg,华北、西北、华中和柴达木盆地为 1 250～1 500 kg,华南、南疆和藏南各地可达 1 500～1 750 kg,而昆明附近、海南岛沿海和台湾沿海地区可达 2 250 kg 左右。事实上,长江流域一年三熟粮食超 1 500 kg,青藏高原等地一季小麦接近 1 000 kg 的事例已有不少。

由于全年各月太阳辐射量的分布因地区而又有很大差别,太阳能辐射较强的几个月,也是光合作用潜力值最大的时候。如我国南方诸省大多数地区光合作用潜力值较高的时期在 6～8 三个月,最高月值在 7 月;台湾省的高雄,较高月在 6～8 三个月,以 6 月最高;云南昆明和四川西昌等地,3～5 较高,以 4 月为最高月值。因此,力争在阳光最盛的几个月内,使作物具备足够的光合器官,对作物的高产栽培极为有利。

四、调节温度的农业技术措施

在农业生产中常采用一些栽培措施调节土温与气温,以保证作物生长发育处于适宜的温度条件。常采用的措施有灌溉、松土或镇压、垄作或沟种等。

(一)灌溉措施对温度的调节

在温暖季节的灌溉可起降温作用,寒冷季节可以起保温作用,这是众所周知的。一般对土温(10 cm)来说,冬季保温效应可达 1 ℃左右,夏季灌溉的降温作用可达 1～3 ℃;具体效应的大小,因天气、土壤、植物覆盖以及灌水量、水温等条件而异。对贴地气层的气温的影响随高度而异,对 1.5～2.0 m 高度来说,一般效应不到 1 ℃,靠近地面则效应较大。北方冬灌保温的主要原因是灌水增加土壤热容量与热导率,暖季浇水降温主要因为增加了蒸发耗热。

冷暖过渡季节灌溉的温度效应与蒸发条件有很大的关系。而温度高低直接影响蒸发。当日平均温度为 0 ℃或略低时,白天温度高可使灌溉地因蒸发多而降温,夜间温度低抑制蒸发,灌溉可发挥保温作用。同理,冬季在初冬也有过渡时期,最初以降温为主,渐变为以保温为主。北方整个冬季冬灌地维持保温效应。南方冬灌地在整个冬季则以降温为主。

(二)耕作措施对温度的调节

1. 松土与镇压对土温的影响

(1)锄地(松土)对土温的影响

锄地的作用是综合的,可有增温、保墒、通气及一系列生理生态效应。仅就温度效应来说,如果锄地(包括搂地)质量高而条件适宜,可使暖季晴天土壤表层(3 cm)日平均温度增高约 1 ℃,最高可增加 2～3 ℃或更多。锄地增高地温的主要原因,一是切断土壤毛细管,撤掉表墒,减少了蒸发耗热;二是使锄松的土层热容量降低,得到同样的热能而增温明显;三是锄松的土层热导率低,热量向下传导减少,而主要是用于本层增温。

对于锄松层以下的实土层来说,情况可能相反,即锄地可使表层增温而使下层降温。另外,白天表层增温,但由于锄松后表层热容量与热导率减小,夜间常常降温,使其比未锄松地的温度反而低。在春季,特别是早春,当低土温是影响作物生长的主要因素时,锄地增温对促进作物生长起着重要的作用。锄地还可以增加表层土温日较差与垂直梯度;并可使晴朗白天贴地气层的温度略有提高,可有利于作物长根发叶。

(2)镇压对土温的影响

镇压的作用与锄地相反,它能增加土壤容重,减少土壤孔隙,增加表层土壤水分,从而使土壤热容量、热导率都有所增加。据观察,镇压后从地表到 15 cm 深度土壤热容量的相对数值增大 11%～14%,热导率增加 80%～260%。土壤经镇压后,白天热量下传较快,使土壤表层在一天的高温期间有降温趋势;夜间下层热量上传较多,故在一天的低温期间可提高土温,即缓和了土壤表层的温度日变化。据观测,早春测得 5 cm 与 10 cm 深度土温日变幅,镇压的比未镇压的小 2.2 ℃。镇压过的耕地,夜间土壤表层不易结冻。此外镇压可以消灭土块与土壤裂缝,防止因风抽而造成越冬作物的死亡。

镇压对深层土温的影响一般与表层相反。

2. 垄作对土温的影响

在一年的温暖季节,垄作可以提高土壤表层温度,有利于种子发芽与幼苗生长,一般可使垄背土壤(5 cm)日平均温度提高 1～2 ℃,并可加大土温日较差。寒冷季节垄作反而降温,有的地区利用垄作秋季降温作用来防止马铃薯退化。

暖季垄作能使土壤增温,其主要原因是垄背的反射率比平作平均低 3%,对散射和辐射的吸收略高于平作。垄面有一定的坡度,在一定时间,对一定部位,特别是靠垄顶的部位,可较多地得到太阳辐射。垄顶在一定时间遮挡了垄沟的阳光,在太阳辐射的分配上垄顶多于垄沟,故使垄上增温,垄沟降温。垄上土壤水分少,因而蒸发耗热较少。可使垄上土壤热容量与热导率减小。在实行免耕法的地区,前茬作物的秸秆(轧碎)可集中在垄沟,使垄背温度比平作秸秆平铺地高。

(三)覆盖与土壤温度调节

1. 地膜覆盖

用很薄(0.004～0.02 mm)的塑料薄膜紧贴地面进行的地膜覆盖栽培技术,是世界现代作物生产中最简单有效的增产措施之一。地膜覆盖具有协调土壤温度、保持土壤水分、改善土壤物理性状、增加土壤养分、减轻土壤盐渍化等多种作用。因此,有缩短作物苗期,促进生长发育,提高开花结果,增加产量等效果。

2. 秸秆覆盖

随着少耕、免耕技术的不断推广,秸秆还田和秸秆覆盖的面积愈来愈大。玉米秸秆覆盖麦田,冬季的保温作用有利于冬小麦安全越冬;春季的降温作用,则推迟冬小麦的返青生长,延长小麦生育期。玉米田中的秸秆覆盖可以有效地平抑地温变化,降低地温的日变幅,缓和昼夜温差,避免了地温的剧烈变化,能有效地缓解地温激变对作物根部产生的伤害。秸秆覆盖改变了土壤的水热变化,有利于作物的生长和产量与水分利用效率的提高。

3. 染色剂与增温剂

(1)染色剂

喷洒或施用黑色物质如草木灰、泥炭等,使土壤能更多吸收太阳辐射而增温,施用浅色物质如石灰、高岭土等,可反射太阳辐射而降温并缓和温度日变化。

(2)增温剂

土壤增温剂是一种覆盖物,它具有保墒、增温、压碱和防止风蚀、水蚀等多种作用。其温度效应,晴天 5 cm 深土层可增温 3～4 ℃,中午最大可增温 11～14 ℃,阴天增温较少。增温原理主要是抑制蒸发,减少蒸发耗热。

增温剂目前在我国主要用于早春水稻、棉花、蔬菜等的育苗,可使作物早出苗 5～10 天,早移栽,早成熟,取得了良好的效果。

除了上述增温措施外,保护地栽培如风障、阳畦、温室等,也都能很好地调节土壤和近地面温度。

第四节　水分与作物生长发育

水分是作物生活环境中不可缺少的主要因子之一,绿色植物含水量可达 80%～90%。当光、温等条件得到满足时,水分就是作物生长发育和产量的限制因子。不同水资源状况影响着作物的分布和作物生产的丰歉,正如农谚所言,有收无收在于水。水分是作物制造有机物质的原料,水分的多少影响作物的光合作用,影响作物内营养物质的吸收和转运,支持和保持作物细胞组织的紧张度,使植物植株茎叶挺直;水分是作物体本身最大组成部分,作物的蒸腾作用用以调节植株体温和整个生理过程;水分还影响作物的开花、授粉、受精及病虫害的发生与发展。作物生长的数量和质量取决于细胞的分裂、增长还是分化。不论细胞的分裂还是分化,都会随作物的缺水而减缓,最明显的是使作物的外形尺寸减小。缺水对作物的形态、生理产生影响,最终造成产量的降低。

一、作物与水分关系的基本指标

植物对水分的吸收、运输、利用和散失的过程,称为植物的水分代谢(water metabolism)。作物的光合作用、呼吸作用、蒸腾作用、有机物质合成和分解过程中均有水的参与。植物的根部从土壤吸收水分,通过茎转运到叶子及其他器官,供植物各种代谢的需要或通过蒸腾作用散失到体外。水分在整个植物体内运输的途径为:土壤水→根毛→根皮层→根中柱鞘→根导管→茎导管→叶柄导管→叶脉导管→叶肉细胞→叶细胞间隙→气孔下腔→气孔→大气,由土壤、作物和大气形成一个统一、动态、相互反馈的连续系统,这个体系被称为"土壤—作物—大气连续体(Soil-plant-atmosphere Continuum,SPAC)"。自然界中的水就在这个系统中不断循环。土壤供水状况影响着作物的生长发育和产量形成。

(一)土壤水

土壤水分主要来自大气降水和灌溉水。大气降水有雨、雪、冰雹、雾、露等不同形态。这些水分进入土壤后,因为受到土壤中作用力的不同而形成不同的水分类型,有吸湿水、膜状水、毛管水和重力水等。土壤水的主要散失途径是径流、渗漏和作物吸收。

土壤水是作物吸收水分的主要来源,处于不断的变化和运动中,并影响作物的生长和土壤中的各种物理、化学过程。土壤水的亏缺盈余影响着作物的生长发育和产量建成。土壤水分实际上并非纯水,而是很稀的土壤溶液。它除供作物吸收外,对土壤的很多肥力性状都能产生深远的影响:比如矿质养分的溶解;有机质的分解、合成;土壤的氧化还原状况;土壤的通气状况;土壤的热性质;土壤的机械性能、耕性都与土壤水分有着密切的关系。

1. 土壤含水量

土壤水分含量是表征土壤水分状况的指标,也称为土壤含水量、土壤含水率或土壤湿度。土壤含水量常用以下方式表达。

(1)质量含水量

质量含水量即土壤中水分的质量与干土质量的比值,也称为重量含水量,常用下式表示:

$$\theta_m = \frac{m_1 - m_2}{m_2} \times 100\%$$

式中 θ_m——土壤质量含水量,%;

m_1——湿土质量;

m_2——干土质量,是指将湿土在105℃下烘干至恒重时的土壤质量。

(2)容积含水量

容积含水量即单位容积土壤中水分容积所占的比例,即土壤水分容积与土壤容积之比,也称土壤容积湿度、土壤水的容积分数等,可用下式表示:

$$\theta_V = \frac{V_1}{V_2} \times 100\%$$

式中　θ_V——土壤容积含水量,%;

　　　　V_1——土壤水容积;

　　　　V_2——土壤总容积。

由于水的密度近似等于 1 g/cm³,所以质量含水量(θ_m)和容积含水量(θ_V)的关系是:

$$\theta_V = \theta_m \times \rho$$

式中　ρ——土壤容重。

(3) 相对含水量

相对含水量即土壤含水量占田间持水量的百分率。用于说明土壤毛管悬着水的饱和程度、有效性以及土壤中的水、气比例等,是农业生产上常用的土壤含水量的表示方法。

$$相对含水量 = \frac{土壤含水量}{田间含水量} \times 100\%$$

(4) 土壤水储量

土壤水储量也叫土壤储水量,是指一定面积和一定厚度的土壤中含水的绝对数量,一般用 m³/hm² 或 mm 表示。

2. 田间持水量

土壤中粗细不同的毛管孔隙连通一起形成复杂的毛管体系。在降雨或灌溉后,"悬挂"在土壤上层毛细管中的水分叫毛管悬着水,常出现在地下水位较低的地区。由地下水上升而保持在土壤上层毛细管中的水分叫毛管上升水,常出现在地下水位较高的地区。

毛管悬着水达到最大时的土壤含水量叫田间持水量,包括吸湿水和膜状水。毛管上升水达到最大时的土壤含水量叫毛管持水量,同一土壤的田间持水量小于毛管持水量。田间持水量代表旱地土壤有效水的上限,是常用的土壤水分常数,是确定灌溉水量的重要依据。该值的大小受到土壤质地、有机质含量、土壤结构、土壤松紧状况等的影响。如土壤质地黏重,田间持水量就大;土壤质地轻,田间持水量就小;土壤有机质含量高,田间持水量也高;土壤耕作也显著影响土壤田间持水量大小(见表 5-6)。

理论灌水量＝田间持水量－实际含水量

表 5-6　　　　　　　　不同质地和土壤耕作条件下的田间持水量[①]

土壤质地	沙土	沙壤土	轻壤土	中壤土	重壤土	黏土	二合土		
							耕前	耕后	紧实
田间持水量	10～14	16～20	20～24	24～26	24～28	28～30	32	25	21

注:① 以质量含水量表示。

土壤含水量达到田间持水量时,土面蒸发和作物的蒸腾速率起初很快,而后逐渐变慢。当土壤含水量降低到一定程度,约相当于田间持水量的 2/3 时,较粗毛管中悬着水的连续状态出现断裂,但毛管中仍然充满水,因受到空气的阻隔而移动缓慢,难于满足旺盛生长的作物对水分的需要,蒸发速率明显降低,此时的土壤含水量称为毛管水断裂量。它的大小因土壤质地不同而有所变化,例如,壤质土毛管水断裂量约为田间持水量的 75% 左右。处于毛管断裂含水量的土壤,应该着手灌水;如果待到萎蔫系数时灌水,为时已晚。

3. 土壤萎蔫系数

土壤水分能否被作物吸收利用及其被利用的难易程度,决定于土壤水的有效性。不能被作物吸收利用的水称为无效水,能被作物吸收利用的水称为有效水。土壤有效水的下限是土壤萎蔫系数,即当作物因根系无法吸水而发生永久性萎蔫时的土壤含水量,也称为凋萎系数或萎蔫点。萎蔫点受土壤质地、作物和气候变化的影响(见表5-7)。一般土壤质地越黏重,萎蔫系数越大。低于萎蔫系数的土壤水分,作物无法吸收利用,属于无效水。达到萎蔫点时的土壤水势约相当于根的吸水力或根水势。

表 5-7 不同质地土壤的凋萎系数

土壤质地	粗沙壤土	细沙土	沙壤土	壤土	黏壤土
凋萎系数/%	0.96~1.11	2.7~3.6	5.6~6.9	9.0~12.4	13.0~16.6

4. 土壤有效水最大含量

土壤水的有效性是指土壤水能否被作物吸收利用及其难易程度。一般将田间持水量视为土壤有效水的上限,土壤萎蔫系数视为土壤有效水的下限,田间持水量与土壤萎蔫系数之间的差值被称为土壤有效水最大含量。通常,土壤含水量往往低于田间持水量,所以有效含水量不是最大值,而只是土壤含水量与萎蔫系数之间的差值。土壤水是否有效和有效程度的高低在很大程度上取决于土壤水吸力和根吸力之间的对比。土壤水吸力大于根吸力时,土壤水为无效水;反之,则为有效水。黏质土类型的田间持水量高,但水分有效性差;沙质土壤田间持水量低,但有效性强;壤土类型土壤有效水含量最大(见表5-8)。

表 5-8 不同质地土壤有效水含量[①]

土壤质地	沙土	沙壤土	轻壤土	中壤土	重壤土	轻黏土
田间持水量/%	12	18	22	24	26	30
凋萎系数/%	3	5	6	9	11	15
有效水范围/%	9	13	16	15	15	15

注:① 以质量含水量表示。

(二) 水势

自然界中能量是自发地从能量高的状态向能量低的状态运动或者转化的,水分在土壤—作物—大气连续系统中的流动也是由其在系统中的能态高低决定的。在SPAC系统中,由于水分的传输速度相对较慢,其动能一般忽略不计,因此,决定水分的能态和运动的主要因子是水分的势能。水的化学势差可以指示水分转移的方向。衡量水分反应或做功能量的高低,可用水势表示。在植物生理学上,水势(water potential)就是每偏摩尔体积水的化学势,单位是Pa(帕),这样就把以能量为单位的化学势转化为以压力为单位的水势。

纯水的自由能最大,水势也最高,但是水势的绝对值不易测得。因此,在同样温度和同样大气压的条件下,测定纯水和溶液的水势,以作比较。纯水的水势定为零,其他溶液与其相比。溶液中的溶质颗粒降低了水的自由能,所以溶液中水的自由能要比纯水低,溶液的水势就成了负值。溶液越浓,水势越低。水分由水势高的地方流向水势低的地方。

1. 植物细胞水势

细胞吸水情况决定于细胞水势。典型细胞水势 ψ_w 由三个势组成:

$$\psi_w = \psi_\pi + \psi_p + \psi_g$$

式中，ψ_w 为细胞的水势，ψ_π 为渗透势(osmotic potential)，ψ_p 为压力势(pressure potential)，ψ_g 为重力组分(gravity component)。

渗透势亦称溶质势(solute potential)。渗透势是由于溶质颗粒的存在，降低了水的自由能，因而其水势低于纯水的水势。在标准压力下，溶液的渗透势等于溶液的水势，因为溶液的压力势为 0 MPa。溶液的渗透势决定于溶液中溶质颗粒(分子或离子)的总数。

压力势是指细胞的原生质体吸水膨胀，对细胞壁产生一种作用力相互作用的结果，与引起富有弹性的细胞壁产生一种限制原生质体膨胀的反作用力。压力势是由于细胞壁压力的存在而增加水势的值。压力势往往是正值。

重力势是水分因重力下移与相反力量相等时的力量。重力组分依赖参比状态下水的高度、水的密度和重力加速度而定。当水高 1 m 时，重力组分是 0.01 MPa。考虑到水分在细胞内水平移动，与渗透势和压力势相比，重力组分通常省略不计。因此，上述公式可简化为：

$$\psi_w = \psi_\pi + \psi_p$$

在作物体内，如果一端的细胞水势较高，另一端水势较低，顺次下降，就形成一个水势梯度(Water Potential Gradient)，水分便从水势高的一端流向水势低的一端。植物体内组织和器官之间水分流动方向就是依据这个规律。作物组织的水势反映了作物体内的水分状况，可以用来诊断作物的缺水程度。

2. 土壤水势

土壤水势是指土壤水分在各种力的作用下(吸附力、毛管力、重力等)，与标准状态相比的自由能的变化。

土壤水势＝土壤水分的自由能－标准状态水的自由能

这里面的标准状态水是指与土壤水分等温、等压、等高的纯自由水。与标准状态水相比，土壤水势因受到各种力的作用而消耗了一部分能量，土壤水势的自由能总是低于标准状态水的自由能，所以土壤水势一般是负值。

根据物理学知识：任何物质的运动在孤立系统和恒温条件下总是从自由能高处向自由能低处移动，对于土壤水分来讲总是从土水势高处向土水势低处移动，也就是土壤水分总是从土壤水势负绝对值小处向负绝对值大处移动。

土壤水势是作用于土壤水分的各种力的综合效应，它包括几个主要的分势：基质势 ψ_m，渗透势 ψ_s，重力势 ψ_g，压力势 ψ_p。

$$\psi = \psi_m + \psi_s + \psi_g + \psi_p$$

基质势 ψ_m：土壤基质的吸附力和毛管力所产生的土壤水分自由能变化。以纯水的势能为 0 作为参比，基质势是负值，土壤含水量越低，基质势越低，土壤含水量越高，基质势越高。土壤水分完全饱和时，基质势最大接近 0。

渗透势 ψ_s：由于溶解在土壤水分中的溶质所引起的土壤水分自由能变化。以纯水的势能为 0 作为参比，渗透势是负值，大小主要取决于溶质的浓度，浓度越低，渗透势越大。也就是越接近标准状态水的自由能，浓度越高，渗透势越小。

渗透势在土壤水分运动中所起的作用很微小，但是它对植物吸收水分有重要的影响，如果土壤溶液浓度过高，土壤水势低于植物根细胞的水势，植物根系就不能吸收水分，甚至引起植物反渗透而导致植物萎蔫。

重力势 ψ_g：由作用于土壤水分的地心引力而产生的自由能变化。$\psi_g = \rho \cdot g \cdot h$。

一般规定某一特定海拔高度的重力势为零，越过这一高度取正值，低于这一高度取负值。

压力势 ψ_p：由于受到压力作用而产生的自由能变化。产生于土壤局部空气封闭的土体内而产生的势能，一般取正值，而且数值很小，可以忽略不计。

土壤水势的高低反映了土壤中可被作物利用有效水分的程度。测定土壤水势可以指导作物的灌溉。

（三）作物需水量和需水临界期

1. 作物需水量

在当地气候条件下，当达到最佳水分供应时，作物旺盛生长的田间蒸散量被称做作物需水量，也称田间最大蒸散量（ET_m）。它包括农作物叶面蒸腾的水量、棵间蒸发量以及用于组成植物体和完成生理活动所需的水量，是作物生理和生态耗水量的总和。可分为日需水量、阶段需水量和全生育期需水量。

作物需水量与潜在蒸散量（ET_p）不同，既受气候条件（大气蒸散）的影响，也受作物自身生长状况（作物覆盖程度）的影响。当水分供应充足时，作物需水量和潜在蒸散量以及作物系数（K_c）有如下关系：

$$ET_m = K_c \times ET_p$$

式中的 K_c 因作物所处的生长阶段而不同。一般来说，苗期的作物系数较低，旺盛生长期达到最大值，而后随着作物的成熟逐渐下降。K_c 与当地的风速与湿度有一定的关系。

作物需水量通常用蒸腾系数来表示。蒸腾系数是指作物形成一个单位重量的干物质所消耗水分的重量。以作物的生产量乘以蒸腾系数就能获得初步的作物需水量。C_3 作物的蒸腾系数大于 C_4 作物，约为 400～900；而 C_4 作物的蒸腾系数一般在 250～400。在实际生产中，还应考虑土壤的蓄水能力和降雨量等综合因素来确定作物的需水量（见表5-9）。

表 5-9　　　　　　　　　　　　几种主要作物的蒸腾系数

C_3 作物		C_4 作物	
作　物	蒸腾系数	作　物	蒸腾系数
小　麦	510	黍　子	293
水　稻	710	谷　子	310
棉　花	646	高　粱	322
大　豆	744	玉　米	368
平　均	653	平　均	323

蒸腾系数愈大，表示作物需水量愈多，水分利用率愈低；反之，蒸腾系数愈小，表示需水量少，水分利用率愈高。

作物蒸腾系数不是固定不变的指标，随天气、气候、土壤条件、作物生育期和耕作栽培措施等不同而有很大的变化，如表 5-10 所示。

表 5-10　　　　　　　　　　蒸腾系数与气候条件的关系

蒸腾系数　　气候条件　　作物	干旱气候	湿润气候
小麦	349	237
大麦	374	302
黍子	219	151

不同作物对水分的需要有显著的差别,如生育期长、叶面积大、根系发达的作物需要水多;反之则需要水少。就一种作物全生育期来说,对水分的要求一般是少—多—少。也就是说从播种到生育盛期以前,主要是营养生长,需水约占生育期的 30%;生长盛期,营养生长与生殖生长并进,需水约占生育期的 50%～60%;开花以后,植株体积不再增大,需水较少,只占全生育期的 10%～20%左右。

2. 作物需水临界期

作物在生长发育的不同时期对水分的敏感程度是不同的。对水分最敏感的时期,即水分的不足或过多对产量影响最大的时期,叫作作物的水分临界期。如果在某地的气候条件下,不能够满足作物水分临界期对水分的要求,则这一时期是当地水分条件影响产量的关键期。关键期是考虑了作物的本性与当地农业气候条件而形成的概念。如果在当地气候条件下,能够满足作物水分临界期对水分的要求,则这一时期就不是影响产量的关键期。一般而言,在作物生长发育过程中,各个时期都需要有充足的水分供应。任何生育时期遭受较严重的干旱均会使作物减产,但不同时期干旱的减产幅度并不相同。同样,不同时期供水,作物的增产程度也不相同,这是由于作物不同发育阶段对干旱的敏感性不同而造成的。

各种作物的水分临界期虽然不同,如水稻对水分最敏感期是在减数分裂期和抽穗开花期,麦类作物的水分临界期在孕穗到抽穗开花期,棉花的水分临界期在花铃期,但基本上都处于从营养生长进入生殖生长的时期,这一时期越长,水分临界期也越长。在这个时期内,作物比其他时期更需要水,对水分的反应更为敏感,而不是说在其他时期就可以缺水或多水。这里需要注意的是,水分临界期不一定是作物需水量最多的时期,而仅是水分对产量影响最大的时期。不同作物需水临界期也不同,各出现的时期是由作物生物学特性所决定的,如表 5-11 所示。

表 5-11　　　　　　　　　　几种作物需水临界期

作　物	临界期	作　物	临界期
小　麦	孕穗到抽穗	大　豆	开花
水　稻	孕穗到开花	向日葵	花盘形成到开花
玉　米	"大喇叭口"期到乳熟	马铃薯	开花到块茎形成
谷　子	孕穗到灌浆	蕃　茄	结实到果实成熟
棉　花	开花到成铃	瓜　类	开花到成熟

各地降水时期分布和降水量分配可能对某些作物是适宜的,其产量保证率也较大;但对

另外某些作物则可能不适宜。这就需要有农田灌溉条件,以满足作物一生中要求的总水量;同时确保各个发育时期水分的合理分配,才能获得较高产量。

因此,在实施作物节水种植时,应充分考虑作物不同时期对水分胁迫的敏感程度,尽量将有限的水资源放在临界期使用。生产上经常采用的对玉米等作物的"蹲苗"及"大喇叭口期"的"水肥齐攻"措施就是利用这一原理在非需水关键时期控制水分、在需水关键时期补水,以达到节水增产的效果。

二、水分条件与作物分布

水与作物分布关系极大。在相同的热量带内,由于降水量及其季节分布的不同,造成了作物分布的巨大差异性。喜水作物主要分布在水资源相对丰富的地区,而耐旱性强的作物则主要分布在干旱半干旱地区。如水稻主要分布在东南亚和南亚水多、温度高的热带和亚热带国家和地区,其种植面积占世界水稻面积的90%以上。我国水稻主要分布在淮河秦岭以南的亚热带湿润地区;北方由于水源所限,主要分布在水源充足的河流湖畔两岸或有水源灌溉的地区。谷子、糜子等耐旱作物则主要分布在我国的北方地区。

我国水资源总量较多,但地区分布极为不均,呈现南多北少的特点,使得作物分布呈现显著的区域特征。水资源包括大气水、地表水、土壤水和地下水四部分。其中,大气水是作物生产的主要水分来源。不同区域降水的多少强烈地影响着作物的分布、种植制度和生产布局。

（一）年降水总量与作物布局

我国地域辽阔,地形复杂,气候多样,降水量差异大;而且季风盛行,降水的季节分配也很不均匀,主要集中在季风盛行的夏季。东南部地区雨量充沛,雨热同期,有利于作物生长;西北部地区降水不足,农业必须依靠灌溉,限制了农林业的发展,形成了大面积的草原和荒漠,成为天然的牧业地区。我国年降水量的分布呈现出由东南沿海向西北内陆逐渐减少的趋势,等雨线大体呈东北—西南走向。

1. 年降水量1 000 mm以上地区

年降水量最多(>2 000 mm)的地区位于广东、广西南部和海南岛;东南沿海、广东、广西东部、福建、江西、浙江及台湾等地区年降水量在1 500～2 000 mm;长江中下游地区约为1 000～1 600 mm。1 000 mm降水分界线与我国三熟区的北界基本吻合,由于该地区降水充沛,主要生长着各种热带、亚热带喜温好湿经济林木和果树,同时该区也是我国水稻主产区、稻麦二熟或三熟种植地区。在我国年降水量800 mm以上的地区才盛产水稻。双季稻则主要分布在降水量1 000 mm以上的地方。

2. 年降水量400～1 000 mm地区

淮河、秦岭一带和辽东半岛的年降水量为800～1 000 mm,主要作物有小麦、玉米、水稻、棉花、油菜、甘薯、花生等,以一年两熟为主。黄河下游、渭河、海河流域和大兴安岭以东地区的年降水量为500～700 mm。该区域降水相对不够充裕,主要以小麦、玉米、高粱、棉花等旱地作物为主,一年一熟或两年三熟;在黄淮海地区补充灌溉条件下,以一年两熟为主要种植方式。

3. 年降水量400 mm以下地区

这里是我国农牧业的分界线,这类地区旱种作物的产量低而不稳,适合牧草生长,适宜发展畜牧业。年降水量在250～400 mm的地区是农牧交错带,一年一季种植,以玉米、谷子、马铃薯、油用向日葵、食用豆类、苜蓿等旱作物种植为主。而年降水量小于 250 mm 的地区则以牧业为主。

（二）灌溉条件与作物生产

对于热量资源相对丰富、降水资源相对不足的地区，通过兴建水利设施，加强农田基本建设，提升灌溉水平，改善生产条件，调整作物布局和生产模式；通过灌溉满足作物生长发育的水分需求，促进作物生产。华北地区年降水量只有 500～700 mm，自然降水只能满足一年一熟或两年三熟作物对水分的需求；在灌溉农田，则通过补充灌溉，能够满足小麦—玉米（或夏大豆、夏甘薯等）一年两熟作物对水分的需求，因此该区种植制度以一年两熟为主，复种指数达到 180% 以上。在广大南方地区，通过实施农田灌溉措施，调整作物周年对土壤水分的供求矛盾，实现全年高产。我国西北内陆地区，全年降水量不到 200 mm，没有灌溉就没有农业，但该地区光照资源特别丰富，通过发展灌溉，已经成为我国玉米、棉花产量最高的地区，也是国内外有名的绿洲农业区。

三、提高作物水分有效利用率的途径

我国水资源总量为 2.8 万亿 m³，低于巴西、俄罗斯和加拿大，与美国和印度尼西亚相当，但人均和亩均水资源量仅约为世界平均水平的 1/4 和 1/2；而且地区分布很不平衡，长江流域以北地区，耕地占全国耕地的 65%，而水资源仅占全国水资源总量的 19%。目前，全国正常年份缺水量近 400 亿 m³，其中农业缺水约 300 亿 m³。不但水量缺，水污染状况也日趋严重。2005 年初监测显示，七大江河遭受污染的河段已达 53.3%，其中劣 V 类水占到 28.4%，特别是北方黄、淮、海三大流域既是我国缺水最为严重的地区，也是水污染最严重的地区。由于农业是用水大户，其用水量约占全国用水总量的 70%，在西北地区则占到 90%，其中 90% 用于种植业灌溉。因此，为了应对日趋严重的缺水形势，建立节水型社会，特别是发展节水农业是一种必然选择。

面对水资源日益紧张的严峻形势，如何用好有限的水资源，使之发挥更大的增产增收效益，已经成为节水农业共同关注的焦点问题。开展农业用水有效性的研究，提高水分利用效率，是缺水条件下农业得以持续稳定发展的关键。

（一）作物水分利用效率

水分有效利用率包括灌溉水利用效率、降雨利用效率和作物水分利用效率等三个方面。其中作物水分利用效率的概念在生态学和生理学上的表述不尽相同。

生理学意义上的水分利用效率是指在控制条件下，完全去除土壤表面蒸发而测得的作物个体水分利用效率，即作物吸收的单位水分所形成的光合产物的重量。常用叶片水分利用效率表示，也就是单位水量通过叶片蒸腾散失时进行光合作用所形成的有机物量，取决于光合速率与蒸腾速率的比值，是植物消耗水分形成干物质的基本效率，也是水分利用效率的理论值。

从生态学或者农学的角度，一般采用作物消耗单位水量所制造的干物质重量来表征作物的水分利用效率，是指农田蒸散消耗单位重量水分所制造的干物质重量。水分有效利用率大，表示蒸散一定量的水分，获得的干物质多，用水经济。生产中，常用作物的经济产量作为计算依据以达到更接近农业生产实际的目的，用下式表示：

$$水分利用效率＝经济产量/总耗水量$$

这里总的耗水量是指作物一生中消耗的全部水量，包括蒸发和蒸腾耗水。由于考虑了土壤表面的无效蒸发,作物水分生态效率对于节水的实际意义更大,应用较为广泛,有时也称水分生产效率。

（二）提高水分利用效率的途径

作物的水分利用效率一方面由产量高低决定,另一方面由水分投入的多少来决定。因此,在农业生产中只有在充分挖掘作物产量潜力的同时,减少水分的投入,即进行节水灌溉,才能提高水分利用效率,保障农业的持续稳定发展。

1. 加强农田基本建设,实现农田水分的高效利用

通过各种工程技术手段,包括兴修水利、加强农田基本建设、改造灌溉设施等,达到高效节水的目的。常用的工程技术有渠道防渗、低压管道输水灌溉、平整土地等。同时采用喷灌、微灌等现代化灌溉设施,改大水漫灌为小畦灌溉,实现农田水分的高效利用。

2. 利用农艺措施,提高产量,减少水分消耗

根据不同农业区的自然、经济特点,合理调整作物的种植结构,选用耐旱作物及节水品种,采取合理施肥、灌溉技术,蓄水保墒技术,地膜和秸秆覆盖技术等,提高水分利用效率,达到节水高产的目的。

（1）建立与区域水资源相适应的种植制度

利用不同作物之间的水分利用效率差异显著的特点,按不同区域降水时空分布特征、地下水资源、水利工程现状合理调整作物的布局。选用需水和降水耦合性好、耐旱、水分利用效率高的作物品种,充分利用当地水资源。同时,也要根据总降水量及其季节分布确定种植制度。

（2）选育抗旱性强的品种

不同作物品种间水分利用效率和抗旱性差别很大。通过现代育种手段和生物技术方法,选育高产、水肥利用效率高的品种,可以显著提高作物产量,同时也有效地提高作物的水分生产效率。在水分资源有限的情况下,以抗旱的品种代替传统品种,不仅可以保证产量,也大大提高了作物的水分利用效率。

（3）发挥自然降水的生产潜力

通过采取土壤耕作、覆盖和其他蓄水保墒技术,充分接纳自然降水,减小无效蒸发耗水,以提高农田水分利用效率。包括耕作改土、深松、保护性耕作,秸秆和地膜覆盖、中耕镇压等。这些技术可以增强雨水入渗,减少降水径流损失,增加土壤蓄水,减少土壤蒸发,实现降水就地高效利用,减少灌溉水投入,实现高产。

（4）培肥地力,实现水肥耦合

通过增施有机肥和实行秸秆还田技术,既可以提高土壤肥力,又可改善土壤结构,增大土壤涵养水分的能力,增强作物根系吸收水分的能力,提高土壤水分利用率。通过水肥一体化运筹与调控,实现以肥调水、以水促肥,充分发挥水肥协同耦合效应,提高作物的抗旱能力和水分利用效率。增施肥料可以明显提高地膜小麦的水分利用效率,特别是磷肥和氮肥配合施用。氮肥对作物根量的生长具有促进作用,而磷肥具有促进根深扎的作用。

（5）化学制剂保水节水技术

合理使用保水剂、复合包衣剂、黄腐酸、多功能抑蒸抗旱剂和 ABT 生根粉等,可在作物生长过程中抑制过度蒸腾,减轻干旱危害,促进根系生长发育,提高对深层水的利用,能显著增强作物抗旱能力和提高水分生产效率。

3．建立节水灌溉制度

把有限的灌溉水量在作物生育期内根据不同作物生长发育的特点、需水量和需水关键期进行最优分配，建立节水灌溉制度。采用肥充分灌溉和低定额灌溉，限制对作物的水分供应，巧灌关键水；增加有效降雨利用，加大土壤调蓄能力；对作物进行抗旱锻炼，采用"蹲苗"等技术，降低田间蒸发量，提高作物对农田水分的利用效率；利用适度水分亏缺对作物的有利方面，进行作物调亏灌溉，通过农艺措施克服其不利的影响，实现产量与水分生产率的协调提高。

灌溉制度包括灌溉时间、灌溉水量和灌溉方式，对于提高水分有效利用率很重要。在作物需水临界期，灌溉适量水分收益最高。灌溉水量和次数，既要根据土壤水分含量、作物的需求，也要根据当地雨量分配的特点，做出水分灌溉量和次数的预报，做到不失时宜和不过其量。良好的灌溉方式，既保证灌水均匀，又节省水量；既有效地改善土壤水分状况，又保持土壤良好的物理性状和提高土壤肥力。常用灌溉方式有：畦灌，适用于密植条播的窄行距作物，如小麦、谷子及某些蔬菜等；沟灌，适用于宽行距中耕作物，如棉花、玉米、薯类及某些蔬菜等；淹灌，是一种满足水稻喜温好湿作物的灌溉方式。此外，还有诸如喷灌、滴灌等。据研究，喷灌用水经济，水分有效利用率高，与畦灌、沟灌相比较，一般可省水 20%～30%，增产10%～20%。

第五节　大气与作物生长发育

大气就像是一个巨大的仓库，储存着生物所需要的气体，如 CO_2 和 O_2 等气体。干洁空气的主要成分是氮和氧（氮占 78.09%，氧占 20.95%），大气中 CO_2 一般仅占空气体积的0.033%。CO_2 和 O_2 对生物具有十分重要的作用。作物通过光合作用将水和 CO_2 合成有机物质，释放 O_2，形成作物产量；又通过呼吸作用，吸收 O_2，分解有机物质为水和 CO_2，释放能量供作物生长。另外，大气污染也是当前作物生产面临的一个严峻问题。

一、作物生产与大气的关系

作物的生长发育离不开 CO_2 和 O_2，通过作物的光合作用和呼吸作用完成作物的生命活动，形成产量。

（一）作物与 CO_2

CO_2 是作物光合作用的主要原料，CO_2 浓度的高低是影响植物初级生产力的重要因素。高 CO_2 浓度有利于光合产物合成，能提高作物生长量和干物质积累。植物在进行光合作用生成有机物的同时还进行分解有机物的呼吸作用，当合成与分解的速率相等时，植物的净光合作用则为零。当 CO_2 浓度低到某个值时，光合作用速率低至与呼吸作用速率相等，此时的 CO_2 浓度为 CO_2 补偿点。不同植物或同种植物在不同发育时期、在不同光温条件下的 CO_2 补偿点不同。

在农作物冠层中的 CO_2，在一日内随着作物光合作用的不同而有明显的日变化。同时，空气中的 CO_2，还有季节与年际间的变化，与作物在年内的兴衰交替有关。

在密植作物的农田中，冠层剖面明显不一致。上层光能充足，但是 CO_2 浓度相对不足；底层 CO_2 充足，但光强显著减弱，这些都成为作物产量的限制因素。因此，在农业生产实践中强调通风透光，对于弥补农田密植冠层丛中的不足是很有益的。对于 CO_2 严重不足的设施农业,往往通过增加土壤有机肥提高土壤和地表化 CO_2 浓度。在大棚生产中,还可人工施放 CO_2(称气肥)。

（二）作物与 O_2

1. O_2 与作物的呼吸作用

呼吸作用是指生活细胞氧化分解有机物,并释放能量供生命活动的过程。作物的呼吸根据是否需要 O_2 分为有氧呼吸与无氧呼吸。在有氧情况下,作物光合产物分解彻底,形成 H_2O 和 CO_2,并释放能量。在缺氧条件下,作物的光合产物不能完全氧化分解,以致形成对生长发育不利的物质,同时释放的能量也较有氧呼吸少。

2. O_2 与作物的种子萌发

种子萌发需要三个基本条件,即充足的水分、充足的氧气和适宜的温度。缺氧时,种子内部呼吸作用缓慢,休眠期长。当种子深埋土下时,往往会因缺氧而使其萌发受阻。

3. O_2 与作物的根系生长

土壤空气中 O_2 的含量在 10% 以上时,作物的根系一般不表现出伤害症状。通常排水良好的土壤,氧气含量都在 19% 以上,而且越接近土壤表层氧气含量越高。所以旱地作物根系常集中在上层通气较好的土层中。当土壤空气中氧气含量低于 10% 时,如在淹渍情况下,大多数作物根系的生长机能都要衰退;当氧气的含量下降到 2% 时,这些根系只能维持生命。对植物有利的氧气含量都出现在地下水位以上的土层中,因而大多数陆生植物根系被限制在这一土层范围内。地下水位较高的地方,作物自然生成浅根系。但有些作物如水稻等可以生长在水中或水饱和的土壤中。

（三）作物与大气中的其他气体

1. N_2

N_2 是大气中含量最多的气体,是地球上生命体的基本成分,并以蛋白质的形式存在于有机体中。N_2 是一种不活泼的气体,大气中的 N_2 不能被植物直接吸收,但可同土壤中的根瘤菌结合,变成能被植物吸收的氮化物。另外,大气中的闪电可将氮、氧结合起来,形成氮氧化物并随着降水进入土壤,被植物吸收利用。

氮素是作物生长所必需的一种大量的营养元素。有些作物,尤其是豆科作物的根瘤菌具有特殊的固氮能力,能将空气中 N_2 转化为作物吸收的氮肥。同时,作物死亡后,其中的含氮有机物通过微生物的一系列作用又可转变为 N_2。

2. 有毒气体

农业生产的正常进行需要一定质量的大气为基本条件。工业生产产生的大量有毒气体造成大气污染,常见的有二氧化硫、氟化物、氯气、氮氧化物、乙烯、氨气、臭氧、重金属粉尘等。各种来源的污染物输入大气,使大气质量发生相应变化。这些污染物均能直接或间接地影响作物的生长和发育,如果大气污染物浓度超过了农业的允许水平,对农业生产将造成不良的影响。如农作物减产,产品品质下降,价值降低等。

（四）作物与风

1. 风对农业生产的有利影响

（1）风对光合作用和蒸腾作用的影响

风能影响农田湍流交换强度,增强地面与空气的热量和水分等的交换,增加土壤蒸发和作物蒸腾,也增加空气中 CO_2 等成分的交换,使作物群体内部的空气不断更新,对株间的温度、水汽、CO_2等的调节有重要作用。

低风速条件下,光合作用强度随风速增大而上升;风速超过一定限度,则光合作用强度反而降低。在低风速条件下,叶片的片流层变薄,CO_2的扩散阻力减少,有利于CO_2的输送,从而提高光合作用强度。高风速条件下,叶片蒸腾旺盛,叶片的水分条件恶化和气孔开张度减小,致使光合作用强度降低。因此,在微风吹拂下,既能改善CO_2的供应状况,又使光合有效辐射以闪光的形式合理分布到叶层中,从而提高光能利用率。

适当的风速使叶片的片流层变薄,水分扩散阻抗减小,蒸腾速率相应增大。但强大的风速对蒸腾速率的影响有不同的结论。一般认为,随风速增大会使气孔关闭,这是由于蒸腾速率增加引起的反馈效应。但也有人认为,由于叶片在大风中弯曲和相互摩擦而使叶片角质层的阻抗减小,有利于蒸腾。

（2）风对花粉、种子传播的影响

自然界中的许多植物是借助风的力量进行异花授粉和传播的。风速的大小会影响授粉效率和种子传播距离,从而对植物的繁衍和分布起着较大的影响作用。

农业生产中风能帮助异花授粉作物（如玉米）进行授粉,增加结实率,提高产量。在作物（如油菜）和果树开花时,风能散播花的芳香,招引昆虫传授花粉。风能传播种子,如杉树种子靠风力传播到远处,扩大繁殖生长区域。

2. 风对农业生产的不利影响

（1）风害

风害是指风对农业生产造成的危害。直接危害主要是造成土壤风蚀沙化、对作物的机械损伤和生理危害,同时也影响农事活动和破坏农业生产设施;间接危害是指传播病虫害和扩散污染物质等。对农业生产有害的风主要是台风、季节性大风（如寒潮大风）、地方性局地大风和海潮风等。

风力在6级以上就可对作物产生危害。风速≥17 m/s（8级以上）的风称为大风,它对农业危害很大。大风加速植物蒸腾,使耗水过多,造成叶片气孔关闭,光合强度降低。在北方,春夏季大风可加剧农作物的旱害,冬季大风可加重越冬作物冻害。强风可造成林木和作物倒伏、断枝、落叶、落花落果和矮化等,从而影响作物的生长发育和产量形成。水稻开花期前后受暴风侵袭而倒伏所造成的减产是很严重的。

干旱地区和干旱季节如出现多风天气,不但土壤水分消耗增加,旱情加重,大风还会吹走大量表土,造成风蚀。土地沙漠化过程一般是先从地表风蚀开始,经过风化,片状流沙发育和形成密集沙丘。强风对干旱和半干旱地区土壤的侵蚀最为严重。

风能传播病原体,引起作物病害蔓延。据研究,小麦锈病孢子在春季偏南风吹送下向北方传播,到冷凉地区越夏;秋季随着偏北气流吹向南方冬暖区,造成危害。风还能帮助一些害虫迁飞,扩大危害范围。例如黏虫、稻飞虱等害虫,每年春夏季节随偏南气流北上,在那里繁殖,扩大危害区域;入秋后就随偏北风南迁,回到南方暖湿地区越冬。

（2）风沙害

风沙分为扬沙和沙尘暴两种,扬沙是由大风将地面尘沙吹起,使空气能见度降到1～10 km,尘土和细沙在空中分布较均匀;沙尘暴是强风将大量沙尘吹到空中,使空气能见度不足1 km,其范围通常要比扬沙大得多。

风沙能埋没农作物、侵蚀土壤、降低土壤肥力、淤塞水库和水井等。作物长期遇土壤风蚀,会使根系暴露,影响作物生长发育。据对高粱、冬小麦和大豆的研究,出苗后 7~14 d 遭受风沙,作物干物质损失最严重。出苗 7 d 以内的小苗,因其依靠子叶或胚乳的养分(异养),故影响较小。一般来说,植株长大以后受到风沙,由于总叶数增多,叶片彼此有较好的保护作用,使其受到的影响减小。

风沙还可以使作物发育延迟,如晚季的风沙使冬小麦抽穗延迟 3~7 d,使大豆初花期延迟 7~14 d。冬小麦出苗后 7~14 d(秋季)受风沙危害,可减少翌年收获物的干重,以出苗后 7 d 受风沙危害的麦苗小穗数最少而重量最轻;在春季早期受到风沙危害,也使小穗数大大减少。

二、CO_2 浓度对作物生长的影响

大气中的 CO_2 来源于海洋及陆地上有机物的腐烂、分解,动植物的呼吸作用和石油、矿物的燃烧、火山喷发等。因此 CO_2 多集中于大气底部 20 km 以下的气层内。CO_2 含量随时间和地点而不同,一般夏季含量少,冬季多;白天少,夜间多;农村少,城市、工矿区多。随着全球人口的迅速增长,对木材需求大量上升,使森林面积急剧减少,对 CO_2 的吸收能力降低;而工业化进程的加快,排到大气中的 CO_2 却越来越多,浓度日趋升高。据观测,大气中的 CO_2 浓度在 1800 年仅为 $(260\sim285)\times10^{-6}$,目前已达 360×10^{-6}。CO_2 属于温室气体,它能强烈吸收和放射长波辐射,对空气和地面有增温效应。大气中二氧化碳含量不断增加,使得全球气候发生明显的变化,这一问题已引起全世界的重视。

CO_2 是作物进行光合作用制造有机物质必不可少的原料,是太阳能量的转化和储存以及地球生物圈赖以生存和平衡的基础。一般来说,在其他条件不变时,其含量增加将有利于作物的生长发育。这种影响并没有一定的规律可循,关键在于不同作物不同品种在不同环境条件下其叶面气孔的生理功能反应各不相同;由此引起的温室效应对作物生产也将产生间接的影响。

(一)CO_2 浓度的变化特点

1. CO_2 的日变化(diurnal variation)

白天午后达最低值,日出前后达最高值。上午至午后光合作用不断进行,消耗空气中的 CO_2,使 CO_2 浓度不断降低。

2. CO_2 的年变化(annual variation)

夏季少,秋季达最低值;冬季多,春季达最高值。春→秋是植物生长的季节,必须不断地消耗 CO_2,所以到秋季减到最低。冬→春季作物光合作用少,CO_2 不断累积,在春季达到最大(见图 5-2)。

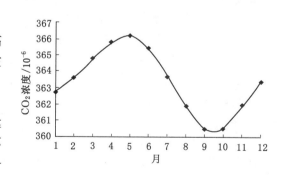

图 5-2 CO_2 的年内变化规律

3. CO_2 的长期变化(long-term change)

由于人类活动,大气中 CO_2 浓度不断升高。在 17 世纪工业革命前,全球 CO_2 浓度平均大约为 280×10^{-6},但现在则高达 373×10^{-6}(见图 5-3)。

(二)CO_2 浓度对作物生长的直接影响

1. CO_2 浓度与作物的生长发育

(1) CO_2 对作物光合作用的影响

CO_2 是作物光合作用所必需的,研究表明,CO_2 浓度升高会提高作物的光合速度。CO_2

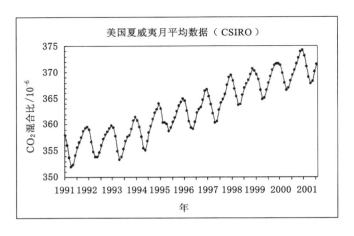

图 5-3　夏威夷 1992 年至 2001 年平均 CO_2 浓度的年变化曲线

浓度倍增时(达 700 $\mu l/L$),作物光合速率可能增加 30%~100%。由于外界大气与叶子内部之间的 CO_2 浓度增大,会有更多的 CO_2 进入作物的叶子,使 CO_2 转换成碳水化合物的效率提高。

不同作物的光合作用机制不同,对 CO_2 浓度增加的反应也有差异。CO_2 浓度增加时,C_3 作物的光呼吸受到抑制,对光合作用有利;而 C_4 作物在通常的 CO_2 浓度下就具有较高的光合作用效率,因而对提高 CO_2 的反应比 C_3 类作物要小。这说明当 CO_2 浓度提高时,C_4 作物光合作用速率提高较 C_3 作物的低。

(2)CO_2 对作物呼吸作用的影响

相对于光合作用而言,关于作物呼吸作用受 CO_2 浓度影响的研究较少。

(3)CO_2 对作物水分利用的影响

随着外界 CO_2 浓度的增加,叶片表面部分气孔关闭,以保持气腔内有一个稳定的 CO_2 浓度。C_3 作物气腔内的这一稳定的 CO_2 浓度为 210 $\mu l/L$,而 C_4 作物的 CO_2 浓度为 120 $\mu l/L$。由于部分气孔关闭,叶片内外交流的扩散阻力增大,致使蒸腾下降,提高了水分利用效率。当环境中 CO_2 浓度倍增时,C_3 和 C_4 作物的气孔隙可减少 40%,从而使蒸腾减少 23%~46%。

(4)作物根际微生态系统

研究表明,植物通过光合作用固定的同化物约有 20%~50% 运送到地下,通过根系分泌物及残留物输入土壤。CO_2 浓度升高可能改变植物—土壤系统中碳通量的变化,使输入土壤的碳量增加;另一方面,CO_2 浓度升高能普遍促进根系生长,如直径变粗、中柱变厚、栓皮层变宽等,造成地下部分生物量及凋落物的归还增加,从而有更多的碳储存在土壤中,使之有可能作为大气 CO_2 的一个潜在碳库。来源于根系的碳水化合物使微生物可利用的底物增加,共生微生物如菌根菌及固氮菌的生长受到促进,从而对生态系统产生有益的影响。

(5)大气 CO_2 浓度升高对作物和杂草竞争关系的影响

大气 CO_2 浓度升高对 C_3 作物和 C_4 杂草的不同影响将使原来的作物与杂草的竞争关系向有利于作物生长的方向变化。然而,温室效应引起的气温升高,可能对 C_4 植物更加有利。

2. CO_2 浓度与作物的产量

作物通过光合作用同化空气中的 CO_2 ，释放 O_2 ，合成碳水化合物供其生长、发育和产量的形成。CO_2 浓度升高使作物的光合速率增强，呼吸作用强度受到抑制，减少了因呼吸作用而消耗的光合产物。据报道，C_3 作物因 CO_2 浓度倍增后光合干物质将增加 10%～50% 左右，而 C_4 作物仅增加 0～10%。研究表明，CO_2 浓度倍增后，增产最多的是棉花（104%），其次是小麦（38%）、大豆（17%）及水稻（9%）。

3. CO_2 与作物品质

CO_2 浓度增加不仅对作物具有增产的效应，对作物的品质如淀粉、维生素 C、蛋白质、粗脂肪、叶绿素含量以及植物体内的灰分、钾、钙、镁、磷等成分也有着不同程度的影响。

（三）CO_2 浓度对作物生长的间接影响

大气中 CO_2 浓度增加不仅会直接影响作物的生长，由此引起的温室效应所导致的一系列气候变化也会间接影响作物的生产。在全球增暖的背景下，不同地区的区域气候变化情况是不一样的。根据气象记录、全球平均气温长期趋势与区域气候变化的统计关系，我国的气候将发生以下的变化。

1. 气温变化

根据过去 100 多年来我国气温长期变化趋势与北半球平均气温长期趋势的对应关系，如果大气中 CO_2 浓度加倍，全球平均气温升高 3 ℃ 左右，那么，我国大部分地区气温可望升高 5 ℃ 以上，其中尤其以长江以南地区和华北地区北部增温幅度最为突出。

2. 降水变化

在增暖过程中，降水量的长期趋势不显著。由于气温升高，蒸发量将明显增加，根据统计资料的结果估算，平均温度升高 1 ℃，蒸发量将增加 10% 以上。当 CO_2 浓度增加时，我国内陆地区蒸发量可望增加 50% 以上，从而将使我国干旱、半干旱区域的面积进一步扩大，缺水的形势更加严峻。

气候变化将对农田植被的生物量产生影响。当温度升高、水分增加时，农田植被光合作用增加，也增加 C 的吸收量；而温度升高、水分减少，将增加养分和水分消耗的逆过程。

三、农艺措施对 CO_2 浓度的影响

增加 CO_2 的供应可以促进作物的同化作用，直至光合作用的 CO_2 饱和点。在农田生态系统中，CO_2 缺乏是限制产量的最常见因素。因此，在作物栽培中除了增施 CO_2 外，采取适当的农艺措施来提高农田大气中 CO_2 的含量，是提高作物尤其是 C_3 作物产量的一个有效途径。

（一）地膜覆盖对 CO_2 浓度的影响

地膜覆盖栽培（包括中、小棚）的应用机理是通过塑料薄膜的覆盖，提高膜内温度，保持土壤水分，协调土壤耕作层的水、热、气、肥，改善土壤物理形状，创造一个相对稳定的适于种子萌发和幼苗生长的生态环境，进而改善"土壤—作物—大气"的生态关系，促进作物生长，达到增产增收的目的。地膜覆盖栽培约有 70%～80% 的土壤表面被不透水气的薄膜覆盖，这在一定程度上改变了土壤结构和土壤的空气状况。对晚茬麦地膜覆盖栽培的研究表明，不论播期早晚、群体大小、薄膜新旧、阴天晴天，膜下 CO_2 浓度的日变化与裸地相比均出现逐渐上升的趋势。玉米生长期内，裸地土壤空气中 CO_2 浓度为 1 000～16 000 $\mu l/L$ ，覆膜处理为 2 000～18 000 $\mu l/L$ ，平均比裸地高 32.39%。而覆膜土壤 10 000～20 000 $\mu l/L$ 的 CO_2

浓度正是促进作物根系生长和地上部干物质积累的最佳值。

（二）间作套作复合种植对 CO_2 浓度的影响

间套作是指在一块地上按照一定的行、株距和占地的宽窄比例种植几种作物的种植方式。作物在空间上的竞争主要是对光与 CO_2 的竞争。合理的间套作，有利于田间通风和 CO_2 的补充。据测定，在 1～2 级微风下，间作的宽行比等行单作玉米风速增加 1～2 倍，而风速的增加加速了 CO_2 的扩散，提高了 CO_2 的输送量。如果 1～2 分钟空气不流通，叶片附近的 CO_2 就将用完。一般 CO_2 浓度低于正常浓度（350 $\mu l/L$）的 80% 时，光合作用就要受阻，低于 50% 时就停止光合作用。有些间套作复合种植模式作为一种传统的提高作物产量的措施，其原因之一就是提高了农田的 CO_2 浓度。

（三）施肥与 CO_2 浓度

不同施肥措施经长期田间实施后，造成土壤物理、化学和生物性质的巨大差别，使得通过土壤呼吸作用产生和释放的 CO_2 数量表现出明显的差异。这可能是增施肥料，尤其是增施有机肥后，土壤微生物的数量增多、活动能力加强，分解有机物，放出 CO_2，从而使得农田 CO_2 浓度增加。另外，深施碳酸氢铵肥料也可以提高农田 CO_2 浓度，因为这种肥料除了含有氮素以外，还含有 50% 左右的 CO_2。

（四）无土栽培

无土栽培是指不用土壤而用营养液浇灌的栽培方法。由于缺少土壤微生物的活动，就使得作物周围 CO_2 含量减少。同时，因为作物无土栽培多在温室内进行，空气的流通量少，也使得温室内 CO_2 的补充成为问题，以致温室中白天中午之后的 CO_2 浓度低于室外空气中的浓度，严重时甚至下降到不足 100 $\mu l/L$，不能满足作物光合作用的需求。因此，在温室内增施 CO_2，增产效果明显。

（五）温室栽培

在寒冷的冬季，棚室生产蔬菜时，为了保温的需要常使大棚处于密闭的状态，这造成棚内空气与外界空气相对阻隔，CO_2 得不到及时的补充。日出后，随着蔬菜光合作用的加速，棚内 CO_2 浓度急剧下降，有时会降至 CO_2 补偿点以下，蔬菜作物几乎不能进行正常的光合作用，影响了蔬菜的生长发育，造成病害和减产。在此情况下，采用人工方法适量补充 CO_2 是一项必要的措施。

补充 CO_2 的方法很多，随着科技的进步，补充方法也在不断改进。

（1）燃烧法：通过在棚室内燃烧煤、油等可燃物，利用燃烧时产生的 CO_2 作为补充源。使用煤作为可燃物时一定要选择含硫少的煤种，避免燃烧时产生的其他有害物对蔬菜产生不利影响。

（2）化学法：利用浓硫酸（使用时需要稀释）和碳酸氢铵混合后发生化学反应释放的大量 CO_2 进行补充。

（3）微生物法：增施有机肥、榭肥和稻麦秸秆，在微生物的作用下缓慢释放 CO_2 作为补充。

上述几种传统方法，都存在着操作烦琐不便或是效果不佳的弊病。

（4）施用双微 CO_2 颗粒气肥：只需在大棚中穴播，深度 3 cm 左右，每次每亩 10 kg，一次有效期长达一个月，一茬蔬菜一般使用 2～3 次，省工省力，效果较好，是一种较有推广和使用价值的 CO_2 施肥新技术。

蔬菜补充 CO_2 后,可促进蔬菜生长发育,提高产量,改善品质,提早上市。试验证明:补充 CO_2 一般可提高坐果率 10％ 以上(茄果类),提前上市 7～10 天,增加产量 20％ 以上(草莓和茄果瓜类)。只要使用得当,就有比较明显的经济效益。

另外作物不同的种植密度、水分管理、中耕除草、化学药剂的使用等,改变了农作物群体的通风状况及直接或间接地影响土壤的理化性质和土壤微生物的活动,而影响了农田大气的 CO_2 浓度。

总之,不同的农艺措施都会直接或间接地影响作物群体的 CO_2 浓度。从栽培上根据不同作物的特性,采取合理的措施,维持较高的 CO_2 浓度水平,可以使作物正常生长,并达到增产增收的目的。

四、大气污染对作物生长的影响

大气组成相对稳定,但地表空气中各种成分含量会因地理、生态环境的不同而异。特别是工业革命后,人类活动对大气组成的影响,使局部大气质量发生改变,并造成大气污染。大气污染物是多种多样的,性质也很复杂。就其存在状态而言,可分为气体和固体(颗粒状)两大类,气体状的污染物主要有硫化物、氟化物、氯化物、氮氧化物等;颗粒状的污染物主要是悬浮于空气中的气溶胶如光化学烟雾,带有各种金属元素的烟雾气及粉尘等。这些污染物均能直接或间接地影响作物的生长发育,如果大气污染物浓度超过了农业的允许水平,对农业生产将造成不良的影响。如农作物减产,产品品质下降,价值降低等。

（一）大气污染对作物的伤害

大气污染对作物造成的危害按症状分,可分为可见伤害和不可见伤害。

1. 可见伤害

可见伤害是由于作物茎叶吸收较高浓度的污染物或长期暴露在被污染的大气环境中而出现的可以看见的受害现象。根据受害程度又可分为急性型、慢性型和混合型三种类型。急性型伤害是在污染物浓度很高的情况下,短时间内造成的伤害。如叶片出现伤斑、脱落甚至整株死亡。慢性型伤害是指低浓度的污染物在长时间作用下造成的伤害。例如,叶片退绿、生长发育受影响。混合型伤害是介于急性型伤害和慢性型伤害之间的受害症状,一般叶片出现黄白化症状,以后虽可恢复青绿,但会造成普遍减产。

2. 不可见伤害

不可见伤害是由于作物吸收低浓度污染物而使作物生理、生化受到不良影响。虽然叶片表现出不明显的受害症状,但会造成作物不同程度的减产,或影响产品的质量。

另外,根据大气污染物对作物伤害的方式又可分为直接伤害和间接伤害。直接伤害是指作物因与污染物接触而导致的伤害;间接伤害是指污染物在大气中形成次生污染而对作物造成的危害,如酸雨、紫外辐射增强、温室效应等。

（二）主要大气污染物对作物的影响

常见的危害农业生产的污染物,按其毒副作用过程的不同,大体可分为氧化类、还原类或酸性类、碱性类或有机类、无机类等几大类。

氧化类:臭氧、过氧乙酰硝酸酯(PAN)、NO_2、Cl_2 等。

还原类:SO_2、H_2S、CO、甲醛等。

酸性类:HF、HCl、HCN、SO_3、SiF_4 等。

碱性类:NH_3 等。

有机类：C_2H_4、甲醇、苯、酚等。

无机类：重金属及其氧化物、粉尘、烟尘、尘土等。

各类大气污染物对植物不仅毒副作用的过程不同，而且毒性强弱也有很大差别。根据毒性从强到弱可分为 A、B、C 三级。如 A 级有 HF、SiF_4、C_2H_4、PAN 等，B 级有 SO_x、NO_x、硫酸烟雾、硝酸烟雾等，C 级有甲醛、H_2S、CO、NH_3、HCN 等。一般而言，就全世界范围来看，对植物影响最大的大气污染物主要是：SO_2、O_3、PAN、Cl_2、HF、C_2H_4 和 NO_x 等。

大气污染物对植物的危害除了与污染物的浓度和接触时间有关外，还与植物本身对污染物的抗性有关。植物对大气污染物的反应很敏感，当大气中有害气体达到一定浓度时，可迅速表现出不良现象。如萝卜暴露在含 SO_2 浓度较高的空气中，叶片迅速失绿、萎蔫。一些植物因对空气污染反应敏感，已成为空气污染的指示植物（见表 5-12）。如 SO_2 的指示植物是紫花苜蓿，氟化物和臭氧的指示植物分别是唐菖蒲和烟草等。当然，大气污染物对植物是否造成危害及严重程度还与所处环境有关，如与气温、光照、水分、风向、风速、逆温、地形地貌等影响污染物扩散的环境因素有关。

表 5-12 　　　　　　　　　**几种空气污染物及其指示植物**

空气污染物	SO_2	HF	$CH_2=CH_2$	NH_3	O_3	Cl_2、HCl	Hg
指示植物	萝卜、紫花苜蓿	大蒜、葡萄	棉花	向日葵	烟草	落叶松	女贞

（三）大气污染物对全球气候的影响

人类每年向大气中排放数亿吨的污染物，在一定程度上改变了低层大气的结构和性质，影响了地球表面对太阳辐射的收支状况，对天气、气候等都产生影响。

1. 酸雨

酸雨是指 pH<5.6 时的降水。空中降水本来是中性的，而酸雨含酸量一般超过正常含量的几十倍，最低时 pH 值可达 1.5。

酸雨主要是由于大量的二氧化硫在潮湿而污浊的空气中，与水膜接触后形成亚硫酸水溶液，进一步被大气中的金属离子催化氧化成硫酸而形成的。它的毒性比 SO_2 和氮氧化物大好多倍，被称为"天空中的死神"。

我国酸雨也日趋加重，1982 年全国普查，酸雨面积约占国土面积的 6.8%，酸雨城市主要出现在长江以南。重庆酸雨的 pH 值达 4.04，广州市的酸雨 pH 值最低为 3.69（1984年），贵阳为 4.07。

酸雨的危害是多方面的：首先，它使河流、湖泊酸化；其次是危害植物生长，双子叶作物受害大于单子叶作物，尤其是根类作物，pH 值在 2.0～3.0 可引起叶片伤害；第三，降低土壤肥力，使土壤酸化；第四，严重腐蚀城市建筑物、机器、桥梁和艺术品。

2. 温室效应

温室效应是指大气吸收地面长波辐射之后，也同时向宇宙和地面发射辐射，对地面起保暖增温的作用。

大气中能够强烈吸收地面长波辐射，从而引起温室效应的气体称为温室气体。它们主要有二氧化碳、甲烷、臭氧、一氧化碳、氟利昂以及水汽等；除水汽以外，其他温室气体在自然大气中含量都极少（氟利昂还是人类制造出来的）。因此，人为释放如不加以限制，便容易引起全球大气迅速变暖。

但是温室效应也并非全是坏事,因为最寒冷的高纬度地区增温最大,因而中纬农业区可以向高纬区大幅度推进。二氧化碳浓度增加也有利于增加作物的光合作用强度,提高有机物产量。

3. 紫外辐射

臭氧层遭破坏的臭氧主要分布在平流层的 $10\sim50$ km 的范围内,尤其在 $15\sim30$ km 高度上的臭氧浓度较大。目前由于人类制造出来的氯氟烃化合物,正在大量破坏臭氧层中的臭氧分子,使两极地区臭氧层明显变薄,南极上空春季甚至出现臭氧空洞(臭氧浓度只有正常值的 1/3 左右),紫外线大量通过大气层,使人患皮肤癌和白内障的机会增大。此外紫外线还能严重伤害植物,降低海洋生物的繁殖能力。

有人测定施用的氮肥有 1/2 以上并未用于作物的增产,而是进入环境之中,增强土壤反硝化作用,产生更多的氮氧化物,加速臭氧的分解。

另外,大气污染还可能直接或间接地减弱作物对病虫草害的抗性,从而对作物造成不利的影响。

第六节　土壤与作物生长发育

土壤是作物赖以生长发育的基础,为作物生长提供合适的环境,包括水、肥、气、热及支撑固定作用等。作物生长与土壤的物理、化学、生物特性密切相关。土壤肥力是衡量土壤质量好坏的最重要指标,在很大程度上决定了作物产量、品质的水平。土壤因次生盐渍化、酸化、养分缺乏或过剩、连作等而影响作物的生长发育,成为作物产量和品质进一步提高的主要障碍因子。因滥施化肥、农药、工业废水废气及重金属排放等造成土壤污染,严重影响作物的产量与品质。

土壤特性是指土壤所具有的内在特性,包括土壤物理、化学、生物等诸多特性。土壤特性除与成土母质、成土条件等密切相关外,栽培土壤特性的变化很大程度上受人类土壤利用活动的影响。土壤肥力是土壤物理、化学、生物等土壤特性的综合反映,因此,土壤肥力实质上是土壤各种特性及其相互协调的综合体现。土壤特性在一定程度上决定土壤的肥力水平,进而影响作物的生长发育和产量、品质。

一、土壤物理特性与作物生长

土壤的物理特性主要指土壤母质、土层厚度、土壤颜色、土壤容重、土壤温度、土壤水分、空气含量及土壤质地和结构等。它是影响作物生长发育的重要因素,是反映土壤肥力的重要指标。不同的土壤物理性质会造成土壤水、气、热的差异,影响土壤中矿质养分的供应状况,从而影响作物的生长发育。

土壤温度是太阳辐射和地理活动的共同结果。土壤的化学特性也影响土温,不同类型土壤有不同的热容量和导热率,因而表现出相对太阳辐射变化的不同滞后现象。这种土温对地面气温的滞后现象对生物有利,影响植物种子萌发与出苗,制约土壤盐分的溶解、气体交换与水分蒸发、有机物分解与转化。较高的土温有利于土壤微生物活动,促进土壤营养分解和植物生长;动物利用土温可避开不利环境、进行冬眠等。农业上利用地膜保持土温和水分的技术取得了显著效果。

土壤水分直接影响各种盐类溶解、物质转化、有机物分解。土壤水分不足不能满足植物代谢的需要,产生旱灾;同时使好气性微生物氧化作用加强,有机质无效消耗加剧。水分过多使营养物质流失,还引起嫌气性微生物缺氧分解,产生大量还原物和有机酸,抑制植物根系的生长。

土壤中空气含量和成分也影响土壤生物的生长状况。土壤结构决定其通气度,其中CO_2含量与土壤有机物含量直接相关,土壤CO_2直接参与植物地上部分的光合作用。

土壤质地和结构与土壤中的水分、空气和温度状况密切关系,并直接或间接地影响植物和土壤动物的生活。砂土类土壤黏性小,孔隙多,通气透水性强,蓄水和保肥能力差,土壤温度变化剧烈;黏土类土壤质地黏重,结构紧密,保水保肥能力强,但孔隙小,通气透水性差,湿时黏,干时硬;壤土类土壤的质地比较均匀,土壤既不太松也不太黏,通气透水性能良好且有一定的保水保肥能力。团粒结构是土壤肥力的基础,无结构或结构不良的土壤,主体坚实,通气透水性差,植物根系发育不良,土壤微生物和土壤动物的活动亦受到限制。

二、土壤化学特性与作物生长

土壤化学特性主要指土壤化学组成、有机质的合成和分解、矿质元素的转化和释放、土壤酸碱度等。矿质营养是生命活动的重要物质基础,生物对大量或微量矿质营养元素都有一定量的要求。环境中某种矿质营养元素不足或过多,或多种养分配合比例不当,都可能对生物的生命活动起限制作用。不同种类生物对矿质的种类与需求量存在较大差异,矿质在体内的积累量也有不同。如褐藻科植物对碘的选择积累,禾本科植物对硅的积累,十字花科植物对硫的积累,茶科植物对氟的积累,十字花科水生植物对若干种重金属盐的积累等。这些植物对有害的物质的耐性和积累,已在环境保护中得到广泛应用。

土壤有机质是指动物、植物的残体以及它们分解、合成的产物。土壤有机质能改善土壤的物理结构和化学性质,有利于土壤团粒结构的形成,从而促进植物的生长和养分的吸收。土壤有机质也是植物所需各种矿物营养的重要来源,并能与各种微量元素形成络合物,增加微量元素的有效性。一般说来,土壤有机质的含量越多,土壤动物的种类和数量也越多。因此在富含腐殖质的草原黑钙土中,土壤动物的种类和数量极为丰富;而在有机质含量很少,并在呈碱性的荒漠地区,土壤动物非常贫乏。

土壤酸碱度是土壤最重要的化学性质,因为它是土壤各种化学性质的综合反映,对土壤肥力、土壤微生物的活动、土壤有机质的合成和分解、各种营养元素的转化和释放、微量元素的有效性以及动物在土壤中的分布都有着重要的影响。土壤的酸碱度(pH 值)直接影响生物的生理代谢过程,pH 值过高或过低影响体内蛋白酶的活性水平。不同生物对 pH 值的适应存在较大的差异。如金针虫在 pH 值为 4.0～5.2 的土壤中数量最多,在 pH 值为 2.7 的强酸性土壤中也能生存;麦红吸浆虫通常分布在 pH 值为 7.0～11.0 的碱性土壤中,当 pH 值<6.0 时便难以生存;蚯蚓和大多数土壤昆虫喜欢生活在微碱性土壤中,它们的数量通常在 pH＝8.0 时最为丰富。

土壤的酸碱度间接影响生物对矿质营养的利用,它通过影响微生物的活动和矿质养分的溶解进而影响养分的有效性。对一般植物而言,土壤 pH 值为 6～7 时养分有效性最高,最适宜植物生长。在强碱性土壤中容易发生铁、硼、铜、锰、锌等的不足;在酸性土壤中则易发生磷、钾、钙、镁的不足。不同作物对土壤酸碱度的要求和适应性不同(见表 5-13)。

表 5-13　　　　　　　　　　　　　**主要栽培作物生长适宜 pH 值的范围**

大田作物		园艺作物		林业作物	
名　称	pH 值	名　称	pH 值	名　称	pH 值
水　稻	6.0～7.0	豌　豆	6.0～8.0	槐	6.0～7.0
小　麦	6.0～7.0	甘　蓝	6.0～7.0	松	5.0～6.0
大　麦	6.0～7.0	胡萝卜	5.3～7.0	洋　槐	6.0～8.0
大　豆	6.0～7.0	番　茄	6.0～7.0	白　杨	6.0～8.0
玉　米	6.0～7.0	西　瓜	6.0～7.0	栎	5.0～8.0
棉　花	6.0～8.0	南　瓜	6.0～8.0	柽　柳	6.0～8.0
马铃薯	4.8～5.4	黄　瓜	6.0～8.0	桦	5.0～6.0
向日葵	6.0～8.0	柑　橘	5.0～7.0	泡　桐	6.0～8.0
甘　蔗	6.0～8.0	杏	6.0～8.0	油　桐	6.0～8.0
甜　菜	6.0～8.0	苹　果	6.0～8.0	榆	6.0～8.0
甘　薯	5.0～6.0	桃、梨	6.0～8.0		
花　生	5.0～6.0	栗	5.0～6.0		
烟　草	5.0～6.0	核　桃	6.0～8.0		
紫云英	6.0～7.0	茶	5.0～5.5		
紫花苜蓿	7.0～8.0	桑	6.0～8.0		

 本章习题

1. 如何理解"有收无收在于水"这句话？

2. 植物细胞和土壤溶液水势的组成有何异同点？

3. 一个细胞放在纯水中其水势及体积如何变化？

4. 植物体内水分存在的形式与植物代谢强弱、抗逆性有何关系？

5. 质壁分离及复原在植物生理学上有何意义？

6. 试述气孔运动的机制及其影响因素？

7. 哪些因素影响植物吸水和蒸腾作用？

8. 试述水分进出植物体的途径及动力。

9. 怎样维持植物的水分平衡？原理如何？

10. 如何区别主动吸水与被动吸水、永久萎蔫与暂时萎蔫？

11. 合理灌溉在节水农业中的意义如何？如何才能做到合理灌溉？

第六章　种植制度

种植制度是一个地区或生产单位的作物布局与种植方式的综合。它包括作物布局、复种、间套作、轮作与连作等内容和技术,是解决种什么作物、各种多少、种在哪里、怎么种等种植业生产中的重要决策问题,是对一个地区或生产单位种植业生产的全面安排。一个合理的种植制度,应做到因地制宜、趋利避害、充分发挥当地的自然资源优势,合理利用社会经济资源,促进种植业与畜牧业、林业、渔业、副业协调发展,提高土地利用效率和单位耕地面积的年生产力,保护和改善资源和环境,持续增产、稳产,并提高经济效益。本章重点介绍了作物布局的原则、复种和间套作的效益原理与技术、轮作和连作的作用以及在农业生产上的应用。

第一节　作物布局

一、作物布局的含义与意义

（一）作物布局的含义

作物布局（crop component and distribution）是指一个地区或生产单位作物结构与配置的总称。其中,作物结构是指作物种类、品种、面积及占有的比例等,配置是指作物种类及品种在区域或田块上的分布。作物布局实际上要解决的是一个地区或生产单位种什么、种多少以及种在哪里等种植业生产中的重要决策问题。这里的作物范畴一般包括粮食作物、工业原料作物、饲料作物、绿肥作物、蔬菜瓜果及药材等作物。作物布局既可以指各种作物类型的布局,也可以指各作物的品种布局。

作物布局所指的范围可大可小,大到国家、省、市或一个区域,小到一个自然村、一个农户;时间上可长可短,长的可以指 5 年、10 年的作物布局规划,短的可以是 1 年或 1 个生长季节作物的安排。作物布局决定了种植制度的主要内容,是建立合理种植制度的基础。作物结构确定后,才可以进一步安排适宜的种植方式,包括复种、间套作、轮作与连作等,因而不同的种植方式受作物布局的制约。但反过来,作物布局本身也要受到这些种植方式的影响。

（二）作物布局在农业生产上的意义

1. 作物布局是种植业较佳方案的体现

一个合理的作物布局方案应该综合平衡气候、土壤等自然环境因子以及市场、政策、交通等各种社会因素。根据社会需要与资源的可能条件,统筹兼顾,以满足个人、集体、国家的需要,充分合理利用土地等自然与社会资源,因地制宜,扬长避短,通过最小的消耗,获得最大的经济效益、社会效益和生态效益。

2. 作物布局是农业生产布局的中心环节

农业生产布局是指种植业、畜牧业、林业、渔业、加工业等各部门生产的结构及在地域上的分布。种植业是整个大农业的重要组成部分,在我国农业生产中一直占有较大的比重,是农民家庭收入的重要来源。作物布局是种植制度的基础,因此,它也是农业生产布局的中心环节。作物布局合理与否,关系到能否发挥当地的资源优势、提高资源的利用率,能否有利于农林牧副渔各业的协调和全面发展以及环境保护与改善等农业发展的战略部署问题。作物布局是一项牵动农业生产全局的重要战略性措施。

3. 作物布局是农业区划的主要依据与组成部分

农业区划是根据农业生产的地域分异规律,划分农业区,对农业发展进行分区研究。它包括农业自然条件区划、农业部门区划（如种植业区划、林业区划等）、农业技术区划（如化肥化区划、农业机械化区划等）及综合农业区划等。种植业区划是各种区划的主体,同时又是在作物布局的基础上开展的。

二、作物布局的原则

（一）生态适应性是基础

一个地区的作物布局在很大程度上取决于作物生态的适应性,也即作物的生物学特性及其对生态条件（包括光照、温度、水分、土壤营养、质地、地貌等）的要求与当地实际外界环境条件相适应的程度。适应程度高的作物,才能发挥其生产潜力,生长发育好,产量高,品质佳。不同作物的生态适应性存在差异这是自然规律,它影响着作物的分布。如椰子、油棕等生态适应性较窄,只适宜在多雨高温的热带种植;而小麦、水稻、玉米等适应性较宽,分布较广,热带、亚热带、温带都可种植,但仍有其最适宜的分布区。如小麦在全国东南西北地区都能种植,但最适宜区是青藏高原（气温低,小麦生长与灌浆时间长,日照充足,日较差大）与黄淮平原（冬季比北部暖,春季雨量比北部多,但又不像南部那样春雨绵绵,日照充足,温度适宜）,江南、华南虽有小麦种植,但适应性差,产量低,种植面积现已逐渐缩小。

根据生态适应性是作物布局基础的原则,在制定作物布局方案时,首先要了解和研究作物及品种的生态适应性。虽然一个地区许多作物都可以生存,但是作物的适应性总是有差别的。常用的作物生态适应性分析方法是将某一作物不同生育阶段对光、温、水、土等生态因子的要求与当地相应时段的实际生态条件进行对比分析,以判断其适应程度。例如,将冬小麦在播种、出苗、分蘖、越冬、返青、拔节、抽穗、成熟等各生育时期所要求的温度和需水量逐一列出来,然后再与北京地区相应时段的实际温度和需水量指标相比较,结果发现北京地区除灌浆成熟期温度偏高,其他时期温度均较适宜,但各时期的降水量都太少,故冬小麦不适宜在北京地区非灌溉地上种植。

在作物生态适应性分析的基础上,划分作物的生态适宜区,进而将一个地区生态适应性相对较佳的作物结合在一起即形成该地较佳的作物布局方案。根据作物生态适应性实行因地种植,可以扬长避短,充分发挥当地的资源优势,获得产量高而稳、投资少而经济效益高的效果。

（二）社会需求是目的

满足社会对农产品数量、质量及类型的要求是农业生产的主要目的,也是作物布局的动力和目的所在。农产品的社会需求基本上包括两个部分:一是自给性的需要,即生产者自身对口粮、饲料、燃料、肥料、种子等的需要;二是市场对农产品的需求,即生产者自主出售的商品粮及其他农产品,还包括国家或地方政府定购的农产品。在一些农业发达的国家,农产品主要是以商品形式供应市场。而我国目前粮食的商品率一般为 35% 左右,经济作物大部分作为商品。

社会对农产品的需求在不断变化。改革开放 30 年来,我国人民的营养结构得到很大的改善,小麦、稻谷、玉米等谷物类的人均消费量前期逐渐增长、后期不断下降,如小麦人均消费量由 1990 年的 80.9 kg 降到 2005 年的 74.6 kg,而各类副食品的人均消费量均快速增长,其中植物油约增长 2.8 倍、蔬菜增长 3.1 倍、水果增长 6.0 倍、肉类增长 3.9 倍、蛋类增长 6.4 倍、鱼类增长 3.2 倍。另据粮食消费途径的调查,在粮食总消费量中,口粮所占比例逐渐减少,种子用粮保持基本稳定,工业用粮增长较快,饲料用粮则增长迅速。据此,应不断调整和优化作物结构,增加经济作物面积及饲料作物面积,促进养殖业和加工业的发展,以满足社会和市场的需要。

但另一方面,必须要保证粮食安全问题。据有关部门预测,2030 年我国总人口将达到 16 亿。若按照人均占有粮食 400 kg 的基本小康水平计算,2030 年我国粮食总需求量将达到 6.4 亿 t 水平。而目前实际生产能力仅约为 4.8 亿 t。因此,在今后的作物布局中,仍要继续发挥政府的宏观调控作用,稳定粮食面积,特别是保证主要粮食作物及粮食主产区的面积稳定,努力提高粮食综合生产能力,进一步提高粮食单产。

（三）科学技术和社会经济是重要条件

随着科学技术的不断发展和社会经济条件的提高,作物的自然生态适应性以及环境生态条件受到经济和技术的影响愈加深刻。社会经济和科学技术是作物全面高产、持续增产、优质高效的重要保证,也是影响作物布局的重要条件。

在自然环境条件不适宜的地区,可以考虑运用现代科学技术和经济条件的可行性,改造生态环境条件中的某些障碍因子,使次适宜区变为最适宜区,不适宜区变为适宜区,改变作物布局的传统格局。这方面最典型的现象就是设施农业生产,包括地膜覆盖、中小拱棚、塑料大棚、节能日光温室及智能化温室等不同保护形式,可以不同程度地实现人工对生态环境因子的调节和控制,弥补自然资源的不足,拓宽作物分布的区域,满足人们生活水平提高的需求,同时也显著提高了经济效益。如山东、辽宁地区大棚菜的发展,使北方缺菜区成为冬季蔬菜的主要供应地。再如灌溉条件的发展,使自然降水条件不适宜种植水稻的宁夏引黄灌区成为水稻适宜种植区,产量高品质好,并在全国种植业区划中,被确定为北方优质粳稻栽培区,获得"塞上江南"的美誉。

另外,还可以运用常规育种和现代生物技术如转基因技术等,培育抗旱、抗热、抗寒、耐盐碱、耐重金属污染等多种抗逆性的作物新品种,拓宽作物生态适应性的范围,提高作物对不良生态环境条件的适应能力,增加作物产量和扩大作物种植面积。如小麦抗旱节水和水分高效利用型新品种的培育,使小麦的耐旱性显著增强,可以适应水分较少地区,并可提高干旱和半干旱地区小麦的产量,稳产保收。

（四）经济效益是根本动力

追求较高经济效益也是合理作物布局的主要目标之一。在市场经济条件下,不讲经济效益的作物布局及种植制度是难以持久的。

对一个农户来讲,除自给外,最重要的就是增加收益。从作物布局角度上要提高经济效益,需要按照比较效益原则,以市场为导向,不断调整和优化作物及其品种结构,充分挖掘作物及品种的比较效益,多种收益高的作物和品种,少种收益低的作物和品种。受技术、劳动力、生产方式、产量及产品品质、市场供求关系等多个因素的影响,客观上不同作物,同一作物不同品种的单产、品质、价格、产值、成本、纯收入及其走势有着较大差异。例如,据河北省2003 年调查资料显示,种植业主要农产品每 666.7 m² 的纯收益（元）分别为,大棚黄瓜2 384.2、大白菜 1 441.3、四季豆 951.1、棉花 780.2、花生 438.8、大豆 215.2、玉米 159.5、小麦 140.0。种粮效益最低,大棚蔬菜效益最高,大棚黄瓜的纯收益是小麦的 17 倍。但是高效益作物往往市场风险也较大,如蔬菜、水果等,不耐储藏、病虫害多、技术要求高、市场价格波动大;而玉米、小麦等低效益作物耐储藏、市场需求量大、病虫害较少、价格波动小、风险低。所以,还要遵循最低风险原则。

对一个国家、省、市等大范围的作物布局来讲,应当在充分了解和掌握各地区农产品比较优势差异的基础上,选择和大力扶持当地优势农产品和特色农产品的发展,并促使其向优势产区集中,使本区域的作物结构由满足自给性需要的多样性生产逐步向满足商品性需求的专业化生产转变,形成专业化程度高和规模大的优势农产品产业带,从而实现农业生产的合理布局和区域化、专业化、规模化生产,并进一步参与农产品国际市场的地域分工,获取分工和专业化的利益。只有如此,才能充分发挥区域资源的比较优势,提高劳动生产率、农产品的国内和国际市场竞争力及商品化率,获得并保持较为稳定的经济收益。

随着 WTO 框架下市场对生产要素和资源的配置功能的强化,我国农业生产专业化、区域化的比重正逐渐增加,农作物生产的地域分工也在不断加强,尤其是商品性较强的经济作物,如棉、麻、蚕桑、茶叶、甘蔗、甜菜、烟草、药材等的地域分工与专业化生产较为明显。

（五）用养结合、综合平衡,实现农业的持续发展

在作物结构和配置中要协调用地作物与养地作物的关系,使养地水平与用地水平相适应。要合理安排好粮食作物、工业原料作物、饲料作物和绿肥作物的比例,通过作物布局协调种植业与养殖业、林业、渔业、加工业等之间的关系,促进农业的全面发展;同时,提升农业生态系统的综合生态功能,维护生态平衡。另外,种植业中作物的结构和配置要能够吸纳、消化养殖业和加工业废弃物,以减少环境污染,协调农业的社会效益、经济效益和生态效益,实现农业的持续发展。

三、作物的生态适应性

（一）作物对温度的适应性

影响作物分布、反映作物对温度的适应性的指标主要是作物完成整个生育期所需积温（喜温作物≥10 ℃积温,喜凉作物≥0 ℃积温）的多少、生长盛期最适温度、某些界限温度等。根据作物生长发育对温度的需求,可以将作物划分为以下三类。

1. 喜凉作物

生长发育要求积温较少、无霜期短,可以忍耐冬春低温。一般需≥10 ℃积温 1 500～

2 200 ℃,有的甚至只需900~1 000 ℃(见表6-1),生长盛期最适温度一般为15~20 ℃。喜凉作物在无霜期较短的北方或南方的山区作为主导作物,在暖温带或亚热带地区还可作为冬春季节的复种作物或填闲作物。

表 6-1　　　　　　　　　　不同作物生育期所需≥10 ℃的积温　　　　　　　　　　℃

喜凉作物	所需积温	喜温作物	所需积温
冬黑麦	1 700~2 125	谷 子	1 700~2 500
冬小麦	1 800~2 100	甜 菜	2 400~2 700
冬大麦	1 700~2 075	玉 米	2 300~2 800
冬油菜(移栽)	1 400~2 500	大 豆	2 100~2 800
冬油菜(直播)	2 000~3 000	高 粱	2 400~3 000
春小麦	1 500~2 200	棉 花	3 500~4 000
青 稞	1 000~1 200	甘 薯	2 200~4 000
马铃薯	1 300~2 700	花 生	2 400—3 400
向日葵	1 300~2 200	烟 草	3 200—3 600
豌 豆	900~2 100	早稻(移栽)	1 700—1 900
亚 麻	1 600~2 000	中稻(移栽)	2 300—2 800
荞 麦	1 000~1 200	晚稻(移栽)	2 000—2 700

喜凉作物又可分为喜凉耐寒型和喜凉耐霜型两类。耐寒型作物适宜生长发育温度为15~20 ℃,冬季可耐-18~-22 ℃的低温,如黑麦、冬小麦、冬大麦、青稞等。耐寒性稍差的作物有毛苕子、菠菜、油菜、蚕豆、豌豆等,这些作物只能在黄河沿线以南的地区越冬。耐霜型作物适宜生长的温度为15~20 ℃,生物学最低温度为2~8 ℃,不怕霜,可耐短期-5~-8 ℃的低温。如油菜、春小麦、春大麦、豌豆、大白菜、大麻、向日葵、毛苕子、胡萝卜等。此外,莜麦、亚麻、荞麦、马铃薯、蚕豆及某些谷糜品种比较耐凉,能耐0~4 ℃的低温。

2. 喜温作物

我国大部分农区气候温暖,主要种植喜温作物。这类作物生长发育盛期最适温度为20~30 ℃,需要≥10 ℃积温2 000~3 000 ℃(见表6-1),不耐霜冻。这类作物又可分为三类:

温凉型:包括大豆、谷子、糜子、甜菜、红麻等,生长适应温度为20~25 ℃,需要≥10 ℃积温1 800~2 800 ℃左右,低于15 ℃或高于25 ℃均不利于生长。

温暖型:主要包括水稻、玉米、棉花、甘薯、黄麻、蓖麻、芝麻、田菁等,生长适宜温度为25~30 ℃,温度低于20 ℃或高于30 ℃都不利于生长。

耐热型:主要包括高粱、花生、烟草、南瓜、西瓜等,可以忍耐30 ℃以上的高温,花生可耐40 ℃高温,烟草可耐35~37 ℃高温,南瓜、西瓜可耐35 ℃以上的高温。

3. 亚热带、热带作物

我国主要亚热带作物包括茶、油茶、柑橘、油桐、马尾松、杉木、楠竹和甘蔗,一般需要年平均温度高于15 ℃,1月份平均温度不低于0 ℃。冬季的极端最低温度是该类作物北移的主要限制因素,不得低于-7~-15 ℃,在我国主要分布在秦岭淮河以南的地区。我国主要的热带作物包括橡胶、油棕、椰子、可可等,要求最冷月平均温度18 ℃以上才能生长,5 ℃左右即受冻,主要分布在华南地区。

（二）作物对水分的适应性

水是农作物生长发育不可缺少的重要条件之一,是作物吸收各种矿物营养元素的传输载体,且作物的一切生理生化反应均在水的参与下才能完成。水分不仅影响作物的分布,对作物产量和品质也有很大的影响。根据作物生长发育对水分的适应性,可将作物分为五类。

1. 喜水耐涝型

适应于这种类型土壤的作物以水稻最为典型,其根、茎、叶组织中有通气组织,发达的通气组织使氧气通过叶、茎源源不断地运向根部,加之这类作物根系本身耐缺氧,从而使这类作物能适应长期淹水的土壤环境。所以我国在年降水量800 mm以上的地区盛产水稻,双季稻则主要分布在年降水量1 000 mm以上的地方。此外,高粱、高秆玉米等也有一定的耐涝能力。

2. 喜湿润型

这类作物生长期间需水较多,喜土壤和空气湿度较高,如陆稻、燕麦、黄麻、烟草、甘蔗、茶、柑橘、毛竹、黄瓜、油菜、白菜、马铃薯等。一些亚热带生长的作物不但喜温也喜湿润,例如甘蔗、柑橘、毛竹等。茶适宜生长在降水量多于1 000 mm以上、相对湿度80%以上、多云雾的地区。

3. 中间水型

这类作物包括玉米、小麦、棉花、大豆等,既不耐旱,也不耐涝。一般前期较耐旱,中后期需水较多。例如小麦、玉米苗期适于50%～60%的田间持水量的土壤水分,中后期则需70%～80%的田间持水量,它们在干旱少雨的地区也能生长,但产量不高不稳。这类作物一般不耐涝,尤其苗期对涝害十分敏感。

4. 耐旱怕涝型

许多作物具有耐旱特性,通过特定的形态特征和生理机制减少水分的蒸发。这类作物包括谷子、甘薯、糜子、苜蓿、芝麻、花生、向日葵、黑豆、绿豆、蓖麻等。但是,这些作物不耐涝,适宜在干旱地区或干旱季节生长。

5. 耐旱耐涝型

有些作物既耐旱又耐涝,例如高粱、田菁、草木樨。绿豆、黑豆在一定程度上也是如此。

需注意的是,作物不同品种的水分适应性差异,在作物布局时也要考虑。如小麦旱肥型、旱瘠型、水旱兼型等不同品种的水分利用效率不同,可以安排在不同水分条件的地区和地块上。

（三）作物对光的适应性

光对作物分布的直接影响不如热量和水分显著,但仍有一定的作用,主要表现在以下三个方面。

1. C_3 作物与 C_4 作物

作物在长期适应不同光照强度的过程中,形成了两种典型的作物类型分化,即C_3作物和C_4作物的分化。C_3作物光饱和点低、CO_2补偿点高、光合效率较低,但在中低温条件下常比C_4作物适应性广。这类作物包括麦类、薯类、水稻、棉花、豆类、甜菜、蔬菜等,主要分布在温带,在热带和亚热带也有分布。C_4作物光饱和点高、CO_2补偿点低、水分利用效率高、光合效率较高,但在弱光和低温条件下生产力低于 C_3 作物。这类作物包括玉米、高粱、甘蔗等,主要分布在辐射量大的热带和亚热带地区。

2. 喜光作物与耐阴作物

作物适应不同的光强度发生的分化是喜光和耐阴作物的分化。一般情况下,耐阴作物的光饱和点和 CO_2 补偿点低,而喜光作物则相反。现在栽培的大田作物大部分是喜光作物,但其喜光的程度是有差别的。如棉花、高粱、谷子等喜光性强,水稻则喜光性稍弱。以茎叶为目的的蔬菜需光较少,茶叶、咖啡及黄连等药材在遮阴条件下品质较好,耐阴性稍强。相对而言,大豆、黑麦、马铃薯、豌豆、生姜、荞麦等作物比较耐阴,遮阴条件下生长产量降低较少。在作物布局时可安排在阴坡种植,在田间套作时可考虑作为套作作物与喜光作物搭配。

3. 长日照作物与短日照作物

有些作物开花需要较长的日照长度,如小麦在日照长度大于 12 小时条件下才能开花,缩短日照时数则不能开花结实,称为长日照作物。类似的有大麦、油菜、豌豆、甜菜、萝卜、苜蓿、洋葱、菠菜等,主要分布在北部的高纬度地区。反之,有些作物为短日照作物,只有在短于某一临界日照长度条件下才能开花结实。如水稻、棉花、玉米、甘薯、大豆、烟草等,主要分布在南部的低纬度地区。还有一类作物或品种对日照长度不敏感,在长、短日照下都能正常地开花结实,如番茄、四季豆、黄瓜及水稻、烟草和棉花中的一些品种,称为中性作物。调整一个地区的作物结构时常常引入其他地方的作物或品种,这时需要考虑到作物对光照时间的反应差异。

(四)作物对土壤质地与营养的适应性

1. 土壤质地

土壤质地是一个重要的土壤物理性状,它影响到土壤水分、肥力和耕性等。沙土质地疏松,孔隙度大,蓄水量小,蒸发量大,土壤保水保肥性差,土壤温度升降快,昼夜温差大,但对作物根系生长的阻力较小,适宜花生、甘薯、马铃薯、瓜类等作物生长。壤土质地适中,通透性好,土壤保水保肥性能好,肥力高,适宜大部分作物生长,如棉花、小麦、大麦、油菜、玉米、豆类、麻类、烟草、谷子等。黏土毛管孔隙度大,非毛管孔隙小,土壤黏重,有机质含量高,通透性差,耕作困难,耕作质量差,但保水保肥性能强,土壤供肥缓慢,苗期发苗慢,适宜种植水稻。小麦、玉米、高粱、大豆、小豆、蚕豆等也可在偏黏的土壤中生长。

2. 土壤养分

土壤养分是作物生长发育以及产量和品质形成的物质基础。作物一般在肥沃的土壤上生长都表现良好,但在瘠薄土壤中生长减产程度有较大差异,有的不减产或者减产较轻,有的减产较多。耐瘠型作物大体上包括三类:一是具有共生固氮能力的豆科作物,如大豆、蚕豆、豌豆、花生等豆科作物以及苜蓿、三叶草等豆科牧草作物;二是根系强大,吸肥能力强的作物,如高粱、向日葵、荞麦、黑麦;三是根系吸收肥料较少或利用效率较高的作物,如糜子、大麦、燕麦等。喜肥型作物根系强大,吸肥多,要求土壤耕层深厚,供肥能力强,包括小麦、玉米、大麦、粳稻、杂交稻、蔬菜等,这类作物一般产量较高。中间型作物需肥幅度较宽,适应性广,在瘠薄的土壤上能生长,在肥沃的土壤上生长更好,如籼稻、粟、大麦等。

3. 土壤酸碱度与盐度

我国南方多酸性土壤,北方多石灰性土壤与盐渍化土壤。不同作物对土壤 pH 值的要求不同。宜酸性作物适宜在 pH 值为 5.5～6.0 的酸性土壤中生长,包括荞麦、燕麦、马铃薯、甘薯、油菜、烟草、黑麦、柑橘等。宜中性作物适宜在 pH 值为 6.2～6.9 的土壤中生长,包括小麦、大麦、玉米、花生、大豆、水稻、高粱等。宜碱性作物适宜在 pH>7.5 的土壤中生长,包括苜蓿、棉花、甜菜、草木樨、高粱、苕子等。作物对土壤盐度的忍耐性也有一定差异,向日葵、高粱、田菁、苜蓿、草木樨等作物耐盐性较强,棉花、甜菜、黑麦、油菜、黑豆等作物耐盐性中等,糜子、谷子、小麦、甘薯、燕麦、马铃薯等不耐盐或忌盐。

（五）作物对地势、地形的适应性

地势与地形改变了光热水土资源的分布,也改变了作物的分布。

1. 作物对地势的适应

地势主要指海拔高度。地势对作物布局的影响主要是地势影响了温度和降雨的再次分配,尤其是温度。一般来说,海拔每升高 100 m,平均温度降低 0.6 ℃,全年积温减少 150 ℃,降雨量也随海拔升高而增加。因此,随着地势的变化,作物结构也出现了明显的垂直地带性。随着海拔高度的升高,作物分布变化的一般规律是由喜温、生育期长的作物向喜凉、生育期短的作物过渡,由需水较多的作物向需水较少的作物过渡。例如,在我国北方,地势从低到高,作物的分布规律大致是:棉花→玉米→冬麦、谷糜→喜凉作物(油菜、豌豆、春小麦、青稞)→林地→草地→荒地。在南方的规律大致是:双季稻三熟制→双季稻、果树→亚热带作物(茶、竹、油茶)→常绿阔叶林→落叶阔叶林→草地。

2. 作物对地形的适应

在山区,地形起伏较大,对作物分布的影响也大。北坡亦被称为阴坡,一般宜生长耐寒、耐阴、喜湿的作物,如马铃薯、蚕豆、油菜、莜麦、甜菜等。南坡上部往往因干旱的原因植被生长较差,多为短草,下部则多为喜阳与喜暖的作物,如玉米、高粱、谷糜、大豆、甘薯、棉花等。树木则为喜阳的松、柳等,但在多雨湿润的南方,树木的生产在南坡反而优于北坡。在平原地区,农田小地形也有岗地、平地和洼地之分。虽然相对高度上只相差数米,但作物结构上却有明显的不同。

四、我国作物布局的演变与现状

（一）粮食作物布局

1. 概述

受人多地少与食物需求量大等的国情制约,粮食作物一直是我国种植业的主体。2005 年粮食播种面积为 1.042 78×10⁸ hm²,粮食总产量达 48 402 万 t,高居世界首位。但从作物结构的变动来看,随着商品经济的发展和社会需求的增加,效益较低的粮食作物在种植业中的比重逐年下降。粮食播种面积占农作物总播种面积的比重由 1952 年的 87.8% 降至 1978 年的 80.3%,再降到 2005 年的 67.1%,下降了 20 个百分点。

我国的粮食作物主要有水稻、小麦、玉米、甘薯、马铃薯、大豆及谷子、高粱等。不论是总产,还是种植面积,水稻、小麦、玉米在粮食作物中的地位都是举足轻重的。2005 年这三大粮食作物播种面积占粮食总播种面积的 74.8%,其总产量占粮食总产量的 86.2%。

从地区看,秦岭淮河以南、青藏高原以东的广大南方地区,以稻谷为主,兼有麦类、甘薯、玉米、豆类等;华北以冬小麦、玉米为主,兼有谷子、高粱、甘薯、大豆等;东北以玉米、大豆、高粱、谷子、春小麦为主;西北以春小麦、玉米、杂粮为主;青藏高原则以青稞、豌豆、春小麦为主。

2. 水稻

稻谷是我国最主要的粮食作物。2005 年产量达到 18 059 万 t,面积达到 $2.884\ 7\times10^7$ hm²,分别占粮食总产量和总播种面积的 37.3% 和 27.1%,位居粮食作物之首。从演变趋势看,1978～2005 年间,水稻播种面积持续减少,但其占粮食总播种面积的比重仍保持不变;产量波动较大,总体上略呈增长趋势,但占粮食总产量的比重下降较大,由 1978 年的 44.9% 降至 2005 年的 37.3%。

全国水稻主要分布于长江中下游、华南、西南及东北四大稻区。2003 年长江中下游地区水稻总产量为 8 000 万 t,华南区和西南区稳定在 3 000 万 t 左右,东北区接近 2 000 万 t。从各大区水稻产量占全国比例的变化情况来看,东北区近年来上升幅度较大,长江中下游区、华南区和西南区略有下降,其中广东、江苏、浙江等传统水稻生产大省总产量下降幅度较大。但总体上,全国水稻生产仍然保持以长江中下游区、华南区和西南区为主导的基本格局。

从季节上,我国稻谷分早稻、中稻(一季稻)和晚稻,种植面积分别约占稻谷总面积的 30%、40% 和 30%。大体上南方以籼稻为主,北方以粳稻为主。粳稻主要分布在江苏、黑龙江、辽宁、吉林、云南、安徽、浙江和河南等省,中籼稻主要分布在四川、安徽、湖北、贵州、湖南、云南和江苏等省。双季稻主要集中在湖南、江西、广东、广西、浙江、湖北、福建和安徽等省。

3. 小麦

2005 年全国小麦总产量为 9 745 万 t,播种面积 $2.279\ 3\times10^7$ hm²,分别占当年粮食总产的 20.1% 和粮食总面积的 21.9%。近 28 年来,全国小麦播种面积逐渐减少,其占粮食总面积的比重亦有所下降;总产量在波动中增长,占粮食总产的比重则呈上升趋势。

与稻谷相比,小麦生产的集中度低、分布范围广,主要分布在长江以北,其中华北区占有绝对重要的位置,总产量在全国的 50% 以上。主产省份有河南、山东、河北、安徽、江苏、四川和陕西等省,其中河南和山东是我国最主要的小麦产区。冬小麦和春小麦分别占小麦总播种面积的 84% 和 16%。冬小麦主要分布于华北平原、黄淮和长江流域;春小麦主要分布于长城以北的寒冷地带,甘肃、新疆、西藏等地既有春小麦又有冬小麦。

4. 玉米

2005 年全国玉米总产量达到 13 937 万 t,播种面积 $2.635\ 8\times10^7$ hm²,分别占当年粮食总产量的 28.8% 和总面积的 25.3%,均已超过小麦。1978～2005 年期间,种植面积和产量均保持强劲增长势头。与 1978 年相比,玉米种植面积占粮食总面积的比重增加了 10%,产量比重增加了 8.9%。畜牧业的发展,以及杂交玉米、地膜覆盖玉米技术的推广,促进了我国玉米的大力发展。

我国玉米主要分布在东北和华北地区,主产省份有吉林、山东、辽宁、河北、内蒙古、黑龙江和河南等。按类型划分为北方春播玉米、黄淮海平原夏播玉米和南方山地丘陵玉米三大种植带区,其播种面积分别占玉米总面积的 30%、40% 和 30%。

5. 豆类作物

豆类作物(以大豆为主)2005 年产量为 2 158 万 t,面积 1 290.1 万 hm²,分别占粮食总产量的 4.5% 和粮食总面积的 12.3%。东北松辽平原和黄淮海是我国大豆的两大主产区,两区内的黑龙江、吉林、内蒙古、山东、安徽和河南 6 省区集中了全国大豆播种面积的 62%。

从总产和面积来看,东北区尤其是黑龙江省,占有绝对重要地位,且比例呈上升趋势。随着经济发展和生活水平的提高,大豆食品及豆制品、豆油消费的增长以及饲料工业对豆粕需求的增加,都导致大豆需求的迅速增长。近年来,我国大豆年需求量约为 4 000 万 t,但国内产量仅在 1 600 万 t 左右徘徊,巨大的供求缺口造成大豆进口激增,2005 年进口量已突破 2 600万 t。

6. 其他

薯类作物(马铃薯和甘薯)2005 年产量为 3 469 万 t,面积 $9.503×10^6$ hm²,占粮食总产量和总面积的比重分别为 7.2% 和 9.1%。种植面积呈下降趋势,产量稳中有升,在粮食总产量中的比重降低。谷子、高粱、大麦、荞麦、青稞等杂粮作物,在我国西北、东北和华北等地还有一定的种植面积,分布较广。

(二)工业原料作物布局

经济作物具有技术性强、投入高、经济收益好、商品率高、专业性强、布局较为集中等特点。随着市场经济的发展和社会需求的增加,各类经济作物均有很大的发展,成倍或十几倍的增长。

1. 油料作物

我国油料作物包括花生、油菜、向日葵、芝麻、胡麻等,其中以花生和油菜所占比重最大。2005 年,全国油料作物面积达 $1.431 8×10^7$ hm²,占农作物总面积的 9.2%,其中油菜和花生面积分别占油料作物面积的 50.8% 和 32.6%;油料总产量达 3 078 万 t,其中花生约占 46%,油菜籽约占 42%。1978~2005 年间,油料作物播种面积持续增长,扩大了 1 倍多,而产量增长势头更猛,增加了 5 倍多。

花生主产地是山东、河南、河北和广东等。油菜可分为冬油菜和春油菜,冬油菜面积占全国面积的 90%,主要分布在湖北、安徽、江西、浙江、四川、湖南、江苏等省;春油菜主要分布在青海、新疆、内蒙古、甘肃等省、自治区。芝麻集中于河南、湖北和安徽。向日葵分布在东北和内蒙古。胡麻主产于西北和辽宁。

2. 纤维作物

2005 年棉花种植规模为 $5.062×10^6$ hm²,占农作物总面积的 3.3%,总产为 570 万 t。20 世纪 80 年代初期,棉花产量大幅度增长,1984 年总产量达到 625.8 万 t,达历史最高水平。此后棉花播种面积和产量一直处于波动之中,受市场和收购价格的影响较大。棉花产区集中于黄淮海平原、长江中下游及新疆地区,其中以山东、河北、河南、江苏、湖北和新疆为主要产区。麻类作物 2005 年种植面积为 $0.335×10^6$ hm²,占农作物总面积的 0.2%,呈缩减状态,较最大规模时减少 3 成多。苎麻主要分布在长江流域,亚麻主要分布在东北和西北等地区。

3. 糖料作物

2005 年全国糖料作物面积 $1.564×10^6$ hm²,占农作物总面积的 1.0%。糖料总产量为 9 551万 t,其中甘蔗产量 8 664 万 t,甜菜产量 788 万 t。与 1978 年相比,糖料作物面积扩大了约 1 倍,产量增加约 3 倍,其中甘蔗增长较快,而甜菜前期持续增长、后期下降较多。甘蔗主产区集中于华南各省和西南的部分地区。甜菜主要分布于东北和内蒙古。

4. 其他

2005 年全国烟草种植面积 $1.363×10^6$ hm²,占农作物总面积的 0.9%。烟草主要分布在河南、山东、云南和贵州等。茶叶集中分布于长江流域。桑蚕主要在杭嘉湖平原。橡胶集中于海南和云南的西双版纳。

（三）蔬菜果品布局

1. 蔬菜

近20多年来，随着经济的发展和人民生活水平的不断提高，我国蔬菜生产发展迅猛。2005年播种面积达 $1.774\ 1\times10^7\ hm^2$，占我国农作物总面积的11.4%，总产量达5.5亿t，约占世界总产量的66%，总产值超过3 100亿元。2004年和2005年，我国蔬菜出口总量均突破600万t大关。与1978年相比，蔬菜面积扩大了4.3倍，产量增加了5.7倍。我国蔬菜生产成本低，市场价格远低于发达国家，是加入世贸组织后的优势农产品之一。但目前我国蔬菜的国际竞争力仅停留在价格上，在品种、产后处理和安全性等方面与发达国家还存在一定的差距，应大力发展无公害、无污染的绿色蔬菜基地，充分提高国内蔬菜的加工水平和商品品质。

我国蔬菜主产区主要分布在东、中部省份，特别是河北、山东和河南等省。商品菜基地集中于大城市和沿海发达地区，大多具备良好的市场区位条件。这与蔬菜产品的新鲜程度对价格影响很大直接有关。我国蔬菜生产整体格局已经开始随着比较利益选择和区域比较优势的变化而改变，蔬菜产区更加趋于集中布局，并逐步向规模化、设施化、产业化、区域化方向发展。

2. 果品

改革开放以来，我国果园面积快速增长。1978年全国果园面积仅有 $1.657\times10^6\ hm^2$，2005年迅速增至 $1.003\ 5\times10^7\ hm^2$，扩大5倍之多，目前占农作物总面积的6.5%；同时，果品产量也由657万t上升到16 120万t，增长了23倍之多，成为发展速度最快的一类作物。水果出口金额已超过农产品出口总额的一半以上。我国果品出口量虽逐年增长，但由于果园生产方式落后，水果的外观质量和内在品质普遍都不高，消费市场主要在国内，发展潜力很大。

果树的合理布局较其他作物显得更为重要，因为果树是多年生作物，一种就是几十年，故应将果树配置于生态最适区和适宜区。交通运输与贮藏加工是影响果树布局的重要因素。一般鲜果和浆果要种植在离市场近一些或是便于运输的地方，干果（核桃、板栗、杏仁等）则可远一些或分布于山区。

我国水果资源丰富，在生产上栽培的果树树种有30多种，规模较大的有苹果、柑橘、梨、香蕉和葡萄等。苹果、梨、葡萄、桃、杏、板栗、柿、枣等温带水果主要分布在北方，主产区为黄淮海平原和辽东半岛；柑橘、香蕉、菠萝、龙眼、荔枝、杨梅、枇杷等亚热带水果盛产于华南和长江流域。

（四）饲料绿肥作物布局

我国素以种植业为主，畜牧业产值所占比重较小，畜牧业所需饲料以农副产品为主（玉米、甘薯、糠、麸、饼、秸秆等），粮饲不分，专用饲料作物极少。近年来，随着经济发展和人民生活水平的提高，畜产品需求量大幅增加，畜牧业比重逐步增加，带动了饲料作物的生产。2005年全国饲料、绿肥面积为 $7.308\times10^6\ hm^2$，占农作物总播种面积的4.7%，其中青饲料作物为 $3.421\times10^6\ hm^2$，占农业作物总面积的比重为2.2%。当前我国畜牧业总产值已突破1.3万亿元，占农业总产值的比重由1978年的15%上升到34%，上升了19个百分点，2010年预计还将增长到 40%。可见,畜牧业已成为我国农村经济的支柱产业和农民增收的重要途径。

目前主要的饲料绿肥作物有紫云英和苜蓿。除此之外,可作为青饲料的作物有:豆科饲料绿肥作物,如金花菜、三叶草、毛苕子、草木樨等;禾本科栽培饲草,如多年生黑麦草、鸭茅草、羊草等;根茎类和瓜类作物,如胡萝卜、饲用甜菜、芜青、甘蓝、甘薯等;水生饲料作物,如水浮莲、水葫芦、水花生、绿萍等;青割青贮饲料作物,如玉米、高粱、大豆、大麦、甘薯、燕麦等。

五、农业区域结构调整

作物布局是农业生产结构和布局的中心环节,区域农业生产结构调整和布局的方向决定着区域作物布局的方向。农业生产有很强的区域适应性,区域比较优势是客观存在的,只有因地制宜地推进区域化布局、专业化生产及产业化经营,才能增强农产品的国内和国际市场竞争力,减少趋同性,扬长避短,充分发挥区域比较优势。

(一)沿海经济发达区

沿海经济发达地区包括长江三角洲经济区、环渤海经济区和南部沿海经济区。这里是我国人口密集、耕地资源短缺、水热条件良好、科技发达、经济实力雄厚、毗邻港澳台及日、韩和东南亚等各国、区位优势明显、有利于发展高科技现代化农业和外向型农业的区域。

该区域农业结构调整方向:面向国内、国外两大市场和资源,发挥区位、资金和技术等优势,创建资金、技术和劳动集约型的优质化高效农业生产系统。加大农业结构调整力度,大力发展资本和技术密集型农产品生产,加快农产品生产的标准化和产业化进程,进一步提高农产品加工深度。着力发展以标准化、优质化、规模化为重点的名特优新蔬菜、水果、花卉、苗木等园艺产业;以设施化养殖为重点的优质、多样化畜产品和名特优水产品为主的养殖业;以加快农业高新技术成果转化为重点的现代生物技术产业;以提高附加值为重点的农产品加工业,建设规模化、高标准的农产品出口创汇基地,实现农业现代化经营,率先基本实现农业现代化。

(二)中部粮棉油主产区

中部粮棉油主产区包括东北玉米、大豆、水稻主产区,黄淮海小麦、玉米、棉花主产区,长江中下游水稻、小麦、油菜籽主产区和新疆绿洲棉花产区,是我国大宗农产品的集中产区,其中粮、棉、油产量分别占全国粮、棉、油总产量的 62.3%、94.5% 和 71.2%。这里是我国农业的精华地带,区内平原面积广,光、热、水、土条件组合好,农业生产基础较好,具有发展粮、棉、油等大宗农产品的明显优势。

该区域农业结构调整方向:一是在稳定提高粮、棉、油等大宗农产品的综合生产能力,强化国家级大宗农产品商品生产基地建设,以确保全国大宗农产品市场稳定的基础上,大力调整粮食品种和品质结构,压缩普通品种,发展适应加工需求的优质、专用品种和无公害农产品,提高农产品质量和竞争力。二是立足粮食优势,大力发展规模化养殖,建成全国最大的畜产品生产基地,促进粮食转化增值和农民增收。充分利用农区丰富的粮食和农作物秸秆资源,并大力发展饲料作物,促进粮、经、饲三元种植结构的真正形成,实行农牧结合。调整畜牧品种结构,积极发展草食型畜牧业。三是立足粮食和畜产品优势,大力培育农副产品加工龙头企业,推进农业产业化经营。发展农产品加工业,可以促进粮食转化,延长产业链条,增加后续效益。

（三）大城市郊区

大城市郊区临近城市居民和流动人口组成的巨大消费市场,市场区位优势明显,并具有良好的水、电、路等基础设施,有较强的科技支撑能力和较高的信息服务水平,有城市政府的强有力的扶持,有多样化的社会投资渠道,这一切均有利于大城市郊区现代化农业的发展。

其农业发展的方向是面向城市巨大的消费市场,以服务城市为中心,向高效、优质、安全、生态、休闲、观光旅游的农业方向,建设现代化都市新型农业。该区域农业结构调整重点:一是提高农产品质量安全水平。大力发展无公害农产品、绿色食品和有机食品,建立优质安全农产品生产基地,搞好农产品的分级、加工、包装、贮藏和运输,积极发展集中配送、连锁经营等现代化营销方式。二是完善农产品市场和信息服务体系。加强农产品批发市场和信息服务基础设施建设,把城市郊区建设成农产品和市场信息集散中心。三是大力发展设施农业。引进推广适宜设施栽培的优良品种和配套技术,加强农业生产标准化综合示范区建设,提高农业科技含量和附加值。四是以美化环境为重点,积极推进生态农业与休闲观光旅游农业的发展。发挥农业在教育、观光、生态等方面的功能,开展科技示范园区建设,并为大城市提供绿色生态屏障。

（四）西部生态脆弱区

西部生态脆弱区是指生态环境十分脆弱,农业与农村经济较为落后的西部地区,包括西北地区、西南地区和青藏高原三大区域。该区具有土地资源丰富、光照强、温差大、环境污染轻等特点,有利于发展特色农产品、优质农产品和草地畜牧业的生产。但西部地区干旱缺水,农业生产水平较低、土地质量退化等环境问题突出,再加上经济落后、交通和通讯不便,给农业发展带来了诸多不利因素。

鉴于此,该区域农业发展的方向应是依据当地生态环境实际情况,围绕生态建设与增加农民收入两大主题,结合退耕还林、还草、还湖,大力发展节水农业、生态农业和特色农业,切实提高牧区畜牧业发展水平,把保护和建设生态环境与增加农民收入结合起来,实现社会效益、经济效益和生态效益的协调发展。该区域农业结构调整重点为:一是强化基本农田和人工草地建设,以提高土地承载力,推动退耕、退牧和围栏限牧工程的顺利实施,加快退耕还林、还草、还湖步伐。二是大力发展优质棉花、糖料、水果、蔬菜、花卉、中药材、牧草、烟叶、茶叶、蚕桑、脱毒种薯和名特优水产品等具有传统优势的农产品生产,建设专业化、规模化的特色农产品生产基地。三是大力发展特色农产品加工业和畜产品加工业,把特色初级产品变为特色加工产品,增加附加值,形成区域经济支柱和独具特色的农产品加工体系。发展集约化草食性畜牧业,减轻对粮食的需求压力。

第二节　复　　种

一、复种及其有关概念

1. 复种

复种(sequential cropping)是指在同一田地上一年内种植或收获两季或两季以上作物的种植方式。它是一项在我国具有悠久历史的优良传统农业技术,通过时间上的集约化种植,显著提高土地资源的利用率。根据一年内同一田地上种植作物的季数,把一年种植一季作物称为一年一熟;一年种植两季作物,称为一年两熟,如冬小麦—夏玉米;一年种植三季作物,称为一年三熟,如油菜—早稻—晚稻;两年种植三季作物,称为两年三熟,如春玉米→冬小麦—大豆(符号"—"表示年内接茬种植,"→"表示年间接茬种植)。

复种的方法主要有两种:一种是在上季作物收获后直接播种或移栽下季作物,如小麦收获后接茬直播玉米,表示为小麦—玉米;另一种是在上季作物收获前,将下季作物套种在上季作物的株、行间,如小麦收获前10~20天左右,在其预留套种行中播种玉米,表示为小麦/玉米。此外,一些作物还可以在产品收获后将留在茬地上的地下茎或茎基部上的芽培育成新的一季作物,称为再生复种,如再生稻、宿根蔗等。

2. 复种指数

大面积耕地复种程度的高低,通常用复种指数(cropping index)来衡量,即一个地区或生产单位的全年作物收获总面积占耕地面积的百分比。公式为:

$$耕地复种指数(\%)=\frac{全年作物总收获面积}{耕地面积}\times100\%$$

式中,"全年作物总收获面积"通常包括绿肥、饲料作物的收获面积在内。注意:间作和混作不计入复种,因此不能提高复种指数。

3. 多熟种植

国际上常用多熟种植(multiple cropping)表示时间上和空间上的集约化种植。凡在一年内,于同一田地上前后或同时种植两季或两季以上作物的种植方式,都称为多熟种植。它既包括单作多熟种植(复种和套作),也包括多作多熟种植(间作和混作)。

4. 休闲

休闲(fallow)是指耕地在可种作物的季节只耕不种或不耕不种的方式。根据休闲期的季节分布,休闲可分为冬闲、夏闲、秋闲及全年休闲等类型。耕地休闲的目的一般是为了使耕地获得短暂休息,减少水分、养分的消耗,并蓄积雨水,促进土壤潜在养分的转化。但休闲不利于光、热、水、土等资源的充分利用,同时,土地裸露易加剧水土流失,干旱地区还易加剧水分蒸发损失。因此,休闲面积正在逐渐减少。

二、复种的意义

(一)有利于增加播种面积与作物年产量

与一熟制相比,合理的复种通过提高对光、热、水等气候资源的利用效率,集约利用时间和土地,提高年光能利用率,达到在有限的耕地上实现作物高产稳产和多种经营的目的。我国农业现代化水平低于美国,耕地少于美国,但我们以 1.3×10^8 hm^2 的耕地生产的粮食超过美国 1.9×10^8 hm^2 耕地生产的粮食,其原因就是我国复种指数高。长期的生产实践证明,复种是我国提高农业集约化经营与粮食年单产水平的重要途径。2001 年与 1949 年相比,我国复种指数从 131% 提高到 160.4%,增加了 29.4%;因复种而增加的作物播种面积达 2 946.9 万 hm^2。占全国 70% 以上的粮食作物、经济作物是由复种地区生产的。可见,对人口与耕地矛盾十分突出的我国来说,复种的重要性是不言而喻的。

今后我国人口将进一步增长,预计 2030 年将达到 16 亿左右,粮食总产量要达到 6.4 亿 t 才能满足基本需求,而耕地面积减少的趋势不可逆转,2005 年人均耕地面积下降到 0.093 hm^2。因此,实行合理复种,扩大播种面积,是解决耕地与人口矛盾行之有效的方法。

(二)有利于缓和各类作物争地矛盾,促进全面增产

种植业生产的目的是为了满足社会对粮、棉、油、糖、菜、果、饲等各种作物产品的需求。

而我国耕地资源匮乏,作物间的争地矛盾不可避免。合理发展复种,提高复种指数,扩大复种面积,有利于粮食作物、工业原料作物、蔬菜瓜类及绿肥饲料作物的全面发展。北方一熟春棉、一熟春烟与粮食作物争地矛盾大,改为麦棉套作和麦烟套作两熟后,可获得粮经双丰收。广东地区目前推广的黑麦草—水稻农牧结合模式,在保证水稻高产优质的同时,生产大量优质青饲料,有效解决了南方农区冬春季节畜牧业和水产养殖业青饲料紧缺的问题。大田作物中复种插入蔬菜、瓜类、中药材等,既满足多种需求,又促进经济效益的提高。

（三）有利于稳产抗灾

我国是季风气候,旱涝灾害频繁,复种有利于作物产量互补。"夏粮损失秋粮补",复种可增强全年产量的稳定性。缓坡地上的复种还可以增加地面覆盖,减少水土流失。

三、复种效益原理

（一）集约利用光能资源

提高光能利用率是提高作物产量的中心问题。太阳光能一年四季不断投向大地,但在作物生长过程中,由于漏射、反射、非光合器官截获等生理和生态多种因素的制约,实际大田作物的光能利用率平均不超过 1%。一季作物的生长期一般只有 4～7 个月,而苗期株小叶短,成熟期叶老黄枯,具有高叶面积的生育盛期一般仅 2 个月左右。因此,一年一熟全年有效利用光能的时间短,光能利用率低,特别是生长季节长的地区,光合时间浪费更严重。如长江流域地区,一年种植一季水稻,全生育期一般为 150～180 天左右,其最适叶面积系数时期约为 100 天,即在单季稻中有 1/3～2/5 生长季节的光能资源不能很好利用。而通过复种,改一季稻为麦稻或双季稻两熟,乃至两熟改三熟,光能有效利用时间大大增加,可使光能利用率显著提高。湖南长沙地区不同熟制资料比较说明（见表 6-2）,三熟比一熟生长期延长生育期 273 天,光能利用率由 0.73% 提高到 1.50%～1.71%。

表 6-2　　　　湖南长沙地区不同熟制的生育期与光能利用率（邹超亚,1988）

熟制	复种组合	全生育天数	经济产量/kg·亩$^{-1}$	生物产量/kg·亩$^{-1}$	光能利用率/%
一熟	中稻	148	620	1 302	0.73
二熟	早稻—晚稻	230	953	1 957	1.08
二熟	春玉米—晚稻	257	1 096	2 565	1.48
三熟	大麦—早稻—晚稻	421	1 270	2 693	1.50
三熟	大麦—玉米—晚稻	421	1 306	2 914	1.71

复种并非在任何情况下都能提高光能利用率,复种只有在一定的叶面积系数基础上才能发挥作用。而叶面积系数的大小与水、肥、劳力、机械等多种生产条件有关,只有在这些条件的配合下,才能保证复种增产效果。一般情况下,生产水平低时,复种效果差,随着生产水平的提高,复种的效果越明显。

（二）集约利用热量资源

要延长光合时间,提高光能利用率,首先必须有一定的热量资源作保证。热量资源可以用生长季节的长短或积温的多少来表示。一年一熟利用的生长季节或积温有限,复种能提高生长季节的利用率。如长江流域,水稻一熟制利用生长季 150～180 天,只利用了全年生长季的 40%～50%;小麦—早稻一年两熟可利用 330～350 天,生长季利用率为 90%～

95％；油菜—早稻—晚稻可利用 450～470 天，生长季利用率提高到 123％～128％。在复种季节较紧的地区，要尽可能压缩农耗期，延长作物利用的有效生长期。运用移栽、套作、地膜覆盖等技术，可缩短农耗期，进一步提高热量资源利用率。

（三）集约利用水分资源

我国是季风气候，夏季雨水多于冬季，夏半年（春分至秋分）雨水约占全年的 78.5％，冬半年（秋分至春分）只占 21.5％。我国复种形式是夏季种植需水量较大的作物，如水稻和玉米，冬季种植需水量较小的作物，如冬小麦和油菜。与一年一熟相比，一年两熟几乎增加了一倍的耗水量，因而充分利用了我国湿润与半湿润区的降水或灌溉水资源。而且我国降水的地带分布与季节分配和热量分配基本一致，由北向南递增，雨热同季，十分有利于复种。

除以上光、热、水资源外，复种还增加了对肥力、劳畜力、机械等社会资源的集约利用。复种增加了作物的种植次数，也相应增加了肥力、劳畜力、机械等资源的利用强度和次数，提高了社会经济资源的利用率。

四、复种实现的条件

一定的复种方式要与一定的自然条件、生产条件与技术水平相适应。影响复种的自然条件主要是热量和降水量，生产条件主要是劳畜力、机械、水利设施、肥料等。

（一）热量条件

热量条件是决定一个地区能否复种和复种程度的首要条件。判断复种程度的方法通常有以下两种。

1. 积温法

每一作物从播种到收获要求一定的积温，每一种复种方式也要求一定的积温（见表6-3）。以≥10 ℃积温为指标，低于 3 600 ℃为一年一熟，3 600～5 000 ℃可以一年二熟，5 000 ℃以上可以一年三熟。以≥0 ℃积温作指标，一熟区低于 4 000 ℃，二熟区为 4 000～5 800 ℃，三熟区为 5 800 ℃以上。

表 6-3　　　　　　　　　　不同复种方式需要的积温　　　　　　　　　　　　℃

复种方式	≥10 ℃积温	≥0 ℃积温
小麦—谷糜	>3 000	>3 400
小麦—玉米	>4 100	>4 500
小麦—大豆	>4 200～4 500	>4 500
小麦—水稻	>4 100	>4 500
小麦—棉花	>4 400	>4 800
小麦—甘薯	>4 500	>4 900
稻—稻	>4 700	>4 900
绿肥—稻—稻	>4 700	>5 000
油菜—稻—稻	4 900～5 200	>5 500
绿肥—稻—稻	>5 000	>5 600

一种复种方式所需的总积温不仅是组成这种方式的各作物所需的积温之和，而且还要根据复种方法进行必要的增减。若采用接茬复种，需加上农耗期（前作物收后到后作物种植

前)的积温;若采用套作复种,则需扣除套作共生期积温;采用移栽复种,还需扣除苗床期或秧田期积温。由于积温年际间的不稳定性,在考虑当地能否采用某复种方式时,还需要计算其积温保证率,最好能达到90%以上。

2.生长期法

可以用无霜期表示生长期。一般无霜期140~150天为一年一熟区;150~250天为一年两熟区;250天以上为一年三熟区。也可以常用≥10 ℃的日数表示生长期,160~180天以下为一年一熟区,复种很少;180~240天为一年二熟区;240天以上为一年三熟区。

在实际确定熟制时,为了稳妥起见,常将积温、生长期以及界限温度结合起来考虑。如棉花需要≥10 ℃积温4 100 ℃,但昆明积温达到4 490 ℃亦不能种植棉花,因棉花低于20 ℃不能结铃,昆明最热月仅有19.8 ℃。

(二)水分条件

一个地区在具备了复种的热量条件后,能否复种以及复种程度高低和复种效果的好坏,还要看水分条件的满足程度。水分条件包括降水量、降水季节分布和灌溉条件。在缺乏灌溉条件的地区,首先要看降水总量能否满足复种方式的需求。复种使一年内种植作物的次数增加,耗水量相应增大。但因复种前后季作物有共同使用水分的时期,复种所需的总水分量往往少于组成这种复种方式的各作物所需水分之和。如小麦—玉米两熟需要700~900 mm降水,水稻—小麦两熟需要约1 000~1 200 mm降水,长江流域双季稻需水1 130~1 350 mm。

降水总量充足,但若过分集中,则往往出现季节性干旱,影响复种程度和效果。在降水量不够和季节性干旱的地区,复种需要有良好的灌溉条件作为保证。在一些干旱和半干旱地区,没有灌溉就没有农业,更谈不上复种了。所以搞好农田基本建设,兴修水利,是保证扩大复种的根本措施之一。

(三)生产条件

复种指数提高后,为保证土壤营养平衡,必须地力充足或增加肥料投入。作物生长期间,根系从土壤中吸收大量养分,随着作物产品的收获,大部分养分被带离土壤。复种程度越高,种植的作物季数越多,土壤养分亏缺就越多,因此,土壤需要补充的养分也就越多。否则会出现"三三得九,不如二五得十"的效果,多种并不能多收。多熟复种增加了经济产量,也相应增加了秸秆的产量,另外,实行秸秆还田可以有效地提高土壤有机质,增肥地力。

复种是时间上的集约化生产,作物种植次数增多,用工量增大,农活集中,必须有充足的劳畜力和机械化条件作为保障。目前我国一些热量和水肥条件较好的南方地区,复种指数有所下降,这与劳动力转移造成的农村劳动力不足有很大关系。

(四)经济效益

在市场经济下,经济效益的高低往往成为复种方式成败的关键因素。种植业生产的目标已由过去的单纯追求产量转向重视质量与效益。生产上,一些粮食年产量较高,但经济效益较低的种植模式被逐步淘汰。只有那些产品适应社会需求、经济效益高的复种模式,才能稳定、自动地发展。复种提高经济效益的途径主要有两个方面:一是在复种方式中引入比较效益较高的作物,如蔬菜、瓜类、工业原料作物等;二是提高复种的集约化程度,即增加物质和技术投入,并降低成本,提高单位面积产出量,相应地增加纯收益。

目前在广东、浙江等热量、水分条件适合发展三熟制的地区,小麦、油菜与双季稻三熟制由于经济效益较低,面积逐渐缩小,而收益较高的粮菜三熟和粮菜两熟面积逐渐扩大。据调查,2002 年浙江台州市三粮复种(主要为大、小麦—早稻—晚稻)每公顷纯收入平均只有 7 748 元,而两粮一菜(双季稻与一季冬菜)和一粮一菜(以一季晚稻与一季设施瓜菜为主)复种方式的纯收入分别达到 36 752 元和 79 823 元。因此后两种方式在当地所占比例分别为 20%和 37%,而三粮复种方式仅占 8%。

五、提高复种指数的技术途径

复种是一种时间集约、空间集约、投入集约、技术集约的高度集约化经营,在农业技术上需要解决各季作物在季节、肥水、劳畜力、机械化、病虫等方面的矛盾,争取季季高产,全年高产。

(一)作物组合与品种搭配技术

明确当地主导作物,在主导作物收获后根据剩余的生长季长短或积温的多少,选择复种的作物类型及品种。对于生长季节比较充裕的地区,作物种类的选择余地较大,可根据其产量、效益等而定,一般可种生育期稍长的作物和中晚熟品种,发挥产量潜力。对于生长季节比较短的,应尽量选择短生育期作物或早熟高产品种。如华北、西北以小麦为主导作物的地区,小麦收后还有 70~100 天的夏闲季节,65~70 天的可复种荞麦、糜子,75~85 天的可复种早熟大豆、谷子、绿肥、速生蔬菜、油葵等,85 天以上的可复种早熟玉米、蔬菜,110 天的可复种中熟玉米,还有萝卜、大白菜、马铃薯等秋菜。

南方双季稻区,根据双季稻收获后所余热量来选配作物或品种组合。热量富裕区选用小麦为冬作,热量较紧张区选择生育期稍短或较短的大麦、蚕豆、马铃薯等作物,此外,还可复种收获期弹性大的蔬菜、绿肥等作物。生长季节紧张地区可通过选育和采用早熟高产品种的方法缓解热量的矛盾,如我国双季稻面积的扩大与水稻早熟矮秆高产品种的培育分不开。

(二)采用育苗移栽技术

育苗移栽是克服复种生长季节矛盾、节约热量的最简便方法。例如,水稻的秧田期一般为 30~50 天,采用育苗移栽就可争取本田期 600~1 000 ℃的积温,如果是双季稻则可争取更多的有效积温。两季移栽可使原本热量不足的地区得以稳定发展双季稻三熟制。除水稻外,移栽技术还广泛运用在甘薯、棉花、烟草、油菜、玉米、高粱、麻类、甘蔗、马铃薯、蔬菜等多种作物上。

为了增加苗期积温利用和减少移栽的返青期积温浪费,各地复种中还广泛采用了各种有效的育苗技术,如温室育秧、地膜育秧、酿热温床育秧、两段育秧、营养钵育苗及塑料软盘育苗等。例如,在江苏沿江地区的麦/玉米—水稻三熟模式中,不仅水稻采用塑盘中苗抛栽育苗移栽,节省生长期,而且玉米也采用了两段覆膜营养钵育苗移栽技术,实现了玉米的显著增产和早熟早上市(鲜食),保证了该模式的高产量和高效益。

(三)运用套作技术

套作是解决复种生长季节矛盾、提高复种程度和效果的又一重要方法。套作就是在前作物收获前 20~40 天在其行间套播或套栽后作物。如麦田套作棉花、玉米、花生、烟草、马铃薯等,使北方一熟有余、两熟不足的地区显著提高了复种指数。四川丘陵旱地全年热量两熟有余三熟不足,采用小麦、玉米、甘薯三茬作物连环套作,共可争取近 100 天的生长期,实现一年三熟,增产增收。套作应用于一年两熟或三熟但热量、农事紧张的地区,还有利于保证作物生育期,能够选用生育期较长、增产潜力较大的中、晚熟品种,增加产量。

（四）促早播早发和早熟技术

地膜覆盖、小拱棚双膜覆盖可以提高显著地温,抑制土壤水分蒸发损失,保证早春作物的早播早发,促进作物的生长发育和提早成熟,为后作物早播创造有利条件。如地膜的运用可使玉米成熟期提早 7～10 天。在棉花、烟草、玉米等作物上运用植物化控技术也可发挥明显的促早熟效果。此外,机械化播种、免耕或少耕播种技术等也是减少农耗期、充分利用生长季的行之有效的方法,有利于复种质量的保证和复种程度的提高。例如,近年来,江苏省在稻麦两熟地区大力推广麦秸全量机械还田免耕抛秧技术体系。它是由多个单项技术配套集成的新型轻简栽培技术,小麦秸秆全量机械还田,麦田不经翻耕犁耙,直接进行水稻抛秧,大大减轻了劳动强度,缓解农忙矛盾,具有显著的省工、节本、增效、环保等优点,从而有效地促进了稻麦两熟制的稳定发展。

六、我国主要复种方式

我国大部分地区可复种,仅除≥0 ℃积温小于 4 000～4 200 ℃的寒温带和中温带地区,包括青藏高原全部、山西、陕西、甘肃、宁夏、青海、黑龙江等省的部分地区。

（一）两年三熟

两年三熟是指在同一块地上两年内收获三季作物,是一年一熟与一年两熟的过渡类型。其主要分布于暖温带北部一季有余二季不足、≥10 ℃积温在 3 000～3 500 ℃的地区。目前,两年三熟在晋东南、豫西山区及鲁东丘陵和鲁中南山区、陇东及渭北平原有分布。其主要形式有:春玉米→冬小麦—夏大豆(夏甘薯);冬小麦—夏大豆→冬小麦;春甘薯→小麦或大麦—夏芝麻或夏大豆或夏花生;小麦→小麦—夏玉米等。

（二）一年两熟

1. 麦田两熟

≥10 ℃积温在 3 500～4 500 ℃的暖温带是旱作一年两熟制的主要分布区域,如黄淮海平原、汾渭谷地。暖温带的冬小麦种植区以麦田两熟为主,其中小麦—玉米面积最大,其次为小麦与大豆、花生、棉花、甘薯、烤烟等组成的多种复种形式。小麦玉米两熟主要分布于黄淮海地区以及鄂西北、川东、湘西、贵州等地。在黄淮海地区这两种作物都有较好的生态适应性,二者复种高产、互补效益好,注意夏玉米对播期要求严格,早播显著增产,故要力争早播。小麦大豆两熟主要分布于黄淮海平原与江淮丘陵的大豆集中产区。大豆生育期较短,后期比玉米较耐低温,所以能适应比小麦玉米两熟热量略低的气候。小麦棉花两熟占全国棉田的 70% 左右,棉花生育期较长,麦棉两熟需积温较多,≥10 ℃积温最低在 4 000～4 500 ℃,一般要求在 5 500～6 200 ℃。小麦花生两熟分布在花生主产区的黄淮海平原。小麦甘薯两熟主要分布在水肥条件和热量条件较好的旱地或丘陵坡地上。

2. 稻田两熟

以麦稻两熟为代表,集中分布于≥10 ℃积温在 4 500～5 200 ℃的北亚热带地区,如江淮丘陵平原与西南地区汉中盆地的水田,这一地区的旱地仍以麦(油菜)—玉米、麦—甘薯、麦—棉两熟为主。麦稻两熟方式中单季稻生长季较充裕,可选用生育期较长的品种,增产潜力大,并省工节本。此外,还有大麦、油菜、蚕豆等其他冬作与单季稻构成的两熟方式。在西南山区、广西山区还有一定面积的马铃薯水稻两熟分布。

（三）一年三熟

一年三熟主要是稻田三熟制,稻田三熟是以双季稻为基础的三熟制,主要分布在中亚热带以南的湿润气候区域,北亚热带有少量分布。

1. 冬作双季稻三熟制

包括麦—稻—稻、油菜—稻—稻、蚕豆—稻—稻等形式,分布在上海、浙江、江西、湖南、湖北、皖南、苏南及华南各省。小麦(或大麦、元麦)—双季稻是冬作双季稻三熟制的主要形式,主要分布于浙江杭嘉湖、宁绍地区、上海市。湖南、湖北、江西、福建、广东均有一定比例的种植。这种形式对生长季节利用较充分,全生育期在长江流域445～450天,通过两季秧田能多利用75～80天的生育期,但为了保证复种效果,对秧龄、栽插期及大田管理等要求比较严格。同时,粮食生产潜力大,对肥水条件要求高,需加强养地,实行水旱轮作,三年插入一季冬绿肥。蚕豆稻稻和绿肥稻稻是养地的好形式,年间与麦稻稻、油稻稻轮作。马铃薯双季稻和冬菜双季稻由于经济效益好,近年来面积增加较快。

2. 两旱一水三熟制

在热量条件可满足三熟制的地区,由于水源的限制,或为调整饲料结构的需要,常采用两旱一水三熟制。如小麦—玉米—水稻(皖南、四川、苏南、湖南)、小麦—大豆或花生—稻(福建、广东)、小麦—稻—花生(福建、广东)。

3. 热三熟制

主要分布在≥10℃积温7 000℃以上的南亚热带地区,包括闽南、粤中南、桂南、滇西南和台湾省,冬季已无霜,可种植冬甘薯、冬花生,形成甘薯—稻—稻、花生—稻—稻等全为喜温作物的三熟制。

第三节 间 套 作

一、间套作及其有关概念

1. 间作(intercropping)

指在同一田地上于同一生长期内,分行或分带(多行)相间种植两种或两种以上作物的种植方式。如每隔1行玉米种植1行甘薯即为分行间作,每隔2行玉米种植3行大豆为分带间作。与分行间作相比,分带间作更便于田间农事操作管理,有利于机械化或半机械化作业,提高劳动生产率。

农作物与多年生木本作物(植物)相间种植,也称为间作。农作物包括粮食、工业原料、饲料、绿肥、蔬菜、花卉及药材等作物;木本植物包括林木、果树、桑树、茶树等。以农作物为主的间作,称为农林间作;以木本植物为主的间作,称为林农间作。

2. 混作(mixed cropping)

指在同一块田地上,同期混合种植两种或两种以上作物的种植方式,又称为混种。混作中,一种作物成行种植,另一种作物撒播于其株行间,如在玉米株行间撒播绿豆的混作方式;也可以是两作物同时撒播。混作的作物在田间分布不规则,不便于分别管理和机械化操作,因此要求混种作物的生态适应性比较一致。目前混作在生产上应用较少。

3. 套作(relay copping)

指在同一块田地上,于前季作物生长后期的株行间播种或移栽后季作物的种植方式,也称为套种、串种。如在小麦收获前的20天左右,每间隔3～4行小麦种植1～2行棉花。

套作和间作都有两种或两种以上作物的共处期,所不同的是,前者的共处期较短,一般不超过每种作物的全生育期的一半,而后者的共处期较长,至少超过其中一种作物全生育期的一半。间作是集约利用空间的种植方式,不增计复种面积。而套作不仅能集约利用空间,更重要的是能延长后季作物对生长季节的利用,集约利用时间,提高复种指数和年总产量。

　　总之,相对于在同一块田地上、在一个生长期内只种植一种作物的单作而言,间、混、套作都是在同一块田地上由两种或两种以上的作物构成的复合群体,可以集约利用空间的种植方式。但与单作相比,复合群体内既有种内关系,也有种间关系,种植管理的技术性增强。

　　4. 土地当量比的概念与计算

　　国际上通常采用土地当量比(Land Equivalent Ratio,LER)来表示间、混、套作的增产效益。土地当量比是指为了获得与间、混、套作中各个作物同等的产量,在相同栽培管理条件下所需各作物单作面积之比的总和,其计算公式为:

$$LER = \sum_{i=1}^{m} \frac{Y_i}{Y_{ii}}$$

其中,Y_i 代表间、混、套作中第 i 个作物的实际产量;Y_{ii} 代表第 i 个作物在相同栽培管理条件下单作的产量。

　　例如有一种玉米间作大豆模式,间作下玉米与大豆的单位面积产量分别为 5 420 kg/hm² 和 1 670 kg/hm²,在相同条件下单作玉米和单作大豆的单产分别为 6 030 kg/hm² 和 2 590 kg/hm²,则这种间作模式的土地当量比为:

$$LER = \frac{5\,420}{6\,030} + \frac{1\,670}{2\,590} = 0.899 + 0.645 = 1.544$$

土地当量比大于 1,表示间、混、套作增产;大于 1 的幅度愈高,表明增产的效益愈大。

二、间套作的意义

　　间套作是我国传统精耕细作、集约种植的重要组成部分,有着十分悠久的历史。早在西汉农书《氾胜之书》中就有“每亩以黍、椹子各三升合种之”、“又可种小豆于瓜中”的记载。当前,大力发展间套作,并与现代科学技术相结合,实行劳动密集、技术密集的集约生产,在有限的耕地上,显著提高单位面积上土地生产力,是适合我国国情,缓解和克服人口、土地、粮食矛盾切实可行的有力措施。

　　(一)增产

　　大量的试验研究和生产实践证明,合理的间套作较单作有显著的增产作用。与单作相比,间套作构成的复合群体能较充分地利用光、热、水、土资源,把它们转化为更多的农产品。中国农业科学院棉花研究所 7 年试验结果表明,在黄淮海棉区广泛应用的麦棉套作,平均亩产籽棉 177.4 kg,仅比单作棉花少收 22 kg,而增收小麦 156.8 kg。在我国南北方地区均普遍存在的玉米大豆间作,在玉米产量比单作不减或基本不减的基础上,多收几十千克大豆,增产 10%～30%。在四川丘陵旱地,通过采用小麦、玉米、甘薯三茬连环套种,能实现一年三熟,比小麦玉米和小麦甘薯两熟增产 1/3～1/2,目前该种植方式已占到四川省旱地面积的一半以上。

　　(二)增效

　　合理的间套作能够利用和发挥作物之间的有利关系,以较少的投入换取较多的产品输出,提高农业生产的效益,增加农民的经济收入。例如,黄淮海地区大面积的麦棉两熟,一般纯收益比单作棉田提高 15% 左右。棉花与春甘蓝间作,在棉花产量基本不减的情况下,每

666.7 m² 增收 1 500～2 000 kg 春甘蓝的收益。有的棉、菜、瓜间套作模式甚至比单作棉田收入高出 2～3 倍。近年来,许多地区都在过去的以粮、棉、油为主的传统种植模式的基础上,加入蔬菜、瓜果、药材等经济价值较高的作物以及食用菌类、鱼虾蟹等物种进行间套作,分层利用空间,互利共生,既保证了社会效益,又显著提高了单位面积上的经济效益。

（三）稳产保收

间套作能够利用复合群体内不同作物适应性与抗逆性的差异,增强整个复合群体对自然灾害的抗逆能力,从而达到稳产保收的效果。如红壤旱地常见的玉米与大豆间作模式,经试验研究显示,相对于单作玉米和大豆,间作系统具有明显的减灾效应。具体表现为提高土壤含水量,增强系统的抗旱能力;增加天敌数量,减少病虫害发生;抑制农田杂草生长及危害。农林间作,如茶园间作三叶草,柑橘间作花生等,可以促进深层土壤水分向上层移动,提高水分利用率,延缓和缩短干旱时间,提水保墒抗旱效果良好;并通过增加地面的覆盖度,减轻了土壤的水土流失。

（四）促进农业全面发展

在合理间套作情况下,在田间可同时种植多种作物,既可以提高作物的年产量,又可在一定程度上缓解粮食作物、经济作物、饲料绿肥作物以及果树和蔬菜之间争地的矛盾,促进农业与牧业、农业与林业、农业与渔业的结合,有利于农业生产的全面和持续发展。

三、间套作的效益原理

（一）间套作复合群体内的种间关系分析

间套作是由具有不同形态、生理及生态特点的作物组合构成的复合群体,它比单作构成的单一群体具有更复杂的特点。这种复合群体内部除了存在同一物种内不同个体植株间的相互关系(简称种内关系)之外,还增加了不同物种个体植株之间的相互关系(简称种间关系)。而种间关系包括互补关系和竞争关系两个方面。所谓互补是指不同物种个体之间互为补充地利用环境资源中的光、热、水、土等生态因子和抗御旱、涝、风等自然灾害,促进彼此的生长发育和存活。而竞争是指不同物种个体之间争夺(有限的)同一环境生态因子、抑制彼此的生长发育和存活。

在一个复合群体内,当互补作用大于竞争作用时,植株能够充分利用环境资源,提高土地利用率,获得高于单作的单位面积总产量;反之,当竞争作用大于互补作用时,复合群体就有可能表现为减产,土地当量比小于 1。这是间套作能够增产,也可能减产的实质所在。同时也说明并非任何间套作都能获得高于单作的增产效果。但人们可以通过选择作物种类搭配、安排田间配置结构及运用合理的田间管理技术等手段,能动地发挥作物间的互补作用,削弱、抑制竞争作用,取得理想的预期效果。

（二）间套作复合群体增产增效原理

1. 实现光资源的互补利用,增大叶面积系数

首先,间套作利用不同作物之间的高度差,实现光能利用的空间差互补效应。在间套作情况下,不同作物高度存在一定的差异,冠层叶片分布在不同的空间层次上。高位作物除了冠层上部叶片受光外,还增加了中下层叶片的侧面受光,并能使更多叶片处于中等光下;另一方面,矮位作物接收到的高位作物对太阳的反射光也增多,从而使全田形成立体受光、分层用光、高效用光的合理结构。而单作情况下,植株在旺盛生长期时叶面积指数达到最大,田间封垄,光集中于冠层顶部,复合群体内透光性差,中下层叶片受光不足,而上层叶片又可

能因光强超过饱和点而造成光饱和浪费。显然,间套作可以显著提高光能利用效率,达到对光资源的集约利用。这也使复合群体的密度可以比单作适当增加,发挥密度增产的效应。

其次,利用不同作物对光需求特点的差异,实现光能利用的异质差互补效应。不同作物不仅形态特征有差异,喜光耐阴程度也不尽相同,有的为阳生植物,有的为阴生植物;同为阳生植物对光的反映程度也不一样,有的喜强光,有的喜弱光。将这些需光特性不同的作物进行合理的间套作,可在采光上起到异质互补的作用,缓和作物间对光的竞争矛盾。如喜光的玉米、甘蔗与耐弱光的生姜、马铃薯、食用菌等间作,在生产上取得了很好的效益。农林间作中,喜光的乔木与耐阴的茶树、药材搭配,相得益彰。

2. 发挥土壤肥水资源利用的互补效应

间套作增产的一个重要原因就是发挥了土壤营养利用的异质差互补。不同作物的营养特性各不相同,有的喜肥,有的耐瘠;有的喜氮,有的喜磷或钾;有的需水多,有的需水少;有的耐旱,有的耐涝。将这些需肥水特性不同的作物合理地组配在一起,可以互为补充而全面均衡地利用土壤中的养分和水分,充分发挥土地的生产潜力。

禾本科与豆科作物间套作在营养吸收上的异质差互补作用表现尤其突出。玉米、小麦等禾本科作物对土壤中的氮吸收消耗量大,大豆、花生等豆科作物则可与根瘤菌联合固定大气中的氮,补充土壤氮,而禾本科作物对氮的吸收还可以刺激和促进豆科作物的固氮作用,提高其固氮效率。目前一些研究还证实小麦、玉米等作物的根系分泌物可以活化土壤难溶性的铁,使花生的铁营养得到明显的改善;小麦的根际效应能明显促进大豆对土壤磷的吸收。近年来,随着同位素示踪、根系分隔方法的广泛应用,间套作地下部种间关系的机理研究逐渐加强,为合理的间套作复合群体的构建提供了更多的理论依据。

另外,由于作物根系入土深浅和分布范围的不同,将它们组合在一起进行间套作就可以分别利用不同土壤层次和范围的水分和各种矿质营养元素,实现空间差互补,缓和竞争,从而全面、均衡而协调地利用地力,提高产量。例如玉米与花生间作,花生根系入土较浅,主要吸收浅层土壤中的营养,而玉米根系入土相对较深,可以利用深层土壤中的营养,包括施于花生区而淋失到深处的养分,二者协同利用土壤养分,提高了养分的利用率。农林间作中这方面的效果更明显,农作物根浅,无法利用深层水分,而间作林木主要吸收深层土壤水分,并释放到浅层土壤中被浅根农作物吸收利用,在干旱季节可以起到提水抗旱的效果。

3. 充分利用边行优势

间套作时,作物高矮搭配或存在空带,高位作物的边行植株由于所处高位的优势,通风透光条件好,根系竞争能力强,吸收范围大,生长发育状况和产量常优于内行植株,表现为边行优势现象;而矮位作物则相反,边行生长发育状况和产量常不如内行,表现为边行劣势。边行优势和边行劣势统称为边际效应。边际效应以最外一行最明显,越往内越不明显,一般可达作物的3~4行。如据调查,棉花与甘薯相间时,棉花边行优势可达4行,边1~4行分别比5~10行单株平均铃数依次增加67.6%、22.5%、10.6%和0.7%。边际效应的大小和范围决定于作物种类与品种、田间结构配置、地力水平等因素。因此,可以从技术措施上进行科学调控,充分发挥出高位作物的边行优势,减小矮位作物的边行劣势。

4. 发挥时间上利用环境资源的互补效应

间套作时,由于不同时间生态位作物的交错搭配,可以互为补充地利用不同季节的环境资源。套作是在前茬作物生长后期播栽进后茬作物,可以有效节约生长季节,解决前后茬作物争季节的矛盾,使一年一熟有余、两熟不足或两熟有余、三熟不足的地区实现一年多熟。如四川丘陵旱地,全年热量两熟有余、三熟不足,采用小麦、玉米、甘薯三茬连环套种,小麦与玉米共处 40～50 天,玉米与甘薯共处 50～60 天,可争取近 100 天的生长期,实现一年三熟。套作还可使后作提前播种,选用产量潜力高的中迟熟品种,充分发挥其增产潜力。

间作也强调时间上的互补效应。两种作物的生育期长短不同,根系旺盛生长期交替出现,吸肥吸水高峰期相互错开,从时间上达到对肥水资源的互补利用,提高了资源的利用效率。

5. 减轻病虫草害,增加抗灾能力,稳产保收

间(混)、套作复合群体改变了作物单作时的田间小气候状况,直接影响到病菌、害虫及其天敌的生活、繁殖与传播。由于通风透光条件的改善,可减轻因高温潮湿而盛发的病虫害,如玉米叶斑病、小麦白粉病、辣椒病毒病、玉米螟虫等。间套作中,作物种类的增多,也可使害虫天敌增多而减轻虫害。其他作物的空间隔离对阻碍病虫害的传播也起到一定的作用。另外,一种作物在生长发育期间通过向环境中分泌代谢产物亦可能影响到其他作物病虫害的发生,如亚麻与马铃薯间作,可抑制马铃薯盲蝽的危害。

单作对自然灾害的抗御性单一,当发生严重的自然灾害时,容易受灾减产甚至绝收。间套作将不同抗逆性和适应能力的作物合理组合,可以提高复合群体抵抗旱、涝、冻、热、风等各种自然灾害的能力,有利于减轻自然灾害的损失,起到抗灾保收的作用。这在生产条件较差和技术水平较低的地区,更成为抗灾的基础。

注意:以上提到的都是间套作的互补效应,但不要忽视间套作在光能、养分、水分等资源利用及病虫害发生等方面的种间竞争效应。如间套作中矮位作物受高位作物的荫蔽,生长发育及产量品质可能劣于单作。套作中种植早的前季作物在水、肥、光的竞争上处于优势,使后季作物苗期生长发育不良。间套作也可能加重一些病虫草害的发生。当作物种类搭配不当,如有互传或共同病虫害、田间配置不合理导致群体过于郁蔽等均可能加重病虫害。这些需要从作物种类及品种选配、田间结构安排、生长发育调控等方面予以解决或减缓,只有这样才能发挥出间套作的增产潜力。

四、间套作的调控技术

间套作调控技术的实质是协调复合群体内的各种矛盾,充分发挥种间互补作用,抑制或削弱种间竞争作用,从而提高整个复合群体的生产力。

(一)作物类型及品种的选配组合

生态学中的竞争排斥原理及生态位理论是构建合理人工复合群体的主要理论依据。竞争排斥原理认为,在同一生态系统(复合群体)中,生态位相同或相似的两个物种必然发生对环境资源的激烈竞争,难以共存。能够共存的物种,必须有着某种空间、时间、营养等生态位的分离。所谓生态位,就是由一个物种对各种环境资源的综合适应特性所决定的其在生态环境中的位置。

因此,合理选择不同生态位的作物和品种或人为创造不同生态位条件,是取得间套作全面增产的重要保证。这就要求所选择作物的形态特征和生育特性要相互对应。例如,植株高矮搭配,根系深浅疏密结合,生育期长短前后交错,喜肥与耐瘠对应等,以利于互为补充地利用光、热、水、肥、气等生态因子,减缓竞争,提高单位面积上的年产量。生产实践中广泛应用的间套作成功模式,其共同特点就是组配的两个作物或品种之间一定存在某一方面或多方面的特性互补。但需要注意的是,作物间生态位的差异也不能太大,如水稻、水花生等喜水怕旱作物

与怕淹忌涝的甘薯、棉花间套作,对水分的生态适应性差异太大,无法生存在一起。

间套作选择的作物是否合适,在增产的情况下,还要看其经济效益比单作是高还是低。经济效益高的组合才能在生产中大面积的应用和推广。如我国当前种植面积较大的麦棉间套作和粮菜间套作等。如果某种作物组合的产量高于单作,但经济效益较低,甚至还不如单作,其面积就会逐渐减少,而被单作所代替。

（二）田间结构配置

一种间套作模式的田间结构是指由作物密度、行比、行株距、间距、幅宽、带宽等构成的作物在田间的水平结构(见图 6-1)。在作物种类与品种选配好后,合理的田间结构,是能否发挥复合群体充分利用自然资源的优势,解决作物之间一系列矛盾的关键。同一种作物组合,田间结构配置不同,产量可以有很大差异。

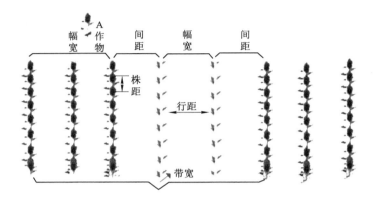

图 6-1　间套作田间结构示意图

1. 密度与行株距

提高复合群体种植总密度,增加有效光合面积是间套作增产的中心环节。生产运用中,间套作各作物的密度虽然要根据作物生产的主次地位、土壤肥力、矮位作物的耐阴性等条件具体考虑,但复合群体的总密度都要大于单作。通常的做法是,在不减少或略减少主作物密度(与单作比)的基础上增种副作物,以充分发挥间套作的密植增产效应。主作物(往往就是高位作物)多采用宽窄行种植,在保持密度与单作相当的情况下适当缩小窄行距和株距,然后在其宽行间根据地力条件间作若干行副作物。

2. 行比(行数)与幅宽

行比是间套作中各作物实际行数的比值,如 2 行玉米间作 3 行大豆,其行比为 2∶3。行数确定后,幅宽也随之确定。幅宽是指间套作中各作物的两个边行相距的宽度,它与作物行数成正比。一般高位作物的行数易少、幅宽易窄,以增加边行,发挥边行优势;矮位作物行数易多、幅宽易大,以减少边行劣势。

一种间套作作物组合,可以形成多种行比模式。如小麦套作棉花两熟,在生产上就同时存在 3∶1 式、3∶2 式及 4∶2 式等类型,这要根据土壤水肥条件、作物生产的地位来选择。以小麦生产为主、土壤肥力条件较好时,多采用 3∶1 式;反之,可选择 3∶2 式或 4∶2 式。

3. 带宽

带宽是间套作的各作物顺序种植一遍所占地面的宽度。它包括各种作物的幅宽和间距,如图 6-1 所示。一般可根据作物耐阴性、土壤肥力以及农机具型号来具体确定。高位作物占种植计划的比例大而矮位作物又不耐阴时,两作物都需要大的幅宽,因此易采用宽带种植;反之,易采用窄带种植。中型农机具作业,带宽要宽;小型农机具作业,带宽可窄些。

（三）作物生长发育的调控技术

1. 适时播种,保证全苗

间套作适宜播种或移栽期的确定与单作相比更为重要,因为它不仅影响到一种作物,而且会影响到复合群体内的其他作物。套作时期是套作成败的关键之一。套作过早,共处期延长,抑制后一作物苗期生长;套作过晚,增产效果不明显。间作适宜播栽期的确定既要考虑适当错开旺盛生长期,减少种间竞争,又要照顾到每一作物的各生长阶段都处于适宜时期。采用育苗移栽和地膜覆盖等措施,有利于培育壮苗,缩短共处期。此外,注意防治地下害虫,以保证间套作物的全苗,发挥密度的增产效应。

2. 加强水肥管理

由于增加了复合群体种植密度,所以间套作施肥总量要多于单作,强调以株定肥,即根据实际种植株数确定施肥量。为了解决共处期各作物肥水需求的矛盾,可采用高低畦、打畦埂等便于分别管理的方法,减少相互不利影响。如麦棉套作中,棉花种在高畦上,小麦种在低畦上,小麦灌溉对棉花的影响减轻。套作群体中,矮位作物苗期受到的遮阴较严重,往往出现长势弱小、发育延迟、易缺苗断垄等现象,因此,要加强共处期间矮位作物的肥水管理,早施肥、早补苗、早中耕,并在前作物收获后抢时间进行各项田间管理,水肥猛促,促弱苗向壮苗迅速转化。

3. 控制作物株型

实践证明,应用缩节胺、乙烯利等植物生长调节剂可以有效调控复合群体作物的生长发育进程、塑造理想株型,达到控上(高位作物)促下(矮位作物)的效果。此外,在农林间作中常采用对林(果)木定期修剪的方法,增加群体内通风透光量,减少对粮经作物的不利影响。

4. 综合防治病虫害

间套作可以减少一些病虫害的发生,但也可能会加重或增添某些病虫害。因此,要比单作更加注意监测监控,及时防治,并要运用综合防治措施,减轻化学农药对生态环境和农产品的危害。

5. 提高机械化作业水平

合理的间套作可以增产增收,但增加了农事操作与田间作业的难度,不便于机械化作业,影响劳动生产率的提高,制约了间套作的发展。因此,要加强间套作种植模式的改进,以适应农机具作业的要求,同时要设计适宜间套作种植的农机具,提高间套作的机械化程度和劳动生产率,从而促进间套作的大力发展。

五、间套作主要类型与方式

间套作有多种分类方法,或按作物生长年限,或按熟制,或按参与组合的作物类别,或从几个方面综合分类。间套作因区域环境、生产条件、生产目的等的不同,类型、方式繁多。

（一）主要间作类型与方式

1. 玉米、大豆间作

这种间作方式历史悠久,分布广泛。主要分布地带是东北、华北各省,湖北西部、四川东部、贵州、云南的玉米带地区。东北及甘肃河西走廊等一熟地区为春玉米与春大豆间作;黄淮海平原及南方地区既有春玉米与春大豆间作,还有大面积的夏玉米与夏大豆间作。

这种方式是间作方式中作物种类组配的典型。玉米属禾本科、须根系、植株较高、叶窄长、需肥多的 C_4 作物,而大豆属豆科、直根系、株矮、叶小而平展、需磷钾多的 C_3 作物,较耐阴。两者作物共处,能全面地体现间作复合群体的各种互补关系,增产增收效果显著。以玉米为主时,玉米密度不减,增种大豆;以大豆为主时,在保证大豆不减产的基础上,增种玉米。

2. 玉米、花生间作

这种间作方式主要分布在四川、山东、河南、河北等花生产区,既有春玉米间作春花生,也有夏玉米间作夏花生。花生也属豆科作物,与玉米大豆间作一样,也是充分用地、积极养地、用养结合的类型。以玉米为主时,玉米、花生的适宜行比为 2∶4～6;以花生为主时,花生的行数要增加到 10 行以上,以减少玉米对花生的遮阴。无论是春玉米间作春花生,还是夏玉米间作夏花生,玉米都会明显地影响花生生长。在生产中协调春玉米与春花生间作矛盾的一个措施是适当推迟间作玉米的播种期。

3. 玉米、薯类间作

这种间作方式主要是春玉米与甘薯、马铃薯间作。玉米、甘薯间作以山东、河北两省面积较大,玉米与马铃薯间作则在西北地区分布较广。玉米、薯类间作也是作物组配较好、应用较广的间作类型。薯类虽不属豆科,但地下结薯,需磷钾较多,根浅,营养异质效应仍较明显。马铃薯还具有较耐遮阴、薯块膨大期较喜冷凉气候的特性。而玉米需氮多,根深,喜光。所以,二者合理间作时,可获得较高的单位面积总产量。玉米与薯类都是高产作物,保证二者水肥需要是栽培技术的关键。另外,通过品种熟性的选择来协调作物间争光争水肥的矛盾,也是一条有效的技术措施。

4. 麦类间作

我国甘肃河西走廊、山西雁北、陕西北部、东北、内蒙古河套等一熟有余、两熟不足地区,多属春麦区,收麦后剩余两个多月的无霜期,而当地最热月平均气温都在 18 ℃以上,适宜生长喜温作物。因此,小麦与生长期长短不同作物的间作有较广泛的分布。小麦、玉米间作是其中应用较多的一种组合方式。两种作物的共生期长达 60～80 天,但两者的生长盛期错开,这样能充分利用土地和时间。

5. 棉田及蔗田间作

棉花、甘蔗行距较宽,前期生长较缓慢,特别是甘蔗下种后长达数月,甚至半年左右才能封行,因此在棉花、甘蔗生长前期间作生长期短的作物,如早春蔬菜、瓜类、豆类等。近年来,间作的种类增多,栽培技术不断提高,获得了较高的经济效益。

(二)主要套作类型与方式

套作具有充分利用时间和空间的双重意义。在生产中,比间(混)作有着更为明显的增产效果。全国套作类型中,以麦田套种面积最大。

1. 麦田套作两熟

这种类型主要分布在一年一熟、热量有余、接茬复种热量不足的地区,大面积适用于黄淮海地区、西南、鄂西、西北一熟灌区等地。

(1)小麦玉米套作

依各地年积温不同分为窄背晚套和宽背早套两种主要套作模式。窄背晚套主要在 ≥10 ℃积温超过 4 100 ℃,但复种玉米热量仍较紧张或为保玉米稳产的地区采用。要点是小麦播种时按照夏玉米所需行距留出套种行,其宽度能够进行套种作业即可。小麦收获前10天左右套种玉米,使小麦收获时玉米正值三叶期,受小麦的抑制较小。在小麦播量、产量不受影响的前提下,通过套种增加玉米积温,改早熟种为中熟种,提高玉米产量;或通过套作提早玉米播期,躲避伏旱、伏涝等灾害影响,保证玉米稳产。

宽背早套集中在≥10 ℃积温 3 600～4 100 ℃地区,为能在麦行中套种中、晚熟玉米,以显著提高玉米产量,并保持小麦产量基本不减时采用。要点是套种玉米的最早时期不能使玉米在麦行中进行穗分化,约在麦收前 25～30 天套种;为了减少小麦对早套玉米的不利影响,必须预留较宽的套种行,种植双行玉米,行距以 40 cm 左右为宜。此种套种方式小麦、玉米共处期较长,玉米受小麦抑制较多,因此,共处期田间管理要突出一个"早"字,麦收后要狠抓一个"抢"字,以促弱苗向壮苗迅速转化。

(2)小麦春棉套作

我国的主产棉区同时也是主产粮区,粮棉生产矛盾突出。实行麦棉套作两熟,可以缓解粮棉争地矛盾,提高土地利用率,促进棉粮双增产。长江流域棉区早已实行麦棉套作两熟,黄淮海棉区发展十分迅速。麦棉套作的特点主要是能从时间和空间两方面充分利用全年生长季节。虽然套种棉花与小麦共处期间存在着相互争光和争水肥的矛盾,生长弱,发育迟,但麦收后棉花通风透光好,中部果枝成铃多,晚熟但也能获得较好的产量。此外,小麦的存在还有利于棉苗抗风保湿、抑制返盐、减轻棉蚜危害等。

(3)小麦与花生、黄烟等套作

小麦与花生套作在花生生产区较多,成为改春花生为小麦、花生两熟的主要种植方式。小麦黄烟套作在黄淮海烟区和云、贵、川西南烟区都有分布,南方其他地区也有采用。

(4)小麦与喜凉作物套作

小麦套种马铃薯、甜菜,存在于东北中南部、西北、内蒙古河套、河西走廊等一年一熟有余、两熟不足的地区。春小麦播种时预留套种行,后作的行距、密度一般与单作时相同。

2. 麦田套作三熟:麦/玉米/甘薯

南方盆地丘陵地区,在一年三熟不足、两熟有余的气候带里,旱地发展"麦、玉、薯"三熟制,小麦套玉米,小麦收后在玉米行间套插甘薯,简称"早三熟",在四川省分布面积最大。此方式增产效果显著,年产量可达到 1 000 kg 以上,与小麦玉米两熟相比,平均增产80％以上。

第四节 轮作与连作

一、轮作与连作的概念与轮作的类型

我国农业发展历史悠久,很早就认识到轮作换茬的重要性,并积累了丰富的经验。后魏著名农书《齐民要术》中,对许多作物的换茬作用有了较详细的叙述。

(一)轮作与连作的概念

轮作(crop rotation)是在同一田地上按照一定顺序,在不同年度间轮换种植不同作物或作物组合的种植方式。如一年一熟的条件下,第一年种植大豆,第二年换种小麦,第三年换种玉米,即形成一个周期为三年的单一作物的轮作,简写为大豆→小麦→玉米。单一作物的轮作,主要发生在以一年一熟为主的西北和东北地区。而在长江流域和华南等一年多熟的地区,年际间不同复种方式的轮换则形成复种式轮作。如:小麦—水稻→油菜—水稻;绿肥—双季稻→油菜—双季稻→小麦—双季稻。

生产上把前作物(前茬)和后作物(后茬)的轮换,通称为"换茬"或"倒茬"。目前在生产上普遍存在的轮作基本上都是形式灵活自由的简单轮作,而那种在计划经济时期出现的形式比较严谨的定区式轮作,即有严格的周期、固定的田块和空间轮换顺序的轮作方式,已基本不存在了。

连作(continuous cropping)与轮作相反,是在同一田地上多年不变地种植同一种作物或作物组合的种植方式。如棉花→棉花→棉花;大豆→大豆→大豆;小麦—玉米→小麦—玉米→小麦—玉米等。生产上把连作俗称为"重茬"。

(二)轮作的类型

根据主要养地方式的不同,轮作可分为休闲轮作、绿肥轮作、禾豆轮作和草田轮作等,即在轮作体系中分别以休闲(包括季节休闲和全年休闲)、绿肥作物、豆科作物和多年生牧草种植为土壤培肥的方式。根据水旱条件的不同,轮作又可分为旱地轮作、水旱轮作和水田轮作。此外,轮作还可以有其他的分类。在各种类型的轮作中,水旱轮作和草田轮作是具有特殊意义的两种重要的轮作方式。

水旱轮作(paddy-upland rotation)是指在同一田地上有顺序地轮换种植水稻和小麦、玉米、棉花、烟草等旱作物的种植方式。这种轮作在改善稻田与旱田土壤理化性质、提高地力和肥效、防治病虫草害等方面都有突出效果。

草田轮作(grassland rotation)是指在同一田地上轮换种植多年生牧草和大田作物的种植方式,主要分布在西北部分地区。草田轮作的突出作用是能显著增加土壤有机质和氮素营养,改善土壤物理性质。在水土流失地区,多年生牧草还可以有效地保持水土;在盐碱地区可降低土壤盐分含量。草田轮作还有利于农牧结合,增产增收。

二、轮作在农业生产上的作用

(一)减轻农作物的病虫草害

作物的病原菌一般都有一定的寄主,害虫也有一定的专食性或寡食性,在土壤中都有一定的生活年限。如果连续种植同种作物,通过土壤或寄主传播的病虫害必然会大量发生,如大豆孢囊线虫病、棉花枯、黄萎病、西瓜枯萎病、小麦全蚀病、甘薯黑斑病等,在连作情况下都将显著加重,使作物严重减产。实行抗病作物与感病作物轮作换茬,更换其寄主,改变其生态环境和食物链组成,使之不利于某些病虫的正常生长和繁殖,从而达到减轻农作物病害和提高产量的目的(见表6-4)。

表6-4　　　　　　　　大豆连作与轮作的孢囊线虫和根瘤密度

	大豆	高粱	玉米	谷子	草木樨	向日葵
孢囊虫密度(个/株)	16.20	1.40	1.00	0.63	0.40	5.40
根瘤数(个/株)	39.60	87.30	124.40	83.60	76.50	88.40
单株干重(g/株)	2.93	5.72	7.21	5.53	5.76	6.25

多年试验研究表明,烟草与小麦、玉米等作物轮换种植,可以减轻多种病虫害,特别是花叶病的危害;显著降低烟草根结线虫的种群密度。而稻烟轮作对烟草青枯病等土传病害的

防治效果特别显著,并能减轻烟草赤星病、野火病、叶斑类病害的危害;同时,由于烟株残体含有大量的烟碱,对防治水稻病虫害也比较有效。

一些作物的伴生性杂草,如稻田的稗草、麦田的燕麦草等,与其相伴作物的生活型相似,甚至形态也相似,很难被消灭。一些寄生性杂草,如大豆田的菟丝子、向日葵田的列当等连作后更易蔓延,不易防除。如果进行轮作,由于不同作物的生物学特性和耕作管理技术不同,就可有效地消灭或抑制这些杂草而减轻危害。

水旱轮作因农田生态环境改变剧烈,防除病虫草害的效果尤为突出。油菜菌核病、棉花枯黄萎病、水稻纹枯病、小麦条斑病等病菌,通过淹水 2～3 个月均能完全或大部分消灭。眼子菜、野荸荠、鸭舌草、萍类等生长在水田里的杂草,在稻田改旱地后,因得不到充足的水分而死去;相反,旱地改稻田后,香附子、马唐等旱地杂草则会淹水而亡。

（二）改善土壤理化性状,提高土壤肥力

植物在生长过程中不断地向环境分泌其特有的化学物质。在连作情况下,这些化学物质大量累积,对一些作物自身的生长发育产生强烈的抑制作用。如陆稻、大豆等根系的分泌物对其自身生长产生毒害效应,成为其连作障碍的一个重要原因。另一方面,不同作物由于覆盖、根系发育特点及生育期间的中耕程度的差异,对土壤结构和耕层构造的影响也有很大的不同。某些作物连作,会导致土壤结构和物理性状恶化,不利于同种作物继续生长。不同作物的轮作,特别是草田轮作和水旱轮作有利于改善土壤物化性状。多年生牧草可以显著促进土壤团粒结构的形成。据调查,苜蓿地中的水稳性团粒结构比一般小麦地增多20%～30%。

水田连续种植水稻,土壤长期浸水,土壤板结黏重,透气不良,有机质矿化缓慢,土壤处于还原状态,有机酸、H_2S 和 Fe^{2+} 等有毒物质积累加强,对水稻根系生长有明显的阻碍作用。若与旱作物实行轮作,通过干湿交替,增加土壤非毛管孔隙,改善土壤通气条件,消除土壤有毒物质,增加好气性微生物,促进土壤养分矿化,从而改善稻田土壤结构、提高地力。随着大棚蔬菜产业的蓬勃发展,大棚生产连年种植,且每年的种植时期延长,大棚连作障碍日益加重,主要表现为土传病害和土壤次生盐渍化问题,有时甚至会造成毁灭性的损失。减轻或控制大棚连作障碍的经济有效方法是水旱轮作。如浙江的一些大棚蔬菜、草莓等主产区已全面实行大棚蔬菜、草莓与水稻或水生蔬菜的轮作,使大棚连作障碍的发生大大减少。

轮作还可以调节土壤有机质、改善土壤肥力。作物的残茬、落叶和根系是补充耕作土壤有机质的重要来源。但不同作物补充供应有机质养分的数量和质量有差异。如禾本科作物残留的有机质数量中根系约占 50% 以上,且以有机碳为主,而豆类、油菜、薯类等作物落叶量大,氮素营养多,可补充土壤氮素。因此,有计划地进行不同作物的轮作换茬,可以有效地调节和改善土壤有机质状况,从而有利于土壤肥力的保持和提高。

（三）均衡利用土壤养分和水分

各种作物的生物学特性不同,从土壤中吸收养分的种类、数量、时期和利用效率各不相同(见表 6-5)。例如,禾谷类作物对氮、磷和硅的吸收量较多;豆科作物吸收大量的氮、磷和钙。在吸收的氮素中,约 40%～60% 是来自于根瘤菌固定空气的氮,而土壤中氮的实际消耗量不大,但磷的消耗量却较大。如果连续栽培对土壤养分要求倾向相同的作物,必将造成某种养分被片面消耗后感到不足而导致减产。因此,通过对吸收、利用营养元素能力不同而又具有互补作用的不同作物的合理轮作,可以协调前、后茬作物养分的供应,使作物均衡地利用土壤养分,充分发挥土壤肥力的生产潜力。

表 6-5   **各类作物氮、磷、钾养分吸收比例**

作物种类	氮	磷	钾	备注
禾谷类作物	2.22	1	2.89	小麦、水稻、玉米、谷子
籽实用豆类作物	4.26	1	1.19	大豆、花生
纤维作物	3.22	1	2.77	棉花、大麻
油料作物	1.80	1	0.89	油菜
块根块茎作物	3.00	1	3.66	甜菜、马铃薯

不同的作物需要水分的数量、时期和能力也不同。水稻、玉米、棉花、甜菜等作物需水多,谷子、甘薯等耐旱能力较强。对水分适应性不同的作物轮作换茬能充分而合理地利用全年自然降水和土壤中贮积的水分,因此,在我国旱作雨养农业区轮作对于调节利用土壤水分、提高产量更具有重要的意义。

不同的作物,其根系深度不同。水稻、谷子和薯类等浅根性作物,根系主要在土壤表层延展,主要吸收利用上层的养分和水分;而大豆、棉花等深根性作物,则可从深层土壤吸收养分和水分。所以不同根系特性的作物轮作,就可以全面地利用土壤各层的养分和水分,协调作物间养分、水分的供需关系。

(四)经济有效地提高作物产量,保护生态环境,促进农业可持续发展

国内外大量研究表明,合理轮作有利于作物高产稳产,高效益低成本,是有效提高产量的一项重要农业技术措施。在澳大利亚的 Kamala,羽扇豆在小麦轮作中的效果相当于施用氮肥 80 kg/hm²,也就是说在小麦之后种小麦,需要施氮肥 80 kg/hm² 才能获得与羽扇豆茬小麦相等的产量。这说明并不需要特殊的投资或增加劳力,只是把作物合理轮作换茬,就可以获得比连作更高的经济效益。目前在广东地区已累计推广 50 多万亩的"黑麦草—水稻"轮作系统,黑麦草改良了稻田土壤的理化性状,提高了土壤肥力,可使后作早稻增产3.5%～14%,晚稻增产 7%～19.5%,成为该地区可持续生态农业系统的有效模式。

在高投入的现代农业阶段,化肥、农药、除草剂等的大量使用,虽然在防除病虫草害、补充地力、提高作物产量等方面取得了很大的成效,但生产成本大幅度增加,对土壤结构、生态环境、食品安全等方面的负面影响也日益严重。同时使某些障碍性病虫草害,特别是病害产生抗药性和新的变种,即使应用最新的农药也无济于事,如大豆紫斑病、花生褐斑病及棉花枯黄萎病等,唯有轮作换茬才能有效地控制这类病害的发生。因此,轮作在现代农业生产上仍然具有其他农业技术与物质不可代替的重要作用。随着人们生活水平和生活质量的提高,无公害产品、绿色食品及有机食品的生产已为世界各国所重视。在培育绿色食品这个极具发展前景的产业中,作物的轮作换茬将会起到越来越显著的作用。

三、连作存在的原因与连作危害减轻的途径

(一)连作存在的原因

在上面的叙述中,我们对连作的弊端已有了深刻的认识。但是,当前生产上许多作物连作运用依然相当普遍,其原因可分为内外两个方面。

1. 内在因素

作物对连作的反应不同。实践证明,不同作物,甚至是同一作物的同一品种,对连作障

碍的反应敏感性也不同,所表现出的减产幅度也有较大差异,这是连作形式得以普遍存在的内在原因。按照作物对连作的反应敏感性差异,可大致归纳成下列三类。

一类为忌连作的作物:以茄科的马铃薯、烟草、番茄,葫芦科的西瓜及亚麻、甜菜等为典型代表,它们对连作反应极为敏感。这类作物连作时,一些特殊病虫害和根系分泌物对作物构成的危害很大,作物生长严重受阻,植株矮小,发育异常,减产严重,甚至绝收。需要间隔五六年以上方可再种。而禾本科的陆稻,豆科的豌豆、大豆、蚕豆,麻类的大麻、黄麻,菊科的向日葵,茄科的辣椒等作物,敏感性稍逊于前者,宜间隔三四年再种植。

二类为耐短期连作作物:甘薯、紫云英、苕子等作物,对连作反应的敏感性属于中等类型,短期连作受害减产较轻,可间隔二三年再种植。

三类为耐连作作物:这类作物有水稻、玉米、麦类、甘蔗及未感染黄枯萎病的棉花等作物。它们在采取适当的农业技术措施的前提下耐连作程度较高,长期连作产量较为稳定,其中又以水稻、棉花的耐连作程度最高。

2. 外在因素

(1) 社会需要决定连作

有些作物,如粮、棉、糖等,是人民生活所必不可少的,国民经济需求量大,不实行连作就不能满足全社会对这些农产品的需求。

(2) 资源利用决定连作

我国各地资源优势不同,所适宜种植的优势作物也随之而异。为了充分利用当地的优势资源,不可避免地出现最适宜作物的连作栽培。如南方的水稻连作栽培,新疆的棉花连作种植等。另外,有些地方因受到自然条件限制,只能种植某种作物。如南方许多烂泥田、低洼田,因排水不良,只得年年栽培水稻或其他水生作物。

(3) 经济效益决定连作

有些不耐连作的作物,如烟草,由于种植的经济效益高,其种植间隔年限逐渐缩短。棉花也是如此,在黄枯萎病发生严重的棉田,本不能再种棉花,但由于种粮效益不高,种棉比种粮合算,因而继续实行棉花连作。在商品粮、棉、油基地,作物种类单一化,导致这些商品性作物的多年连作或连作年限延长。

(二) 减轻连作危害的技术途径

连作带来的危害,即便是采用最先进的现代化手段也难以完全消除,但是可以采取一些技术措施有效地减轻连作危害,使连作年限延长,这也可以看作是保障连作运用的重要措施。

1. 物理技术

采用烧田熏土、蒸气消毒、激光处理及高频电磁波辐射等进行土壤处理,杀死土壤病菌、虫卵及草籽,消灭土壤中的障碍性微生物,减少土壤毒质,可使连作受害减轻。

2. 化学技术

以新型高效低毒的农药、除草剂进行土壤处理或种子处理,可有效地减轻病虫草的危害,并收到显著的增产效果。对于连作造成的土壤营养偏耗、养分不平衡的现象,可以通过及时补充化肥和有机肥的办法加以有效地控制。目前针对大豆连作的营养问题,专家还研制出了由大量元素与微量元素组合配方的重茬大豆专用肥。

3. 品种更换

选用抗病虫的高产良种,并实行有计划的品种轮换,可有效地避免或减轻某些病虫害的发生与蔓延。不同品种的需肥特性也有一定程度的差异,品种轮换也有利于维护土壤养分的平衡。

4. 农业技术

通过合理的水分管理,冲洗土壤毒质及实行水旱轮作,改变农田生态环境,均可有效地防止多种连作危害的出现。

四、作物茬口及轮作安排

(一)茬口及茬口特性的概念

不同作物各有其适合的前后作,这种前后作的关系是由各作物的茬口特性所决定的。

所谓茬口(previous crop with its stubble field),是作物在轮作换茬中给予后茬作物种种影响的前茬作物及其茬地的泛称。

茬口特性是栽培一种作物后所表现出的影响后茬作物生长的土壤生产性能,是由栽培作物本身的生物学特性及其管理措施对土壤共同作用的结果。茬口特性是作物轮作换茬的基本依据。

(二)茬口特性的形成

1. 季节特性

头茬作物收获得早叫早茬,收获得迟叫迟茬。前季作物收获较早,留给下季作物种植的时间较长,有利于提高土壤耕作整地培肥的质量和保证下季作物的适期早种。复种指数的高低、前茬作物种类、品种、播种时间早迟等因素都对茬口的早迟有影响。用做青饲料的饲料玉米、黑麦草、三叶草、紫云英等饲料作物和大量叶菜类的蔬菜,以收获鲜嫩的绿色植株或果荚为主,一般均未达到完熟,生育期短,且收获期弹性大,一般多为早茬。休闲地也能为下季作物提供早茬口。

2. 肥力特性

不同作物由于生长期间消耗地力的多少、施肥数量和种类等的差异,导致收获后其土壤肥力的大小是不同的。一般把能促进土壤肥力提高的前茬作物叫肥茬,具有固氮能力的豆科作物易形成肥茬。把消耗地力较多的前茬作物叫瘦茬,如水稻、小麦、玉米等禾谷类作物,需肥量大,尤其是氮肥需要量大,且残留于土壤中的根茬量小,属瘦茬;而棉花、烟草、麻类、甘蔗、甜菜、油菜等工业原料作物虽然需要消耗的营养较多,但它们返还于土壤中的落叶根茬与余肥较多,所以,比禾谷类作物茬口肥力好些;薯类作物的施肥不多,亦没有多少残茬与余肥,所以它们仍属瘦茬的范畴。当然,除了作物类型外,茬口的肥力大小还要看施肥方法、种类和数量的情况。

3. 病虫草害特性

禾本科作物对土传病虫害的抵抗能力较强,比较耐连作;茄科、豆科、十字花科、葫芦科等作物易感染土传病虫害,不宜连作。同科、同属或类型相似的作物往往感染相同的病害。因此,前茬作物病虫草害严重,对同科、同属的后茬作物就是不良的茬口。如立枯病重的茬地不宜种植棉花和烟草;而禾本科杂草多的茬地,尤其不适宜种植谷子。

4. 土壤结构特性

因植株根系穿插能力、分泌物、耕作方式与土壤质地的不同形成板茬与松茬。植株根系多而深、穿插能力强,容易形成松茬;反之则形成板茬。有的植物根际分泌物多,使土壤变得板结,如高粱就是一种典型的板茬。此外,土壤因质地不同,作物收获后的紧实度也是不同的。

（三）轮作安排

随着商品经济的发展,作物种植受政策和市场价格的影响较大,造成轮作换茬的灵活性很大,甚至没有一定的轮换顺序与周期。但不管怎样,轮作基本上还是遵循轮作倒茬的原则和茬口特性的。

1. 把重要作物安排在最好的茬口上

由于作物种类繁多,必须分清主次,把好茬口(主要指早茬、肥茬)。优先安排给优质粮食作物、经济作物,以取得较好的经济效益和社会效益。对其他作物也要全面考虑,以利于全面增产。

2. 考虑前、后茬作物的病虫草害以及对耕地的用养关系

在轮作中应尽量避开相互间有障碍的作物,尤其是相互感染病、虫、草害的作物要避开。注意用养结合,富碳耗氮的禾谷类作物一般适宜安排在豆科、绿肥等富氮作物之后,以利氮、碳互补,充分发挥土地生产力和可持续发展。

3. 严格把握茬口的时间衔接关系

复种轮作中前茬作物收获时,常常是后一作物适宜种植之日,因此,及时安排好茬口衔接尤为重要。一般是先安排好年内的接茬,再安排年间的轮换顺序。为使茬口的衔接安全适时,必须采取多种措施,如合理选择搭配作物及其品种,采取育苗移栽、套作、地膜覆盖和化学催熟等,这些措施均可促使作物早熟,以利于及时接茬。

4. 灵活与综合考虑茬口特性

作物的茬口特性是复杂的,茬口的好坏不是绝对的,是有条件的。一般认为苜蓿茬是许多作物,如禾本科作物的好茬口,但对啤酒大麦不是好茬口,因为啤酒大麦要求种子含氮量低。含氮多的茬口对烟草也不是好茬口。影响茬口的因素是多方面的,要把握好在具体条件下影响因素的主次关系。

 本章习题

1. 作物布局对农业生产有何意义? 它与农业生产布局之间有何区别与联系?
2. 作物布局依据的主要原则是什么? 为什么要以生态适应性为基础?
3. 我国主要作物的布局特点是什么?
4. 复种和复种指数的含义是什么?
5. 为什么合理的复种能够增产增效?
6. 复种的技术要求与单作有何不同?
7. 复种实现的条件是什么?
8. 什么是土地当量比?
9. 举例说明间作与套作有何不同?
10. 间套作的增产效益原理是什么?
11. 阐述间套作的技术特点。

12. 试述轮作换茬在农业生产上的意义。

13. 试述连作的危害及其消除途径。

14. 为什么连作能够一直存在于生产实际?

15. 什么是茬口特性? 如何评价?

第七章　种子繁育

　　良种是农业生产最基本的生产资料,在作物生产中有着非常重要的作用。本章主要介绍良种的概念及其在农业生产中的作用,良种繁育的基本原则和程序、方法,以及种子加工与贮藏中应注意的问题。

第一节　良种的作用

　　农业的基础在于种植业,种植业的延续与发展依赖于种子。作物种子是农业最基本、最重要的生产资料。农业生产无论采取何种现代化技术,都必须通过种子才能发挥出应有的作用。种子尤其是良种,是农业增产增效的关键因素,是各项技术措施产生效益的载体。

一、良种的概念

（一）品种的概念

　　品种(cultivar,简称 CV)是人类在一定的生态条件和经济条件下,根据人类的需要所选育的某种作物的某个群体;它具有相对稳定的遗传特性和生物学、形态学及经济性状上的相对一致性,在特征特性上不同于同一作物的其他群体;这种群体在相应地区和耕作条件下种植,在产量、品质和适应性等方面能符合生产发展和消费者的需要。

　　需要指出的是,品种是人类进化和选择的产物,即育种的产物,是重要的农业生产资料。因此品种属于经济上的类别,而不同于植物分类学上的概念。在植物分类上,品种往往属于植物学上的一个种、亚种、变种乃至变型,但是不同于植物分类学上的变种、变型。植物分类上的变种是自然选择和自然进化的产物,不具有上述品种的特性和作用。英文单词 variety 兼具变种和品种的含义,为了避免混淆,近年来有关文献和资料中多用 cultivar(即 cultivated variety,栽培品种的合成术语)来专指品种,以区别于变种。

　　此外,作物品种是人类在特定的生态和经济条件下,为了满足生产和生活上的需要所创造出的群体。每个作物品种都有其所适应的地区范围和耕作栽培条件,而且都只在一定时期内起作用,因此作物品种一般都具有一定的时间性和地区性。随着耕作栽培条件及其他生态条件的改变,经济的发展和人们生活水平的提高,人们对品种的要求也会提高,所以必须不断地选育新品种以更替原有的旧品种。一些过时的、不符合当前要求的老品种和不符合当地要求的外地品种虽然不完全符合品种的概念,习惯上仍称为品种,它们常常是用于选育新品种的种质资源。

（二）品种的特性

作物品种一般应具有新颖性、特异性（区别性）、整齐性（一致性）和稳定性等四个特性,这是对作物品种的基本要求,简称 NDUS。我国 1997 年颁布《中华人民共和国植物新品种保护条例》中规定要申请授权的新品种首先应具备这四个特性。国外品种登记一般仅要求有三性:特异性、整齐性和稳定性（DUS）。

新颖性:指选育的新品种要具有较好的经济性状和经济价值,要比已有品种具有明显的优点。例如大田作物审定或推广的新品种增产效果一般在 10% 以上,园艺作物推广品种增产效果一般在 20%～30%,有的甚至成倍增长。有些新品种不一定产量明显提高,但是可能具有比较好的品质、抗病虫性等特点,例如生产中推广的糯玉米、高油玉米等。

特异性:指一个品种至少要有一个以上明显不同于其他品种的可辨认的标志性状。这是一个品种和其他品种得以进行区分的基础,也是申请新品种保护时的依据。这个性状可以是外部植株性状差异,如株高、穗长、抗病性、芒的有无等,也可以是蛋白质水平、分子水平的差异,如 DNA 分子标记的差异。

整齐性:品种内个体间在株型、生长习性、物候期和产品主要经济性状等方面应是相对整齐一致的。在采用适当的繁殖方式进行繁殖时,除可以预见的变异外,品种相关的特征或者特性仍然保持一致。所谓可预见的变异,主要是指由于外界环境条件的影响,品种部分特征、特性会发生一定程度的变异,如株高、生育期等。简单理解,即利用某个品种进行农业生产,不仅能在产量和品质上满足人们的需求,而且植株间具有较高的一致性,不能杂乱不齐,或者今年种一个样,明年种又一个样。品种的整齐性很重要,不仅影响其商品价值,对（机械化）收获也有很大的影响。

稳定性:作物品种在遗传学上应该是相对稳定的,经过反复繁殖后或者在特定繁殖周期结束时,新品种相关的特征、特性保持相对不变。即经过多代繁殖,品种的有关特性没有发生变化。例如,营养系品种虽然遗传上是杂合的,但在用扦插、分根等方法无性繁殖时能保持前后代遗传的稳定连续。杂交种是以间接的方式保持前后代之间的稳定连续的,即杂交品种可以每年重复生产杂交一代种子供生产利用。

（三）种子的概念

从植物学上来讲,真正的种子是指种子植物所独具的繁育器官,它是由植物的胚珠经过受精作用发育而成的一种有性繁育器官,一方面具有遗传性,能将其特性在不同程度上传递给下一代;而同时又有一定程度的变异性,在后代个体中发生各种各样的变异。

在农业生产上,种子是用于农业、林业生产的各种播种材料的总称,习惯称农业种子。2016 年公布的《中华人民共和国种子法》指出:"本法所称种子,是指农作物和林木的种植材料或繁殖材料,包括籽粒、果实、根、茎、苗、芽、叶、花等。"因此凡可以用做播种材料的任何植物器官或其营养体的一部分,只要是能作为繁殖后代用的,都称其为种子。

种子类型比较多,大体可以分为以下四类。

① 真种子。即植物学上所称的种子,由母株花器中的胚珠发育而来。如大豆、花生、芝麻、油菜、棉花、黄麻、红麻、烟草种子及蓖麻、西瓜、韭菜、亚麻种子等。

②　类似种子的果实。即植物学上的果实，由子房壁发育成果皮，内含一粒或多粒种子。如小麦、玉米、大麻、向日葵、苜蓿、胡萝卜、芹菜、芫荽等作物的种子实际上属于果实；稻、大麦、荞麦、菠菜、甜菜、苏丹草、薏苡等种子为果实加附属物组成；桃、杏、枣、桑、人参、五加等种子为果实的一部分。

③　营养器官。主要包括根、茎及其变态物的自然无性繁育器官。如甘薯、山药是块根、马铃薯、生姜、藕、菊芋等是块茎；其他如甘蔗的地上茎、苎麻的地下茎；甘薯、草莓藤子、荸荠球茎、洋葱鳞茎等；在食用菌生产中，人们以真菌孢子作播种材料，也称为"菌种"。

④　人工种子。经人工培养的植物活组织幼体，外面包上带有营养物质的人工种皮即包衣剂，便可作为种子来使用。

无论以植物体的哪一部分作播种材料，它们均能够把品种所具有的全部生物学特性和优良的经济学性状原原本本地遗传给后代。

（四）良种的概念

优良品种及其种子是最重要的农业生产资料之一，一般所说的良种包括优良品种和优良种子两方面的含义，二者缺一不可。

优良品种指在一定条件下具有较高的产量和较好的品质，有较大应用前景的品种。其经济学性状一般比较优良，如适应性广、高产、优质、抗病等，老的品种和不符合当地要求的外地品种肯定不能归为优良品种的范畴。优良种子则是指种子的纯度高，不带病虫害，净度、发芽率等播种品质优良。因此一般所说的良种是指优良品种的优质种子。

优良品种的优良是相对的。例如不同生育期的品种其产量有不同的指标，不同用途的品种其品质有不同的要求，没有适合所有用途的万能优良品种。优良种子一般要经过种子检验，符合或达到某些指标时才能够称之为优良种子。

二、良种在农业生产中的作用

（一）良种是种植业赖以延续的基础

农业的基础在于种植业，种植业的延续与发展依赖于种子。"春种一粒粟，秋收万颗籽"，形象地描述了种子与农业生产的关系。优良品种是劳动人民长期劳动和智慧的结晶。人类在长期的生产实践中，不断地认识植物，并通过选择和栽培的过程，对植物加以驯化和改良，形成了许多栽培作物及栽培作物品种。例如中国在西周时期，已经有了"嘉种"（良种）的概念，并且提出了产量高、品质好和熟期适宜的选种目标。魏晋南北朝时期就已经培育出一大批各种作物的优良品种，并且在品种分类、品种命名以及早熟矮秆品种的增产潜力、产量和品质的矛盾等方面都做出了理论阐释。这些品种是人类文明的宝贵遗产，正是依靠它们，各种种植活动才能年复一年地得以进行。

随着人们对自然界认识水平的提高和科学技术的进步，现在人们已经通过各种常规技术和现代生物技术进行作物新品种的选育，创造了各种作物无数的优良品种，使产量和品质逐步提高，对农业生产发展起到了重要的作用。良种及其种子已成为现代农业科技的载体，农业生产无论采取何种现代化技术，都必须通过种子才能发挥出应有的作用，各种作物方面的新技术、新方法正是通过种子这种特殊载体不断推动农业发展的。因此种子尤其是良种，是农业增产增效的关键因素，是各项农业技术措施产生效益的载体，是种植业得以延续和发展的基础。

（二）提高单位面积产量

良种一般都有较大的增产潜力，在相同的栽培条件下，一般能够显著提高产量。大田作物推广品种一般增产效果在 10％以上，园艺作物推广高产品种增产效果一般在 20％～30％，有的甚至成倍增长。

此外，农业生产中的施肥、灌水、田间管理等增产措施，都必须通过良种才能发挥作用。除品种外，各种栽培和田间管理措施的运用总有一定的局限性，如施肥量、灌水次数与数量、农药的喷洒、耕作次数等都是有限量的。唯独品种改良的增产潜力几乎是无穷近的。例如杂交水稻和杂交玉米、矮秆水稻和矮秆小麦的育成与应用，在全球范围内大幅度地提高了作物的产量。20 世纪 30 年代到 50 年代，美国依靠推广杂交种玉米，使玉米单产迅速提高，总产量达到世界玉米的 50％；墨西哥育成矮秆高产小麦品种后，在 30 年内，小麦产量提高了394％；根据 FAO 分析，1949～1978 年的 30 年间，世界小麦产量增长中良种作用约占 30％。新中国建立 50 多年来，培育并推广的农作物新品种、新组合有 6 000 多个，粮、棉等主要作物品种在全国范围内更换了 5～6 次，每次更换都增产 10％以上。超级稻、杂交玉米、矮秆小麦、转基因抗虫棉等一大批突破性科技成果的成功开发和推广应用，使主要农作物良种覆盖率达到 95％以上，有效地提高了粮棉油等大宗农作物的生产能力。其中杂交水稻的推广使水稻产量平均每亩提高 120 kg，"紧凑型"玉米也开创了单季作物产量过吨的新纪元。

（三）改进产品品质

作物品质是指人类所要求的农作物目标产品的质量，包括加工品质、营养品质和食用品质等方面。随着市场经济的发展及人民生活水平的提高，人们对各种农产品的品质要求越来越高，要求新育成的作物品种，不仅具有更高、更稳的产量，而且应具有更好、更全面的产品品质。栽培技术、环境条件都是影响品质的重要因素，但提高品质，最关键的措施还在于采用优质的品种。当前广大育种工作者越来越注重专用品种的选育，如面包专用型小麦、鲜食玉米、高油玉米等，更进一步地满足了不同消费者对品质的需求。近十几年来，我国的优质米生产之所以得到迅速发展，主要是因为优质米的品质好，能够满足消费者生活水平提高的需要；同时优质米的价格较高，能够给稻农带来较好的经济效益。此外近年来我国苹果品质提高很快，这也主要得益于苹果的品种改良，占主导地位的"国光"苹果大面积地被"富士"等优质苹果所取代。

从市场上看，提高品质的重要性常远远超出产量，品种的加工或营养品质不同，将造成市场价格和销售情况有明显的差别。特别是由于国际、国内市场对优质农产品的需求不断增加，农业生产对产品品质的要求越来越高，品质的优劣已成为农民选用种植品种的主要根据之一。如果一个品种的品质不良，即使产量较高，也难以受到欢迎。

对于一些园艺作物，提高品质的重要性也常远远超过产量。水果、蔬菜、花卉由于外观品质、食用品质、加工品质和储运品质方面的差异，市场价格能够相差几倍到几十倍。

（四）提高作物的抗病虫害能力

病虫害是种植业生产的重要威胁，农业生产每年因病虫害的影响造成的损失是十分严重的。据报道，全世界每年因病虫草害的损失约占粮食总产量的 1/3，其中因病害损失 10％，因虫害损失 14％。我国每年因病虫害损失的粮食约 4 000 万 t。农作物病虫害除造成产量损失外，还可以直接造成农产品品质的下降，出现腐烂、霉变等，营养、口感也会变异，甚至产生对人体有毒、有害的物质。生产者每年为了防治病虫害，大量使用有毒农药，不仅增加了投入,而且在产品、土壤、大气、水源方面造成了严重污染,严重危害着人们的健康。

相比之下,选育抗病虫品种是防治各种病虫害最有效、经济、安全的方法之一。抗病虫品种的选育和推广在保证作物产量品质稳定的同时,还可少用或不用农药,起到降低生产成本、减少污染、保护环境的作用。例如转基因抗虫棉在显著提高品种对棉铃虫抗性的同时,大大减少了化学农药的使用,保护了农田生态系统和环境。

(五)提高抗逆性和适应性,扩大种植面积

抗逆性主要是指作物对干旱、寒冷、盐碱等非生物胁迫的抗性或忍耐能力,是作物高产和稳产得以实现的保证。农业生产中经常遇到各种不利的环境条件,如干旱、涝灾、低温冻害、盐碱等。通过新品种选育,如抗旱育种、抗寒育种、抗盐筛选等,可有效地提高作物对不良环境的适应性及抵抗能力,大大减轻或避免产量的损失和品质的变劣,保持作物产量和品质的稳定。此外,新的推广品种一般适应性较好,即在推广范围内对不同年份、不同地块的土壤和气候等因素的变化造成的环境胁迫具有较强的适应能力,所以在大面积推广过程中仍能够实现连续而均衡地增产。

优良品种由于具有较强的抗逆性和较好的适应性,既能适应不同土壤气候等环境条件,也有适合不同栽培条件的早、中、晚熟品种,因此适宜在不同地区之间进行种植和推广。而且农民在选择品种时,也会自觉地选用优良品种来代替原有的老品种。这样就都可以扩大该作物的栽培地区和种植面积,进而提高作物的产量和品质。

(六)缩短或改良生育期,改进耕作制度,调整农业种植结构

随着人口数量不断增加和土地面积不断减少的矛盾越来越明显,农业耕作制度正在不断改革,人们努力通过复种、套种、间作等多种栽培耕作措施来获得更多的农业产品。为了达到复种指数不断提高的目标,农业生产对品种早熟性的要求变得十分迫切,早熟性已成为国内外育种的主要目标之一。对于一二年生作物选育不同成熟期的品种可以调节播种时期,利于安排适当的茬口(如单季改双季)。同时早熟性品种还可缩短生育期,避开夏季高温或初冬严寒,扩大作物种植面积,如大豆、水稻等育成超早熟品种可使产区北移等。新中国成立以前,我国南方许多地区只栽培一季稻,随着早、晚稻品种及早熟丰产的油菜、小麦品种的育成和推广,现在南方各地双季稻、三熟制的面积大幅度提高,促进了粮食和油料作物生产的发展。

对于园艺作物,品种生育期的调整更主要的是延长供应,利用时期,解决市场均衡供应问题。因为绝大多数园艺产品都是以多汁的新鲜状态供应市场的。如早熟而不易抽薹的春甘蓝和中熟而耐高温的秋甘蓝对解决春淡季和秋淡季的蔬菜供应有重要意义。花卉方面,如菊花在原有盆栽秋菊的基础上育成了夏菊、夏秋菊和寒菊新品种,可以大幅度地延长观赏期及利用方式(切花和露地园林)。

(七)提高农业机械化水平,提高劳动生产率

随着农业机械化水平的提高,新选育的作物品种特性也逐渐地适应农业机械化操作的要求,间接地提高了劳动生产率,促进了农业生产现代化水平的改善和提高。例如,稻麦新品种一般茎秆坚韧、易脱粒而不易落粒,棉花品种吐絮集中、棉瓣易于离壳。果树如苹果矮化砧和短枝型品种的育成,以及蔬菜如番茄矮生直立机械化作业品种的育成也能大幅度地节省整形、修剪、采收等作业的用工量。这些都间接地提高了农业生产的机械化水平,大大节省了人力和物力投入,提高了劳动生产率。

三、品种的分类

根据作物的繁殖方式、商品种子的生产方法、遗传基础、育种特点和利用形式等,一般将作物品种分为下列四种类型。

(一) 自交系品种

自交系品种又称纯系品种,是由一群遗传背景相同和基因型纯合的植株组成的群体,主要通过对突变或杂合基因型经过连续多代的自交加选择而得到。这种品种一般比较稳定,多代繁育不会发生分离。它实际上包括了自花授粉作物和常异花授粉作物的纯系品种和异花授粉作物的自交系。现在我国生产上种植的大多数水稻、小麦、大麦等自花授粉作物的品种就是自交系品种。异花授粉作物中经多代强迫自交加选择而得到的纯系,如玉米的自交系,当作为推广杂交种的亲本使用时,具有生产和经济价值,也属于自交系品种之列。

(二) 杂交种品种

杂交种品种是指不同品种和自交系间杂交后的子一代,所以又称为一代杂交种。杂交种由于利用了杂交优势,其产量常超过常规品种。虽然杂交种各植株间的遗传基因型是相同的,也有较好的整齐性,但它们的基因型均是杂合的,第二年用其作种子(杂二代)时会发生基因分离,整齐度下降,经济学性状也严重变劣。所以杂交种不能自己留种,必须利用固定的亲本年年为生产配制一代杂交种。目前生产中多数的玉米、高粱种子、部分水稻品种及多数蔬菜品种均是杂交种。

过去主要在异花授粉作物中利用杂交种品种,现在很多作物相继发现并育成了雄性不育系,解决了大量生产杂交种子的问题,使自花授粉作物和常异花授粉作物也可利用杂交种品种。袁隆平、李必湖等(1970)发现并育成水稻野败型雄性不育系,1975 年开始推广水稻杂交种品种,1976～2013 年全国累计推广种植杂交水稻 5.316 亿 hm^2,已占全国水稻种植面积的 50% 以上。此外,油菜上也育成甘蓝型杂交油菜品种,大大提高了油菜的产量。我国水稻和甘蓝型油菜杂交种品种的选育和利用,在国际上领先,证实了自花授粉作物和常异花授粉作物利用杂种优势的可行性。

(三) 群体品种

其基本特点是遗传基础比较复杂,群体内植株基因型有一定程度的杂合性或异质性。因作物种类和组成方式的不同,群体品种包括以下四类。

1. 异花授粉作物的自由授粉品种

自由授粉品种在种植时,品种内植株间随机授粉,也常和邻近的异品种授粉。这样由杂交、自交和姊妹交产生的后代,是一种特殊的异质杂合群体,但保持着一些本品种的主要特性,可以区别于其他品种。玉米、黑麦等异花授粉作物的很多地方或农家品种都是自由授粉品种,或称开放授粉品种。

2. 异花授粉作物的综合品种

该品种是由一组经过挑选的自交系采用人工控制授粉和在隔离区多代随机授粉组成的遗传平衡群体。这是一种特殊的异质杂合群体,个体基因型杂合,个体间基因型异质,但有一个或多个代表本品种特征的性状。

3. 自花授粉作物的杂交合成群体

该群体是用自花授粉作物的两个以上的自交系品种杂交后繁育出的、分离的混合群体,将其种植在特殊环境中,主要靠自然选择的作用促使群体发生遗传变异,并期望在后代中这些遗传变异不断加强,逐渐形成一个较稳定的群体。这种群体内个体基因型纯合,个体间基因型存在一定程度的差异,但主要农艺性状的表现型差异较小,是一种特殊的异质纯合群体。哈兰德(Harland)大麦和麦芒拉(Mezcla)利马豆都是杂交合成群体品种。

4. 自花授粉作物的多系品种

多系品种是由若干近等基因系的种子混合繁殖而成的。由于近等基因系具有相似的遗传背景,只在个别性状上有差异,因此多系品种也可被认为是一种特殊的异质纯合群体,它保持了自交系品种的大部分性状,而使个别性状得到改进。利用携有不同抗病基因的近等基因系合成多系品种,具有良好的效果。

(四)无性系品种

它是指自花授粉或异花授粉作物,通过选择某一部分营养器官,扩大繁殖所育成的品种。它们的基因型由母体决定,表现型与母体相同。许多薯类作物和果树品种都属于无性系品种。

此外还有农家品种的概念。农家品种是人们在长期的生产实践中,在一定的自然条件和农业生产条件下,对一些具有特殊性状的优良类型进行选择而形成了适应该地区气候和环境的地方品种。它在生产上稳产性较好,但多数产量一般,目前大面积生产中应用较少,仅有些零星种植或在某些小品种作物上栽培较多。

四、品种的合理使用

品种虽然具有较高的增产潜力和较好的品质和抗逆性,但并不是使用了良种就一定能够增产。为了充分发挥品种的特性和产量潜力,在品种的使用和推广过程中,应该注意以下问题。

(一)必须使用经过审定的品种,而且是经过种子检验符合标准的良种

生产中使用的品种必须经过审定,没有经过审定或登记的品种不能进行大面积的推广使用,这在《中华人民共和国种子法》中有明确规定。因为品种和种子作为农业生产最基础的生产资料,是一种特殊的商品,质量低劣的种子给农民带来的损失不仅在于种子成本本身,它还会造成作物减产、绝产,殃及整个生长季的投入和利益,后者的危害往往更为严重。已经通过审定的品种,都经过了严格的品种试验和生产试验,所以往往具有较好的适应性和高产、优质的特点,适合进行大面积的推广和种植。而没有经过审定的品系,由于没有进行严格的试验,所以在大面积推广的时候存在一定的风险。生产中有很多销售和使用未经审定的品系而给农民带来较大损失的例子。

此外,销售和推广优良品种时,必须是经过检验的优良种子,即达到一定的分级标准,纯度、净度、发芽率、生活力均比较好的高质量种子。使用和种植这样的种子,才能够充分发挥品种的特性,达到高产稳产的目的。否则也会给农民带来较大的经济损失。

所以我国法律规定:销售不符合质量标准种子,掺杂使假,以次充好的,有关部门有权制止其经营活动和扣押种子,没收种子和违法所得,并处以违法所得 1～2 倍的罚款。给使用者造成经济损失的,还应赔偿使用者的直接损失和可得利益损失。情节严重的应追究其刑事责任,我国《刑法》规定,经营伪劣种子造成特别重大损失者,最高可处以无期徒刑,并处以罚金或者没收财产。

(二)根据品种的特性,合理选择和使用良种

在同一个大的自然区域内,不同地区的气候和生态条件不一样。例如日照长短、气温高

低、有效积温、无霜期长短、降雨量、土壤性质、肥力情况和病虫害都可能存在较大差异,此外不同地区在农业生产发展水平、耕作制度方面也可能会存在差异。而作物品种是人类在一定的生态和经济条件下为了满足生产和生活上的需要所创造出来的,同一作物的不同品种可能具有不同的特点和地区的适应性。因此在选择和推广农作物新品种时必须因地制宜,根据品种的特征特性来合理地选择品种。优良品种只有在适宜的生态条件下,才能发挥其优良特性;而每一地区只有选择种植合适的品种,才能获得良好的经济效益。

具体实施时,可以根据品种要求的生态环境条件,安排在适应区域内种植,使品种的优良性状和特性得以充分发挥。除了考虑气候、土壤等生态因子外,还须考虑地区的栽培水平及经济基础。例如高寒地区应该选用生育期短、所需活动积温少的早熟或极早熟品种,机械化栽培地区应选用株高适中、结实部位整齐和不易落粒的品种。只有这样,才能使生态条件得到最好的利用,将品种的生产潜力充分地发挥出来,达到丰产、稳产的目的。

(三)良种合理布局和搭配

在某个地区推广使用某种作物良种时,还要根据地区生态环境条件、市场要求、贮藏条件、交通、劳力等因素,对某一地区的品种组成进行合理布局规划,做到品种的合理搭配。即在一个地方,某个作物选用一个当家品种,再用其他品种搭配,做到"地尽其力,种尽其用",最大限度地发挥优良品种增产的作用。

进行品种合理搭配主要是基于下面的原因:一是不同品种增产幅度不同,早熟品种增产幅度小些,中熟品种差些,晚熟品种大些,一般平均增产 10%～15% 左右。种地既要有当家品种,又要早、中、晚合理搭配,这样才能最大限度地发挥优良品种的增产作用。二是在一个地区,甚至一个乡、一个村,其自然条件和栽培模式总是有差异的。如山地、坡地、平地、洼地、黑土、黏土、沙土、肥地、瘦地的酸碱度不一样,土壤有机质含量就不一样,对品种的要求也就不一样。三是为了满足不同栽培模式的需要。如玉米栽培模式有露地栽培、地膜覆盖等,水稻栽培模式有大棚育苗、钵体育苗等,不同栽培模式所需早、中、晚品种不同,因此要进行合理搭配。四是有利于调节劳动力,不违农时,同一作物种植几个不同播期(包括水稻插秧)、成熟期的品种,对于调节人力、畜力和农机具是很有好处的,有利于适时早播、加强管理、促进早熟、适时收获。五是品种合理搭配,可以减少自然灾害所造成的损失。在现阶段,人力还不能控制气候、不能完全防止病虫害和自然灾害的情况下,如果品种单一化,有时会造成严重损失。而选择对不同病害抗性不同的作物品种进行组合搭配,使之在田间形成病害传播的隔离带,起到对病害的物理阻碍作用和稀释病原菌等作用,减轻病害的发生。选择早、中、晚属性不同的品种则可从某种程度上避开自然灾害,减少损失。因此有必要进行品种的合理搭配。

在进行品种的布局和搭配时要注意:根据当地的自然特点和生态环境,指导农民合理搭配品种,因地制宜地选择适合本地栽培的当家品种组合,而且品种组成数量不宜过多,选择少数最适宜的优良品种集中栽培。另外,还应考虑早、中、晚熟品种的合理搭配,以延长供应期。

(四)良种与良法相配套

不同的品种具有不同的特性,只有根据品种的特性和当地的气候环境条件、栽培管理水平制定出相应的栽培技术措施,做到良种良法配套,才能充分发挥品种的潜力。但是由于近年来科技投入取向的偏差,存在重品种轻栽培的现象,技术与品种不配套,使栽培技术无重大突破。生产中缺少与优良品种相应配套的栽培技术研究和示范,农民不知如何选择适宜的品种,也不知道新品种应如何种植。由于不同品种种植方法的差异,造成把老技术应用于新品种的现象普遍存在,使品种的产量潜力不能发挥。这些问题严重制约着我国农业生产的发展。

例如良种与良法的配套,使我国水稻生产自 20 世纪 50 年代到 90 年代中期实现了从高秆到矮秆、从常规到杂交稻的两大跨越,实现了粮食生产的历史性突破。但是近年来我国生产中应用的水稻品种数量年年增加,粮食亩产却在下降,农民并没有因为良种多了而增收。其中水稻单产下降的一个主要原因是良种良法不配套。良种没有配套的良法,品种的生产潜力就不能发挥。根据 2002 年我国南方稻区水稻品种区试单产和农民实际单产计算,南方稻区的早稻、中稻和晚稻品种平均单产分别比农民实际单产每公顷高 2.28 t、1.83 t 和 1.98 t。表明如果实现良种良法配套,品种的产量潜力会得到发挥,南方稻区的早稻、中稻和晚稻的产量均可大大提高。调查表明,农民对水稻生产的肥料、农药等生产资料的投入并没有减少,但是由于技术不到位,肥料、农药利用率低,造成水稻生产效益也低。

因此,良种与良法相配套是今后提高单产、增加总产的主要途径。在目前耕地和播种面积的限制下,今后各种主要农产品的总量增加主要依靠单产水平的提高。而依靠遗传改良和栽培技术相结合,良种与良法相配套,则是今后提高单产、增加总产的主要途径。

（五）注意品种的更新和更换

任何品种在生产上的使用年限都是有限的,随着耕作栽培条件及其他生态条件的改变,经济的发展和人们生活水平的提高,人们对品种的要求也会提高,所以必须不断地选择推广新品种以更换原有的旧品种。而且即使是优良品种,在生产栽培过程中也很容易混杂退化,引起品种纯度下降,种性降低。因此有必要实行品种更新,保持良种种性（遗传性）。

五、品种审定和品种保护

（一）品种审定

品种审定是指由专门的权威机构（如品种审定委员会）对新育成或新引进的品种能否推广和能在什么范围内推广等做出权威性结论。建立品种审定制度是为了加强农作物的品种管理,因地制宜地推广良种,避免盲目引种和不良播种材料的扩散,是实现生产用种良种化、良种布局区域化、合理使用良种的必要措施。

根据我国 2016 年 1 月颁布施行的《中华人民共和国种子法》,农业部 2016 年 7 月发布了《主要农作物品种审定办法》,对品种审定的组织和程序做出了具体的规定。其中农业部设立国家农作物品种审定委员会,负责国家级农作物、跨省推广品种审定工作。省级农业行政主管部门设立省级农作物品种审定委员会,负责省级育成或引进农作物新品种的审定工作。品种审定委员会一般由农业行政主管部门、种子管理及推广部门（如种子公司）、科研单位、农业院校等有关单位的代表组成,负责领导和组织作物品种的审定工作。

品种审定工作包括:领导和组织品种区域试验和生产试验;评价、审定新品种;对已推广的品种和新品种的示范、繁育和推广工作提出建议;对审定的新品种进行登记、编号、命名和颁发新品种审定合格证书等有关事宜。由此可见,品种审定是良种繁育和推广的前提。只有品种审定合格的品种,经农业行政主管部门正式公布后,才能在生产上正式地进行大规模的种子生产和推广。

在品种审定方面,对主要农作物品种和主要林木品种实行审定制度,并建立非主要农作物品种登记制度。各育种单位和个人育出的新品种,未经审定只能进行小面积的试种,但不得进行大面积推广。为鼓励培育和使用新品种,育种者对自己培育的新品种可申请品种权;未经品种权人许可,不能生产和销售该品种,新品种的申请权和所有权可以转让。

品种审定的依据是品种试验。新品种必须通过多点的、二至三年的区域试验和生产试验。在多数试验点连续表现优异,育种者在完全掌握其特性的基础上提出成熟的性状标准和栽培管理技术,然后方可向所在地的省、市品种审定委员会提出申报。品种审定委员会再根据品种试验的结果材料和其他条件对该品种是否能推广做出决定。

（二）品种保护

植物品种保护,又称为育种者权利,属于知识产权范畴,是授予植物新品种培育者利用其品种所专有的权利。

植物新品种保护,是国际公认的对植物品种进行管理的重要内容之一,目的是保护育种者对其发明的独占权。众所周知,改良的品种对于促进作物提高产量、改进品质和抗逆性、降低生产成本以及保护生态环境等具有重要意义。然而,培育植物新品种需要大量的投入,包括技术、劳动、资金、物质条件以及较长的时间(一般需要几年到十几年)。而且,随着农业生产水平的提高,育成一个品种需要的技术越来越复杂,相应的投资也越来越高。在我国,由于近年来人工费、材料费、土地使用费、机具和仪器设备费等的大幅度涨价,培育植物新品种的费用在成倍增长。实行品种保护还可为育种经费的来源开辟一条补偿的途径。因为育种需时长,投入多,国家目前的经费投入还不能满足需要。

目前国际上许多国家都重视对植物新品种的保护,通常采用立法手段从法律上维护育种者的利益。只有获得品种保护权的育种者,才有权繁殖、销售或转让该品种。立法名称依不同国家而异,采用品种保护法的国家有英国、荷兰等;采用特许保护法的国家有意大利、韩国等;也有的国家两法并用,如美国、法国等。

在我国,2014 年 7 月新修订颁布《中华人民共和国植物新品种保护条例》(以下简称《条例》),共 8 章 46 条,其主要内容对申请新品种保护的条件、申请、受理与审查批准、授权品种的权益和归属、品种权的保护期限和侵权行为的处罚等各方面内容均作了具体规定。例如对于授权品种的权益和归属,《条例》规定:育种者对其授权品种享有排它的独占权。任何单位和个人,未经品种权所有人许可,不得以商业目的生产或销售该授权品种的繁殖材料。执行单位任务、利用单位物质条件完成的职务育种,新品种申请权属于单位;非职务育种的申请权属于个人;委托或合作育种,品种权按合同规定。在保护期内如品种权人书面声明放弃品种权、未按规定缴纳年费、未按要求提供检测材料,或该品种已不符合授权时的特征和特性,审批机关可宣布终止品种权,并予以登记公告。授权品种在保护期内,凡未经品种权人许可,以商业目的生产或销售其繁殖材料的,品种权人或利害关系人可以请求省级以上政府农业、林业行政主管部门依据各自的职权进行处理,也可以向人民法院直接提起诉讼。假冒授权品种的,由县级以上政府农业、林业行政主管部门进行处理。

（三）种子立法

种子立法,就是建立和制定与种子有关的法律条文,以法律的形式来实现政府对种子生产和经营各个环节的把握与控制。其根本目的是保证上市种子的质量和确保种植业的发展。随着国内种子贸易和国际种子贸易的发展,种子生产和经营中所存在的质量控制问题日益尖锐。因此,通过种子立法来控制种子质量的要求也就变得更为迫切。

目前世界上所制定和颁布的种子法主要包括植物品种保护法、农作物种子法、农产品种苗法、植物防疫法和输出、输入种子检查法等。国外种子立法代表性的类型有两种：一是北美（如美国、加拿大等）类型，其实质是保证执行真标签法，即用完备而真实的标签来保证种子质量，以达到保护用户利益的目的；二是欧洲类型，其实质是严格执行不准未加以认可的种子上市的法律，此类法律条文极其广泛而且限制性很强。

在我国，由于种子是一种特殊的农业生产资料，质量低劣的种子给农民带来的损失不仅在于种子成本本身。为维护正常的种子经营秩序，保证种子产业的持续稳定发展，国家和有关部门制定了一系列法律法规，如《中华人民共和国种子法》、《中华人民共和国植物新品种保护条例》、《中华人民共和国农业部农作物种子检验管理办法》等，对种子的生产经营进行规范。这里主要介绍《中华人民共和国种子法》。

《中华人民共和国种子法》于 2015 年又经过一次修订，自 2016 年 1 月 1 日开始施行。内容包括总则，种质资源保护，品种选育、审定与登记，新品种保护，种子生产经营，种子监督管理，种子进出口和对外合作，扶持措施，法律责任，附则共 10 章。该法的制定标志着我国种子产业的发展进入了一个新的历史阶段。前面章节已经介绍了部分主要内容，下面介绍一些基本内容。

1. 假劣种子

假种子：（1）以非种子冒充种子或者以此种品种种子冒充他种品种种子的；
　　　　（2）种子种类、品种、产地与标签标注的内容不符的。

劣种子：（1）质量低于国家规定标准的；
　　　　（2）质量低于标签标注指标的；
　　　　（3）带有国家规定的检疫性有害生物的。

2. 种质资源国家享有

国家依法保护种质资源，任何单位、个人不得侵占和破坏。国家对种质资源享有主权，任何单位和个人向境外提供种质资源，或者与境外机构、个人开展合作研究利用种质资源的，应当经国务院农业、林业行政主管部门批准；从境外引进种质资源的，依照国务院农业、林业行政主管部门的有关规定办理。

3. 品种培育者获得该品种独占权

完成育种的单位或者个人对其授权品种享有排他的独占权。任何单位或者个人未经植物新品种权所有人许可，不得生产、繁殖或者销售该授权品种的繁殖材料，不得为商业目的将该授权品种的繁殖材料重复使用于生产另一品种的繁殖材料。选育的品种得到推广应用的，育种者依法获得相应的经济利益。

4. 种子使用者按自己意愿购买种子

种子使用者有权按照自己的意愿购买种子，任何单位和个人不得非法干预。种子生产经营者应当遵守有关法律、法规的规定，向种子使用者提供种子的主要性状、主要栽培措施、使用条件的说明、风险提示与有关咨询服务。任何单位和个人不得非法干预种子生产经营者的生产经营自主权。

此外，国家和各省还颁发各级《主要农作物品种审定办法》，这是保证新品种推广应用中控制质量的基本文件。品种审定工作是生产高质量优质种子的前提，因而对种子工作也具有指导性的意义。

第二节　良 种 繁 育

"国以农为本,农以种为先"。优良品种要在生产中推广,每年必须保证有大量的良种供给,育种家提供的常常是少量的原种或亲本种子,这就需要进行良种繁育。良种繁育不仅要迅速繁育出大量的要推广的种子,而且还要保证品种的种性和纯度。

一、良种繁育的概念与任务

(一)良种繁育的概念

良种繁育是指在保持品种种性的前提下,有计划地、迅速地、大量地繁殖优良品种的优质种子或苗木的技术。良种繁育有时也被称为种子生产或种子繁殖,实际上是育种的继续和扩大,是优良品种能够继续存在和不断提高质量的保证。

良种繁育中的"繁"是对数量而言指提高良种的繁殖系数;"育"是就数量而言指种子的培育,即采用优良的栽培条件和科学的管理措施,保证优良品种种性。因此良种繁育的关键是生产原种、繁殖种子。

良种繁育属于育种学范畴,是前承育种后接推广的重要环节,同时也是育种和生产之间的桥梁,是把育种成果转化为生产力的重要措施。没有良种繁育,育成的品种由于数量少,就不可能在生产上大面积推广,其增产作用也就不可能得到发挥;没有良种繁育,正在推广的品种也会很快发生混杂退化,失去优良种性,也就丧失了增产的作用。因此,良种繁育是保证作物持续高产、稳产的重要手段。

(二)良种繁育的任务

良种繁育主要有两方面的任务:

一是迅速大量繁殖优良品种的优质种子。新选育出的或引进的品种,刚通过审定时,种子数量少,通过迅速、大量繁殖种子,可以尽快发挥品种作用。这是良种繁育的首要任务,可以使育种的新成果及时用于生产,替换生产上使用价值低的原有品种,产生较好的经济和社会效益。此外对于生产上已经大量应用推广并且将继续占有市场的品种,有计划地用原种生产出高纯度的良种更新生产用种,可以实现品种定期更新。

二是防止品种混杂退化,保持良种种性(遗传性),提高品种纯度。对生产上正在使用的品种,采用最新的和常规的科学方法贮存、生产原种,防止品种混杂退化,以保持或提高品种的纯度和优良特性,延长其使用年限。混杂是品种里掺有非本品种的个体;退化主要表现为品种内出现不利于人类的个体变异(比如产量低、抗逆性差、品质差),这些个体与品种原有的典型个体不同。品种的混杂退化会使品种的经济性状变劣,生产利用价值降低。因此必须通过良种繁育,采用先进的农业技术措施,防杂保纯,保持和提高良种的种性。

总的来说,良种繁育的主要任务是:大量繁育良种,保持良种的纯度和种性,从数量和质量两个方面来满足生产上对良种的需要,有计划地进行品种更新。可以用四个字来概括,即更换、更新。

二、良种繁育的基本原理和方法

(一)品种的混杂退化

在农业生产中,大量的种子纠纷是由品种的混杂退化引起的。品种混杂是指品种里混有非本品种的个体。这些个体如有选择上的优势,会在本品种内极快地繁殖蔓延,降低品种使用价值,品种混杂是品种纯度下降的主要原因。品种退化是指品种在产量和品质方面生产力降低或丧失的一种现象。品种退化始于品种内个别植株,但由于这些植株适应生物本身的生存发展,对自然选择有利,从而发展到整个品种,使其经济性状变劣,生产利用价值降低。

品种混杂退化的主要表现是品种的典型性和使用价值下降,具体表现为:① 抗逆力下降,生活力减退,对各种不良条件的适应力变弱。② 生长发育不一致,整齐度差。③ 产量低而不稳,产品品质下降。造成品种混杂退化的原因很多,主要有以下几个方面。

1. 机械混杂

机械混杂主要指品种繁育时,在种、收、运、脱、晒、藏等作业时,操作不严,使繁育的品种内混进了异品种或异种的种子。另外,留种地块连作时,因前茬作物的自然落粒,或使用未腐熟的农家肥料等也会引起机械混杂。农民自留种时由于不同农户种植不同品种,地块相邻或同时作业晒场,也能造成机械混杂。

自花授粉作物的品种混杂主要是由机械混杂造成的。异花授粉作物发生机械混杂后,特别是混进了相互间能够杂交的同作物或异作物种子,又会引起生物学混杂,造成的后果更严重。

2. 生物学混杂

生物学混杂主要是指在良种繁育过程中,未将不同品种进行适当隔离,发生了天然杂交,造成品种纯度或典型性以及产量和品质等降低。自花授粉、异花授粉作物均可发生生物学混杂,但异花授粉作物最为普遍。

3. 品种自身发生改变

一个优良品种应是一个较为一致的群体,但品种是一个性状基本稳定的群体。品种的"纯"只是一个相对的概念,品种内个体间或多或少都有一定的杂合性,何况自然界某些因素还会导致生物体发生基因突变和重组。因而,品种经过连年种植,本身也会发生各种各样的变异,这些变异经过自然选择常被保存和积累下来,导致品种的混杂退化。此外,目前生产上推广的品种大多是通过杂交,甚至是复合杂交育成的,遗传基础比较复杂,发生变异、分离的概率也相对较高。而且还有些育种单位急于求成,往往把一些表现优异但遗传性状尚未稳定的杂交后代材料提前出圃,提交中试和推广,如繁殖过程中不进行严格选择,就会很快出现混杂退化的现象。

另外,按照遗传学的观点,性状是由遗传物质即基因控制的,在自然界,基因突变是经常发生的,基因改变必然引起相应的性状改变。各种作物在自然情况下,都会发生频率很低的突变,这些突变逐步积累,也可导致品种的经济性状变劣。

4. 不正确的选择及采留种

在种子生产过程中,若未进行严格的选择而淘汰掉混杂劣变的植株,或者虽然进行了选择,但选择的方法欠佳或标准不当,结果必然会导致品种退化。如玉米杂交制种时,应该用基因型较纯合的亲本自交系,但是人们在间苗定苗时,往往留大除小,留强去弱,拔除了基因型纯合的幼苗,留下杂种,使自交系混杂退化。水稻选种仅注意穗大、粒多、粒重,而对分蘖多少、植株高矮、耐肥抗病强弱很少考虑;或忽视了对原种育性、自交不亲和性等的检测与鉴定;或连年采用小株留种而缺乏对主要经济性状的鉴定;或留种群体太小而导致遗传漂移;或连续多年实行近亲繁殖等,都可能导致不同程度的品种退化。此外,在不适宜的自然环境条件下留种;或种子生产中栽培技术措施不当,如将温室品种连年在露地栽培留种等,都会直接影响到种子的质量,以致引起品种的退化。

5. 病毒侵染

马铃薯一旦感染病毒,由于系统侵染,经过种薯连续传病,优良的无病毒原种经数年即可完全感病,造成薯块变小,产量逐年下降。果树的组织或细胞受到病毒或类菌体侵染后,会破坏生理上的协调性,直接影响产量和品质,甚至引起细胞内某些遗传物质的变异。如在良种繁殖时,从病树上选取繁殖材料,就会引起品种衰退。大丽花、菊花、香石竹、唐菖蒲、郁金香等,常发生因感染病毒性的萎缩病而使生活力衰退、生长势下降、观赏品质降低等退化现象。

（二）防止混杂退化的方法

品种发生混杂退化后,容易导致产量下降,品质变差,品种也就失去了利用价值。因此,必须采取有效措施,在良好的培育管理和保纯基础上选优,使种性得到保纯和提升,防止和克服品种的混杂退化现象。常用的品种保纯与防止退化的方法有以下几种。

（1）严格良种繁育制度,各个环节加强管理,防止人为机械混杂。

① 种子生产田必须单收、单晒、单藏。各品种不要在一个场地脱粒,若场地不够,可以不同品种各占一个区域;若使用同一脱粒机,更换品种前必须清扫干净。贮藏时不同作物品种必须分别隔离,集中贮藏,不同品种要分别挂上标签,注明名称,防止弄错造成混杂。

② 注意种子接收和发放手续。种子调拨发运,要装入清洁袋子,袋内附有品种说明书,袋子外也要注明品种名称。接受种子时要取样检查,核对品种说明书及标签,以评定品种的真实性、种子纯度和播种品质。

③ 种子处理和播种时,必须做到不同品种分别处理,用具清扫干净。

④ 合理安排种子生产田的轮作倒茬,不能重茬连作,以防止上季残留种子在下季出苗,造成混杂。

⑤ 生长期间还应年年坚持对优良植株进行选择,对已出现的杂株、劣株要坚决拔除。选优去劣工作应在植株发育的不同时期进行,如幼苗期、盛花期、结果期等时期分次进行。被选择的材料应是具有品种典型性状的单株、花序、花朵、果实、种子。特别当品种性状表现最明显时（苗期、花期、成熟期）,严格去杂去劣。

（2）严格隔离,防止生物学混杂。异花授粉作物的种子生产田必须严格隔离,防止花期天然杂交,常异花授粉和自花授粉作物也要适当隔离,尤其像棉花一类虫媒花作物。隔离的方法有空间隔离、时间隔离、障碍物隔离和高秆作物隔离。时间隔离即分期分批播种,使不同品种花期错开;空间隔离即种植在不同的地点,或采用套袋等措施。

（3）用原种定期更新繁育区的种子。生产纯度高、质量好的原种,每隔一定年限（一般3～4年）应该及时更新繁育区所使用的种子,这是防止混杂退化和长期保持品种纯度和种性的一项重要措施。也可以采用一次超量繁育、低温长期保存、定期更换原种的方法,以保证其纯度和种性。

（4）应用正确的选择方法与留种方式。种子生产地内存在杂株是造成繁育品种的遗传性污染的重要原因。前作的遗留及机械混杂是此类污染的重要来源。因此,种子生产中必须及时地通过选择进行种株的去杂去劣,以保证繁育品种的遗传纯度。要掌握正确的选种标准,定期去杂去劣,从单株、花序、种子各个方面来加强选择。在原种生产中,必须严格进行株选;而生产用种生产时则可在认真去杂去劣的基础上实行片选。

留种方面,大株留种繁育原种,小株留种繁育生产用种。原种生产的群体不能太小,一般不应少于50株,并注意避免都来自同一亲系,以免品种群体内的遗传基因贫乏,从而导致品种生活力的降低和适应性的减弱。

(5)严格良种繁育制度和种子苗木检验制度,确保品种典型性和纯度,防止假冒伪劣。生产原种的种源必须是育种者种子或株(穗)行系种子,生产良种的种子田的种源最好每年用原种进行更新,这是确保种子质量的一项重要措施。种子部门要和育种单位密切合作,并认真搞好种子的选优提纯工作,为种子繁育田提供足量的优质种源。

(三)不同类型品种的繁育方法

1. 常规种繁育

进行常规种繁育,首先要选好种子田。种子田应选择在适于该作物生育的地区,在开花与籽粒成熟期要有适宜的温度和湿度,以免出现授粉和结实障碍,求得高产而优质的种子。为防止生物学混杂,种子田通常还对隔离有一定的要求。种子生产与一般农业生产的不同之处还有,种子田要在苗期、花期、成熟期进行去劣去杂,并在种子处理、播种、收获、脱粒和贮藏等环节中严防机械混杂。

2. 杂交种繁育

同常规种繁育一样,杂交种繁育同样要求做好隔离、去杂、去劣、防机械混杂等方面的工作,并且要求更为严格。除此之外,杂交种繁育还有其特殊要求,这主要表现在花期相遇、行比配置、人工辅助授粉等方面。

3. 苗木繁育

对多数果树林木来说,用种子繁育往往存在后代一致性差、成苗年限长等问题;有些树种则不能形成正常的种子。因此常常采用扦插、嫁接的方式进行繁育,甘薯、草莓等一些草本作物有时也采用这种方式繁育。

4. 组培快繁

一些花卉苗木,用常规的繁育方式不易成活,或者繁育速度很慢;许多靠营养繁育的作物常受到病毒侵染,进而影响作物的产量、品质。对这类作物可采取组织培养的办法来进行良种的快速繁育。组培快繁即采用植物的组织、器官、细胞,在无菌的条件下将它们置放到一定的培养基上,人工供应植物所需的各种营养元素,靠各种植物激素或生长调节剂促成芽的分化和根的形成,使之长成一个完整的植株。组培快繁具有使用植物材料少、繁殖速度快、苗木无病虫害感染、植株生长整齐等特点。目前这项技术在马铃薯、草莓、甘薯、香蕉、苹果等无性繁殖作物及一些繁殖困难的花卉上都得到了大面积推广。

三、良种繁育的体系和程序

(一)我国良种繁育的体系和程序

1. 我国良种繁育的体系

我国目前主要作物的良种繁育体系可分为两类。

① 对于稻、麦等自花授粉作物和棉花油菜(白菜型油菜属异花授粉)等常异花授粉作物的常规品种,刚通过审定时,由育种单位提供原种或育种家种子,由种子公司有计划地组织生产和供种。棉花异交率高,易混杂退化,应一县一种,定期更新;油菜异交率高,繁殖系数大,隔离条件要求严格,可由省、地、县选择隔离条件好、有留种经验的地区建立种子基地,集

中繁殖,统一供应。对生产上正在应用的品种,可由县良种场(农科所),采用三圃或二圃制等方法提纯后,生产出原种,然后交特约种子生产基地或农户繁殖原种一、二代供生产应用。

② 玉米、水稻等杂交制种,则要求有严格的隔离条件以及技术性强等特点,可实行"省提、地繁、县制"的种子生产体系。即由省种子部门用育种单位提供的"三系"或自交系的原原种繁殖出原种,或经省统一提纯后生产的原种,有计划地向各地市提供扩大繁育用种。地市种子部门用省提供的三系或自交系原种,在隔离区内繁育出规定世代的原种后代。县种子部门用地市提供的亲本,集中配置大田用的杂交种。

随着种子市场的进一步放开,现在许多大型的种子公司都自己留种,自己制种,和上面的种子繁育体系有所不同。因此为了提高种子质量,在种子生产上,种子公司应该统一安排品种、统一技术规程、统一播种(育秧)、统一防杂保纯措施、统一去杂去雄(玉米)拔除可育株(如水稻)、统一收获(有条件的情况下)、统一收购,分户种植管理,固定专人负责,以保证良种的产量和质量。

2. 我国良种繁育的程序

育种繁育的程序是指根据品种繁育阶段的先后和种子世代的高低而从事种子生产的次序和方式等。我国在种子繁育过程中,一般将种子划分为原原种、原种、良种等三种类型。正规的种子生产程序应该是由原原种生产原种,再由原种生产用种。根据良种繁育程序对三种不同类别的种子实行分级繁育,是提高种子质量的重要保证。

(1) 原原种生产

原原种是由育种者直接生产和控制的质量最高的繁育用种,又称超级原种。它是经过试验鉴定的新品种(或其亲本材料)的原始种子,故也称"育种者的原种"。原原种具有该品种最高的遗传纯度,因而其生产过程必须在育种者本身的控制之下,以进行最有效的选择,使原品种纯度得到最好的保持。原原种生产必须在绝对隔离的条件下进行,并注意控制在一定的世代以内,以达到最好的保纯效果。因此,较宜采用一次繁育、多年贮存使用的方法。

(2) 原种生产

原种是由原原种繁育得到的,质量仅次于原原种的繁育用种。或者是正在生产上推广应用的品种经过提纯复壮后达到国家规定的原种质量的种子。原种一般要符合三条标准:第一,性状典型一致,主要特性都符合本品种的典型性状,株间整齐一致,纯度高;第二,由原种长成的植株,其生长势、抗逆性和生产力与原品种比较不能降低,或略有提高,杂交种亲本的原种配合力要保持原来水平或略有提高;第三,种子质量好,表现为籽粒发育好,成熟充分,饱满均匀,发芽率高,净度高,不带检疫病害等。原种的繁育应由各级原种场和授权的原种基地负责,其生产方法及注意事项与原原种基本相同。原种的生产规模较原原种大,但比生产用种小。

(3) 良种生产

良种是由原种种子繁育获得的直接用于生产上栽培种植的种子。良种种子的生产应由专门化的单位或农户负责承担,其质量标准略低于原种,但仍必须符合规定的良种种子质量标准。如为了鉴定品种的抗病性,原种生产一般在病害流行的地区进行,有时还要人工接种病原,但生产用种的繁育则一般在无病区进行,并辅之以良好的肥水管理条件,以获得较高的种子产量和播种品质。自花授粉作物(如小麦、常规稻)、常异花授粉作物(如棉花)良种一般可从原种开始繁育二或三代;杂交作物(如玉米、杂交水稻)的良种分为自交系和杂交种,自交系一般用原种繁育一或二代,杂交种的种子只能使用一代。

（二）国外良种繁育的体系和程序

1. 国外良种繁育的体系

不同国家由于国家性质不同,其农业体制和种子经营方式也不同,良种繁育的体系也有多种形式。例如美国、法国等国家,原原种有专门的繁育单位及专门的原原种公司生产,原种一般是由各个大型种子公司在自己的原种场繁育原种或杂交种的亲本,然后将原种分发给特约农户繁育商品种子;加拿大一般由种子协会组织繁育原种,然后交由注册的种子生产者（一般是农户）来繁育生产用种,但是种子销售以前要经过农业部门进行相关的检验并发证;在日本,由政府、县农业试验场繁育保存原原种以及原种,然后种子中心或公司获得原种以后,委托农户进行繁育生产用种。

2. 国外良种繁育的程序

世界各国良种繁育程序也不尽相同。如美国将种子按世代分为四类,即育种者种子、基础种子、登记种子及合格种子;法国则分为原始种子、原种、基础种子及合格种子;日本则将种子分为原原种、原种及检验种子三类。

国外对种源的保存和供应方法分两种:一种是对育种者种子足量繁育,贮藏于低温干燥库内,分成若干份,每年拿出一份繁育基础种子;另一种是由育种者负责每年或隔年设置育种者种子繁育小区,生产育种者种子,为进一步繁育基础种子提供种源。除了育种者种子外,国外十分重视基础种子的作用和生产,把这称为育种者种子和登记种子二者间的"生命环"。只要该环节工作做好,就为下两级种子生产提供了可靠保障。

各国种子类别和生产程序虽有所差异,但大体是相同的,有三个共同特点:一是育种者种子是种子繁育的唯一种源;二是限代繁育,一般对育种者种子繁育 3～4 代即告终止,种子繁育代数少,周期短;三是繁育系数高,由于种源纯度高,不需选择,只需防杂保纯,可最大限度地提高繁育系数。

四、良种繁育基地的建立及形式

（一）良种繁育基地的建立

种子工作是一项长期的事业,良种繁育基地要保持相对稳定,在建立基地之前,要对预选基地各个方面的条件做认真地调查研究,经过比较择优建立。良种繁育基地条件选择一般应注意以下几个方面。

基础条件好:气候条件适宜;便于隔离;排灌方便,土壤肥沃,病虫害轻;耕作管理方便,又不易受家畜危害;集中连片,交通便利;农民有一定的种子生产技术。

生产水平和经济条件:生产水平较高;多数农户以农业为主,劳动力充足。

领导干部和群众积极性高:领导重视,群众积极性高,事情就好办;群众文化水平高,通过培训,便可形成当地种子生产的技术力量。

（二）良种繁育基地的形式

良种繁育基地一般有两种形式:国营良种繁育基地,包括国营农场、良种场、科研或教学试验农场,这样可以比较方便地进行统一播种、统一品种、统一收获、统一收购;特约良种繁育基地,一般是由大型的种子公司在农村联系或安排的基地,并且在今后相当长的一个时期内,良种繁育基地以这种形式为主。特约良种繁育基地按种子公司计划进行专业化种子生产,并接受种子公司的技术指导和检查。生产的种子交种子公司收贮。

其中良种繁育基地按基地的管理形式又可分为:县(联县)、乡(联乡)、村(联村)统一管理的大型良种繁育基地,这种基地领导力量强,干、群积极性高,技术力量雄厚,以种子生产为主业。种子生产的成效直接影响该区的经济发展。联户特约繁殖基地,这是由自愿承担良种繁育任务的若干农户联合起来建立的中小型良种繁育基地。联户中由一人负责。协调和管理联户基地的种子繁育工作,代表联户向种子公司签订繁种、制种合同,承担任务。负责人精通技术,责任心强。专业户特约繁育基地,由一些精通良种繁育技术、土地较多、劳动力充足、生产水平较高的农户,直接与种子公司签订某一作物品种的繁育合同。

五、我国种子产业的发展

由于种子生产自身的巨大效益与其对农业生产的特殊意义,世界各国均把种子生产放在重要的位置,以种子的突破带动农业的飞跃。不少西方国家的种子生产以种子公司为依托,已发展成为集种子科研、生产、加工、销售、技术服务于一体的现代种子产业。

我国种子事业发端于19世纪末期,罗振玉(1900)著《农事私议》中有一章"郡、县设售种所议",建议从欧美引进玉米良种,并设立种子田。

新中国成立前我国有中央农业推广委员会、中央农业实验所,省有农业改进所,各地有农事试验场。有的机构形同虚设,只有少数农业试验场和农业推广试验站从事主要作物引进示范推广,基本上无成套的种子生产体系。

新中国建立以来,随着农村土地改革和互助合作的发展,适应当时自给自足传统农业的需要,我国初步建立了一些种子生产制度和体系。1978年12月党的十一届三中全会以后,我国农业开始实现两个转化,即由自给农业向商品农业转化,由传统农业向现代农业转化;广大农民对种、苗的认识日益提高,需求日益增长,种子生产也进入了一个新的发展时期。

新中国种子工作的发展,大体分为四个阶段:

1. "家家种田,户户留种"阶段(1950~1957年)

1950年2月,农业部制定了《粮食作物五年良种普及计划实施方案》,开展群众性评选运动,选种就地推广,以粮换种。当时农业部粮食生产司设有种子处,省设有种子管理单位,一些专区、县在农业行政部门设立种子站。种子机构以行政领导兼营业务为原则。

1956年,农业部设立种子管理局,初步形成农业科学研究所、试验站→专区、县示范繁育农场、良种繁育场、国营农场→农业社种子田→大田生产这样的良种繁育推广网。

这时许多农户种粮不分,生产落后。

2. "四自一辅"阶段(1958~1977年)

1958年2月国务院批准粮食部、农业部"关于机构意见的报告",种子经营业务由粮食部门正式移交给农业部门,各县成立种子站,从此形成行政—技术—经营三位一体的种子工作体系。

第三次全国种子工作会议上(1958年4月),农业部长廖鲁言提出我国第一个种子工作方针,"主要依靠农业社自繁、自选、自留、自用,辅之以必要的调剂"即四自一辅方针。

"四自一辅"方针符合当时我国农业生产的主体是人民公社的集体经济,以及农民有选种留种传统习惯的实际,把国家与集体两者关系结合起来,国家集中力量繁育新品种或更新原种支援集体,集体则主要依靠自力更生解决生产用种。缺点是:① 只适应常规品种推广;② 过分强调自给;③ 品种多杂乱现象普遍。

3.“四化一供”阶段(1978～1995 年 9 月)

1978 年 5 月,国务院批转了农林部“关于加强种子工作的报告”,批准在全国建立各级种子公司,把国营原良种场整顿好,健全良种繁育体系,实现“四化一供”。

种子生产专业化:确定专业单位、专用耕地、专业人员、专门设备进行种子生产。种子基地较为固定,由种子公司负责技术指导,基地农民按照规定的操作程序进行种子生产,基地收获的是半成品种子。

加工机械化:就是把专业化生产出来的半成品,进行机械化加工处理,包括烘干、清理、精选、拌药或包衣等。加工后使之达到标准级别要求,充分发挥良种的增产作用。

种子质量标准化:包括五个内容:① 品种标准;② 原良种生产技术规程;③ 质量分级标准;④ 种子检验规程;⑤ 种子加工、包装、贮藏、运输标准。

品种布局区域化:指按照品种的不同区域适应性,科学安排,使在一个自然区域内既有当家品种,又有搭配品种,既能防止多、乱、杂,又能防止一个地区品种单一化。

以县为单位统一供种:就是要改变“种粮不分”的现象,逐步做到“种田不留种”,大田生产用种由县种子公司有计划地组织统一供种。

4.实施种子工程阶段(1995 年 9 月～1999 年)

根据国务院要求,1995 年 9 月,农业部召开全国种子工作会议,会议讨论制定了《关于进一步加强种子工作的决定》,积极推进产业化,这标志着我国种子工作进入一个新的发展时期。

种子产业化,是种子科研、生产、加工、销售各环节有机联系、相互促进、共同发展的一项系统工程。通过组织大生产、建立大市场、组建大集团、开展大联合,最终实现种子管理法制化、生产专业化、加工机械化、质量标准化、经营集团化、育繁推销一体化。

种子工程作为“九五”期间农业和农村经济的新增长点,自 1995 年创建实施以来,在加强基础设施建设,加速良种培育、推广,改革管理体制和经营机制,强化种子生产经营管理等方面,取得了较大的成绩。据有关专家测算,“九五”期间良种在农业增长中的贡献份额已从“八五”末的 29％上升到 36％,增长了 7 个百分点,推广了“八五”以来审定的新品种 1 200 多个,主要农作物生产用种基本更换了一次,良种覆盖率达到 95％。

5.种子市场化制度(2000 年以来)

为了防止国外大型种业集团对国内企业的冲击,提高国内种业企业的整体竞争力,国家采取了先对内资企业全面开放的策略。2000 年 12 月 1 日专门颁布实施了《种子法》,取消了国家对主要种子的管制,放开了种子的育、繁、销环节,在市场利润的吸引下,各种种子企业纷纷成立,打破了原国有种子公司一统天下的局面,从而拉开了中国种子产业激烈竞争的序幕。《种子法》的颁布实施,使种子产业制度上升为法律高度。《种子法》对种子公司的经营范围、注册资金、种子品种的审定、注册和登记、品种保护等都做了详细的规定,种子市场加快整合,企业不断发展壮大,加快了种子化进程。

随着《种子法》的颁布实施以及 2015 年年底对《种子法》的修订,各类竞争主体能够平等参与竞争,特别是《国务院办公厅关于推进种子管理体制改革,加强市场监管的意见》(国办发[2006]40 号)发布后,各类种子企业纷纷自主研发或从科研部门购得品种开发经营权,形成品种研发渠道的多元化,种业主体多元化格局基本形成。《植物新品种保护条例》实施后,有效维护了品种权人的合法权益,有力推动了植物新品种的培育,高产优质新品种审定数量明显增加,种子企业逐步发展成为技术创新的主体。

随着 2011 年国务院《关于加快推进现代农作物种业发展的意见》出台,种子企业作为商业化育种体系核心的地位得到明确,行业准入门槛大幅度提高,鼓励和支持繁育推一体化的大型企业进行兼并重组,行业将迎来高速发展期。

第三节　种子加工、贮藏和检验

种子是作物生产中最基础的生产材料。要提高作物的产量和品质,必须有足够的优良种子。优良种子应具备如下特点:种子纯度高、不含杂质;活力高、饱满完整;健康无病虫。为了获得供生产使用的优良种子,种子收获之后在销售、播种之前还要经过清选、干燥、包装、消毒、包衣及贮藏等一系列环节,同时要保证种子贮藏在最适的条件下。此外还要进行种子检验,以保证种子的质量。

一、种子加工技术

(一)种子加工概述

种子加工是指从收获到播种前对种子所采取的各种处理,包括种子干燥、种子清选、种子包衣、种子包装等一系列工序。通过种子加工,提高种子精度、发芽力、品种纯度、种子活力,降低种子水分,最终达到提高种子质量和贮藏性、抗逆性、种子价值和商品性的目的,进而保证种子安全贮藏,促进田间成苗及提高药材产量。

种子加工业的发展是种子生产现代化的标志。清选、干燥是种子加工的初级阶段,任何国家的种子加工业都是从清选、干燥两道工序开始的,然后才发展到分级、拌药、包衣和丸粒化、计量、包装、运输等多种环节。一般先从单机作业开始,进而形成工厂化流水线作业。

(二)主要的种子加工技术

种子加工一般包括种子清选、干燥、消毒、包衣、包装、播前处理、定量或定数包装等加工程序,即把新收获的种子加工成为商品种子的工艺过程。这些过程一般都有特定的技术要求和规范,需要特定的加工机械来完成。现在生产中有各种专门的加工机械来对种子进行加工和处理。

1. 种子清选

种子的清选就是根据种子群体的物理特性以及种子和混合物之间的差异性,在机械操作过程中(如运输、振动、鼓风等)将种子与种子、种子与混杂物分离开。种子清选首先提高了种子的千粒重、净度和发芽率,做到播种后苗齐、苗全、苗壮。种子清选也可起到节约粮食的作用,一方面,经过清理淘汰的破碎粒、瘪小粒和杂草种子、异粮粒等可作为饲料;另一方面,通过清选把一切枯枝碎叶、果实残渣、土块、病瘦、虫卵等清除干净,从而提高种子质量,可以减少播种量。

种子清选的原理有按外形尺寸进行的筛选,按空气动力学特性进行的风选,按比重、种子表面结构以及种子色泽不同进行的清选等。

种子清选常用的方法有风扬分离、筛选分离以及比重分离。风扬分离是利用鼓风机使轻的种子与重的种子分离,使种子与较轻的果荚碎屑灰尘等分离。筛选分离是利用筛孔的大小、形状使种子分层过筛,将夹杂物清除。比重分离主要是根据种子和夹杂物在密度上的不同来进行分离的。例如洋葱、番茄、黄瓜等用流水洗种,根据种子密度的不同,来收集种粒密度大的种子,清除较轻的夹杂物。三者有时单独使用,有时也将二者或三者结合起来使用。

2. 种子干燥

种子含水量对种子寿命的影响较大,采收后如不予干燥,湿种子堆放易发热或霉变烂死,有些种子因含水量大,容易发芽。如贮藏期间,含水量12%~14%就开始发霉,含水量16%时开始发热,含水量35%~60%时开始发芽。因此,种子干燥是确保种子安全贮藏、延长使用年限的一项重要措施。种子经过干燥后,不仅可降低种子含水量,而且可以杀死部分病菌和害虫,削弱种子的生理活性,增强种子的耐贮性。种子干燥还有促进种子后熟、改进播种品质、减少种子的重量和体积、节约运输力和贮藏仓容等作用。

(1) 干燥的基本要求

由于温度升高会引起种子内部活性物质变性,以及湿热交替也对种子组织结构造成破坏,导致种子劣变甚至种子死亡,因此种子干燥必须在确保不影响种子生活力、使种子保持原有的发芽力的前提下进行。同时种子干燥也要求有高的干燥速率,获得高效益。

种子干燥的快慢主要与空气的温度、相对湿度及空气流动速度有关。如果将种子置于温度较高、相对湿度低、风速大的条件下,则干燥速度快,反之就慢。较小的种子,种子表面疏松、有较多毛细管空隙,比较容易干燥。反之,较大的种子,种子表面有蜡质层,毛细管小,则比较难干燥。但提供种子干燥的条件必须在确保不影响种子生活力的前提下进行。如刚收获的种子含水量较高,且大部分种子处于后熟阶段,生理代谢作用旺盛,因此,在干燥时常采用先低温通风,后再高温的慢速干燥法。否则即使种子达到干燥的要求,由于种子生活力已受到影响,也就失去了干燥的意义。

其次,种子本身的结构及其化学成分也对干燥的要求有所不同。对于主要成分为淀粉类的蔬菜种子,如菠菜、甜菜等,种子结构疏松,传湿力较强,比较容易干燥,可以用较快的干燥方法,干燥效果也较明显。对于蛋白质类种子,如大豆、蚕豆等,种子的种皮疏松,易失水,如放在高温快速干燥条件下,子叶内的水分蒸发缓慢,种皮内的水分蒸发很快,很容易使种皮破裂而失去保护作用;同时在高温下蛋白质容易变性而失去亲水性,影响种子生活力。因此,对于这类种子通常采用低温慢速的干燥方法。在实际应用上,豆类种子往往带荚曝晒,当种子充分干燥后再脱粒,其原因也在于此。对于油质类种子,如十字花科的多种蔬菜种子,这类种子中含有大量的脂肪,属不亲水性物质。相对来说,这类种子的水分比上述两类种子容易散发,可用高温快速条件进行干燥。但这类种子籽粒小,种皮松脆易破,在高温下还容易走油。因此,在实际应用上,常采用籽粒与硬壳混晒的方法,这样既可促进干燥,又能减少翻动次数和防止走油。

(2) 干燥的方法

种子干燥的方法主要有自然干燥、人工机械干燥以及干燥剂干燥三种。

自然干燥应用最为普遍,通常有风干、晒干、冷冻干燥等形式。风干是指处于成熟期或贮藏期间的种子,由于种子内水气与空气湿度的差异,自然失去水分的过程。它受空气温度、湿度和风速的影响较大。华南地区在春夏季下雨较多,种子无太阳可晒,丝瓜等种子往往采收种瓜后挂于室内通风处让其晾干再取种。晒干主要利用太阳照射的方法来进行干燥,方法简易,成本低,经济且安全,一般情况下不易丧失生活力,通常多用于脱粒后仍是潮湿的种子。同时必须注意晒前全面清理晒场,以避免造成机械混杂。此外,所有种子都不宜直接放在水泥晒场上曝晒,以防温度过高,损伤种子。自然干燥法省设备、经济、安全、干燥质量好,不足在于受气候条件制约,在低温、多雨季节效果不好。

人工机械干燥也称机械烘干法,即采用动力机械鼓风或通过热空气的作用以降低种子水分。此法不受自然条件的限制,并具有干燥快、效果好、工作效率高等优点;但必须有配套的设备,并严格掌握温度和种子含水量两个重要环节。人工机械干燥可分为自然风干燥和热空气干燥。

当种子水分超过 17% 时,一般应采取二次间隙干燥法,不宜采用一次高温干燥,否则会影响发芽率。至于豆类和油料种子,进行热空气干燥时,更应控制在低的温度,否则会引起种皮裂开等现象。此外,热空气干燥种子还应注意:第一,不能将种子直接放在加热器上焙干,而应该导入加热空气进行间接烘干,防止种子烤焦而丧失生活力;第二,严格控制温度;第三,对高水分种子应采取二次干燥法,勿使种子水分散失过快,以免使种子内部有机组织破坏,或出现外干内湿的现象;第四,烘干后的种子,要摊晾散热冷却后才能入库,以免引起"结露"的现象。其方法包括机械通风、火力干燥和辅助加热干燥等。它具有降水快、工作效率高、不受自然气候条件限制等优点。但人工机械干燥设施较为昂贵,而且技术要求较严格,使用不当容易使种子丧失生活力。有条件的单位可以借用粮食上的烘干设施,但必须选择安全可靠的机械干燥设施。

干燥剂干燥由于成本较高,仅在少量贵重种子干燥上有所应用,常用生石灰、氯化钙、木炭、硫酸钠等与种子一起密闭。

3. 种子消毒

种子表面或内部往往潜伏各种各样的病菌及害虫,因此种子是各种病虫害传染的重要来源,也是各种病虫害远程传播的主要运载工具。如果能对种子进行有效彻底地消毒处理,那无疑将是一种防止病虫害发生与传播的最经济手段。单纯的种子消毒通常有物理机械处理与化学药物处理两大类型。

（1）物理机械处理的消毒方法

物理机械处理的消毒方法主要有以下几种。

洗涤种子法:清除种子表面黏附的病原菌最简单的方法就是洗种,播前将种子多次用清水淋洗、揉搓,使种子表面黏附的各种微生物被水冲洗掉,然后晾干播种或催芽播种。

热力消毒法:利用种子与病原体抵抗高温能力的差异,选择既不伤害种子活力,又能杀死病原体的温度和处理时间进行种子消毒。常用的方法是太阳晒种与温烫浸种。

其他的物理机械消毒措施还有利用超声波、放射性元素等进行消毒。

（2）化学药物处理的消毒方法

化学药物处理主要有拌种、浸种、半干处理和熏种等四种方法。

拌种法就是用干燥的非可湿性药剂与干燥的种子在播种前混合搅拌,使每粒种子表面都均匀地沾上药粉,以达到消灭病虫害的目的。

浸种法是用药剂的溶液或乳剂浸渍种子,使其吸收药液,经一定时间处理后取出晾干播种。这种方法在一些苗木、块茎和块根等播种材料的处理上运用较为普遍。

半干处理法是内吸杀菌剂广泛使用后所出现的一种新的拌种方法。即用极少量的水把可湿性药物的药粉淋湿,然后用来拌种,或将干的药粉拌于潮湿的种子上,或用较浓的药液喷洒种子上。它兼有拌种和浸种的优点。

熏种法是利用药剂挥发出来的气体处理种子，以防治多种害虫及某些真菌和细菌病害。

4. 种子包衣

种子包衣是近年来迅速发展起来的一种种子综合处理新技术，当前水稻、玉米、小麦等大田作物及许多蔬菜作物正越来越多地采用包衣种子进行播种。

种子包衣技术可根据所用材料性质（固体或液体）的不同，分为种子丸化技术和种子包膜技术。种子丸化技术是用特制的丸化材料通过机械处理包裹在种子表面，并加工成外表光滑、颗粒增大、形状似"药丸"的丸（粒）化种子（或称种子丸）。种子包膜技术是将种子与特制的种衣剂按一定"药种比"充分搅拌混合，使每粒种子表面涂上一层均匀的药膜（不增加体积），形成包衣种子（或称包膜种子）。种子包衣技术与传统的种子处理技术相比具有许多不可比拟的优点。

（1）确保苗全、苗齐、苗壮

种衣剂和丸化材料是由杀虫剂、杀菌剂、微量元素、生长调节剂等经特殊加工工艺制成的，故能有效防控作物苗期的病虫害及缺素症。

（2）省种省药，降低生产成本

包衣处理的种子必须经过精选加工，籽粒饱满，种子的商品品质和播种品质好，有利于精量播种，因此可降低用种量 3% 左右。同是，由于包衣种子周围形成一个"小药库"，药效持续期长，可减少 30% 的用药量。也减少了工序，节省了劳动时间。投入产出比一般为 1：10～1：80。

（3）利于保护环境

种衣剂和丸化材料随种子隐蔽于地下，能减少农药对环境的污染和对天敌的杀伤。而一般用粉剂拌种，易脱落，费药，对人畜不安全，药效不好；而浸种不是良种标准化的措施，只是播前对种子带菌消毒的植保措施，且浸种需要立即播种，而不能贮藏，因而不能作为种子标准化、服务社会化的措施。

（4）利于种子市场管理

种子包衣上连精选，下接包装，是提高种子"三率"的重要环节。种子经过精选、包衣等处理后，可明显提高种子的商品形象；再经过标牌包装，有利于粮、种的区分，有利于识别真假和打假防劣，便于种子市场的净化和管理。

另外，对于籽粒小且不规则的种子，经丸化处理后，可使种子体积增大，形状、大小均匀一致，有利于机械化播种。种子包衣是根据胶体化学稳定及高分子聚合成膜的原理，以种子为载体，种衣剂为原料，包衣机为手段，在种子外表均匀地包上一层药膜的过程。它是集生物、化工、机械多学科成果于一体的综合性种子处理高新技术，主要用以改善种子的发芽率和成苗质量。

根据种子包衣的主要目的，可以分为以下几种主要类型。

（1）以改善作物营养为目的包衣：包括采用根瘤菌、磷细菌等接种剂和根据土壤缺素情况选用微量元素钼、锌等微肥的两种类型。在豆科种子上广泛采用根瘤菌为接种剂，不仅可以保护根瘤延长存活时间，而且由于人为地改进根瘤的存活环境，使豆科作物结瘤的机会增加，提高产量。

采用单一或混合硼、锰、镁、钼、锌、铁等营养元素，在小麦上进行的包衣研究表明，锰、镁、锌三者混合使用进行包衣，对小麦发芽和苗期生育有良好的影响，用氧化锰作为包衣添加剂,在某些条件下有改善出苗状况的效果,甚至在不缺锰的条件下,也有促进发芽与出苗的效果。只有土壤中的锰含量充足时,锰的包衣处理才没有效果。洋葱、胡萝卜的种子包衣试验表明,包衣材料中加入具有营养作用的配料,可以通过加速幼苗的生长提高产量。

此外,在土壤缺磷时,虽然可以采用磷肥作为种肥加以解决,但是将磷肥施在种子附近,可能出现烧种现象。采用水溶性的磷肥作为包衣材料,可以提供最有效的磷源。

(2) 改善土壤在浸水条件下种子出苗效果的包衣:在浸水条件下直播包衣的水稻种子,由于材料中的过氧化合物缓慢分解释放出氧,可促进种子萌发与苗期生育;与适当的除草剂配合使用,既节约劳力,又得到了与移植同样的产量。

在小麦上的研究表明,在包衣配方中放入 50% 的过氧化物,在湿润的土壤中,包衣种子出苗率达 90%,对照出苗率仅 30%。在小麦、玉米、大豆上的研究一致表明,CaO、ZnO 作为包衣材料,可以改善在浸水土壤中种子的出苗与幼苗生长的状况。即使在正常含水量的土壤中,上述包衣种子也有一定的效果。

(3) 配合杀虫剂、杀菌剂、灭草或灭鼠等药剂的包衣:既可减少施药所造成的环境公害,又可以精确地用药,收到较好的防治效果。从各地的使用情况看,在玉米、小麦和大麦等种子上采用杀虫剂,在水稻、苜蓿等种子上采用除草剂都可收到较好的效果。

(4) 其他目的的包衣:有的包衣剂里加入激素或生长调节剂,可促进幼苗生长;用保水剂可制成有蓄水抗旱效果的包衣。甜菜种子形成的种球形状不规则,播种易形成簇状的苗丛,增加了间苗的用工和麻烦;采用破球、磨光、包衣的种子,可以实行精量播种。

5. 种子包装

在种子贮藏、运输及销售等过程中,为了防止品种混杂、变质和病虫危害,保证种子具有旺盛的生活力,应对种子进行恰当的包装。另外,规范的种子包装也有利于增强在国内外市场上的竞争能力,改善种子的商品形象,树立品牌优势,提高种子经营者的知名度。购买者也可从包装上了解种子的品种特性、质量等级、生产日期、封装数量等相关资料。此外规范的包装还可以防止假冒伪劣的散装种子坑害农民。

种子包装有调运包装(大包装)、销售包装(小包装)两种。调运包装主要用在大田作物种子上,蔬菜、花卉种子的批量贮运也常用这种包装形式,它以方便运输、码垛为主要目的。不少大田种子经常以调运包装的形式直接销售。调运包装的包装材料主要有麻袋、塑料编织袋两种。销售包装在蔬菜、花卉种子的经销中普遍运用,一些大田种子目前也越来越多地采用各种形式的小包装销售。销售包装的材料种类十分繁多,如纸袋、金属罐、铝箔袋、聚乙烯薄膜袋等。许多小包装材料具有良好的密封性能,可较好地起到防水、防潮、防虫、防霉变的作用;有时人们还把密封袋内抽成真空,以抑制种子呼吸及各种病菌害虫的活动,大大延长了种子的使用年限。

对于包装的基本要求,一方面要求包装容器必须防潮、无毒、不易破裂、质量较轻。目前广泛使用的有麻袋、布袋、纸袋、铁皮罐、聚乙烯铝箔复合袋及聚乙烯袋等。另一方面要求包装的种子含水量和净度应符合标准,并应在包装容器上加印或粘贴与所包装种子相符合的标签,包括注明作物和品种名称、采种年月、种子的质量标准、种子数量及栽培要点等。

二、种子贮藏技术

(一) 种子贮藏的必要性

种子贮藏是指种子从收获至播种前经过的一段或长或短的阶段,是种子工作的一个重要方面。农业生产"春种"、"秋收"的季节特点,决定了种子收获后一般都不会立即播种,特别是商品种子往往需要一段贮藏时间。为了农业生产的稳定性,做到以丰补歉,种子也需要隔年贮备。

在贮藏期间内保证种子的生活力也是保证生产需要的必要措施。在此期间要采用合理的贮藏设备和先进科学的贮藏技术,人为地控制贮藏条件,将种子质量的变化降低到最低限度,最有效地保持旺盛的发芽率和活力,延长种子的寿命,从而确保种子的播种价值。

种子贮藏期限的长短,因植物种类、栽培方法和贮藏目的不同而不同。如当年进行播种的种子贮藏时间短,后备种子则要长一些,作为种质资源保存的种子贮藏期则更长。一般情况下,贮藏期短的种子不易丧失生活力,贮藏期长的种子则容易丧失生活力,但并不绝对。品质优良的种子,在干燥低温的条件下,采用科学管理方法则可延长寿命;反之则不能,甚至引起种子迅速变质。因此,从提高种子贮藏性着手,改善贮藏条件,并用科学管理方法是种子安全贮藏的重要保证。

（二）影响种子安全贮藏的因素

在贮藏过程中,有多方面的因素影响着种子的生活力。一是种子本身的因素,即种子的寿命。二是贮藏环境的因素,即贮藏期间的温度、湿度以及空气成分对贮藏种子的生活力也有决定性的影响,它们是通过影响种子的呼吸而起作用的。

1. 种子的寿命

植物种子由于其本身的特性和贮藏条件的不同,造成种子寿命差异很大。曾有报道,埋藏在加拿大北部冻土层地下一万年以上的羽扇豆种子仍有发芽能力;有的莲藕种子在地下埋藏了千年以上仍能够发芽开花;法国巴黎国家博物馆发现早在 100～180 年以前收集的种子仍有生命力。但与其相反,有些植物种子的寿命却很短,如热带植物可可的种子,在自然条件下存放,其生活力只能保持 35 小时左右;甘蔗和橘子的种子离开果实后,只能活几天,最多也不超过 10 天;有一种能生长在沙漠中的植物"梭梭树",它的种子离开母体后只能活几个小时,是世界上寿命最短的种子;另外像银杏、板栗、茶叶、橡树等种子,在干燥环境中贮藏时生活力很快丧失,而在低温、潮湿的条件下或存放于流水中,寿命便会大大延长。但多数农作物的种子寿命为 1～6 年左右。

研究和掌握种子寿命的长短对指导种子生产有重要意义。对于大多数作物来说,延长种子寿命可以减少繁种次数,从而降低繁育费用;另外对某些园艺和药用植物来说,开花结果所需年限较长,如阿魏播种后 7～8 年才结实,获得种子时间较长,还有很多药材采自野生状态,采种较为困难,难以保证年年采到种子,因此保持和延长种子寿命将有利于作物的生产和种质资源的保存。

种子寿命主要与种子的种皮结构、化学成分、成熟度等因素有关。按寿命长短的不同,种子可分为以下三类。

短寿种子:寿命在 1～2 年之内,如葱、洋葱、韭菜、芹菜、花生、甘蔗、大蒜等。

中寿种子:寿命一般在 2～4 年左右,如玉米、高粱、水稻、小麦、大豆、豌豆、菠菜、黄瓜、萝卜、白菜、辣椒等。

长寿种子:寿命一般在 4 年以上,如谷子、绿豆、西瓜、番茄、茄子、甜菜、棉花等。

此外,种子寿命与贮藏条件有密切的关系,一般干燥、低温条件下,种子的寿命较长;高温、潮湿环境下种子的利用年限变短。另外具有休眠习性的种子比没有休眠的种子能保持较长时间的生活力,大多数热带、亚热带种子无休眠期而不耐贮藏。大多数情况下新种子的质量总优于陈籽,但少数作物种子收获后还需要后熟一段时间,如黑籽南瓜第二年的陈籽发芽率往往高于新种子。

种子的寿命和它在农业生产上的利用年限是密切相关的。因为种子寿命愈长,生产上所能利用的年限愈长。因此在种子贮藏过程中,如何千方百计地创造良好的贮藏环境条件,保持种子较高的生活力,延长其寿命,提高其在生产上的利用年限,是具有重大经济意义的。

2. 贮藏的环境因素

种子的安全贮藏与种子的呼吸作用有非常密切的关系。种子呼吸一方面是消耗种子中储藏的养分,同时它还会产生大量的呼吸热和游离水分,引发种子霉变。

种子贮藏的环境条件,特别是空气相对湿度、温度及通气状态等对种子的呼吸作用有很大影响,并进而影响种子贮藏时间的长短和质量的好坏。一般来说,种子如果在干燥、低温、密闭的条件下,生命活动非常微弱,消耗贮藏物质极少,其潜在的生命力较强;反之,生命活动旺盛,消耗贮藏物质也多,其劣变速度也较快,潜在生命力也较弱。

一般来说,影响种子贮藏的环境因素主要包括以下几个方面。

湿度:外界环境湿度会影响种子含水量,湿度较高的种子会吸湿而使种子水分增加,呼吸作用增强,各种酶活化,内含物分解,这样种子很难再安全贮藏。种子含水量是影响种子寿命的最关键因素。有研究表明种子水分在 5%～14% 的范围内每降低 1%,可使种子贮藏寿命延长一倍。根据种子对水分的要求,作物种子可分为干藏型和湿藏型两类。一般原产寒温带的作物,多数宜贮藏于干燥冷凉的条件下。另一类种子不耐失水,如一些药材细辛、黄连等不耐干藏,宜湿藏。

温度:贮藏温度是影响种子寿命的另一个关键因素。在水分得到控制的情况下,温度越低,正常型种子的寿命就越长。在一定限度内,种子的贮藏寿命随温度的升高而缩短,在高温条件下,呼吸作用增大,容易引起种子劣变。温度过高,种子呼吸旺盛,将消耗自身贮藏的营养,降低发芽率。一般在 1～35 ℃ 时,每增高 10 ℃,植物生理代谢强度提高 2～3 倍,代谢强度愈大,种子衰老愈快;在 0 ℃ 以上,温度每增加 5 ℃,种子寿命减少一半。低温贮藏可以延长种子寿命。低温贮藏种子,有利于延长寿命的原因主要是降低种子呼吸强度,物质与能量消耗少(作为环境条件的温度主要是指仓温、气温,其直接影响种子温度)。

气体:据研究,氧气会促进种子的劣变和死亡。氧气的存在促使种子呼吸作用和物质的氧化分解加速进行,不利于种子安全贮藏。因此,在低温低湿条件下,采取密闭方式,使种子的生命活动维持在最微弱的状态下,可以延长种子的寿命。

光:强烈的日光中紫外线较强,对种胚有杀伤作用,且强光与高温相伴随,种子经强烈而持久的日光照射后,也容易丧失生活力。

微生物和仓库害虫:真菌和细菌的活动,能分泌毒素并促使种子呼吸作用加强,加速其代谢过程,因而影响其生活力。仓库害虫对于种子呼吸作用的影响,主要是由于它们破坏了种子的完整性和仓库害虫本身的呼吸作用。

此外,种子在母株上形成时的生态条件以及种子收获、脱粒、干燥、加工和运输过程中处理不当也都会对贮藏种子的生活力造成一定的影响。

3. 种子的内在因素

种子本身的遗传性:例如水稻不抗高温,小麦耐热性好,杂交稻种不如常规稻耐贮藏,红皮小麦比白皮小麦耐贮藏。

种子饱满度、完整性、籽粒大小:同一品种小粒、不饱满、不完整种子不易贮藏,受伤的马铃薯留种易腐烂。所以贮藏前要加工,去掉瘦、小、破碎的种子。

种子的生理状态:未充分成熟、受冻伤、通过休眠期、发过芽的种子难贮藏;成熟度好、活力高的种子容易贮藏。

（三）种子贮藏方法

种子贮藏方法很多,按种子贮藏时的温湿度,可把贮藏方法分为普通仓库贮藏、低温库贮藏和超低温库贮藏等类型,此外还有密封贮藏、真空贮藏等方法。

1. 普通仓库贮藏

普通仓库贮藏是目前种子贮藏的主要形式,用于大量生产用种的短期贮藏。

（1）种子入库标准

种子进仓前要进行质量检查,以掌握种子的情况,采取适当的管理措施。检查内容包括种子含水量、害虫感染度、发芽率和夹杂物情况,并根据检查的情况提出处理意见。如果能通过加工改善而符合标准的(如净度、水分)则加工后贮藏。纯度、发芽率不合格的不宜作种子贮存。一般要求种子有正常的气味、色泽、千粒重、达到规定的发芽率,更重要的是种子水分不得超过安全水分(指种子能安全地度过夏季的水分含量)。南方(华中、华南)要求种子水分含量低,北方(华北、东北、西北)要求可宽一些。不同作物种子要求的含水量不同,如小麦一般要求夹杂物<1%,水分不超过13%,成熟度较好;而大豆一般要求夹杂物<1%,含油20%以上的水分应小于11%,含油量低于20%的水分小于12%,种皮破裂的不宜贮藏。

（2）种子分批

种子入仓前要晒干扬净,入仓要坚决做到"五分开",即品种分开,不同品种严禁混放;产地分开,同一品种、不同产地种子质量可能不同;水分、纯度不一致的分开;有虫有病与无虫病的种子分开;种子数量较多的要分开。

（3）种子堆放

散装堆放可省仓容、包装器材,便于种子进一步处理;适于仓容大、种子量多、干燥而净度高的种子。而袋装堆放能减轻种子混杂与吸湿,便于通风,运输调拨时也比较方便;对果壳、种皮易破的种子如花生、油菜种子有保护作用。

普通仓库贮藏方法简单、经济,适合于贮藏大批量的生产用种。贮藏效果一般1~2年为好,贮藏3年以上的种子生活力明显下降。为保证贮藏效果,种子采收以后要进行严格的清选、分级、干燥以后再入库,贮藏库也要做好清理与消毒工作,还要检查防鸟、防鼠措施是否妥善,房顶、窗户是否漏等。种子入库后,要登记存档,定期检查检验,做好通风散热等管理工作。

另外,种子在贮藏过程中由于本身有一定的新陈代谢,再加上微生物的生长和繁殖会使种子发热造成种子发霉、变质。因而通风散热是种子贮藏过程中一项重要的技术措施。通风方式有打开窗门的自然通风和利用机械通风两种。无论采用哪一种通风方式,在通风前必须测定贮藏库的内外温度和空气的相对湿度,以确定是否应该通风。一般2天通风一次,刮大风或有雾天气不能通风。另外,如库外温度过低,库内外温差过大时也不可通风,以防造成种子表面(或种子堆表层)结露,水分向种子堆内转移。当库内外温度相同,但库外湿度低于库内时或库内外湿度相同但库外温度低于库内时也可通风,前者为了散湿,后者则为了降温。在一天内傍晚可以通风,但后半夜不能通风。

同时要建立健全管理制度,定期检测仓库的温、湿变化及种子本身的温度、含水量和发芽率情况;定期调查库内的鼠害、虫害发生情况,发现问题要及时处置。

2．低温库贮藏

低温库贮藏是指在大型的种子贮藏库中装备冷冻机和除湿机等设施,把贮藏库内温度降到 15 ℃以下,相对湿度降到 50％以下,从而加强种子贮藏的安全性,延长种子的寿命。

低温库贮藏主要用于品种资源的贮藏以及原种、原种的中长期贮藏,南方地区部分杂交稻与蔬菜种子也开始采用这种方式进行贮藏。

温度在 15 ℃以下,种子自身的呼吸强度比常温下要小得多,甚至非常微弱,种子的营养物质分解损失显著减少;一般贮藏库内的害虫不能发育繁殖,绝大多数危害种子的微生物也不能生长;因而在这一条件下即能取得种子安全贮藏的良好效果。温度在 20 ℃以下,则被称为"准低温贮藏",在一定程度上也可以达到上述效果。

低温库贮藏对害虫的抑制作用十分明显,一般 20 ℃是害虫适宜温度的下限范围,15 ℃时害虫开始冷麻痹;8 ℃是冷昏迷;温度再到 4～8 ℃时害虫就进入冬眠状态,经过一段时间也会死亡;－4 ℃以下,就到了害虫致死的范围。

低温库贮藏方式有如下几种。

自然低温贮藏:这是一种经济、简易、有效的贮藏方法,它包括自然通风贮藏、地下库贮藏和洞库贮藏。自然低温贮藏泛指 15 ℃以下,有的冷冻温可达－20 ℃,甚至－45 ℃。自然低温贮藏的先决条件是采用隔热等措施以保证低温条件的实现。

通风冷却贮藏:即是利用通风机械或冷却机械对贮藏中的种子实行急剧快速通风冷却。这一过程不同于单纯的干燥,也不同于单纯的通风,主要是利用机械通过输进含有较低温度的空气,使库内种子堆的温度下降,同时也有降湿的作用。

空调低温贮藏:即是利用制冷机向贮藏库内通冷风,进行空气温湿度调节,使贮藏库内的温度均匀,避免水分局部集中,达到安全贮藏的目的。这种方式与冷却贮藏的区别主要是避免外界热空气的接触,只限贮藏库内的空气循环,一般不补充外界空气,自动控制冷气的温、湿度。一般要将贮藏库的温度控制在 15 ℃以下或更低的温度时需密封隔热保持低温。随着气温的变化,库内温度超过要求温度时,则采用机械通冷风控制库内温度在±1 ℃范围之内。

通风冷却贮藏法、空调低温贮藏法适于高温多湿地区贮藏蔬菜种子。

3．超低温库贮藏

利用液态氮气可达－165 ℃的低温,在如此低的温度下,代谢作用极低,故若种子能在结冰及解冻时存活,则可作长时间的保存。

4．密封贮藏

所谓种子密封贮藏法是指把种子干燥到符合密封要求的含水量标准,再用各种不同的容器或不透气的包装材料密封起来进行贮藏的方法。这种方法在一定的温度条件下,不仅能较长时间保持种子的生活力,延长种子的寿命,而且便于交换和运输。

密封贮藏法之所以有良好的贮藏效果,是因为它控制了氧气供给和杜绝了外界空气温度对种子含水量的影响,从而保证种子处于低强度呼吸中。同时,密封条件也抑制了各种好气性微生物的生长和繁衍,从而起到延长种子寿命的作用。

但是必须指出的是,密封贮藏种子的容器不能置放于高温条件下,否则会加快种子死亡。这是因为高温会造成容器内严重缺氧,从而加强了酒精的发酵作用而致使种胚变质,而且高温还能促进真菌等厌气性病害的发生,尤其是在种子含水量较高的情况下更甚。另外长期贮于高温条件下,密封贮藏的种子会因严重失水而加速死亡。因此,密封贮藏种子,只有在温度较低的条件下进行,其贮藏效果才能更明显。

密封贮藏法在湿度变化较大、雨量较多的地区,贮藏种子的效果更好,更有实用价值。

目前利用于密封贮藏种子的容器有:玻璃瓶、干燥箱、缸、罐、铝箔袋、聚乙烯薄膜等。玻璃瓶容器易破碎,只适合在实验室里使用。铝箔、聚乙烯可各自制作成袋使用,也可两者合在一起制成袋使用。由于袋子的种类不同、质地不同、厚度不同,其密封防潮性能也就不同。如铝箔虽然防潮性能良好,但价格较贵,提高了种子贮藏的成本。聚乙烯的防潮性能虽不如铝箔,但价格便宜,透明度好。目前利用的高密度聚乙烯防潮性能较好,用其贮藏种子效果明显,又便于种子商品化。不同密封材料,由于透湿性能不同,所以要求密封贮藏时种子的含水量也有差异。

5. 真空贮藏

真空贮藏法是一种很有发展前途的贮藏方法,尤其是应用于育种用的原始材料的种子贮藏方面更为方便。其贮藏原理是将充分干燥的种子密封在近似于真空条件的容器内,使种子与外界隔绝,不受外界湿度的影响,抑制种子的呼吸作用,强迫种子进入休眠状态,从而达到延长种子寿命、提高种子使用年限的目的。

真空贮藏效果的好坏,取决于种子的干燥方法、种子的含水量、真空和密封程序以及贮藏温度等条件。真空贮藏种子,要求种子含水量较低,所以必须采用热空气干燥法干燥种子。干燥种子的空气温度依不同蔬菜种类和所要求的不同含水量而定。一般为 50～60 ℃的温度干燥 4～5 小时,种子的含水量在 4% 以下(豆类种子除外,含水量过低,豆类种子易形成硬实而影响发芽率)。

真空的标准,根据国外资料报道,减压不超过 430 mmHg。减压过低会造成种子破裂,影响贮藏效果。贮藏种子的真空罐要放置在低湿的环境条件下贮藏。如冷库、人防洞或埋在地下等。

综上所述,种子的寿命与生活力除了与其遗传性有关外,还和产生种子及贮藏种子的环境条件有关。选育优良品种、改善种子生产条件、创造良好的种子贮藏条件都可以延长种子寿命,提高种子生活力,从而延长种子的使用年限和提高使用品质。在实际操作中可根据自身的条件、环境条件以及对贮藏要求的不同灵活选用贮藏方法。

三、种子检验

种子检验是保证种子质量(种子品质)的关键,特别是把种子作为商品流通后,种子检验工作就显得更为重要,所有种子的生产、加工、销售全部过程的质量,都必须通过对种子进行检验确定。

(一)种子检验的概念和起源

种子检验是指应用科学、先进和标准的方法对种子样品的质量进行正确的分析测定,以判断其质量优劣,评定其种用价值的方法。种子检验是保证种子质量的重要措施,通过种子检验,掌握了种子质量后,对质量低的种子可限制播种,而选用质量高、符合标准的种子播种。

种子检验起源于欧洲。德国的诺培博士于 1871 年编写出版了《种子手册》,1884 在萨兰德建立了第一所种子检验室。由此,诺培博士成为公认的种子科学和种子检验创始人。

1897 年美国颁布了检验规程;1892 年通过了世界上第一个跨越国家的斯堪的维亚种子检验规程,1906 年德国汉堡举行的第一次国际种子大会,使种子检验向国际合作迈出了第一步。1921 年在丹麦哥本哈根召开的第三次国际大会,创立了欧洲种子检验协会。1924 年在英国剑桥召开了第四次国际大会,决定把原名改为现在的国际种子检验协会(ISTA),该协会多次颁布了《国际种子检验规程》(1953、1966、1985、1993、1996、2012 版等),该会每年召开一次会员国国际种子检验会议,交流种子检验科技进展情况。

(二)种子检验的内容

我国现行的《农作物种子检验规程》和《农作物种子质量标准》对种子检验进行了详细的规定和描述。简单归纳起来,检验中的种子质量应以种子的播种适合性、生产性能和增产潜力等综合考虑,可概括八大方面的指标:真、纯、净、饱(千粒重)、壮(发芽率)、健(病虫感染)、强、干。

"真"是指种子真实可靠的程度,可用真实性表示。"纯"是指品种典型一致的程度,可用品种纯度表示。"净"是指种子清洁干净的程度,可用净度表示。"饱"是指种子充实饱满的程度,可用千粒重(和容重)表示。"壮"是指种子发芽出苗齐壮的程度,可用发芽率、生活力、活力表示。"健"是指种子健全完善的程度,通常用病虫感染率表示。"干"是指种子干燥耐藏的程度,可用种子含水百分率表示。"强"是指种子强健、抗逆性强、增产潜力大,通常用种子活力表示。

综上所述,种子检验的内容包括种子真实性、品种纯度、净度、发芽率(生活力)、活力、千粒重、种子水分和健康状况等。其中,纯度、净度、发芽率和水分四项指标为种子质量分级的主要标准,是种子收购、种子贸易和经营分级定价的依据。

(三)种子检验的作用

种子检验是种子生产和经营中非常重要的步骤,也是保证种子质量的重要措施。其主要作用可以归纳为以下几个方面。

(1)种子检验是保证农作物种子质量、防止伪劣种子上市的重要措施。通过检验能够了解种子质量,不合格种子不能销售;因为种子必须检验合格,进而会使生产者控制、提高种子质量;种子检验还可发现问题及时解决,以利于安全贮藏,提高纯度等。

(2)种子检验可维护经营企业信誉,保护种子生产者、经营者、使用者的利益。

种子经营者的口号是:以质量求生存,以品求发展,质量是种子公司的生命线,可见质量的重要性。而提高种子质量必须加强种子检验工作。种子质量检验的结果也是解决农民权益问题的基本依据之一。

(3)种子检验可防止病、虫、杂草的传播和蔓延。

(4)种子检验有利于贯彻优质价政策,促进种子品质的提高。

(5)种子检验有利于加强种子执法管理。国家种子法规授权种子检验员"对于销售不符合质量标准种子的,以次充好、掺杂使假的有权制止其经营活动、扣押种子"的权利。种子质量不合格是种子管理站、工商局按规定处罚的依据。

(四)种子检验的主要内容

种子检验可分为田间检验与室内检验两部分。田间检验是在作物生育期间,从野外或田间取样分析鉴定;主要检查种子真实性和品种纯度,其次检查杂草、病虫感染程度和生育情况等。室内检验是种子收获脱粒后,到现场或库房中扦取种子样品进行检验;检查项目包括种子真实性、净度、发芽率、千粒重、容重、水分及病虫害率(包括带菌率)等。一般的品种检验是指室内检验部分。

1. 纯度

纯度是指在供检样品中,本品种的种子占供检样品的百分率。所谓纯的种子,主要是指播种后能长出比较一致的庄稼,而且保持原品种特性,这里主要指与产量和产品品质紧密相关的经济性状的一致。如玉米品种主要在株型、穗粒、抗旱、耐肥、抗病、产量和生育期等方面一致,大豆则要在株型、分枝性、抗旱、需肥、抗病、生育期、产量和种子大小、色泽、粒型等方面一致。纯度是种子质量最重要的质量指标,据测定:在规定纯度等级内,玉米杂交种纯度每下降 1‰,每亩减产 9.1 kg。室内纯度检验的方法有形态鉴定、理化鉴定、凝胶电泳法鉴定、种苗形态鉴定和种植鉴定等多种方法。

2. 净度

种子净度是指样品中去掉杂质和废种子后,留下的好种子的质量占样品总质量的百分率。种子净度是衡量种子品质的一项重要指标,优良的种子应该洁净,不含任何杂质和其他废品。净度低的种子,种子内含杂质多,降低种子的利用率,影响种子贮藏与运输的安全。在以物质的量为基础的种子经营贸易中,种子净度低,其价格也低。检验净度所说的杂质包括发芽、腐烂变质、破碎、无胚、过瘪、种皮完全脱落的种子,杂草种子,其他异作物的种子,泥土、石块、根、茎、叶、虫子、鼠鸟粪便等。

3. 千粒重和含水量

千粒重是种子活力的重要指标,凡粒大、饱满充实的种子,其内部贮藏的营养物质多,发芽整齐,出苗率高,幼苗健壮。鉴别种子大小、饱满和充实度,仅凭肉眼鉴定结果不够准确,而用千粒重代表种子大小、饱满程度则是非常简便的方法。种子含水量是指种子中所含水分的质量占种子总质量的百分率。种子含水量是影响种子品质的重要因素之一,与种子安全贮藏有着密切的关系,在贮藏前和贮藏过程中均需测定含水量。

4. 发芽率和发芽势

种子能否正常发芽是衡量种子是否具有生活力的直接指标,也是决定田间出苗率的最重要因素,对确定合理的播种量、改进种子贮藏方法、划分种子等级和确定合理的种子价格等具有重要意义。生产上所用的种子,不仅要具有旺盛的生活力,还要能在规定时期内和适宜条件下发芽迅速而整齐,并能达到较高的发芽率。

种子发芽率是指发芽试验终期或规定日期内,全部发芽种子数占供试种子数的百分率。种子发芽率是种子播种品质最重要的指标之一,发芽率高,表示有生活力的种子多,播种后出苗数多。种子发芽势是指发芽试验初期,规定日期内正常发芽的种子数占供试种子数的百分率。种子发芽势高,表示种子生命力强,发芽整齐,出苗一致。

5. 生活力和活力

生活力是指种子所具有的潜在的发芽能力。有时种子处于休眠期,不能做发芽试验,或者急需了解种子的发芽能力,而发芽试验要 7~10 天的时间,这时我们可进行种子生活力测定。常用的方法是各种化学染色法,药品采用红墨水即可。活力是指在广泛的自然条件下能迅速发芽,出苗整齐并具有能成长为正常植株的潜在能力和健壮状态。有的种子虽在发芽率测定中能够发芽,但田间播种时却不能正常出苗,即种子的活力较低。

（五）种子分级标准

2008 年国家质量监督检验检疫局、国家标准化管理委员会颁布了新修订的《农作物种子质量标准》，对主要粮棉油及瓜菜种子的四项指标（即纯度、净度、发芽率、水分）进行了规定（见表 7-1），这是我们进行种子质量分级的法定依据，通常称为"国标"。其中以品种纯度作为划分种子质量级别的指标，原则上常规种不分级，杂交种分为一、二级。种子的净度、发芽率和水分有一项达不到指标的，则为不合格种子。

表 7-1　　　　　　　主要粮食作物种子质量分级标准　　　　　　　%

名　称	项　目	级　别	纯度不低于	净度不低于	发芽率不低于	水分不高于
水　稻	常规种	原　种 大田用种	99.9 99.0	98.0	85	13.0（籼） 14.5（粳）
	杂交种	大田用种	96.0	98.0	80	13.0（籼） 14.5（粳）
小　麦		原　种 大田用种	99.9 99.0	98.0	85	13.0
玉　米	常规种	原　种 大田用种	99.0 97.0	99.0	85	13.0
	自交系	原　种 大田用种	99.0 99.0	99.0	80	13.0
	单交种	大田用种	96.0	99.0	85	13.0
	双、三交种	大田用种	95.0	99.0	85	13.0
豆　类 （2010）	大　豆	原　种 大田用种	99.9 98.0	99.0	85	12.0
	蚕　豆	原　种 大田用种	99.9 97.0	99.0	90	12.0
棉　花	毛　籽	原　种 大田用种	99.0 95.0	97.0	70	12.0
	光　籽	原　种 大田用种	99.0 95.0	99.0	80.	12.0
麻　类	黄　麻	原　种 大田用种	99 96.0	98.0	80（圆果） 85（长果）	12.0
	红　麻	原　种 大田用种	99.0 97.0	98.0	75	12.0
油　料	油菜杂交种	大田用种	85.0	98.0	80	9.0
	油菜常规种	原　种 大田用种	99.0 95.0	98.0	85	9.0
	花　生	原　种 大田用种	99.0 96.0	99.0	80	10.0

续表 7-1

名　称	项　目	级　别	纯度不低于	净度不低于	发芽率不低于	水分不高于
瓜菜类	西瓜杂交种	一　级	98.0	99.0	90	8.0
		二　级	95.0			
	冬　瓜	原　种	98.0	99.0	70	9.0
		良　种	96.0		60	

注：长城以北和高寒地区的水稻、玉米水分允许高于 13%，但低于 16%。长城以南销售种子（高寒地区外）水分不高于 13%。

 本章习题

1. 什么是品种？品种、种子、良种的概念有何不同？

2. 品种在农业生产中起到了哪些作用？

3. 推广新品种时应注意哪些问题？

4. 为什么要进行良种繁育？

5. 品种为什么会混杂退化？怎样防止品种混杂退化？

6. 种子加工包括哪些内容？

7. 影响种子安全贮藏的因素有哪些？

8. 为什么要进行种子检验，种子检验一般包括哪些项目？

第八章 作物病虫害防治

▶▶ 本章要点 ◀◀

　　作物在为人类提供必需的基本生活品和改善人类生存环境的同时,经常遭受各种不良环境因子的影响。为了避免或减少生物灾害,实现农业生产的持续健康发展,需了解农业各类有害生物的形态特征、生物学特性、危害症状,并采取针对性的防治措施或综合防治措施。

第一节 概 述

　　作物是人类赖以生存的基础。它不仅为人类生存提供必需的物质来源,而且在改善生态环境、维持生态平衡中发挥着重要的作用。然而,在自然界,病、虫、草、鼠等有害生物因素及不良的非生物因素,都可能造成农作物的歉收甚至会导致饥荒,或质量降低,这些已成为发展农业生产的一大障碍。因此,通过研究病、虫、草等有害生物的生物学特性、发生与流行规律及其预防与防治措施,控制病、虫、草等的危害,保证农作物高产、稳产、优质;同时,还要实现保护生态环境和维护人类身体健康。这对于人类的生存和发展以及维持生态平衡十分重要。

一、有害生物与生物灾害

　　有害生物指那些危害人类目标作物,并能造成显著损失的生物,包括病原微生物(细菌、真菌、病毒等)、植物线虫、植食性昆虫、植物螨虫、软体动物、寄生性植物、杂草、鼠类以及一些鸟、鼠、兽类等,如棉铃虫等。它们给作物体造成伤害,并在条件适宜时大量繁殖,使伤害蔓延加重,对人类目标作物的生产造成经济上的损失。

　　许多病虫害以不同的方式侵害作物器官,影响其生长发育,并在适宜条件下诱发生物灾害。农业生物灾害是指有害生物大量危害人类目标作物,给人类造成严重的经济损失。由于不同的农业生态环境通常总会出现不同的有害生物。虽然环境中存在着数量众多的潜在有害生物,但绝大部分对目标作物的伤害都达不到经济危害水平;只有其中极少部分可以较好地适应农业生态环境,造成作物生产上可见的经济损失,甚至爆发成生物灾害。

二、有害生物及生物灾害对农业生产的威胁

　　自人类开始从事农业种植活动以来,作物从播种、生根发芽、出苗成长、开花结实,到收

获贮藏,就存在着病、虫、草、鼠害等严重威胁农业生产的问题,如造成生长发育不良、器官被破坏、产量减少、品质降低等严重损失。据联合国粮农组织估计,世界粮食生产因虫害常年损失 14%,因病害损失 10%,因草害损失 11%;棉花因虫害损失 16%,因病害损失 16%,因草害损失 5.8%。全世界每年因有害生物所造成的经济损失达 1 200 亿美元。我国也是农作物生物灾害发生频繁而严重的国家之一,在中国古代,蝗灾、旱灾和黄河水患并列为制约中华民族发展的三大自然灾害;有害生物已成为制约农业生产发展的重要生物因子。

由此可见,若不能及时有效地控制有害生物的危害,农业生产就不可能持续稳定地发展。随着我国种植业结构的调整以及全球气候的变化,某些有害生物的发生发展也随之发生了新的变化,有害生物的多样性及其危害的严重性和复杂性,充分反映了生物灾害防治工作的艰巨性和重要性。

三、有害生物防治的发展与成就

在作物生长发育的各个阶段,如果没有相应的保护措施,有害生物都可能造成毁灭性的灾害。生物灾害防治已成为现代农业生产必不可少的技术支撑。

历史上,由于科学技术和社会生产力水平的限制,主要采用农业防治方法,如调整播种期、实行轮作和间套作、深耕晒垡、清洁田园和选育抗病品种。早在公元前 239 年的《吕氏春秋》一书中已提倡适时播种减轻虫灾。德国许多地方在果树和森林中设置人工鸟巢,招引鸟类消灭害虫;美国于 1888 年从澳大利亚引进柑橘吹绵蚧的天敌澳洲瓢虫,开创了传统害虫生物防治的先河。化学方法防治害虫方面,如使用硫化物防治害虫和害螨、波尔多液防治葡萄霜霉病等。在药物防治方面,先农用植物性、动物性和矿物性原料(如鱼藤、除虫菊、烟草、苦楝树叶)的浸出液防治害虫;用砷化物(砒霜)和马钱子制成的毒饵防治害鼠等。在物理防治方面,如用灯火诱杀害虫,用温水浸种消灭种子上的病虫等。

随着科学技术的进步和社会生产力的发展,人类防治有害生物的策略和手段也得到了进一步改进和提高,特别是一系列有机化学合成农药(如福美双、DDT、六六六)的问世,使得病虫害防治更为简便和有效。但大量地使用化学农药带来的副作用也日渐突出,最终导致了像六六六、DDT、杀虫脒等高残留农药的禁用或限制使用。为了消除化学农药带来的副作用,在"有害生物综合防治"的基础上,进一步发展完善为"有害生物综合治理"策略,即针对有害生物进行科学管理的体系。它从农业生态系总体出发,根据有害生物与环境之间的相互关系,充分发挥自然控制因素的作用,因地制宜地协调运用必要的措施,将有害生物控制在经济允许损害水平以下,以获得最佳的经济、社会和生态效益。

四、有害生物防治措施

一般来说,控制有害生物对作物的危害实际上是防和治两者的结合。

防是阻止有害生物与作物的接触和侵害,如利用防虫网、害虫驱避剂、保护性杀菌剂、抗性作物品种与作物检疫等防治措施均属于此类。而治则是指有害生物发生流行达到经济危害水平时,采取措施阻止有害生物的危害或减轻危害造成的损失。如利用杀虫剂、治疗剂和杀菌剂、除草剂、杀鼠剂、捕鼠器、诱虫灯、性引诱剂、释放天敌,以及轮作、清理田园等,绝大多数作物保护措施均属于此类。

有害生物防治并非保护作物不受任何损害,而是将损害控制在一定程度内,以不致影响人类的经济利益和环境利益。自然界存在大量的潜在有害生物,在任何情况下它们都会对作物造成一定程度的损伤或危害。此外,作物自身具备一定的抗生和自我补偿能力,非收获部位轻微的损伤并不影响作物的生长发育,也不会导致产量和品质的明显下降。

因此,完全阻止有害生物对作物的伤害不仅相当困难,同时在多数情况下也是不必要的。可从农田生态系统的整体性出发,全面考虑生态平衡、经济效益及防治效果,协调应用农业防治、生物防治、化学防治及物理、机械防治等多种有效防治技术,将有害生物控制在经济危害允许的水平内。

第二节 作物病害及其防治

一、作物病害及其症状

(一)作物病害的定义

作物在适于其生活的生态环境下,一般都能正常生长发育和繁衍。但是,当作物受到致病因素(生物或非生物)的干扰时,干扰强度或持续时间超过了其正常生理和生化功能忍耐的范围,使正常生长和发育受到影响,从而导致一系列生理、组织和形态病变,引起植株局部或整体生长发育出现异常,甚至死亡的现象,称为作物病害。

(二)作物病害的病因

引起作物病害发生的原因很多,有不良的生物因素与非生物因素,还有环境与生物相互配合的因素等。引起作物偏离正常生长发育状态而表现病变的因素统称为"病因"。在自然情况下,病原、感病作物和环境条件是导致作物病害发生及影响其发生发展的基本因素。病害的形成是在一定的外界环境条件影响下,作物与病原相互作用的结果,其中也包括人类的影响。

(三)作物病害的症状

在作物病害形成过程中,作物会出现一系列的病理变化过程。首先是生理机能出现变化,以这种病变为基础,进而出现细胞或组织结构上不正常的改变,最后在形态上产生各种各样的症状和病征。

病状是指在作物病部可看到的异常状态,如变色、坏死、腐烂、萎蔫和畸形等;病征是指病原物在作物病部表面形成的繁殖体或营养体,如霉状物、粉状物、锈状物和菌脓等。

1. 病状类型

变色:植株患病后局部或全株失去正常的绿色或发生颜色变化的现象。变色大多出现在病害症状初期,有多种类型,如植株绿色部分均匀变色的褪绿或黄化。

坏死:作物的细胞或组织受到破坏而死亡,形成各种病斑的现象。如病斑上的坏死组织脱落后,形成穿孔;有的受叶脉限制,形成角斑;有的病部表面隆起木栓化形成疮痂,或凹陷形成溃疡。

腐烂:作物细胞和组织发生大面积的消解和破坏,称为腐烂。如果细胞消解较慢,腐烂组织中的水分能及时蒸发而消失,则称为干腐;相反,则称为湿腐;若胞壁中间层先受到破坏,然后再发生细胞的消解,则称为软腐。

萎蔫:作物由于失水而导致枝叶萎垂的现象称为萎蔫。生理性萎蔫是由于土壤中含水量过少,或高温时过强的蒸腾作用而使作物暂时缺水,若及时供水,则作物可以恢复正常;病理性萎蔫是指作物根系或茎的维管束组织受到破坏而发生的凋萎现象,如棉花黄萎病等。

畸形:由于病组织或细胞生长受阻或过度增生而造成的形态异常的现象称为畸形。如作物发生抑制性病变、生长发育不良,而出现矮缩、矮化、叶片皱缩、卷叶、蕨叶等;也可以发生增生性病变,造成病部膨大,形成肿瘤;枝或根过度分枝,形成丛枝或发根。

2．病征类型

霉状物:病部形成各种毛绒状的霉层,如绵霉、霜霉、绿霉、黑霉、灰霉、赤霉等。

粉状物:病部形成的白色或黑色粉层,如多种作物的白粉病和黑粉病。

锈状物:病部表面形成小疱状突起,破裂后散出白色或铁锈色的粉状物,如小麦锈病。

粒状物:病部产生大小、形状和着生情况差异很大的颗粒状物,多为真菌性病害的病征;有如针尖大小的黑色或褐色小粒点的真菌子囊果等,也有较大的真菌菌核等。

索状物:患病部位的根部表面产生紫色或深色的菌丝索,即真菌的根状菌索。

脓状物:潮湿条件下在病部产生黄褐色、胶黏状、似露珠的菌脓,干燥后形成黄褐色的薄膜或胶粒。

作物病害症状类型示意图如图 8-1 所示。

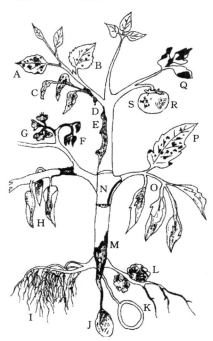

图 8-1　作物病害症状类型示意图

A——花叶;B——穿孔;C——梢枯;D——流胶;E——溃疡;F——芽枯;G——花腐;H——枯枝;
I——发根;J——软腐;K——根腐;L——肿瘤;M——黑胫;N——维管束变褐;O——萎蔫;P——角斑;
Q——叶枯;R——环斑;S——疮痂

二、作物病害的类型

作物的种类很多,病因也各不相同,造成的病害形式多样。一般根据致病因素将作物病害分为两大类:侵染性病害和非侵染性病害。

(一)侵染性病害

由生物因素引起的作物病害称侵染性病害,或称传染性病害。引起侵染性病害的病原物有真菌、细菌、病毒、线虫及寄生性种子植物等。这类病害能够在植株间互相传染。例如，真菌病害如稻瘟病、小麦锈病类、玉米黑粉病、棉花枯萎病等；细菌病害如大白菜软腐病、水稻白叶枯病、甘薯瘟、番茄青枯病等；病毒病害如水稻矮缩病、油菜病毒病等；线虫病害如大豆胞囊线虫病、水稻根结线虫病、小麦线虫病等；寄生植物病害如菟丝子等。

（二）非侵染性病害

由非生物因素（如不适宜的环境因素）引起的作物病害称为非侵染性病害，或生理性病害。按其病因不同，又可分为以下三类：① 因作物自身遗传因子或先天性缺陷引起的遗传性病害或生理病害，例如，N、P、K 等营养元素缺乏形成的缺素症；② 因物理因素恶化所致的病害，如低温或高温造成的冻害或灼伤，土壤水分不足或过量引起的旱害或渍害；③ 由于化学因素恶化所致的病害，如肥料或农药使用不当引起的肥害或药害，氮、磷、钾等营养元素缺乏引起的缺素症。非侵染性病害由于没有病原生物的参与，不能在植株个体间互相传染。

非侵染性病害和侵染性病害在一定的条件下是相互联系、相互影响、相互促进的。非侵染性病害可以降低寄主作物对病原物的抵抗能力，常常诱发或加重侵染性病害。如冬小麦返青受春冻后，造成麦苗陆续死亡，会诱发根腐病引起烂根。侵染性病害也可为非侵染性病害的发生创造条件，如小麦锈病发生严重时，病部表皮破裂易丧失水分，不及时浇水易受旱害。

三、作物病害的病原生物

（一）真菌

真菌是真核生物，是异养型生物；真菌大多数是腐生的，少数可寄生在作物、人和动物体上引起病害。病原真菌可以从作物伤口和自然孔口侵入，也可以从寄主表面直接侵入。在作物病害中约有 80% 以上是由真菌引起的。

进入寄主后，以菌丝体通过渗透作用从作物组织的细胞间或细胞内吸取营养物质，影响作物的生长，并表现出斑点、腐烂、立枯、萎蔫、畸形等病状。同时，真菌在寄主体内发育和繁殖，其繁殖体通常暴露于寄主表面，构成明显的病征有粉状物、霜霉、黑色小粒点等。

与作物病害有关的病原真菌主要包括：鞭毛菌亚门、接合菌亚门中、子囊菌亚门、担子菌亚门、半知菌亚门等类群。

（二）原核生物

原核生物是一类具有原核结构的单细胞微生物，由细胞壁和细胞膜或只有细胞膜包围细胞质所组成，主要包括细菌、放线菌、蓝细菌及无细胞壁仅有一层单位膜包围的菌原体等。其中能引起作物病害的主要有两类，即细菌和菌原体，它们侵染作物可引起许多严重病害，如水稻白叶枯病、茄科作物青枯病、十字花科作物软腐病、枣疯病等。

病原细菌在寄主体内大量繁殖后，借助雨水、昆虫、苗木或土壤进行传播，其中以雨水传播为主。

（三）病毒

作物病毒是仅次于真菌的重要病原物，是一类非细胞形态的、结构简单的、具有侵染性的单分子寄生物。作物病毒引起的病害数量和危害性仅次于真菌。作物病毒只有在适合的寄主细胞内才能完成其增殖，如水稻条纹叶枯病、小麦梭条斑花叶病、玉米粗缩病、番茄病毒病等。绝大多数作物都受一种或几种病毒的危害，而且一种病毒可侵染多种作物。

自然状态下主要靠蚜虫、叶蝉、飞虱等介体传播和机械、有性和无性繁殖材料、嫁接等非介体传播。

（四）作物病原线虫

线虫隶属于无脊椎动物门中的线形动物门，多数腐生于水和土壤中，少数寄生于动植物，如小麦粒线虫病、水稻干尖线虫病、大豆胞囊线虫病、花生根结线虫病等。线虫对作物的危害，除以吻针造成对寄主组织的机械损伤外，主要是穿刺寄主时分泌各种酶和毒素，引起作物的各种病变。表现出的主要症状有生长缓慢、衰弱、矮小、色泽失常或叶片萎垂等类似营养不良的现象；局部畸形，植株或叶片干枯、扭曲、畸形、组织干腐、软化及坏死，籽粒变成虫瘿等；根部肿大、须根丛生、根部腐烂等。田间症状主要有瘿瘤、变色、黄化、矮缩和萎蔫等。

线虫主要靠种子、苗木、水流、农具及各种包装材料等传播。

（五）寄生性种子植物

植物绝大多数是自养的，少数由于缺少足够叶绿素或因为某些器官的退化而营寄生生活，称为寄生性植物。寄生性植物中除少数藻类外，大都为种子植物。大多寄生野生木本植物，少数寄生农作物。寄生性植物对寄主的影响，主要是抑制其生长。作物受害时，主要表现为植株矮小、黄化，严重时全株枯死。如菟丝子（见图 8-2）本身没有足够的叶绿素，不能进行正常的光合作用，通过导管与筛管与寄主相连，从寄主中吸收全部或大部分养分和水分。

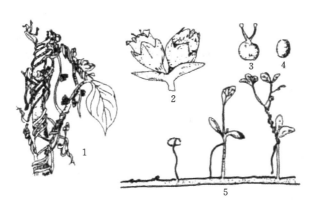

图 8-2　菟丝子

1——大豆上的菟丝子；2——花；3——子房；4——种子；5——菟丝子种子萌发及侵染寄主过程

四、病原物的侵染过程和病害循环

（一）侵染过程

侵染性病害发生有一定的过程，病原物通过与寄主感病部位接触，并侵入寄主作物，在作物体内繁殖和扩展，表现致病作用；相应的，寄主对病原物的侵染也产生一系列反应，显示病害症状的过程，称为病原物的侵染过程，也是个体遭受病原物侵染后的发病过程。一般将侵染过程分为侵入前期、侵入期、潜育期和发病期四个时期。

1. 侵入前期

侵入前期是指病原物侵入前已与寄生作物存在相互关系并直接影响病原物侵入的时期。

在侵入前期,作物表面的理化状况和微生物组成对病原物影响最大,除了直接受到寄主的影响外,还要受到生物的、非生物的环境因素影响。如寄主作物根的分泌物可以促使病原体休眠结构或孢子的萌发,或引诱病原物的聚集;作物根生长所分泌的 CO_2 和某些氨基酸可使寄主线虫在根部聚集,土壤和作物表面具有拮抗作用的微生物可以明显抑制病原物的活动。

2. 侵入期

侵入期是从病原物侵入寄主后与寄主建立寄生关系的一段时期。病原物侵入主要是通过从角质层或表皮直接穿透侵入、从气管等自然孔口的侵入、从自然和人为造成的伤口侵入三种途径。病原物侵入后,必须与寄主建立寄生关系,才有可能进一步发展引起病害。外界环境条件、寄主的抗病性,以及病原物侵入量的多少和致病力的强弱等因素,都有可能影响病原物的侵入和寄主关系的建立。影响病原物侵入的环境因素中,以湿度和温度影响最大。

3. 潜育期

潜育期是指从病原物侵入并与寄主建立寄主关系开始,到表现明显症状前的一段时期。这一时期是病原物在寄主体内吸收营养和扩展的时期,也是寄主对病原物的扩展表现不同程度抵抗性的过程。症状的出现就是潜育期的结束。病原物在作物体内扩展,有的局限在侵入点附近的细胞和组织,有的则从侵入点向各个部位发展,甚至扩展到全株。潜育期的长短取决于病害种类和环境条件,特别是温度的影响最大,湿度对潜育期的影响较小。

4. 发病期

经过潜育期后,作物出现明显症状开始就进入发病期。在发病期,局部病害从最初出现的小斑点渐渐扩大成典型病斑。许多病害在病部可出现病征,如真菌子实体、细菌菌脓和线虫虫瘿等。环境条件,特别是温度、湿度,对症状出现后病害进一步扩展影响很大。其中湿度对病斑扩大和孢子形成的影响最显著,如马铃薯晚疫病。绝大多数的真菌只有在大气湿度饱和或接近饱和时才能形成孢子。

(二)病害循环

病害循环指病害从一个生长季节开始发生,到下一个生长季节再度开始发生的整个过程。

1. 病原物的越冬和越夏

病原物的越冬和越夏有寄生、腐生和休眠三种方式。病原物的越冬和越夏场所,也就是寄主在生长季节内最早发病的侵染来源。

(1)田间病株——有些活体营养病原物必须在活的寄主上寄生才能存活,如小麦锈菌的越夏、越冬,都要寄生在田间生长的小麦上。病毒以粒体,细菌以个体,真菌以孢子、休眠菌丝或休眠菌组织体(如菌核、菌索)等在田间病株的内部或表面度过夏季和冬季。

(2)种子、苗木和其他繁育材料——不少病原物可以潜伏在苗木、接穗和其他繁育材料的内部或附着在表面越冬,如小麦黑穗病菌附着于种子表面等。当使用这些繁育材料时,不但植株本身发病,而且可以传染给邻近的健株,造成病害的蔓延,或随着繁育材料远距离的调运,还可将病害传播到新的地区。

(3)病株残体——许多病原真菌和细菌,一般都在病株残体中潜伏存活,或以腐生方式在残体上生活一定的时期。如稻瘟病菌,玉米大、小斑病菌,水稻白叶枯病菌等,都以病株残体为主要的越冬场所。残体中病原物存活时间的长短,主要取决于残体分解腐烂速度的快慢。

（4）病株残体和病株上着生的各种病原物,都较易落到土壤里面成为下一季节的初侵染来源——有些病原物的休眠体,先存活于病残体内,当残体分解腐烂后,再散于土壤中。例如,十字花科植物根肿瘤的休眠孢子、霜霉菌的卵孢子、植物根结线虫的卵等。

（5）粪肥——多数情况下,由于人为地将病株残体作积肥而混入肥料或以休眠组织直接混入肥料,其中的病原体就可以存活下来。少数病原物经牲畜消化道并不死亡,可随牲畜粪便混入粪肥中。若粪肥没腐熟而施到田间,病原物就会引起侵染。

（6）昆虫或其他介体——一些由昆虫传播的增殖型病毒可以在昆虫体内增殖并越冬。例如,水稻矮缩病毒在黑尾叶蝉体内越冬;小麦土传花叶病毒在禾谷多粘菌休眠孢子中越夏。

2. 病原物的初侵染和再侵染

由越冬和越夏的病原物在寄主作物一个生长季节中最初引起的侵染,称为初侵染。在初侵染的病部产生的病原体通过传播再次侵染作物的健康部位或健康的作物,称为再侵染。在同一生长季节中,再侵染可能发生许多次,如稻瘟病、小麦条锈病以及玉米大、小斑病等。

3. 病原物的传播

在作物体外越冬或越夏的病原物,必须传播到作物体上才能发生初侵染;在最初发病植株上繁殖出来的病原物,也必须传播到其他部位其他植株上才能引起再侵染;此后的再侵染也是靠不断的传播才能发生;最后,有些病原物也要经过传播才能到达越冬、越夏的场所。传播是联系病害循环中各个环节的纽带。

作物病害的传播方式主要有气流传播、雨水传播、昆虫等动物传播和人为传播四种。不同的病原物因它们的生物学特性不同,其传播方式和途径也不一样。真菌以气流传播为主,病原细菌以雨水传播为主,作物病毒和菌原体则主要由昆虫介体传播,人类的运输活动、生产活动均可能引起病原物的传播。

五、作物病害防治方法

防治病害的途径很多,有植物检疫、农业防治、抗病性利用、生物防治、物理防治和化学防治等。各种病害防治途径和方法均通过减少初始菌量、降低流行速度或者同时作用于两者以阻滞病害的流行。

（一）植物检疫

植物检疫是通过贯彻预防为主、综合防治、杜绝危险性病原物的输入和输出的一项重要防治措施;根据病害危险性、发生局部性、人为传播这三个条件制定国内和国外的检疫对象名单以实行检疫。

（二）农业防治

农业防治是利用和改进耕作栽培技术,调节病原物、寄主及环境之间的关系,创造有利于作物生长、不利于病害发生的环境条件,控制病害发生与发展。

1. 使用无病繁殖材料

建立无病留种田或无病繁殖区,并与一般生产田隔离;对种子进行检验,处理带病种子,去除混杂的菌核、菌瘿、虫瘿、病原作物残体等。如热力消毒(如温汤浸种)或杀菌剂处理等。

2. 建立合理的种植制度

合理的轮作、间作、套作,在改善土壤肥力和土壤的理化性质的同时,可减少病原物的存活率,切断病害循环。如稻棉、稻麦等水旱轮作可以减少多种有害生物的危害,也是进行小麦吸浆虫、地下害虫和棉花枯萎病防治的有效措施之一。

3. 加强栽培管理

通过合理播种(播种期、播种深度和种植密度),优化肥水管理和调节温度、湿度、光照和气体组成等要素,创造适合于寄主生长发育而不利于病原菌侵染和发病的环境条件,可减少病害发生。如早稻过早播种,易引起烂秧;水稻过度密植,易发生水稻纹枯病;施用氮肥过多,往往会加重稻瘟病和稻白叶枯病发生,而氮肥过少,则易发生稻胡麻斑病。此外,通过深耕灭茬、拔除病株、铲除发病中心和清除田间病残体等措施,可减少病原物接种体数量,有效减轻或控制病害。

4. 选育和利用抗病品种

选育和利用抗病品种防治作物病害,是一项经济、有效和安全的措施。如我国小麦秆锈病和条锈病、玉米大斑病和小斑病及马铃薯晚疫病等,均是通过大面积推广种植抗病品种而得到控制的。对许多难于运用其他措施防治的病害,特别是土壤传播的病害和病毒病等,选育和利用抗病品种可能是唯一可行的控病途径。

(三) 生物防治

生物防治主要是指利用微生物间的拮抗作用、寄生作用、交互保护作用等防治病害的方法。

1. 拮抗作用

一种生物产生某种特殊的代谢产物或改变环境条件,从而抑制或杀死另一种生物的现象,称为拮抗作用。将人工培养的具有抗生作用的抗生菌施入土壤(如 5406 抗生菌),改变土壤微生物的群落组成,增强抗生菌的优势,则有防病增产的效果。

2. 重寄生作用和捕食作用

重寄生是指一种寄生微生物被另一种微生物寄生的现象。对植物病原物有重寄生作用的微生物很多,如噬菌体对细菌的寄生,病毒、细菌对真菌的寄生,真菌对线虫的寄生,真菌间的重复寄生等。一些原生动物和线虫可捕食真菌的菌丝和孢子以及细菌,有的真菌能捕食线虫,也是生物防治的途径之一。

3. 交互保护作用

在寄主上接种亲缘相近而致病力弱的菌株,以保护寄主不受致病力强的病原物的侵害,主要用于植物病毒病的防治。

(四) 物理防治

物理防治主要利用热力、冷冻、干燥、电磁波、超声波、核辐射、激光等手段抑制、钝化或杀死病原物,达到防治病害的目的。常用于处理种子、无性繁殖材料和土壤。

1. 汰除法

汰除是将有病的种子和与种子混杂在一起的病原物清除掉。汰除的方法中,比重法是最常用的,如盐水选种或泥水选种,把密度较轻的病种和秕粒汰除干净。

2. 热力处理

利用热力(热水或热气)消毒来防治病害,如利用一定温度的热水杀死病原物,可获得无病毒的繁殖材料。土壤的蒸气消毒常用 $80\sim95\ ℃$ 蒸气处理 $30\sim60\ \text{min}$,绝大部分的病原物可被杀死。

3. 地面覆盖

在地面覆盖杂草、沙土或塑料薄膜等，可阻止病原物传播和侵染，控制作物病害。

4. 高脂膜防病

将高脂膜兑水稀释后喷到作物体表，其表面形成一层很薄的膜层，该膜允许 O_2 和 CO_2 通过，真菌芽管可以穿过和侵入作物体，但病原物在作物组织内不能扩展，从而控制病害。高脂膜稀释后还可喷洒在土壤表面，从而达到控制土壤中的病原物、减少发病概率的效果。

（五）化学防治

用于防治作物病害的农药通称为杀菌剂，包括杀真菌剂、杀细菌剂、杀病毒剂和杀线虫剂。杀菌剂是一类能够杀死病原生物，抑制其侵染、生长和繁殖，或提高作物抗病性的农药，包括无机杀菌剂（如铜制剂、硫制剂等）、有机杀菌剂（如有机硫杀菌剂、有机砷杀菌剂、有机磷杀菌剂、取代苯类杀菌剂、有机杂环类杀菌剂、抗生素类杀菌剂等）。农药具有高效、速效、使用方便、经济效益高等优点，但需恰当选择农药种类和剂型，在恰当的时间采用适宜的喷药方法，才能正确发挥农药的作用，防止造成环境污染和农药残留。

此外，将化学药剂或某些微量元素引入健康作物体内，可以增加作物对病原物的抵抗力，从而限制或消除病原物侵染。有些金属盐、植物生长素、氨基酸、维生素和抗生素等进入作物体内以后，能影响病毒的生物学习性，起到钝化病毒的作用，降低其繁殖和侵染力，从而减轻其危害。

第三节　作物虫害及其防治

作物中几乎没有一种不遭受害虫危害的，而且一种作物常同时受多种害虫危害。由有害昆虫蛀食引起的各种作物伤害称为虫害。据文献记载，我国危害水稻的害虫有 385 种，危害小麦的害虫有 237 种，棉花害虫 310 余种，苹果害虫 340 余种。此外，农产品收获后在贮藏、加工期间也会受到多种害虫侵害，如我国记载的贮粮害虫有 100 余种。为确保作物产量和品质，需要对作物虫害进行有效防治。

一、昆虫的生物学特性

（一）昆虫的发育和变态

昆虫的个体生长发育主要分为三个连续阶段，由于长期适应其生活环境，逐渐形成了各自相对稳定的生长发育特点。第一个阶段为胚前发育，生殖细胞在亲体内的发生与形成过程；第二阶段为胚胎发育，从受精卵开始卵裂到发育成幼虫为止的过程；第三阶段为胚后发育，从幼体孵化开始发育到成虫性成熟为止的过程。昆虫在胚后发育过程中体形、外部和内部构造发生一系列变化，从而形成不同的发育期，这种现象称为变态。

根据变态的特征和特性，昆虫的变态分为两种类型。一种是昆虫的一生经过卵、幼虫、蛹、成虫四个阶段，称全变态昆虫，如水稻螟虫、棉铃虫等；另一种是昆虫的一生经过卵、若虫、成虫三个阶段，称为不全变态昆虫，如蝗虫等。

（二）昆虫的个体发育阶段

1. 卵期

通常把卵作为昆虫生命活动的开始。卵至产下后到孵出幼虫或若虫所经历的时间称为卵期，是个体发育的第一阶段。

2. 幼虫期

幼虫或若虫从卵内孵出,发育成蛹(全变态昆虫)或成虫(不全变态昆虫)之前的整个发育阶段,称为幼虫期或若虫期。其特征是大量取食,迅速生长,增大体积,积累营养,完成胚后发育。

3. 蛹期

全变态昆虫由老熟幼虫到成虫,经过一个不食不动、幼虫组织破坏和成虫组织重新形成的时期,是一些昆虫从幼虫转变为成虫的过渡时期。蛹的生命活动虽然是相对静止的,但其内部却进行着将幼虫器官改造为成虫器官的剧烈变化。

4. 成虫期

成虫期是昆虫个体发育的最高级阶段,指成虫出现到死亡所经历的时间,是昆虫生命的最后阶段,但也是昆虫交配、产卵、繁殖后代的生殖时期。

(三)昆虫的生活史

昆虫的生活史是指昆虫个体发育的全过程。一般以年生活史考虑,是指昆虫从越冬后复苏开始,到翌年越冬复苏前的全过程。研究害虫的年生活史,目的在于摸清一年内的发生规律,包括越冬越夏虫态及其栖息场所、一年中发生的世代、各世代各虫态历期、生活习性、活动和危害情况等,以便确定防治时机。昆虫的年生活史,可用文字或图表方式描绘,多将害虫的发生危害与寄主的生育期相结合绘制成表或图。表 8-1 为粟灰螟的生活史表解。

表 8-1　　　　　　　　　　　　　　粟灰螟的生活史表解

世代 ＼ 月份	5 月	6 月	7 月	8 月	9 月	10 月	11~4 月
第 3 代 (越冬代)	~~~~~ θθθθ ||| •••	~~ θθ | •••					
第 1 代		~ ~~~~~ θθθ | •	~~~ ~~ θθθθθ ||||| ••				
第 2 代			~~~~~ θθ | •••	~~~ θθθθ |||| ••	•		
第 3 代 (越冬代)				~~	~~~	~~~	~~~

注:a 为谷子幼苗期;b 为谷子穗期;c 为越冬期;

　　•指卵;~指幼虫;θ指蛹;|指成虫。

（四）昆虫的习性和行为

习性是指昆虫种或种群所具有的生物学特性，亲缘关系相近的类群往往具有相似的习性。行为是指昆虫的感觉器官接受刺激后，通过神经系统的综合而使效应器官产生的反应。

1. 休眠

昆虫由于不适宜的环境条件，常引起生长发育停止；不良环境条件一旦消除，则生长发育迅速恢复为正常状态的现象，称为休眠。温度常常是引起休眠的主要原因。

2. 滞育

昆虫在一定的季节和发育阶段，不论环境条件适合与否，都会出现生长发育停止、不食不动的现象，称为滞育。重新恢复生长发育，需有一定的刺激因素和较长的滞育期。

3. 食性

昆虫在生长发育过程中，由于自然选择的结果，每种昆虫逐渐形成了特有的取食范围。通常划分为植食性昆虫、肉食性昆虫、腐食性昆虫和杂食性昆虫四类。

4. 假死性

昆虫在外界因子突然的触动或振动或刺激时，会立即收缩附肢，停止不动，或吐丝下垂或掉落到地面上呈"死亡"状态，稍停片刻便恢复正常活动的现象，称为假死性。

5. 趋性

昆虫对外界刺激所产生的趋向或背向行为活动成为趋性，有趋光性、趋化性、趋温性、趋湿性等。如灯光诱杀是以趋光性为依据的，食物诱饵是以趋化性为依据的。

6. 群集性

群集性是指同种昆虫个体高密度地聚集在一起生活的习性。有仅在某一虫态或一段时间群聚生活，过段时间就分散的昆虫；也有在整个生育期群聚后趋向于群居生活的。

7. 迁移性

指某种昆虫成群地从一个发生地转移到另一个发生地的现象，如东亚飞蝗等。一些瓢虫和椿象等，有季节性迁移的习性；甘蓝夜蛾幼虫有成群向邻田迁移取食的习性。

8. 拟态

拟态是一种生物模拟另一种生物或环境中其他物体的姿态，得以保护自己的现象。如生活于草地上的绿色蚱蜢等，具备有利于躲避天敌的视线而具有保护自己的保护色。

9. 伪装

伪装是一些昆虫利用环境中的物体把自己乔装掩护起来的现象。如毛翅目幼虫水生，多数种类都藏身于用小石粒、沙粒、叶片和枝条等结成的可移动巢内，以保护其纤薄的体壁。

二、害虫危害症状及特点

（一）作物害虫的主要类群

1. 直翅目

直翅目全世界已知有 23 000 种，中国已知 700 余种，如蝗虫、蟋蟀、蝼蛄等。形态特征为：体中到大形；咀嚼式口器，复眼发达，触角多为丝状；前胸发达，多数具翅；前翅狭长，后翅膜质；后足发达为跳跃足，或前足为开掘足；腹部末端具尾须一对。

2. 同翅目

同翅目包括常见的蚜虫、粉虱、介壳虫、飞虱、叶蝉等，全世界已知 45 000 种，中国已知 3 500 种。形体特征为：多数为小型昆虫；刺吸式口器，具复眼、单眼或无；体壁光滑无毛，翅两对,前翅膜质或革质,亦有很多无翅的。

3. 膜翅目

膜翅目常见各种蜂类、蚂蚁等,全世界已知约 120 000 种,中国已知 6 200 种。其形体特征为:体小至中型;咀嚼式口器或咀吸式口器;触角有丝状、念珠状等多种;复眼大;翅膜质;腹部第一节并入后胸;雌虫有发达的产卵器,有的特化为螫刺。

4. 双翅目

双翅目包括蚊、蝇、虻等多种昆虫,全世界已知 90 000 种,中国已知 4 000 种。其形体特征为:成虫小至中型,体短宽、纤细,或椭圆形;头下口式,复眼发达;触角有丝状、念珠状、具芒状等;刺吸式或涨吸式口器;仅有一对膜质的前翅;有爪一对,爪下有爪垫。

5. 鞘翅目

通称甲虫,全世界已知约 330 000 种,中国已知约 7 000 种,是昆虫纲乃至动物界中种类最多、分布最广的第一大目。其形体特征为:体小至大型,体壁坚硬;咀嚼式口器;成虫复眼显著,前胸发达,前翅质地坚硬,形成鞘翅,后翅膜质;腹部节数较少;无尾须。

6. 鳞翅目

鳞翅目包括所有的蝶类和蛾类,全世界已知约 200 000 种,中国已知约 8 000 种。其形态特征为:体小至大型;虹吸式口器或退化;复眼一对;触角有丝状、球杆状、羽毛状等;一般具翅一对;幼虫形体圆锥形,柔软,有体线;咀嚼式口器,多足型;腹足末端有钩毛。

(二)害虫的危害症状

1. 咀嚼式害虫

重要的农业害虫绝大多数是咀嚼式害虫,其危害的共同特点是可造成明显的机械损伤,在作物的被害部位常可以见到各种残缺和破损,使组织或器官的完整性受到破坏。

(1)田间缺苗断垄。这是地下害虫的典型危害状,如蛴螬、蝼蛄、叩头虫、地老虎等咬食作物地下的种子、种芽和根部,常常造成种子不能发芽,幼苗大量死亡。

(2)顶芽停止生长。有些害虫喜欢取食作物幼嫩的生长点,使顶尖停止生长或造成断头,甚至死亡。如烟夜蛾幼虫喜欢集中危害烟草的顶部心芽和嫩叶。

(3)叶片残缺不全。① 叶片的两层表皮间叶肉被取食后形成的各种透明虫道;② 叶肉被取食,而留下完整透明的上表皮,形成的箩底状凹洞;③ 叶片被咬成不同形状和大小的孔洞,严重危害时将叶肉吃光,仅留叶脉和大叶脉;④ 叶片被吃成各种形状,严重时整片叶或植株被吃光。

(4)茎叶枯死折断。这是蛀茎类害虫的典型危害状,如水稻螟虫、亚洲玉米螟等。螟虫早期危害常常造成心叶枯死或在叶片上形成大量穿孔,后期危害造成茎秆折断。

(5)花蕾、果实受害。大豆食心虫和豆荚斑螟可蛀入豆荚内取食豆粒,使果实或籽粒受害、脱落或品质下降。棉铃虫等害虫还取食花蕾,造成落蕾。

2. 吸收式害虫

(1)直接伤害。吸收式害虫的口针刺入作物组织,首先对作物造成机械伤害,同时分泌唾液和吸取作物汁液,使作物细胞和组织的化学成分发生明显的变化,造成病理或生理伤害。被害部位常出现褪色斑点。初期受害,被害部位叶绿素减少,常出现黄色斑点,以后逐渐变成褐色或银白色,严重时细胞枯死,甚至出现部分器官或整株枯死的情况。从内部变化看,生理伤害使作物营养失调;同时因唾液的作用,积累的养分被分解,或造成被害组织不均衡生长,出现芽或叶片卷曲、皱缩等危害症状。

(2)间接危害。刺吸式害虫是作物病害,特别是病毒病的重要传播媒介。可能这些昆虫的发生数量不足以给作物造成直接危害,但传毒带来的间接危害却十分严重。如黑尾叶蝉可以传播水稻矮缩病、黄矮病和黄萎病,灰飞虱能传播水稻黑条矮缩病和条纹叶枯病、小麦丛矮病、玉米矮缩病等,麦二叉蚜是麦类黄矮病的传播媒介。吸收式害虫的危害还可以为某些病原菌的侵入提供通道,如稻摇蚊危害水稻幼芽可招致绵腐病的发生。

三、主要防治方法

(一)植物检疫

由国家颁布法令,对局部地区非普遍性发生的、能给农业生产造成巨大损失的、可通过人为因素进行远距离传播的病、虫、草,实行植物检疫制度,特别是对种子、苗木、接穗等繁殖材料进行管理和控制,防止危险性病、虫随着植物及其产品由国外输入和由国内输出,对国内局部地区已经发生的危险性病、虫、杂草进行封锁,防止蔓延,就地彻底消灭。

(二)农业防治

农业防治是指结合整个农事操作过程中的各种具体措施,有目的地创造有利于农作物的生长发育而不利于害虫发生的农田环境,抑制害虫繁殖或使其生存率下降。

1. 选用抗虫或耐虫品种

利用作物的耐虫性和抗虫性等防御特性,培育和推广抗虫品种,发挥其自身因素对害虫的调控作用。如一些玉米品种由于含有抗螟素,故能抗玉米螟的危害。

2. 建立合理的耕作制度

农作物合理布局可以切断食物链,使某一世代缺少寄主或营养条件不适而使害虫的发生受到抑制。轮作、间作、套作等对单食性或寡食性害虫可起到恶化营养条件的作用,如稻麦轮作可起到抑制地下害虫、小麦吸浆虫的危害;同时,可制造天敌繁衍的生态条件,造成作物和害虫的多样性,可以起到以害(虫)繁益(虫)、以益控害的作用。

3. 加强栽培管理

合理播种(播种期、种植密度)、合理修剪、科学管理肥水、中耕等栽培管理措施可直接杀灭或抑制害虫危害。如三化螟在水稻分蘖期和孕穗期最易入侵,拔节期和抽穗期是相对安全期,通过调节播栽期,使蚁螟孵化盛期与危害的生育期错开,可以达到避开螟害和减轻受害的作用;利用棉铃虫的产卵习性,结合棉花整枝打去顶心和边心,可消灭虫卵和初孵幼虫;采用早春灌水,可淹死在稻桩中越冬的三化螟老熟幼虫;利用冬耕或中耕可以压低在土中化蛹或越冬害虫的虫源基数等。此外,清洁田园,及时将枯枝、落叶、落果等清除,可消灭潜藏的多种害虫。

4. 改变害虫生态环境

改变害虫生态环境是控制和消灭害虫的有效措施。我国东亚飞蝗发生严重的地区,通过兴修水利、稳定水位、开垦荒地、扩种水稻等措施,改变了蝗虫发生的环境条件,使蝗患得到控制。在稻飞虱发生期,结合水稻栽培技术要求,进行排水晒田,降低田间湿度,在一定程度上可减轻发生量。

(三)化学防治

化学防治是当前国内外最广泛采用的防治手段,在今后相当长的一段时间内,化学防治在害虫综合防治中仍将占有重要的地位。化学防治杀虫快,效果好,使用方便,不受地区和季节性限制,适于大面积机械化防治。

常用的无机杀虫剂有砷酸钙、砷酸铝、亚砷酸和氟化钠等;有机杀虫剂包括植物性(鱼藤、除虫菊、烟草等)和矿物性(如矿物油等)两类,它们分别来源于天然植物和矿物。

目前人工合成的有机杀虫剂种类繁多,按作用方式可以将杀虫剂分为触杀剂、胃毒剂、内吸剂、熏蒸剂、忌避剂、拒食剂、引诱剂、不育剂和生长调节剂等。

1. 触杀剂

触杀剂是指药剂与虫体接触后,通过穿透作用经体壁进入或封闭昆虫的气门,使昆虫中毒或窒息死亡的一种杀虫剂。触杀剂是接触到昆虫后便可起到毒杀作用的一种杀虫剂,如拟除虫菊酯、氨基甲酸酯等。现在生产的有机合成杀虫剂大多数是触杀剂或兼胃毒杀作用。

2. 胃毒剂

胃毒剂是指药剂随昆虫取食后经肠道吸收进入体内,到达靶标引起虫体中毒死亡的一种杀虫剂。如砷酸铅及砷酸钙是典型的胃毒剂。

3. 内吸剂

内吸剂是指农药施到作物上或施于土壤里,被作物体(包括根、茎、叶及种、苗等)吸收,并可传导运输到其他部位,害虫(主要是刺吸式口器害虫)取食后引起中毒死亡的一种杀虫剂。实际上内吸性杀虫剂的作用方式也是胃毒作用,但内吸作用强调该类药剂具有被作物吸收并在体内传导的性能,因而在使用方法上,可以明显不同于其他药剂,如根施、涂茎等。

4. 熏蒸剂

熏蒸剂是指药剂由液体或固体汽化为气体,以气体状态通过害虫呼吸系统进入体内而引起昆虫中毒死亡的一种杀虫剂。如氯化苦、溴甲烷等。

5. 忌避剂

忌避剂是指一些农药依靠其物理、化学作用(如颜色、气味等)使害虫忌避或发生转移、潜逃现象的一种非杀死保护药剂。如苯甲酸苄酯对恙螨、苯甲醛对蜜蜂有忌避作用。

6. 拒食剂

拒食剂是指农药被取食后,可影响昆虫的味觉器官,使其厌食、拒食,最后因饥饿、失水而逐渐死亡,或因摄取不足营养而不能正常发育的一种杀虫剂。如杀虫脒和拒食胺等。

7. 引诱剂

引诱剂是指依靠其物理、化学作用(如光、颜色、气味等)将害虫诱聚而利于歼灭的一种杀虫剂。具有引诱作用的化合物一般与毒剂或其他物理性捕获措施配合使用,杀灭害虫,最常用的取食引诱剂是蔗糖液。

8. 不育剂

不育剂是指化合物通过破坏生殖循环系统,形成雄性、雌性或雌雄两性不育,使害虫失去正常繁育能力的一种杀虫剂。如六磷胺等。

9. 生长调节剂

生长调节剂是指化合物可阻碍或抑制害虫的正常生长发育,使之失去危害能力,甚至死亡的一种杀虫剂。如灭幼脲等。

为了充分发挥药剂的效能,必须合理选用药剂与剂型,做到对"症"下药。合理用药还必须与其他综合防治措施配套,充分发挥其他措施的作用,以便有效控制农药的使用量。

(四)生物防治

1. 以虫治虫

以虫治虫就是利用害虫的各种天敌进行防治。我国幅员辽阔,害虫的种类繁多,各种害虫的天敌也很多。常见的如蜻蜓、螳螂、瓢虫、步甲、草蛉、食蚜蝇幼虫、寄生蝇、赤眼蜂等。以虫治虫的基本内容应是增加天敌昆虫数量和提高天敌昆虫控制效能,大量饲养和释放天敌昆虫以及从外地或国外引入有效天敌昆虫。

2. 以微生物治虫

许多微生物都能引起昆虫疾病的流行,使有害昆虫种群的数量得到控制。昆虫的致病微生物中多数对人畜无害,不污染环境,制成一定制剂后,可像化学农药一样喷洒,称为微生物农药。在生产上应用较多的昆虫病原微生物主要有细菌、真菌、病毒三大类。如已作为微生物杀虫剂大量应用的主要是芽孢杆菌属的苏金杆菌,已用于防治害虫的真菌有白僵菌、绿僵菌、拟青霉菌、多毛菌和虫霉菌等。

3. 以激素治虫

该种方法利用昆虫的内外激素杀虫,既安全可靠,又无毒副作用,具有广阔的发展前景。利用性外激素控制害虫,一般有诱杀法、迷向法和引诱绝育法。利用内激素防治害虫包括利用蜕皮激素和保幼激素两种,蜕皮激素可使昆虫发生反常现象而引起死亡;保幼激素可以破坏昆虫的正常变态,打破滞育,使雌性不育等。

（五）物理机械防治

应用各种物理因子如光、电、色、温湿度等及机械设备来防治害虫的方法,称为物理机械防治法。常见的有捕杀、诱杀、阻杀和高温杀虫。

1. 捕杀

利用人力或简单器械,捕杀有群集性、假死性等习性的害虫。

2. 诱杀

利用害虫的趋性,设置灯光、潜所、毒饵等诱杀害虫。如利用波长为 365 nm 的黑光灯、双色灯、高压汞灯进行灯光诱杀,利用杨柳树枝诱杀棉铃虫蛾子等。

3. 阻杀

人为设置障碍,构成防止幼虫或不善飞行的成虫迁移扩散。如在树干上涂胶,可以防止树木害虫下树越冬或上树危害。

4. 高温杀虫

用热水浸种、烈日暴晒、红外线辐射、高频电流等,都可杀死种子中隐蔽危害的害虫。如食用小麦暴晒后,在水分不超过 12% 的情况下,趁热进仓库密闭储存,对于杀虫防虫效果极好。

第四节　作物草害及其防治

人类根据自己的需求,在不断的选择和驯化下,将植物分化成为野生植物、作物和杂草。广义地说,杂草是指农田中人们非有意识栽培的"长错了地方"的植物。与其他野生植物相区别,农田杂草是能够在农田生境中不断自然延续其种族的植物,且不易被人类的农事耕作等活动所根除,必将影响人类对人工生境的维持,给人类的生产和生活造成危害。

一、杂草危害

杂草的危害表现在许多方面,其中最主要的是与作物争夺养分、水分和阳光,影响作物生长,降低作物产量与品质。杂草的危害可分为直接危害和间接危害两方面。

（一）直接危害

直接危害主要指农田杂草对作物生长发育的妨碍,并造成农作物的产量和品质的下降。杂草与作物一样都需要从土壤中吸收大量的营养物质,并能迅速形成地上组织。杂草有顽强的生命力,在地上和地下与作物进行竞争。地上部主要表现为对光和空间的竞争,地下部主要表现为对水分和营养的竞争,直接影响作物的生长发育。具有发达根系的杂草还掠夺了土壤中的大量水分。在作物幼苗期,一些早出土的杂草严重遮挡着阳光,使作物幼苗黄化、矮小等。

（二）间接危害

间接危害主要指农田杂草中的许多种类是病虫的中间寄主和越冬场所,有助于病虫的发生与蔓延,从而造成损失,如夏枯草、通泉草和紫花地丁是蚜虫等的越冬寄主。许多杂草是作物病虫害的传播媒介,如棉蚜先在夏枯草、小蓟、紫花地丁上栖息越冬,待春天棉花出苗后,再转移到棉花上进行危害。有些杂草植株或某些器官有毒,如毒麦籽实混入粮食或饲料中能引起人畜中毒,冰草分泌的化学物质能抑制小麦和其他作物发芽生长;禾本科杂草感染麦角病、大麦黄矮病毒和小麦丛矮病毒,再通过昆虫传播给麦类作物使其发病,如小麦田生长的猪殃殃、大豆田生长的菟丝子等,都严重影响作物的管理和收获。

二、农田杂草的生物学特性

1. 抗逆性

杂草具有强的生态适应性和抗逆性,表现在对盐碱、人工干扰、旱涝、极端高温、极端低温等有很强的耐受能力,因气候、土壤、水分、季节与作物的不同而不同。长江以南高温多雨,主要杂草种类属于喜温、喜湿植物,如香附子等。

2. 可塑性

杂草的可塑性是指杂草在不同的生境下,对自身个体大小、种群数量和生长量的自我调节能力。多数杂草都具有不同程度的可塑性,可在多变的人工环境条件下持续繁衍。

3. 生长性

杂草中的 C_4 植物比例明显较高,常见的恶性杂草狗尾草和马唐等都是 C_4 植物,能够充分吸收光能、CO_2 和水进行有机物的生产。如田间杂草稗草是 C_4 植物,其净光合速率高,生长迅速,严重抑制了 C_3 植物水稻的正常生长。

4. 杂合性

一般杂草基因型都具有杂合性,这也是保证杂草具有较强适应性的重要因素。杂合性增加了杂草的变异性,从而大大增强了抗逆性能,特别是在遭遇恶劣环境条件时,可以避免整个种群的覆灭,使物种得以延续。

5. 拟态性

有些杂草与作物具有较强的拟态性,属伴生杂草,如稗草与水稻、谷子与狗尾草等,它们在形态、生长发育规律以及对生态环境的要求上都有许多相似之处。

6. 多产性

杂草具有强大的繁殖能力,其繁殖方式分为种子繁殖和营养繁殖两种类型。一株杂草的种子数少则 1 000 粒,多则数十万粒,通常可达 3 万～4 万粒。具有营养繁殖能力的多年生杂草,如匍匐茎、根茎球、茎块、鳞茎等的繁殖能力也很强。

7. 多途径传播

杂草种子可借风力、水流等自然因素进行传播,也可通过动物和人的活动进行传播,如引种、播种、灌水、施肥、耕作、移土和包装运输等。

三、农田草害的防除

（一）农业防除

农业措施包括轮作、土壤耕作整地、精选种子、施用腐熟的肥料、清除田边和沟边杂草以及合理密植等。

合理轮作特别是水旱轮作是改变农田生态环境、抑制某些杂草传播和危害的重要措施。如水田的眼子菜、牛毛草在水改旱后就受到抑制;土壤耕作整地,如春耕、秋耕和中耕等,可翻埋杂草种子,扯断杂草的根系和营养体,减轻杂草的危害。播前对作物种子进行精选（如风选、筛选、水选等）是减少杂草来源的重要措施,如稗草种子随稻谷传播、菟丝子种子随大豆传播、狗尾草种子随谷粒传播,通过精选种子,可防止杂草种子传播。施用有机肥料,如家畜粪便、杂草堆肥、饲料残渣、粮油加工废料等含有大量的杂草种子,若不经过高温腐熟,这些杂草种子仍具有发芽能力。因此,施用腐熟的有机肥,可抑制其传播。

此外,清除田边、沟边、路旁杂草也是防止杂草蔓延的重要措施。

（二）植物检疫

杂草种子传播的一条重要途径就是混入作物和牧草种子中进行传播。因此,加强植物检疫是杜绝杂草种子在大范围内传播、蔓延的重要措施。

（三）生物防除

生物防除是利用动物、昆虫、病菌等方法来防除杂草。生物防除包括以昆虫、病原菌和养殖动物灭草等。

早期的生物防除主要是利用动物来防除杂草,如在果园放养食草家畜家禽、在稻田养殖草鱼等,后期在以虫灭草上也收到了很好的效果。

许多昆虫都是杂草的天敌,如尖翅小卷娥是香附子、碎末莎草、荆三棱和水莎草的天敌,盾负泥虫是鸭趾草的天敌等。在以菌灭草上,同样也取得了成功,如用锈病病菌防除多年生菊科杂草。而利用植物病原微生物防除杂草的技术和制剂即微生物除草剂,现已进入应用阶段,如用炭瘟病菌制剂防除美国南部水稻和大豆的豆科杂草美国合萌。我国在利用微生物病菌防除杂草上同样也取得了很大的进展,如防除大豆菟丝子的菌药鲁保1号已研制成功。

（四）化学防除

化学防除是指使用除草剂来防除杂草的技术措施。化学防除具有效果好、效率高、省工省力的优点。但除草剂的作用机理复杂,目前,主要是基于以下几种机理进行化学防除:① 抑制杂草的光合作用;② 抑制脂肪酸合成;③ 干扰杂草的蛋白质代谢;④ 破坏杂草体内生长素平衡;⑤ 抑制植物微管和组织发育。使用除草剂灭除农田杂草时,需找出作物对除草剂的"耐药期或安全期"和杂草对药剂的"敏感期"施用防除,才能达到只杀草而不伤苗的效果。

（1）利用有些除草剂药效迅速而残效短的特性,在作物播种前喷施除草剂于土表层以迅速杀死杂草,待药效过后再播种。利用时间差,既灭除了杂草又不伤害作物。如利用灭生性除草剂草甘膦处理土壤,施药后 2～3 天即可播种和移栽。

（2）利用作物根系在土层中分布深浅的不同和植株高度的不同进行选择性地除草。一般情况下,作物的根系在土壤中分布较深,而大多数杂草的根系在土层中分布较浅,将除草剂施于土壤表层可防除杂草而不伤作物。如移栽稻田使用丁草胺。

(3)作物形态不同对除草剂的反应不同。如稻麦等禾谷类作物叶片狭长,表面的角质层和蜡质层较厚,除草剂药液不易黏附,且具有较大的抗性;苋、藜等双子叶杂草的叶片宽大平展,表面的角质层与蜡质层薄,药液容易黏附,因而容易受害被毒杀。

(4)生理生化选择,即利用不同作物的生理功能差异及其对除草剂反应的不同。如水稻与稗同属禾本科,形态和习性相似,但水稻体内有一种特殊的水解酶能将除草剂敌稗水解为无毒性的3,4-二氯胺苯及丙酸;稗草则因没有这种功能而被毒杀。

总之,根据作物和杂草之间的差异,选用除草剂品种要准确,喷施要均匀,剂量要精确;同时还要看苗情、草情、土质、天气等灵活用药,才能达到高效、安全、经济地灭除杂草的目的。

第五节　农业鼠害及其防治

害鼠种类多、数量大、繁殖快、分布广,对农业危害极大,几乎所有农作物都受到害鼠的危害。

一、鼠类概述

鼠类通常是指哺乳纲、啮齿目的动物。鼠类在哺乳动物中种类和数量最多,在全世界已知的4 200多种哺乳动物中,鼠类就有1 700余种,约占总数的40%。我国已知哺乳动物约460种,其中鼠类150多种,约占33%。

(一)鼠类的形态构造

鼠类中大多数种类体形较小,全身被毛,体躯分为头、颈、躯干、四肢和尾五部分。其典型特征是:上、下颌各有一对非常强大的门齿,无齿根,能终生不断地生长,常借咬噬杂物而磨损牙齿;缺犬齿;性成熟早,生殖力强;分布几乎遍及全球,在各种生境中都有它们的踪迹。

(二)鼠类的生物学特性

1. 栖息地

鼠类的栖息地是指鼠类种群和个体筑窝居住、寻找食物、交配繁殖以及蛰眠越冬等活动的场所。鼠类选择栖居的环境,满足两个条件:食物充足、取食方便;便于隐蔽,避免敌害。因此,鼠类的栖息地以农田为最佳栖息地的种类居多。除了少数种类如松鼠、花鼠等营树栖、半地栖或半水栖外,绝大多数鼠类都营造洞穴生活。

2. 活动与取食

鼠的活动包括觅食、打洞、筑巢、求偶、避敌、迁移、蛰眠等。多数鼠类在出生后3个月到2~3年内活动量最大。气候和季节的变化对鼠的活动有一定的影响。春秋季节,气温较低,一般在中午活动较多;在夏季高温季节,则在早晨和午后活动较多。鼠类的活动大多是为了取食。随季节的变化、作物生育期的不同以及栖息地的差异,鼠类取食食性常会有很大的变化。大多数鼠类的食性为广食性,如大仓鼠除取食花生等及各种杂草种子外,还取食多种昆虫等小动物。

大部分鼠类无冬眠习性,为了抗御严寒,延续生命,有贮粮越冬习惯;也有些鼠种为了度过严寒和食物匮乏的冬季,具有冬眠的习性,如黄鼠、花鼠、旱獭等。

3. 生长发育和繁殖

鼠类的生长发育一般可分为幼鼠、亚成体鼠、成鼠和老体鼠四个年龄阶段。大多数鼠种在春秋季节达到繁殖高峰期;不同鼠种间的寿命差别很大,常与其性成熟年龄、个体大小有关;同时也受食物、季节、气候和自然环境的影响。性成熟早、个体小的种类平均寿命为1~2年,如小家鼠1年左右,布氏田鼠2年左右。

二、主要农作物鼠害及其危害特点

1. 小麦鼠害

危害小麦的害鼠主要有大仓鼠、黑线姬鼠、褐家鼠、小家鼠和东方田鼠等。在小麦的播种至幼苗期,害鼠扒食种子或取食刚出土的幼苗,造成苗死、苗伤或缺苗;在孕穗至乳熟期,害鼠常咬断麦秆,取食嫩穗,造成断茎或枯穗;地下活动的田鼠常咬断根系,把茎秆、麦穗拖入洞内,并且穿穴打洞造成植株根系悬空,引起植株发黄甚至枯死;在成熟期,害鼠咬食麦穗或践踏落地的麦穗,危害极大。

2. 玉米鼠害

危害玉米的害鼠主要有黑线姬鼠、大仓鼠、黑线仓鼠、小家鼠和褐家鼠等。在玉米的播种期,害鼠主要盗食播下的种子,造成缺种,受害重者需补种或重播;至幼苗期,害鼠在幼苗基部扒洞,盗食种子使幼苗缺少营养和水分而枯死,造成缺苗断垄;灌浆期,喜食果穗的害鼠,撕开苞叶,啃食籽粒,将果穗的上半部啃掉,有时会将整个果穗全部啃光,地面上常留有苞叶碎片和籽粒的皮壳;成熟期,害鼠可取食成熟籽粒,特别是倒伏的玉米,受害更重。

3. 水稻鼠害

危害水稻的害鼠主要有黑线姬鼠、褐家鼠、小家鼠、黄毛鼠和黄胸鼠、板齿鼠等。在水稻苗期,以三叶期前的秧苗受害较重,常造成缺苗,严重时全田秧苗被吃掉;三叶期后到分蘖阶段,害鼠咬断主茎和分蘖,形成枯苗;孕穗期,害鼠主要咬啮稻茎基部,影响灌浆结实,重者形成枯孕穗,或将孕穗咬断,造成缺穗;抽穗至成熟期,害鼠常将稻株压倒,咬断茎穗,或将稻穗堆在地上,取食米粒,田间留下一堆堆枝梗、谷壳、粪便及散落的稻谷。

4. 棉花鼠害

棉田的害鼠主要有黑线姬鼠、褐家鼠、黑线仓鼠和长尾仓鼠等,低酚棉田鼠害尤为严重。棉花自播种至出苗期,害鼠常顺播种行将棉种刨出,嗑破棉籽,取食籽仁,使棉种失去生活力,造成缺苗断垄;棉花苗期,害鼠于早春常咬破地膜,钻入苗床筑巢为害,抛土形成的小土丘压盖棉苗或穿穴打洞使棉苗根部松动,引起失水死亡;棉花铃期,害鼠主要危害20天以上的棉铃(一般不危害幼龄和将吐絮的老铃),夜间爬到棉株中下部的果枝,将棉铃一个个咬落,然后下地取食,嗑破铃壳,拉出棉瓣,撕去棉絮,嗑开棉籽壳,取食棉仁;棉花吐絮期,害鼠将一瓢瓢籽棉拖至地面、沟边或洞旁,集中堆放,取食棉籽,有时还利用棉絮做窝。

三、鼠害的防治

(一)生态防治

生态防治主要通过破坏鼠类的生活环境,使其生长繁殖受到抑制,增加其死亡率,从而控制害鼠种群数量。具体措施有以下几种。

1. 翻耕土地、清除杂草

清除杂草、减少荒地,使害鼠难以隐蔽和栖居。翻耕、灌溉和平整土地,如在华北北部的旱作区,秋季耕翻农田即可破坏田间洞穴,迫使长爪沙鼠迁居到田埂、荒地等不良的栖息地,从而引起大量死亡;秋耕、秋灌及冬闲整地,对黑线仓鼠的越冬也有很大破坏作用。

2. 兴修水利、整治农田周边环境

很多害鼠栖息于田埂、沟渠边、河塘边、土堆或草堆等地,如黑线姬鼠、褐家鼠等。结合冬季兴修水利、冬季积肥、田埂整修、开垦荒地等农田基本建设活动,就可以破坏害鼠的栖境。

3. 搭配种植、合理布局农作物

品种搭配和合理布局农作物,也可以起到降低鼠害的作用。如实行不同作物交错种植,形成复杂的生态环境,可引起鼠类种间竞争激烈,促使天敌数量增加,从而能起到抑制鼠害的作用。实践证明,多种作物交错种植比单一种植鼠害轻,此外,水—旱轮作较旱—旱轮作的鼠害发生也轻。

4. 及时收获、颗粒归仓

食物是害鼠赖以生存和繁衍的重要条件,减少或切断食物来源,能抑制鼠类生长发育、繁殖及存活,从而达到控制鼠害的目的。例如,在作物收获季节,特别是秋收时,做到及时收获、快打快运、颗粒归仓,就可切断害鼠的食物来源,减少害鼠取食和贮粮越冬的机会。如在秋后能及时耕翻、清洁田园,就会取得更好的效果。

（二）生物防治

对害鼠的生物防治,主要是利用天敌动物、病原微生物和外激素等杀灭或抑制鼠类种群数量的上升。鼠类的天敌主要有猫头鹰、鹰隼类等鸟类和黄鼬、豹猫、狐、獾等哺乳动物及蛇类等,应积极保护这些天敌。微生物灭鼠是指利用鼠类的致病微生物进行灭鼠,致病微生物有鼠伤寒菌、沙门氏菌等;但考虑对人畜的选择性问题,利用病原微生物灭鼠应持谨慎态度。外激素防治主要是利用其驱避作用、引诱作用、不孕作用等,直接控制和减少害鼠数量;或利用报警信息干扰某些鼠类种群的正常活动。

（三）物理防治

物理防治主要是使用捕鼠器械捕杀鼠类。捕鼠器械多数是利用杠杆及平衡原理设计制作而成的;此外,也有利用电学原理制成的。在野外常用的捕鼠器有捕鼠夹、捕鼠笼、捕鼠箭、电子捕鼠器、超声波灭鼠器等,但各自造价和使用范围有所不同。

（四）化学防治

针对当地主要害鼠种类、分布和数量动态以及作物的受害程度和面积,根据耕作制度、气候条件和自然资源等因素制定出鼠害防治方案。在害鼠的繁殖前期或开始繁殖期进行大面积连片防治和大面积连片灭鼠,最好以市、县为单位统一部署,以乡镇为单位统一投药时间,同时做到农田灭鼠与农家或城镇居民灭鼠同步进行。同时,要注意人畜安全、防止二次中毒,严禁使用国家明文禁用的杀鼠剂品种。

1. 毒饵灭鼠

毒饵由诱饵、添加剂和杀鼠剂三部分组成。诱饵引诱鼠类前来取食毒饵;好的诱饵应具有适口性好、害鼠喜食而非目标动物不取食,不影响灭鼠效果,来源广、价格低,便于加工、贮运和使用等特点。添加剂主要用于改善诱饵的理化性质,增加毒饵的警示作用,以提高人畜的安全性。缺点是有很多副作用、不够安全。

2. 熏蒸灭鼠

在密闭的环境中,使用熏蒸药剂释放毒气,使害鼠呼吸中毒而死。该方法的优点是具有强制性,不受鼠类取食行为的影响,灭效高,作用快,使用安全,无二次中毒现象,仓库内使用可鼠虫兼治。缺点是用药量大,需密闭环境。

3. 化学驱鼠

化学驱鼠是用驱鼠剂涂抹保护对象,当害鼠的唇、舌接触到药剂后感到不适,不愿再次危害的防鼠方法。化学驱鼠并非灭鼠,只是一种预防性措施。

4. 化学绝育

化学绝育是使害鼠取食绝育剂,导致其终生不育,从而达到控制害鼠种群的目的。

5. 化学杀鼠

化学杀鼠剂根据害鼠摄食后中毒死亡的速度可分为急性杀鼠剂(如敌溴灵等)和慢性杀鼠剂(主要指抗凝血杀鼠剂),二者适用范围和施用方式有所差异。

 本章习题

1. 什么是有害生物?

2. 作物病害病因包括哪些类型? 分析人类在作物病害发生和流行中所起作用。

3. 简述作物病害的病状类型。

4. 辨析病症与病征的异同。

5. 简述侵染性病害与非侵染性病害之间的关系。

6. 简述非侵染性病害的病因。

7. 简述农业病害防治的方法。

8. 对比分析农业各种害虫口器的特点及其危害症状。

9. 辨析昆虫休眠与滞育的异同。

10. 简述农业害虫生物防治方法。

11. 什么是农田杂草的抗逆性?

12. 简述农业杂草化学防除的选择原则。

13. 简述农田鼠害的生态防治方法。

第九章 农业气象灾害及防御

►►►本章要点◄◄◄

　　由不利气象条件所造成的作物减产歉收,称为农业气象灾害。由温度因子引起的有热害、冻害、霜冻、热带作物寒害和低温冷害;由水分因子引起的有旱灾、洪涝灾害、雪害和雹害;由风引起的有风害;由气象因子综合作用引起的有干热风、冷雨和冻涝害等。与气象的概念不同,农业气象灾害是结合农业生产遭受灾害而言的。例如寒潮、倒春寒等,在气象上是一种气候现象或天气过程,不一定造成灾害;但当它们危及小麦、水稻等农作物时,即造成冻害、霜冻、春季低温冷害等农业气象灾害。对这些农业气象灾害如果不采取有效的防御措施,作物生产则会受到很大的损失。因此,了解和掌握灾害性天气的发生、发展规律,及时采取防御措施,有利于作物的高产稳产。本章主要介绍低温、连阴雨、干旱、暴雨等农业气象灾害及相应的预防措施。

第一节　低温害天气

　　低温害的影响范围广,危害对象多,几乎所有农作物在其生长发育过程中都可能受到低温影响。依据作物受害情况,低温害可分为延迟型、障碍型和混合型;依照发生的季节分为春季低温、夏季低温和秋季低温。

一、寒潮天气

1. 寒潮天气现象

　　寒潮是指北方大范围的冷气团聚集到一定程度后,在适宜的高空大气环流作用下,大规模向南入侵形成的寒潮天气。冷空气所经之地的气温在 24 小时内猛降 10 ℃以上,同时过程最低气温在 0 ℃以下。我国地域辽阔,各区域对于寒潮天气的标准略有差异,并有详细说明。按中央气象台规定:长江中下游及其以北地区,48 小时内降温 10 ℃以上,长江中下游最低气温在 4 ℃以下,并且陆上有 5～7 级大风,海上有 6～8 级大风为发布寒潮警报的标准。我国冬季寒潮频繁,平均大约 10 天左右就有一次冷空气或寒潮爆发南下。

　　侵袭我国的寒潮路径主要可分为西路、中路和东路三条。西路寒潮由西伯利亚西部进入我国新疆,经河西走廊,跨过黄土高原进入华北平原,最后东移入海。每年入秋以后爆发的第一次比较强大的寒潮大都沿这条路径。有时寒潮再向长江以南侵袭,但势力逐渐减弱。中路寒潮发源于极地、西伯利亚一带,经蒙古侵入我国,一般经黄土高原、长江流域向东出海,但势力强大时可南下入侵两广,甚至海南岛。此路寒潮不但源地最为寒冷,距离我国路程又较短,而且经过我国大陆时为平原地带,温度低而速度快,甚为猛烈,对我国影响最大。东路寒潮由西伯利亚东北部向南伸展,经我国东北后侵入我国东南沿海地区。需要指出的是,北方的强寒潮有时可越过秦岭入四川盆地,然后进袭云贵高原,直至影响滇南和滇西南。

寒潮流经过的地区,可引起剧烈降温、大风和降水,冬半年突出表现为大风和降温。大风出现在冷锋之后,持续时间多在 1～2 天,在我国北方为西北风,中部为偏北风,南部为东北风。寒潮爆发在不同的地域环境下具有不同的特点。在干旱的西北、华北地区,经常形成风沙。前锋过境后,气温急降,可持续 1 天至数天。西北、华北地区降温较多,华中、华南由于冷空气变弱,降温较少。降水主要产生在冷锋附近,淮河以北降水较少,偶有降雪;淮河以南,降水增多,常伴随着寒风、雨夹雪或大雪,尤其当冷锋减速或准静止时,能产生大范围较长时间的降水。春、秋季,寒潮天气除大风、降温外,北方有扬沙、沙暴现象,降水机会也较冬季增多。

2. 寒潮对农业生产的危害及防御

寒潮等带来的天气以剧烈降温和偏北大风为常见,若出现冻雨、大雪则危害更大。寒潮冷锋过境时可出现 6～8 级大风,有时甚至可达 10 级以上。大风刮倒大树,吹坏农田,具有很大的破坏性。强寒潮可造成冻雨、大雪天气。冷空气侵袭后,特别是雪后放晴,平流降温结合辐射冷却,可造成剧烈降温。大风、剧烈降温对农牧业、交通、电力、建筑、甚至人们的健康都会带来不利影响。

寒潮带来爆冷和霜冻,特别是在晚秋及早春,天气突然变冷对作物危害极大。各种作物的耐寒能力都不相同,需要有一个逐渐降温适应的过程,突然爆冷,尽管气温仍在零度以上,作物也会受到冻害,将早春拔节的麦苗和抽薹的油菜冻死、冻伤的现象时有发生。至于气温降到零度以下所引起的霜和霜冻,对作物危害就更大,特别是对南方喜热经济作物更是致命。例如,2008 年突如其来的雨雪冰冻灾害,肆虐的时间正是一年一度的全民大迁徙的春节前夕,它席卷的地域偏偏是以往习惯了温煦冬阳的南方,其危害之大 50 年来从未有过。一时间,城乡交通、电力、通信等遭受重创,百姓生活受到严重影响,经济损失巨大。

所以,冬季要做好寒潮预报工作,以便及时做好各种防寒防冻准备,减少寒害造成的损失。此外,可以采取以下措施进行寒潮危害的预防。

(1) 物理防寒法:即采取机械措施防止冻害的发生。如熏烟法、灌水法、覆盖法等。

熏烟法:烟幕可以减少地面辐射,使近地层气温下降缓慢,形成烟幕时,空气中的水汽在微粒上凝结,释放出凝结热可以提高近地面气温。熏烟法一般可以提高近地面气温 1～3℃。施放烟幕的方法过去用杂草等堆成烟堆,进行熏烟。后来为防御辐射霜冻,各地使用沥青、硝铵、煤末、锯末等制成防霜弹,能取得较好效果。但人工烟幕法受天气条件限制很大,必须在近地层空气为逆温层、风速比较小时,才能发挥作用。

灌水法:灌水可以增大土壤的热容量和导热率。在霜冻即将发生时灌水效果最好,也可以在作物受冻前,用喷雾的方法把水滴均匀地洒在作物叶面上。灌水法能有效地防御辐射霜冻和混合霜冻,能提高气温 2～3 ℃,热效应也可维持 2～3 夜。

覆盖法:适用于小面积防霜。用草帘、席子、草灰等覆盖在作物上,可以防止地面热量散失。覆盖物可与霜冻发生的当天下午盖上,次日日出后去掉。覆盖的热效应超过烟幕和灌水,适宜在经济效益高的果园、苗圃采用。

另外,培土壅根也能增强作物抗寒能力。

(2)农作物防寒法:即通过培育耐寒作用品种,选择开花晚、成熟早的作物品种。在寒潮来临之前,迅速完成生长期,避免农作物的冻害。对部分旺长田块,在低温来临前,提早适当喷施矮苗壮等化控制剂,控旺促壮防冻。

但是,冬季低温也能够冻死越冬的病菌、害虫,可以减轻来年的病虫害。另外,渔民常常利用大风期间鱼虾集群浮游的生活习性,"抢风头、迫风尾"抓紧捕捞,获取渔业丰收。

二、霜冻和低温害

在植物生长季节里,由于土壤表面、植物表面以及近地面气层的温度降低到 0 ℃以下,引起植物遭受冻害,称为霜冻。霜冻使植物体内结冰,引起伤害。

霜冻按照成因可以分成三种类型,即平流霜冻、辐射霜冻和混合霜冻。平流霜冻是由于寒潮或强冷空气平流入侵出现的霜冻;而由于地面和植物表面辐射冷却作用引起的霜冻,则为辐射霜冻;在冷空气平流入侵和辐射冷却双重作用下引起的霜冻称为混合霜冻。这种霜冻强度较大,危害最严重。每年的初霜冻和终霜冻多属于混合霜冻。春季正直植物发芽,而秋季作物已近成熟,因此,春季和秋季出现霜冻危害较重。

霜冻的预防措施很多,可分为农业技术措施和物理技术措施两种类型。农业技术措施主要是培育抗寒品种;根据霜冻出现的规律和作物的生育特性,合理安排作物布局;选择适宜的播种期和大田移栽期,使作物避开霜冻;改良土壤,多施用有机肥料和磷钾肥料促进早熟,免遭冻害。物理技术措施主要有熏烟法、灌水法、覆盖法和露天加温法等。

受霜冻危害的作物,可采取浇水、施肥、中耕培土等方法及时抢救,使作物尽快恢复生长。

当霜冻出现时,若空气中的水汽达到饱和,可在植物表面形成霜,若未饱和,便没有霜,这种不出现霜而使植物遭受冻害的现象,称为"黑霜"。在植物生长季节,当温度下降到低于植物生长发育阶段的生物学最低温度,而高于 0 ℃时,植物生理活动受到阻碍,严重时也可以使植物某些组织受到危害,这种现象称为低温害,或称为"冷害"、"寒害"。这种温度之所以能危害作物,是因为不同作物在其生育不同阶段,生理上所要求的适宜温度与能忍受的临界低温大不相同。一般在苗期和生育后期生理上要求的适宜温度相对低些,当生殖器官开始分化,到抽穗、开花、授粉、受精过程中,以及灌浆初期,要求适温和临界低温要高得多。此时如果发生不适于作物生理要求的相对低温,就会延缓作物一系列生理活动的速度,甚至破坏其生理活动机能,以致抽穗开花、灌浆成熟过程延迟,造成不育或灌浆不饱满而减产等后果。

低温害的轻重决定于低温强度和低温持续日数的长短。作物受害的低温指标,因作物类型和发育阶段的不同而异。

防御低温冷害可以采取以下措施:一是加强农田基本建设,做好农业气候区划,充分利用地区的热量资源。旱、涝年份作物生育所需的积温比正常年份多,增强农田基本建设,防旱排涝,可以更充分地利用热量资源,防御或减轻低温害。二是采取综合措施,促进作物早熟。北方地区可以采用多锄、多耙;疏松土壤,提高地温,促进作物早熟;也可以与作物生育后期喷洒磷钾,或对玉米去雄、剥包叶等措施促进早熟。在水稻种植区,可采用灌水提高地面空气层温度,还可以喷水或喷洒叶面增温剂增温,提早抽穗,降低空秕率。三是加强对低温发生的农业气候规律研究,鉴定主要作物及其品种对热量条件的要求,以便科学地指导生产,有效地防御低温冷害。

三、春夏季冷害

春季是由冬到夏的过渡季节,冷空气活动激烈,气温起伏较大。由于春季天气多变,年际变化也大,为了评定春季温度变化对作物生产的影响,中央气象台以 2～4 月的旬平均气温距平为准,凡有 7～9 个旬气温距平为负者,称为寒春,为正者称为暖春;介于两者之间而又不连续者为正常,其中又有偏冷偏暖之分。如果前期连续偏低,后期连续偏高,称为短春,反之为倒春寒。

长江中下游地区,春温类型以正常情况最多,倒春寒次之,短春又次之,暖春最少。对作物生产来说,倒春寒的危害最大。因为入春后,前期偏暖,越冬小麦较早拔节,油菜提前抽薹,抵抗低温能力减弱,春播棉花、水稻等喜温作物苗期也怕冻。如果出现倒春寒,这些作物均容易遭受低温害。

春末夏初出现的低温也会影响水稻生产。6 月中旬以后,长江中下游地区的早稻进入抽穗扬花期,若连续出现 2～3 天日平均气温小于 22 ℃,会影响早稻的结实和产量。此时,长江中下游地区正处于梅雨季节,冷空气入侵与连续阴雨引起降温,危害早稻的结实,造成减产。

四、寒露风天气

我国南方后季稻的生长发育正值温度逐渐降低时期,当其抽穗开花时,正值秋季冷空气逐渐南侵的时候,容易遭受低温危害。长江流域后季稻孕穗开花期一般在 9 月上旬至下旬,两广及福建普遍在 9 月中旬到 10 月上旬。因为冷空气危害的关键时期多在秋分到寒露之间,所以称为"寒露风"。

寒露风分为干湿两种类型。干寒露风特点是晴、干,最低气温低,日较差大,午后相对湿度小;湿寒露风的天气特点是低温、多雨,气温日较差小,相对湿度大。长江流域以湿寒露风为多,两广以干寒露风为多。

形成水稻空壳的农业气象条件主要是低温,而阴雨、大风、低湿等因素则加重低温的危害程度。后季稻受寒露风的危害现象是多种多样的,它随寒露风出现的时期和强度而异,有枯叶、黑根、抽穗缓慢、花粉发育不健全、开花不正常、不能授粉、形成不实粒多、穗直而不弯,俗称"翘穗头"或"指天穗",造成歉收。长江流域有"秋分不出头,割了喂老牛",两广地区有"禾怕寒露风"等谚语。因此,寒露风天气是后季稻实现高产稳产的严重障碍。

第二节　连阴雨天气

连阴雨天气一般是指 3～5 天以上的降水,或降水期间内,间有阴天或短暂晴天的天气。连阴雨的强度,可以是小雨、中雨或大雨,甚至是暴雨。我国初春或深秋时节接连几天甚至经月阴雨连绵、阳光寡照、温度低、雨量并不大,而春末发生于华南的前汛期降水和初夏发生于江淮流域的梅雨,温度和湿度较高,雨量较大。

一、春季连阴雨天气

春季连阴雨天气一般是阴雨与低温同时出现。凡连续出现 3 天或 3 天以上日平均气温小于 12 ℃、最低气温小于 6 ℃的阴雨天气,气象上就称为春季低温连阴雨天气。调查表明,春季低温阴雨出现次数,以长江以南、南岭以北为多,西南山地最多。华南、西南集中在 2～3 月,江南集中在 3～4 月,江北、淮北则主要集中在 4～5 月。

春季低温连阴雨天气是一种灾害性天气。在这种天气影响下,低温阴雨的范围广大,持续时间长,雨量不大,日照稀少,气温偏低,使播在地里的水稻种子生命活动受阻,呼吸作用仅维持到最低限度,根芽停止生长,所以能造成大范围烂秧烂种。重新播种不仅浪费大量种子,而且延误了春播季节,会影响一年的农事安排。

为了克服低温连阴雨天气带来的不利影响,要抓住天气过程中的"冷尾暖头",抢晴播种。即抓住低温连阴雨即将过去、晴暖天气即将到来之前进行播种。这样可以充分利用晴暖期的有利条件,促进种子尽快发芽。

二、梅雨天气

梅雨是我国东部江淮流域一带初夏经常出现的一段持续较长、雨量比较集中的阴沉多雨天气。此时,空气高温高湿,器物易霉,故亦称"霉雨",简称"霉";又值江南梅子黄熟之时,故亦称"梅雨"或"黄梅雨"。梅雨开始之日称为"入梅",结束之日称为"出梅"。雨带停留时间称为"梅雨季节",梅雨季节开始的第一天称为"入梅",结束的一天称为"出梅"。

梅雨是初夏季节长江中下游特有的天气现象,通常出现在每年 6 月中旬到 7 月上旬前后。它是我国东部地区主要雨带北移过程中在长江流域停滞的结果,梅雨结束,盛夏随之到来。这种季节的转变以及雨带随季节的移动,年年大致如此,已形成一定的气候规律性。我国长江中下游地区,平均每年 6 月中旬入梅,7 月上旬出梅,历时 20 多天。但是,对各具体年份来说,每年的梅雨并不完全一致。梅雨开始和结束的早晚、梅雨的强弱等,都存在着很大差异;有的年份梅雨明显,有的年份不明显,甚至产生空梅现象。如 1954 年梅雨季节异常持久,雨期长达 49 天,使长江中下游地区出现了历史上罕见的涝年;而 1958、1968、1978 年出现空梅,出现了历史上少有的旱年。

1. 正常梅雨

长江中下游地区正常的梅雨约在 6 月中旬开始,7 月中旬结束,也就是出现在"芒种"和"夏至"两个节气内。梅雨期长约 20～30 天,雨量在 200～400 mm 之间。"小暑"前后起,主要降雨带就北移到黄、淮流域,进而移到山东和华北一带。长江流域由阴雨绵绵、高温高湿的天气开始转为晴朗炎热的盛夏。据统计,正常梅雨大约占总数的一半左右。

2. 早梅雨

有的年份,梅雨在 5 月底 6 月初就会突然到来,这种"芒种"以前开始的梅雨,统称为"早梅雨"。早梅雨开始之后,气温还比较低,甚至有冷飕飕的感觉,同时也没有明显的潮湿现象。之后,随着阴雨维持时间的延长、暖湿空气加强,温度会逐渐上升,湿度不断增大,梅雨固有的特征也就越来越明显了。早梅雨往往呈现两种情形,一种是开始早,结束迟,甚至拖到 7 月下旬才结束,雨期长达 40～50 天,个别年份长达两个月。另一种是开始早,结束也早,到 6 月下旬,长江中下游地区就进入了盛夏,由于盛夏提前到来,常常造成长江中下游地区不同程度的伏旱。早梅雨的出现机会,大致上是十年一遇。

3. 迟梅雨

同早梅雨相反的是姗姗来迟的梅雨,通常把 6 月下旬以后开始的梅雨称为迟梅雨。由于迟梅雨开始时节气已经比较晚,暖湿空气一旦北上,其势力很强;同时,太阳辐射也比较强,空气受热后,容易出现激烈的对流,因而迟梅雨常常多雷雨阵雨天气。迟梅雨的持续时间一般不长,平均只有半个月左右,但降雨量有时却相当集中。迟梅雨的出现机会比早梅雨多。

4. 特长梅雨

特长梅雨是梅雨异常现象,常造成洪涝灾害。1954 年我国江淮流域出现了百年一遇的特大洪水,这次大水,就是由持续时间特别长的梅雨造成的。这一年,长江中下游的梅雨开始之前的 5 月下半月,春雨已经很多,梅雨又来得很早,6 月初就开始了。天气一直阴雨连绵,并且不时有大雨、暴雨出现,维持的时间特别长,直到 8 月初才"出梅"。当阴雨结束转入盛夏天气时,已经临近"立秋"了。这一年整个梅雨期长达两个月,连同 5 月份的春雨,则达到两个半月以上。进入"小暑"、"大暑"以后,长江中下游本来应该是晴朗炎热的"伏天"了,却一直是阴云密布难见太阳,瓢泼的大雨不时倾泻到地面,不少地区洪水滚滚、"寒气"袭人。这一年长江中下游地区 5~7 月三个月的雨量,一般都达到 800~1 000 mm,接近该地区正常年份全年的雨量;部分地区,雨量多达1 500~2 000 mm,相当于同一地区一年半的雨量,导致洪水泛滥成灾。1998 年的大水,也是特别长的梅雨造成的。

5. 短梅和空梅

同特别长的梅雨完全相反的是,有些年份梅雨非常不明显,像来去匆匆的过客,在长江中下游地区停留十来天以后,就急急忙忙地向北去了。而且这段时间里雨量也不大,难得有一两次大雨。这种情况称为"短梅"。更有甚者,有些年份从初夏开始,长江流域一直没有出现连续的阴雨天气。多数日子是白天晴朗暖和,早晚非常凉爽,出现了"黄梅时节燥松松"的天气。本来在梅雨时节经常要出现的衣服发霉现象,也几乎没有发生。这段凉爽的天气一过,接着就转入到了盛夏。这样的年份称为"空梅"。"短梅"和"空梅"的出现机会,平均为 10 年中 1~2 次,常常有伏旱发生,有些年份还可造成大旱。

6. 倒黄梅

有些年份,长江中下游地区黄梅天似乎已经过去,天气转晴,温度升高,出现盛夏的特征。可是,几天以后,又重新出现闷热潮湿的雷雨、阵雨天气,并且维持相当长一段时期。这种情况就好像黄梅天在走回头路,重返长江中下游,所以称为"倒黄梅"。一般说来,"倒黄梅"维持的时间不长,短则一周左右,长则十天半月。但是在"倒黄梅"期间,由于多雷雨阵雨,雨量往往相当集中,这是需要注意的。"倒黄梅"结束之后,通常都转为晴热的天气。

从上面所介绍的各种梅雨中可以看到,黄梅雨实际上是多种多样的,它们之间的差别有时还是相当悬殊的。以"入梅"来说,最早的在 5 月 26 日,最迟的在 7 月 9 日;"出梅"最早的在 6 月 16 日,最迟的在 8 月 2 日,相差均可达到一个半月。梅雨最长的年份持续两个多月,可以引起罕见的大水,而短的年份仅仅几天,还有的甚至出现"空梅",带来严重的干旱。相对正常梅雨而言,"早梅"、"迟梅"、"特别长的梅雨"、"空梅"以及严重的"倒黄梅",都属于异常梅雨。

梅雨天气,雨量充沛,空气湿度大,云多,日照少,风小,降水多属于连续性,也有阵雨和雷暴,大雨和暴雨比较频繁,是一年中降水最集中的时期。梅雨季节正值作物生长旺盛时期,是作物需水较多的季节。梅雨带来较多的雨水,对作物生产是有好处的。但梅雨多少、入梅和出梅的早迟年际变化很大,给作物生长带来很大影响。如梅雨期长、降水量大,则会出现涝灾,而梅雨短或空梅,又会出现旱灾。此外,入梅早影响夏收,入梅迟对夏种带来不利的影响。

三、秋季连阴雨

我国是季风气候,雨量主要集中在夏季。秋季的雨量主要集中在两个区域:一是华西,即以四川盆地为中心,包括陇南、关中、陕南、豫西、鄂西、湘西和贵州大部分;二是长江下游,雨区自长江口北岸的江苏启东吕泗,向西经南通到镇江,然后向南过金华、溧水到福建的福安、福州、长乐和平潭,成为一个北宽南窄近似直角三角形的地带。

1. 华西秋雨

华西秋雨是我国西部地区秋季多雨的特殊天气现象。秋季频繁南下的冷空气与滞留在该地区的暖湿空气相遇,使锋面活动加剧而产生较长时间的阴雨,平均来讲,降雨量一般多于春季,仅次于夏季,在水文上则表现为显著的秋汛。秋雨的年际变化较大,有的年份不明显,有的年份则阴雨连绵,持续时间长达一个月之久。

华西秋雨是四川盆地的一个显著的气候特色,影响范围广,持续时间长,最长可达 40 天以上。四川盆地秋季平均每月的雨日数大约在 13~20 天左右,即平均每三天有一天半到两天有雨,较同时期我国其他地区明显为多。但其降水的强度在一年四季里是最小的,也就是说,秋季降水以小雨为主,是典型的绵绵秋雨。华西秋雨研究表明,华西秋雨的开始象征着自然天气夏季的结束,华西秋雨的结束象征自然天气冬季的开始。

2. 华东秋雨

华东秋雨在长江中下游,平均每三年出现两次,影响范围和持续时间小于华西秋雨。

秋雨有效地增加了土壤水分,解除了旱情,特别是补充了深层土壤水分,为旱地小麦播种和小麦出苗后生长提供了较好的墒情。持续降雨降低了森林火险等级,对改善空气质量也有一定的帮助。

秋季正值华中地区秋高气爽季节,也正是华西华东秋雨出现之时,而由于天气的不同,作物生产情况大相径庭。实践表明,华中地区棉花种植面积大,产量高,质量好,得益于秋高气爽的天气。因为棉花裂铃吐絮需要秋季多阳的天气。四川盆地种棉难,秋雨是重要的限制因子之一。八百里秦川棉花生产与当地当年秋雨呈负相关。华东沿海种植棉花,长江口以南不及苏北。另外,9月中下旬长江流域后季稻抽穗扬花季节,如遇秋雨连绵,即可形成寒露风危害。因此,华西和华东后季稻收成很不稳定,川西甚至达不到适宜种植的程度。

第三节 干旱天气

干旱是由于长时间降水偏少或无雨,造成空气干燥,土壤缺水,使农作物体内水分发生亏缺,不能满足作物耗水需要,影响正常的生长发育而减产的一种农业气象灾害。干旱灾害从古至今都是人类面临的主要自然灾害,即使在科学技术如此发达的今天,它造成的灾难性后果仍然比比皆是。其实干旱灾害的发生是有条件的,如果有良好的灌溉条件,能够使作物对水分的需要量和从土壤中摄取的水量在一个较长时期内保持平衡,干旱天气光照充足,温度较高,对大多数作物的生长发育及产量形成是有利的。

一、干旱

按照发生的季节,我国的干旱可以分为春旱、伏旱、夏旱和秋旱。

1. 春旱

在春季,淮河、秦岭以北地区,天气晴朗少云,气温迅速回升,空气干燥加上多风,助长蒸散作用,常常出现春旱。淮北有"十年九旱"、"春雨贵如油"的说法。

2. 伏旱

长江中下游地区梅雨结束后,进入高温酷暑的干热时期,如果持续多日无雨,即出现伏旱。由于雨量偏少,加上蒸发持续偏高,而到三伏结束时,秋高气爽天气接踵而至,因此伏旱常常与秋旱相连,危害极大。长江中下游地区伏旱常和高温相结合,形成干旱促高温、高温促干旱的情况,不仅造成因高温危害使作物减产,结合干旱可使作物植株枯槁。

3. 夏旱

在北方初夏,每年6~8月,任意连续5天的逐日降水量小于等于5 mm,且5天累计雨量小于等于10 mm,就形成夏旱,这5天的第一天定义为夏旱入旱日。多年平均入旱日都在7月2日前后。

4. 秋旱

进入秋季后,长江中下游地区天气晴朗少云,出现秋高气爽的秋寒天气,虽有利于秋收,但常常影响秋播。

春旱、伏旱和秋旱是我国东部地区常见的旱灾,是正常的天气现象,对作物的生产虽有影响,但不太大。而夏旱是空梅造成的,是大气环流反常造成的。夏旱在淮河以南常与秋旱相连,在淮河以北常与春旱相接。这种夏秋连旱和春夏连旱,都是长期无雨,都会使得作物生产损失严重。

二、干热风

1. 干热风及其形成

干热风是高温、低湿并伴有一定风力的大气干旱现象,也叫"热风"、"火风"、"干旱风"等,它一般持续时间较短。出现在黄淮平原的干热风,为冬小麦的重要气象灾害之一,由于出现在5月下旬6月上旬,常称为初夏干热风。出现在华中地区的干热风,影响棉花蕾铃脱落,早、中稻空壳秕粒增多,由于出现时间多在6月下旬7月上旬,常称为盛夏干热风。

干热风的形成与各地自然条件有很大关系。在我国河套以西与新疆、甘肃一带,由于初夏气候炎热,增温剧烈,气压降低迅速,会形成势力强大的大陆性热低压。随着气压梯度的增加和低压中心的移动,干热的气流就围着热低压旋转起来,形成又干又热的风。干热风经过干热的戈壁沙漠,会变得更加干热。而在黄淮平原,春末夏初季节,天气晴朗干燥、少雨多风,容易形成干热风。在江淮流域,干热风是在太平洋副热带高压西部的西南气流影响下产生的,在副热带高压西部和北部地区,受这股西南风的影响,产生干热风。在长江中下游平原,梅雨结束后天气晴朗干燥,偏南干热风往往伴随"伏旱"同时出现,使干旱更加严重。

2. 干热风对作物的危害

干热风对作物的危害,主要由于高温和干旱,强风加剧了高温和干旱的作用,使作物体内的水分迅速消耗,从而阻碍了作物的光合作用和合成过程,使植株很快地由下往上青干。尤其是干热风常常和干旱一起危害作物,作物根部本来就吸不到应有的水分,而干热风却又从茎叶中把大量的水分攫取走了,使作物更快地萎黄枯死。初夏干热风正值黄淮平原小麦灌浆期,高温影响灌浆过程,低湿可使作物大量失水,影响其生理活动,叶片凋萎、脱落,严重时可以青枯死亡。盛夏干热风持续5天以上,就可以使草木变色,落叶入秋,使棉花蕾铃脱落,虫害严重。

干热风的危害程度与干热风的强度、持续时间有关,与作物品种、生育期、生长状况有关,与地形土壤等因素有关,还与干热风出现前几天的天气状况有关。如雨后骤晴,紧接着出现高温低湿的燥热天气,危害较重。在干热风发生前如稍有降水,对于减轻干热风危害是有利的。再如小麦生长健壮,抗性强;发育不良,抗性弱。

3. 防御措施

营造防护林带、搞好农田水利建设以及施用化学药剂等是防御干热风危害作物的有效措施。

（1）营造防护林带

在农田规划和基础设施建设时,垂直于干热风方向营造主防护林带,能够有效防御干热风的危害。

（2）适时灌水

在小麦灌浆初期灌足灌浆水,如果小麦生长前期天气干旱少雨,则应早浇灌浆水。对高肥水麦田,只要在小麦灌浆期没下透雨,就应在小雨后把水浇足。对保水力差的地块,当土壤缺水时,可在麦收前 8～10 天浇一次麦黄水。如果浇后 2～3 天内,可能有 5 级以上大风时,则不要进行浇水。

（3）施用化学药剂

喷施药剂可以调节小麦等作物的新陈代谢能力,增强植株活力,增强抗性。如为了提高麦秆内的磷钾含量,增强抗御干热风的能力,可在小麦孕穗、抽穗和扬花期,各喷一次 0.2%～0.4% 的磷酸二氢钾溶液。再如在小麦开花期和灌浆期,喷施 20×10^{-6} 浓度的萘乙酸,可增强小麦抗干热风能力。

第四节 暴 雨 天 气

暴雨是指降雨强度很大的雨。单位时间的降雨量称降雨强度。中国气象部门规定:24 小时雨量大于或等于 50 mm 者为暴雨;大于或等于 100 mm 者为大暴雨;大于或等于 200 mm 者为特大暴雨。

我国是多暴雨的国家,除西北个别省、区外,全国几乎都有暴雨出现。冬季暴雨局限在华南沿海;4～6 月间,华南地区暴雨频频发生。6～7 月间,长江中下游常有持续性暴雨出现,历时长、面积广、暴雨量也大。7～8 月是北方各省的主要暴雨季节,暴雨强度很大。8～10 月雨带又逐渐南撤。夏秋之后,东海和南海台风暴雨十分活跃。

暴雨,尤其是大范围持续性暴雨和集中的特大暴雨是一种灾害性天气,往往引起洪涝灾害和严重的水土流失,导致工程失事、堤防溃决和农作物被淹等。暴雨来得快,雨势猛,不仅影响作物生产还危害人民的生命安全。台风是最强的暴雨天气系统,具有很大的破坏性,它能使房屋倒塌,农田冲毁,大树刮倒,航空、航海和其他交通运输受到威胁。

台风暴雨能量大、破坏性强,如何防御和减轻其对作物生产的影响呢?首先,加强台风的监测和预报,掌握台风动向,了解台风路径,是防御和战胜台风的关键,是减轻台风灾害的重要的措施。其次,采用农业措施,如培育抗风品种,配置合理结构的防护林,也是积极的防御措施。第三,一旦受灾后,根据灾情特点和农事季节,受淹绝收和因灾冲毁水田应抓住季节,及早采取应对技术措施,积极组织进行生产自救,及时补栽补种晚秋作物,努力减轻因灾造成的损失。第四,水稻处于分蘖—拔节期,高温高湿天气有利于稻瘟病、纹枯病的发生和蔓延,应加强病虫害的防治。第五,还应注意尽量做好蓄水工作,以防伏旱对农业生产的危害。

台风能带来灾害,但在夏季久旱酷热的情况下,特别是江南、华南伏旱天气,台风带来充沛降水,能解除伏旱和酷热。

第五节　强对流天气

强对流天气是强烈发展的积雨云产物,是发生突然、移动迅速、天气变化剧烈、破坏力极大的灾害性天气,主要包括龙卷风、冰雹、短时强降水、雷雨大风和飑线等现象。强对流天气生命期短,影响范围小,但破坏力很强,它是仅次于热带气旋、地震、洪涝灾害的具有很大杀伤性的灾害性天气。强对流天气来临时,经常伴随着电闪雷鸣、风大雨急等恶劣天气,致使房屋倒塌,农作物毁坏,甚至能将大树连根拔起,造成人员伤亡等。

一、强对流天气灾害分类

1. 飑线

气象上所谓飑,是指突然发生风向突变、风力突增的强风现象。而飑线是指风向和风力发生剧烈变动的天气变化带,沿着飑线可出现雷暴、暴雨、大风、冰雹和龙卷风等剧烈的天气现象,它是一条雷暴或积雨云带。

飑线是受起伏地形和热力分布不均而产生的动力作用和热力作用的综合结果。它的形成和发展除与天气形势有密切关系外,地方性条件也起着极其重要的作用。它常出现在雷雨云到来之前或冷锋之前,春、夏季节的积雨云里最易发生。潮湿不稳定气层能助长飑线的强烈发展。当它即将出现时,天气闷热,风向很乱或多偏南风。当强冷空气入侵时,地面冷锋前部的暖气团中,或低压槽附近,大气存在不稳定层结,此时最易形成飑线天气。飑线多发生在傍晚至夜间。

飑线从生成到消亡可分为三个阶段:

(1) 初生阶段,一般经历 3～5 h,有 6 级左右大风,并伴有雷雨。

(2) 全盛阶段,历时 1～2 h,风向突然改变,风速骤增,常由 8 级猛增至 12 级以上,气压急剧上升,温度剧降,短时间会降低 10 ℃以上。这阶段发生的狂风暴雨,破坏力很大。

(3) 消散阶段,历时 2 h 左右,风力减小,雷雨强度降低,气压渐降,气温渐升,天气渐好。

2. 龙卷风

龙卷风是一种强烈的、小范围的空气涡旋,是由雷暴云底伸展至地面的漏斗状云(龙卷)产生的强烈旋风,其风力可达 12 级以上,风速最大可达 100 m/s 以上,一般伴有雷雨,有时也伴有冰雹。它是大气中最强烈的涡旋现象,影响范围虽小,但破坏力极大。它往往使成片庄稼、成万株果木瞬间被毁,令交通中断,房屋倒塌,人畜生命遭受损失。它旋转力很强,常把地表面上的水、尘土、泥沙等卷挟而上,从四面八方聚拢成管状,有如"龙从天降",因而得名龙卷。出现在陆地上的龙卷称为陆龙卷,出现在海面上的龙卷称为海龙卷。陆龙卷外围多为泥沙,海龙卷外围多为海水。海上的这种龙卷群众也叫它"龙吸水"。

龙卷风是在极不稳定天气下由空气强烈对流运动而产生的,其形成和发展同飑线等没有本质上的差别,只是龙卷风更严重一些。它的形成和发展必须有大量的能量供应,因而需要有强烈对流不稳定能量的存在。它与热带气旋性质相似,只不过尺度比热带气旋小很多。在形成和发展时,由于空气对流,使龙卷中心的气压变得很低,在气压梯度力的作用下,四周气压较高的空气就向龙卷中心流动,当它未流到中心时就围绕着中心旋转起来,从而形成空气的旋涡。

龙卷风的水平范围很小,直径从几米到几百米,平均为 250 m 左右,最大为 1 km 左右。在空中直径可有几千米,最大有 10 km。极大风速每小时可达 150 km 至 450 km。龙卷风持续时间,一般仅几分钟,最长不过几十分钟,但造成的灾害是很严重的。

3. 冰雹

冰雹是从雷雨云中降落的坚硬的球状、锥状或形状不规则的固体降水。常见的冰雹大小如豆粒,直径 2 cm 左右,大的有像鸡蛋那么大(直径约 10 cm),特大的可达 30 cm 以上。

冰雹是冰晶或雨滴在对流的积雨云中几上几下翻滚凝聚而后降落形成的。它通常产生在系统性的锋面活动或热带气旋登陆影响过程中,但也有局部性的。降雹的一个必要条件是空气中存在极不稳定的大气层,不稳定层越厚,越有利于降雹。

在积雨云内,0 ℃层以下的云层由水滴组成,0 ℃层以上的云层由过冷却水滴组成,再高一些的云层则由过冷却水滴与雪花和冰晶等混合组成。如果积雨云中上升气流时强时弱,当上升的冷却水滴与上空的冰晶或雪花相碰,过冷水滴就冻成冰雹的核心。冰雹形成后,或因上升气流减弱,或因其重量较大而下降,当它降到 0 ℃层以下后,又有一部分水滴黏于其上,这时若上升气流增强,它又被带到 0 ℃层以上的低温区,雹核表面的水又被冻成冰,当上升气流再也托不住时,它便落到地面,成为冰雹。

4. 雷雨大风

雷雨大风,指在出现雷、雨天气现象时,风力达到或超过 8 级($\geqslant$17.2 m/s)的天气现象,有时也将雷雨大风称作飑。当雷雨大风发生时,乌云滚滚,电闪雷鸣,狂风夹伴强降水,有时伴有冰雹,风速极大。它涉及的范围一般只有几公里至几十公里。

5. 短时强降水

短时强降水是指短时间内降水强度较大,其降雨量达到或超过某一量值的天气现象。这一量值的规定,各地气象台站不尽相同。

6. 雷暴

强对流天气往往又会带来雷暴,当大气中的层结处于不稳定时容易产生强烈的对流,云与云、云与地面之间电位差达到一定程度后就要发生放电,有时雷声隆隆、耀眼的闪电划破天空,常伴有大风、阵性雷雨或冰雹,因此雷暴天气总是与发展强盛的积雨云联系在一起的。由于雷暴的发生发展与积雨云联系在一起,从雷暴云的出现到消失,有很强的局地性和突发性,水平范围只有几公里或十几公里,在时间尺度上也仅有 2～3 h,因此,这种中小尺度天气系统在预报上有一定的难度。

强雷暴是一种灾害性天气,雷电会引起雷击火险,大风刮倒房屋,拔起大树,果木蔬菜等农作物遭冰雹袭击后损失严重,甚至颗粒无收,有时局地暴雨还会引起山洪暴发、泥石流等地质灾害。

二、强对流天气的危害

强对流天气的危害大体上可归纳为风害、涝害、雹害。强对流天气发生时,往往几种灾害同时出现,对国计民生和农业生产影响较大。

飑线、龙卷风和雷雨大风最突出的气象要素之一是强风。尽管飑线的水平尺度小,但在其影响的范围内都将发生强大的风、雨灾害,可导致树木折倒、房屋掀翻、瓦砾飞行、人畜受伤受害、庄稼倒伏。龙卷风的风向旋转时,中心风力可达 100～200 m/s,具有极大的破坏力。雷雨大风的风力一般小于飑线和龙卷风,但它的发生不仅有大风,而且伴随有电闪雷鸣和暴雨等现象,个别的雷鸣巨响使人感觉到有如地震一般。雷雨大风可导致人畜伤亡、房屋倒塌和大片农作物被毁等。雷电还可引发森林火灾。此外,雷电对航空活动造成的危害尤其严重。

冰雹是雷雨云中水汽凝华和水滴冻结相结合的产物。雹以雹胚(霰)为核心,外面包有好几层冰壳。雹的密度大致在每立方米 300 kg 至 900 kg 之间,平均为每立方米 700～800 kg,大冰雹的降落速度可达每秒 30 m 或更大。降雹形成的灾害虽然是局部的和短时的,但后果是严重的。降雹会砸坏农作物、果园、房屋和其他设施、设备,致人畜伤亡。

短时强降水易于形成洪水内涝,影响作物生长,影响人类正常的工作生活环境和健康,甚至威胁人类的生命。作物超时浸泡会烂根、死苗;房屋、堤坝长期浸泡会倒房、坍堤、垮坝。此外,内涝易于瘟疫和作物病虫害的流行。洪水可冲毁堤坝,淹没农田,毁掉庄稼,冲击桥梁,淹没房屋和家园,使人们流离失所,人畜均难逃其浩劫。短时强降水常构成暴雨的一部分,由于暴雨集中,强度大,致使山洪暴发,山体下滑,江河水位猛涨,部分堤围溃决,造成极其严重的洪涝灾害。

总而言之,强对流天气的破坏力很强,会产生严重的灾害。若以风速估计该类天气的能量,则一个强对流风暴的平均能量可达 108 kW·h,大约相当于 10 多个原子弹爆炸时具有的能量。

由于各类强对流天气有各自的发生季节和发生特点,农业生产为户外作业,又是根据季节来安排的,所以强对流天气对农业生产中的各类作物的危害不尽相同。上述的洪涝、风、雹是强对流天气灾害中影响农业生产的主要几种危害。强对流天气对农业生产的直接危害是外力摧毁庄稼,间接危害是由内涝诱发和传播病虫害致庄稼减产甚至绝收。

随着人民生活水平的提高,经济建设的发展,因强对流天气的发生而造成的损失也就更加严重。强对流天气灾害与强对流天气的类型、其影响的范围和持续时间是密切相关的。

三、强对流天气灾害防御

由于强对流天气突发性强,成灾种类多,破坏力大,常造成严重灾害,目前尚无有效办法人为削弱及防治,因此要采取预防为主、防救结合的策略。

1. 提高强对流天气的预报水平和加强对强对流天气系统的理论研究

(1) 提高强对流天气的预报水平

首先要对强对流天气的产生和移动作好预测预报,可利用气象雷达监测,加强气象台、站联防来预报强对流天气的发生,监视它的活动,还可利用地球同步卫星连续拍摄的云图照片,对强对流天气发生、发展、移动及消亡进行探索、追踪,配合天气形势图分析,有助于判断强对流天气出现地区的预测预报,从而可提高强对流天气的预报水平;及时发布预报信息,以便在强对流天气出现以前采取必要的防御措施。

（2）加强对强对流天气系统的理论研究工作

如加强对强对流天气成因的机理研究,加密监测强对流天气网点,更新监测手段;建立防灾减灾计算机指挥系统,尽快应用于抗灾救灾工作,提高应变能力,对影响本省的强对流天气灾害进行系统整理,并建立强对流天气数据库和灾情库,及时为领导决策和采取措施提供准确的灾情资料。

2．建立、健全防灾系统

（1）当发现强对流天气将发生时及时发出警报。迅速将强对流天气可能出现的预报传达至各有关地区、有关单位;通过广播、电视、高频电话等及时传递。

（2）兴修水利,清理沟渠,疏通水道整治脏、乱、差,以防强降水造成内涝积水。

（3）人工消雹:防雹的主要措施是消雹,使形成雹块的云层减薄或消散,阻止云中酝酿成雹和小雹长成大雹。方法有两种:一是将碘化银或碘化铅等催化剂通过地面燃烧或飞机播撒方式投入到成雹的积雨云中,增加积雨云中的雹胚,使其形成小雹,不易长成大雹。二是爆炸,采用高射炮、火箭、炸药包等向成雹的积雨云轰击,引起空气的强烈振动,使上升气流受到干扰,从而抑制雹云的发展,同时也能增强云中云滴间碰并的机会,使一些云滴迅速长成雨滴降落。对于防雹的科学实验,例如消雹原理、雹云探测、冰雹预报、防雹技术和效果等工作的研究也在积极发展和完善。

3．建立抗灾夺稳产的农林牧结构和措施

（1）建立抗灾夺稳产的农林牧结构。在强对流天气灾害发生频繁的地方,特别是山区需大力种草种树,封山育林,绿化荒山,增加森林覆盖率,做好水土保持,减少水土流失,减少空气的对流作用,以减轻强对流天气灾害的发生;农区增加林牧业比重,并增加种植抗强对流天气灾害和复生力强的作物比例;在关键生育期错开强对流天气灾害多发时段;成熟作物要及时抢收。

（2）对于防风:植树造林,绿化环境,巩固建筑物,以防雷雨大风、龙卷风等风害,改善生态环境,防止土壤沙化,保护水源,疏导沼泽。

（3）作物受灾后需及时采取补救措施。强对流天气灾害发生后,作物除遭受机械损伤外,还有许多间接危害,因此,应根据不同灾情,不同作物,不同生育期的抗灾能力等,及时采取补救措施。

（4）培育优良的抗强对流天气灾害的作物品种,提高作物抗灾能力。

在防洪、防涝、防风、防雹的各项防御措施中,植树造林改善局地小气候是关键。众所周知,影响对流发展的物理因子有六个,即大气的静力稳定度、云外下沉气流、挟卷过程、风的垂直切变、对流云的合并、对流活动对大尺度环流场的反馈作用等。破坏其中任何一个环节都可阻止对流的继续发展,避免形成强对流天气。在科学技术高度发达的今天,采取措施避免强对流天气灾害的发生是完全可能的。毫无疑问,预报的准确是前提,必须提高预测强对流天气灾害的水平。

 本章习题

1. 我国农业气象灾害有哪些?

2. 低温害天气有哪些类型？对种植业生产有哪些危害？如何防御？

3. 连阴雨天气有哪些类型？对种植业产生哪些影响？

4. 干旱发生的条件是什么？干热风如何防御？

5. 暴雨对作物生产的影响如何？

6. 强对流天气有哪些？对作物生产的影响如何？

第十章 种植业发展展望

当前种植业如何发展关系到农村经济发展和农民增收能否迈出实质性步伐，关系到新农村建设能否取得实质性成效。加快传统种植业向现代种植业转变，全面提升种植业的现代化水平，要不断推进种植业生产向机械化、设施化、标准化、智能化、安全化、清洁化的发展方向。本章主要从发展历史、现状、方向、意义和技术等方面介绍种植业发展的上述"六化"方向。

第一节　种植业生产机械化

种植业生产机械化是指在种植业中以机械动力代替人力和畜力，以机器代替手工工具，在一切能够使用机械操作的地方都使用机械操作的过程，包括种植业产前、产中和产后的全过程机械化。种植业生产机械化是农业机械化的核心组成部分，也是农业机械化的关键与重点，没有实现种植业机械化就谈不上实现农业机械化。

一、种植业生产机械化的发展历史、现状与发展趋势

1. 发达国家种植业生产机械化发展历史和现状

机械化萌芽于18世纪欧洲工业革命中瓦特蒸汽机的发明。发达国家的种植业生产机械化，经历了传统生产——半机械化生产——机械化生产等几个时期。种植业生产机械化离不开机具改进和动力机械的协调发展。从19世纪40年代到20世纪初，欧洲农业生产工具进行了一系列变革，畜力半机械化农具开始推广，蒸汽机等动力机械开始在作物生产上运用。20世纪初，拖拉机的问世解决了种植业生产机械化的动力问题。到1945年，美国实现了种植业生产机械化。加拿大、法国、英国、德国和苏联于20世纪50年代分别实现了机械化。

目前，发达国家种植业生产机械化发展呈现出以下几个趋势。

(1) 大型化。发达国家的动力机械功率大，配套机具数量多，作业效率高，尤其在西方发达国家更为突出。拖拉机功率高达250 kW以上，采用双轴8轮驱动；铧式犁多达18个犁头，耕幅宽近8 m，每天可耕地46 hm²。

（2）运用范围广。对于某些特殊作物的特殊作业要求，过去认为是不可能实现机械化的，目前也实现了机械化，如摘棉机，甜菜、甘蔗、花生、马铃薯的收获机，玉米去雄机械等。

（3）全程联合作业，机械化程度高。实现了种植业产前、产中、产后全过程机械化，同时机械联合作业的功能强，可将耕作、施肥、播种、镇压等多道工序一次完成。收获环节的联合收获机作业时，先将作物割下送入滚筒脱粒，再送至分离装置，将籽粒和秸秆分开，然后送入清选装置，用风扇将颖壳、糠皮清除，最后把清洁的籽粒送入粮箱运走。把作物收获时的收割、捆束、拉运、碾场、扬场等农事操作和装车等多道工序集中在一台机器上完成。

（4）研制新型机械。各国紧密结合作物科学技术和种植业生产持续发展的需要，不断研制各类新型机械。如免耕播种机的研制成功并运用于生产，促进了种植业生产保护性耕作技术的发展。气吸式播种机的问世，促进了作物精密播种技术的运用。

（5）向自动化和智能化方向发展。如耕作时，在犁体上安装有自动安全装置，碰到石块等障碍物时，犁体会向上提起，越过障碍物后再自动入土。间苗时，机器上安装自动化选择装置，把不需要的苗株铲除。当播种机漏播时，自动报警。在联合收割机上普遍采用电子监视器，以监视籽粒散失和脱净率。有的收获机还可以自动记录单位面积的产量等。

2. 我国农业机械化的发展过程

新中国成立以来，我国农业机械化发展经过了以下几个主要阶段。

（1）发展阶段（建国初期～1978年）。在此期间，农业生产处于恢复和发展时期，主要由政府制定政策，指导农业发展，同时注意农业生产技术的推广，改良农机具与推广新式农机具。除少数国有农场开始实行一定规模的机械作业，耕整地农业机械在少数农村试行推广应用外，我国农村大部分地区仍然采用传统的人畜力耕作。此阶段农业机械化的作业程度和水平不高，但农业机械服务农业生产的保障体系得到了建立。

（2）停滞萎缩阶段（1978年～20世纪80年代中期）。从1979年开始，我国农村进行经济体制的重大改革。由于在农村推行家庭联产承包责任制，农民逐步有了生产经营的自主权利，农业生产方式由集体统一经营变为农户的分散经营，部分地区原属集体所有的可移动作业机械也相应地划分给了各农户。特别是农业生产尚未形成连片种植、统一管理的格局，除极少数国营农场外，大部分农村原有的大、中型农业机械几乎完全丧失了其原有的作业服务功能。

（3）自主发展阶段（20世纪80年代中期～90年代中期）。农村经过几轮的变革，第二、三产业迅速兴起，使得农村的产业结构发生了质的变化，农民的收入增加；城市工业的变革为农民外出务工提供了大量的机会，一部分农民外出经商，开始了农村劳动力的大转移。农民有了一定的积蓄，他们便追求个人劳动利益的最大化、生产条件的改善和体能上的舒服，导致了农村联产承包责任地的自由流转与调整。农机生产厂家顺势将与农业生产规模相适应的各种小型农业机械投放市场，引发了农民对农业机械等生产设备的购置，以从事代耕、代整和农田作业运输为主的农机作业专业户初见端倪。农业机械服务农业生产的程度有所提高。

（4）完善与探索阶段（20世纪90年代中期至今）。随着农村经济基础的不断加强和农村产业结构的进一步深化调整，农业机械的应用已经由单纯的为粮食作物生产服务向其他行业延伸；农业机械的保有量稳步增加，农业机械的作业水平有了较大程度的提高；原有的小而全的农业机械已难以适应农业生产发展的需要。特别是设施农业的兴起，对农业机械的性能提出了越来越高的要求,带动了各种适宜的、使用和维修方便的新型机具进入市场;国外农业机械的引进,促进农机制造工业在产品的型号、性能等方面进行改进,进一步提高了农业机械产品的技术含量。农业机械的投入已呈现出以个人、农户联合为主的多元化格局,作业方式已由小范围内的无序状态向大范围内有序的规模化发展。

进入新世纪以来,农业机械化呈现出快速健康发展的良好态势,主要表现在以下几个方面。

(1)农业机械装备总量持续增加。2001~2006年,我国农机总动力从5.50亿kW增长至7.26亿kW,拖拉机保有量由1 405.5万台增长到1 728.3万台。2006年大中型拖拉机保有量达到167.6万台,比上年增长20%;联合收割机保有量55.6万台,比上年增长17%;水稻插秧机保有量11.2万台,比上年增长40%。高性能、大马力和复式作业的农业机械保持高速增长,农机装备结构得到了明显改善。

(2)农田作业机械化水平显著提高。2006年,我国机械化耕地、播种和收获总面积达到23.4亿亩(1.53亿hm²),作业水平分别为52.1%、32.4%和25.2%;全国耕种收综合机械化水平达到38%,农业综合生产能力明显增强。在小麦、水稻和玉米三大粮食作物中,小麦机播和机收水平均超过80%,基本实现了生产全程机械化,水稻机械化栽植和收获水平分别为10%和40%,玉米机播和机收水平分别达到58%和5%。

(3)农机作业社会化服务效益稳步增长。我国农业生产规模小、经营分散、组织化程度低,一家一户发展农业机械化非常不经济。广大农民在生产实践中探索出了以农业机械跨区收获小麦为代表的社会化服务模式,把农业机械与分散的农户联系起来,把机械化生产和家庭联产承包经营结合起来,促进了农业机械的共同利用,提高了农机经营效益。2006年夏季,全国共投入小麦联合收割机39.2万台,完成小麦机收超过3.2亿亩(0.2亿hm²),每天最高收获面积达到1 600万亩(107万hm²)。目前,农业机械跨区作业领域正由机械收获小麦向机械收获水稻、玉米和机械耕地、机械播种、机械插秧等项目拓展。与此同时,各类农机作业服务组织、农机用户总数达3 500万之多,农机作业的组织化程度也逐渐提高,农机合作社、农机股份公司、农机协会等新型农机服务组织不断涌现。以跨区作业为品牌和关键农时季节为主战场的农机服务产业呈现出蓬勃发展之势。

(4)农业机械化技术创新与示范推广力度加大。近年来,国家对农机化关键技术和装备研制开发的扶持力度很大。"十五"期间中央财政直接投入的农机化科技攻关资金为2 800万元,"十一五"时期会超过1.4亿元。水稻、玉米等主要粮食作物生产机械化装备和关键技术日趋成熟,油菜、牧草、甘蔗收获机械技术的创新研究也取得重大进展。同时,一批节能、增效、环保的农机化重点技术得到了大面积普及推广。2006年,保护性耕作试验示范在我国北方400多个县(场)实施,推广面积超过2 000万亩(133万hm²);水稻机插秧技术在水稻主产区推广面积达到3 000万亩(200万hm²),比2005年增加1 000万亩。此外,玉米、大豆、棉花、马铃薯、油菜、甘蔗、牧草生产等机械化技术、机械化旱作节水技术、农作物秸秆综合利用技术等农机化技术已被农业部确定为重点推广的先进适用技术。

根据我国农业机械化水平评价标准(见表10-1),目前,我国农业机械化发展正由初级阶段向中级阶段跨越。

表 10-1　　　　　　　　　　　　　农业机械化水平评价标准

发展阶段	初级阶段	中级阶段	高级阶段
耕种收综合机械化水平/%	<40	40～70	>70
农业劳动者占全社会从业人员比重/%	>40	20～40	<20

3. 存在问题和发展趋势

当前我国农业机械化发展势头较好,但仍然存在着一些问题,还有一些薄弱环节。主要表现为以下几点。

(1)缺乏强有力的法规和经济政策调节措施。在农业机械化发展速度和发展结构的优化、农机服务市场化规范、农机生产与需求的衔接和平衡等全局性问题上,还缺乏有效的规范引导和调节措施。国家宏观调控保障体系和市场监测体系尚未建立和健全,市场不规范行为较多。

(2)某些关键环节发展滞后。目前我国主要农田作业项目中,机械化水平最高的是机耕,播种和收获的机械化水平低,水稻育秧、栽插和收获,玉米移栽、收获,棉花采摘,粮食烘干等机械研究还很薄弱。加速这些机具的研制推广,已经成为进一步发展农业的迫切要求。应重点围绕粮食生产机械化,抓好节本增效工程、水稻生产机械化示范工程、粮食烘干处理示范工程以及种子加工技术服务工程等四项工程。节本增效工程虽已经取得了一定成效,但还应该在巩固已有成果的基础上,完善作业标准,提高实施质量,扩大实施范围,大力提高肥、种、水、药四种农业投入要素的利用率。针对水稻生产机械化水平低这一薄弱环节,应该首先从水稻育秧着手,以乡村农业服务站为基础,建设一批育秧中心,开展工厂化育秧和秧苗供应服务。目前我国粮食产后的损失率高达15%左右,大大超过联合国粮农组织提出的5%的标准。按4 500亿kg粮食产量计算,产后损失数量达675亿kg,其中由于阴雨造成的霉变损失占了较大比例。因此必须抓好烘干机械设备的研究和选型,逐步推进我国粮食烘干处理机械化技术的发展。

(3)农业机械利用率不高。由于人多地少,生产规模小,农民拥有的机械以自用为主,农机服务的组织化、社会化程度低,加之有些配套农具缺乏,造成我国目前农业机械的利用率不高,机具闲置、浪费较严重。探索合理可行的农业机械化发展模式,提高农业机械的利用率,是今后必须认真解决的问题,也是转变农业增长方式的必然要求。

二、当前我国种植业机械化重点推广技术

1. 水稻机械化生产技术

针对不同自然环境和生产条件下的水稻种植制度,推广水田耕整机械化技术、水稻规范化育秧及机插秧技术、水稻联合收割机械化技术、产地烘干与加工机械化技术。

2. 保护性耕作技术

在北方旱作地区,大力推广以农作物秸秆残茬覆盖、免耕播种、深松、杂草及病虫害控制技术为主的保护性耕作技术及配套机具装备。积极探索适宜于不同地区的技术路线及主推机具产品,创新保护性耕作技术推广机制,逐步建立和完善保护性耕作发展的长效机制。

3. 玉米机械化生产技术

结合玉米主产区不同品种、种植制度、自然环境和生产条件,推广玉米免耕深施肥精量播种机械化技术、玉米机械化收获技术与设备。在大力推广悬挂式玉米收获机械的同时,开展抗好自走式玉米收获机的试验、示范推广工作,不断完善我国玉米生产从播种到收获各环节配套技术及装备的集成应用,逐步实现玉米机械化生产的规范化和标准化。

4. 薯类生产机械化技术

重点推广适宜的薯类种植、收获机械化技术与配套作业机械。

5. 油菜、花生、茶叶等经济作物机械化生产技术

在相应作物主产区,因地制宜地推广应用油菜机械化育苗移栽、直播与收获技术,花生机械化播种与挖掘技术,茶叶机械化采摘和初加工技术,大豆机械化播种与收获技术,甘蔗机械化中耕培土与收割技术,柑橘和苹果机械化采摘、商品化产后处理与深加工等关键机械化技术。

6. 机械化旱作节水技术

以提高灌溉水和自然降水的利用率为目标,在具有一定灌溉条件下的平原地区,重点推广微喷、渗灌、滴灌等节水灌溉技术。在水源缺乏的旱作区及丘陵区,重点推广深松覆盖、水平沟播、旋耕播种复式作业等机械化旱作技术及适用机具。在适宜地区推广应用行走式灌溉播种技术和坐水种技术。

7. 作物秸秆综合利用加工技术

根据秸秆饲用、气化、发电等市场需求,推广秸秆机械化收获、青贮、抒丝、捡拾打捆、饲草颗粒及块状加工等新技术及配套机械设备。

8. 高效植保机械化技术

以提高农药利用率、减少农药残留对农产品及环境的污染为目标,重点推广对靶喷施、弥雾施药、无滴漏喷杆喷雾施药等新技术与配套机具装备。在有条件的地区和优势农产品产区,重点推广精密喷洒、雾滴防漂移及智能化施药技术与装备。

第二节 种植业生产设施化

种植业生产的设施化就是设施栽培,是指借助一定的硬件设施通过对作物生长的全过程或部分阶段所需环境条件进行调节,以使其尽可能满足作物生长需要的技术密集型农业生产方式。它是依靠科技进步形成的高新技术产业,是当今世界最具活力的产业之一,也是世界各国用以提供新鲜农产品的重要技术措施。

一、设施类型

设施栽培,又称保护地栽培,其主体是种植业的各作物(指蔬菜、花卉及果类)的设施栽培,主要设施有各类温室、塑料棚和人工气候室(箱)及其配套设备等。按设施和设备的复杂程度可分为四种模式。

一是简易覆盖型,以地膜覆盖为典型代表,适合于寒冷、干旱的北方大田生产。

二是简易设施型,主要是中小拱棚,以塑料薄膜低空(低于 2 m)覆盖为主,多用于城郊的蔬菜保护地栽培。

三是一般设施型,主要是塑料大棚、日光温室、加温温室、微滴灌系统等。

四是复杂设施型,主要指工厂化育种育苗、工厂化生产及无土栽培等(即借助于大型现代化温室的工厂化农业。一般包括加热系统、降温系统、通风系统、遮阳系统、滴灌系统和中

心控制系统等),以高科技和现代化生产要素投入为其显著特征,以高效益的专业化、商品化生产为其主要目的。

按技术层次可分为:塑料大棚栽培、温室栽培和植物工厂化栽培。

目前,发展和应用较多的主要有塑料大棚、温室大棚和连栋温室,也有少量采用先进工程技术的智能型温室和大型温室。智能型温室则更接近"工厂化农业",代表设施农业的发展方向,是设施农业的最高技术层次。

二、种植业生产设施化的意义

设施栽培使用先进生产和管理方式,高效、均衡地生产各种蔬菜、花卉等作物产品,用人工控制环境因子如温度、光照、湿度、二氧化碳浓度等方法来获得作物最佳生长条件,从而达到增加作物产量、改善品质、延长生长季节的目的。设施栽培的发展,不仅有利于合理开发利用国土、淡水、气候等资源,而且能不断提高劳动、技术、资金有机结合的综合集约经营程度,从而获得最大的社会效益、经济效益和生态效益。

1. 增强环境控制能力

设施栽培的首要问题就是要提高控制环境的能力,能彻底改变作物生产始终受制于自然、人们靠天吃饭的状况。

2. 提高工业化生产水平

设施栽培采用工业化生产方式,能大幅度提高劳动生产率。作物生产设施化水平越高,生产力就提高得越快。

3. 实现集约、高效经营

设施栽培能做到资源合理配置,科技含量高,投入合理,效益显著。

4. 促进可持续发展

设施农业发展的实践证明,设施栽培有利于采用先进的生物技术、信息技术和高科技农业成果,符合当前和未来农业发展趋势,具有高投入、高产出、高效益和无污染等可持续发展农业的特征,成为科技含量较高的高效农业。因而当今世界各国均纷纷大力发展设施农业。

三、种植业生产设施化发展概况

1. 国外种植业设施栽培技术的发展和应用状况

目前,发达国家的设施农业已形成成套技术,具有完善的设备、一定的生产规范和可靠的质量保证体系,并向高科技、自动化和智能化方向发展。其特点有以下几点。

(1)种苗产业非常发达。日本、荷兰及美国等发达国家重视品种选育,能为温室提供专用的耐低温、高温、寡造、高湿以及具有多种抗性、优质高产的种苗,在脱毒、快速繁殖等方面有很高的技术水平。

(2)单产水平高。荷兰温室番茄年产量达 $400\sim500$ t/hm²,黄瓜年产量达 $375\sim525$ t/hm²,农产品出口额达 400 亿美元。日本、以色列、韩国、西班牙等国优质蔬菜产出率亦相当高,以色列花卉出口量为世界第二位。

(3)计算机智能化温室综合环境控制系统开始普及。利用此系统准确采集室温、叶温、地温、湿度、土壤含水量、溶液浓度、二氧化碳浓度、风向、风速以及作物生长状况等参数,将室内温、光、水、肥、气等诸多因素综合直接协调到最佳状态,可节能 $15\%\sim50\%$,并节水、节肥和节药。

(4)管理机械化和自动化程度高。美国、加拿大等国开发了多种小型、轻便、多功能的设施园艺耕作机具、播种育苗装置、灌水施肥装置、通风窗自动开闭、温湿度调节装置等,日本、韩国已研制出蔬菜嫁接机器人、无人行走车、施肥机器人等。

(5)营养液栽培发展迅速,成为主要栽培方式。营养液栽培可向人们提供健康、营养、无公害、无污染的有机食品。营养液重复利用能节省投资、保护生态环境。法国、意大利及德国等国大多采用营养液栽培。

目前国外设施栽培技术比较先进的国家有:西欧的荷兰、法国、英国、意大利、西班牙,北美的美国、加拿大,中东的以色列、土耳其,亚洲和大洋洲的日本、韩国、澳大利亚等。这些国家的政府重视设施栽培的发展,在资金和政策上都给予了大力支持。现代设施栽培的研究起步早,发展快,综合环境控制技术水平高。总体分布情况是:西北欧国家由于常年天气较冷,夏季短,故以建造玻璃设施为主;其他地区及南欧塑料设施的比重较大。一些技术先进国家目前已能够按照作物生长的最适宜生态条件,在现代温室内进行四季恒定的环境自动控制,使其不受气候和土壤条件的影响,在有限的土地上周年均衡地生产蔬菜和鲜花。设施栽培综合环境控制技术最先进的国家,由于其地理位置、自然环境和经济基础不同,其发展的侧重点也不同。

塑料大棚和其他设施在日本得到了普遍应用。日本设施栽培综合环境控制技术水平很高,被称为"第四高技术农业"的植物工厂已在日本普及。植物工厂通过计算机将温度、湿度、CO_2 浓度和肥料等控制在最适合蔬菜生长发育的水平。在寒冷地带、沙漠地带,甚至在宇宙空间,也能提供新鲜的蔬菜。此外,日本 ESE 公司开发的设施栽培计算机控制系统可以较全面地对设施栽培内植物所需环境进行多因素检测控制,包括变温、换气、灌水、CO_2 浓度调节、人工补光等。该公司还开发了采用微机和专用设施栽培控制机组成的网络系统。该网络可将多台计算机控制系统集中管理,对设施栽培数量多、地点分散的大农场可以使用专用配线形成设施栽培专用的网络系统进行集中管理;还可以使用电话线实现异地管理,在微机和专用设施栽培控制机器上安装 Modem,在自己家里就可以操纵远处的设施栽培控制系统;甚至可以利用笔记本电脑,在外地随处都可以控制设施栽培的管理系统。

美国有着发达的设施栽培技术,农业设施制造商有 100 多家,其综合环境控制技术水平非常高。美国开发的高压雾化降温、加湿系统以及夏季降温用的湿帘降温系统处于世界领先地位。该国已能够开发完全人工控制的设施,如"生物圈 2 号"就是一种特殊的保护设施。它是相对于我们居住的被称为"生物圈 1 号"的地球而言的,主要是研究将来人在宇宙空间和其他星球,如何维持生活,进行生产和工作。经过 4 年的探索,尽管存在不少问题,但"生物圈 2 号"内作物的产量比常规种植高 16 倍。"生物圈 3 号"和"生物圈 4 号"将分别建在南极和北极,而"生物圈 5 号"将发射到月球。

以色列自然条件非常恶劣。有一半土地是沙漠,淡水奇缺,国家严格实行淡水分配制度。但以色列政府非常重视和大力发展设施栽培,每年用于设施栽培的资金约 8 000 万美元。以色列现在农产品自给有余,每年出口收益达 10 亿美元以上,其中鲜花出口量占世界总出口量的 6% 左右。由于该国气候干燥,光照好,一年有 300 多个晴天,昼夜温差大,因此在设施栽培综合环境控制技术中,对透光和降温的要求不高,而对灌溉系统要求很高。其灌溉技术特别是滴灌技术和设备发展很快,处于世界先进水平。

荷兰建造了大量的现代农业设施,且几乎全部由政府优惠贷款来建设,在设施栽培生产运行过程中低价供应天然气,产品 2/3 出口,其设施栽培是赢利的。荷兰鲜花出口量占世界总出口量的 71%,每年出口 9.2 亿枝鲜花。由于昼夜温度变化小,故降温、通风问题考虑很少,而采光问题考虑得较多,因此荷兰主要是玻璃温室设施。至于综合环境控制技术方面,荷兰在设施顶面涂层隔热技术,冬天保温加湿的双层充气膜、锅炉、燃油加热系统,CO_2 施肥系统,人工补光的研制等方面均处于世界先进水平。

2. 我国种植业设施栽培技术的发展

我国设施栽培历史悠久,但现代设施栽培起步较晚。早在 2 000 多年以前,我国就有蔬菜、花卉的设施栽培,但现代设施栽培技术的发展还是近十多年的事。20 世纪 80 年代初,农业部陆续安排了塑料大棚及栽培技术等单项技术研究;从"七五"期间开始,农业部把塑料大棚、玻璃温室、日光温室和配套栽培技术等的综合研究列入重点科研项目。进入 20 世纪 90 年代以后,我国设施栽培技术发展迅速。1997 年设施栽培面积达到 120 万 hm^2,有塑料中、小拱棚 56 万 hm^2,塑料大棚 56 万 hm^2,各类温室 35 万 hm^2(主要是日光温室),已成为最大的设施栽培国家,人均占有设施栽培面积达到发达国家 80 年代的水平。大中城市基本实现了蔬菜的周年供应,蔬菜的人均占有量首次超过世界平均水平,年生产鲜花 7 亿枝,取得了巨大进步,其中设施栽培做出了巨大的贡献。特别是利用具有鲜明中国特色的日光温室技术,在北纬 40° 以上的寒冷地区,依靠简易设施,冬春寒冷季节,一般不加温也能生产出黄瓜、番茄等喜温果菜,令世人瞩目。目前已形成以中国农业工程研究设计院设施农业研究所、中国农业大学、中国农业科学院蔬菜花卉研究所、沈阳农业大学等为核心的一批专业研究机构和科技队伍;同时还形成了农业部规划设计研究院北京西达农业工程科技集团、上海长征温室制造有限公司、上海洁民温室设施有限公司、江西省进贤绿佳温室工程有限公司、常熟开成温室制造有限公司等一批温室、塑料大棚专业定点生产企业;形成了发展设施农业的热潮,较大规模地引进了国外成套设施、配套栽培品种和栽培技术。

目前,我国设施栽培主要有温室和塑料大棚两种形式,且 90% 集中在东北、华北、西北三地区的大中城市周围,具有以下几个特点:① 大、中、小棚和育苗设施配套建设;② 节能型设施发展迅速;③ 结构简单、一次性投资低、当年能见效益的设施受到普遍重视;④ 单屋面设施已成为设施栽培的代表等。

总体上说,我国目前设施栽培综合环境控制技术水平低,调控能力差,并且以单个环境因子的调控设备为主,综合环境自动控制的高科技温室主要从国外引进。根据国内现有的设施栽培制造基础,其设施框架及附属设施部分基本能满足要求,引进的关键是控制系统和控制管理技术。国外公司从技术垄断和经济利益的角度考虑,要求我国成套引进。这就造成国家每年白白花费大量外汇去引进技术和制造水平并不复杂的框架等设施的现状。综合环境控制技术成为制约我国设施栽培发展的"瓶颈"。而我国综合环境控制技术的研究还刚刚起步,目前仍然停留在研究单个环境因子调控技术的阶段,且大部分设施还是依靠人的经验去进行环境调控。

四、种植业生产设施化发展方向

1. 国外发展趋势

从全球看,发达国家的设施农业已具备了技术成套、设施完备、生产比较规范、产量稳定、质量保证性强等特点,并在向高层次、高科技和自动化、智能化方向发展,将形成全新的技术体系。例如,荷兰是土地资源非常紧张的国家,靠围海造田等手段扩大耕地。全国有 1.3 万 hm^2 玻璃温室,设施园艺已成为国民经济的支柱产业。同时,该国大力发展设施养殖和畜产品加工,使农业迅猛发展,成为仅次于美国、法国的第四大农产品出口国。以色列是缺水的国家,其大型塑料温室采用全自动控制,充分利用光热资源的优势和节水灌溉技术,主要用于生产花卉,其出口量为世界第四位。美国设施农业的总指导思想是适地栽培,政府非常重视对设施栽培尖端技术如太空设施生产技术的研究,已形成成套的、全自动设施栽培技术体系。

2. 我国设施栽培的现状和发展趋势

我国设施栽培的类型主要是塑料中、小拱棚,塑料大棚,日光温室和现代化温室。栽培的作物以蔬菜、花卉及瓜果类为主。设施栽培存在的主要问题有以下几点。

① 总体水平特别是科技水平低。我国现代设施栽培起步晚、基础差,没有将其作为一个整体和工程问题来对待,设施设备与栽培技术和生产管理不相配套,生产不规范,难于形成大规模商品生产。

② 设施水平低、抗御自然灾害的能力差。目前只有钢管装配式塑料大棚和玻璃温室有国家标准和工厂化生产的系列产品,但仅占设施栽培面积的10%。绝大部分塑料棚和日光温室,只能起一定的保温作用,而对光、温、湿、气等环境因子的调控能力较差。

③ 机械化水平低。自动控制设备不配套、调控能力差,调控设备和仪器基本是空白;主要靠经验和单因子定性调控;无专用小型作业机具,作业主要靠人力。

④ 设施栽培技术不配套。缺乏设施栽培的专用品种,栽培技术不成套、不规范、量化指标少,栽培管理主要靠经验,致使产品产量低、品质差。

⑤ 设施生态环境恶化。设施内连作土传染病害严重,土壤富营养化严重,无土栽培营养液对环境易造成污染。

在今后一段时期,我国设施栽培发展总的趋势是:将在基本满足社会需求总量的前提下协调发展,着重于增加设施栽培种类,提高质量,逐步实现规范化、标准化、系列化,形成具有我国特色的技术和设施体系;重视现有技术和新成果的推广应用,形成高新技术产业,实现大规模商品化生产。具体表现为几点。

① 我国设施栽培技术路线,将按照符合国情、先进、适用的方向发展,形成具有我国特色的技术体系。

② 随着国民经济的快速发展和人民生活水平的提高,对蔬菜、花卉提出了多品种、高品质、无公害的强烈要求,因此设施栽培的主要趋势是提高水平、提高档次。

③ 在已形成的集中成片生产基地的基础上,向规模化、专业化、产业化、高档化以及外向型发展。

第三节　种植业生产标准化

标准是衡量事物的准则或规范。标准化是指以制定和贯彻标准为主要内容的有组织的活动过程。作为一门科学是研究这个过程的规律和方法;作为一项工作,是根据客观情况的变化,促进这个过程的不断循环、螺旋式的上升发展。标准化水平是一个国家生产技术水平和管理水平的重要标志。

农业标准化是农业现代化的重要内容,也是世界经贸发展的共同趋势。在国际上,农产品质量管理有两种制度形式,一种是农产品质量识别标志制度,另一种是农产品质量管理制度,即为标准化,后者更有利于明确界定农产品的质量。因为标准类型能够区分同一类产品的不同品种,判别农产品的质量和优质类别农产品,以建立起标准模式所界定的具有特色的各类产品市场。标准化是世界农业发展的共同趋势,而且建立了有权威性的国际组织(如国际食品法典委员会,国际有机农业运动联盟等)。改革开放以来,农业标准化建设是对我国农业经营理念、运行机制、生产手段、经营模式等进行的一次重大变革。特别是我国农业发展进入到了新阶段,农业将实现由追求数量向质量、效益转变的跨越。农业标准化也是应对入世挑战,提升农产品国际竞争力的重要举措,是我国农业的又一场革命。推动农业标准化是当前乃至今后农村经济改革与发展的重要课题。而种植业标准化是农业标准化的重要内容。

一、种植业标准化的意义

1. 提高农产品国际竞争力的迫切需要

随着农业国际化日益增强,农产品、农业技术以及信息的相互交流和交换越来越频繁,竞争的全球化和区域经济一体化的迅速发展,农业标准的国际化将成为世界农业发展的趋势,也代表了现代农业的发展方向。欧、美、日、澳等国高度现代化的农业,无不以高度的标准化为基础。提高农业标准化的发展水平,已成为提高一个国家产品的市场竞争力的重要措施。随着我国加入 WTO 进程的加快,加强农业标准化的工作,提高我国农业产品的国际竞争力,已成为我国农业发展的当务之急。

2. 推进农业产业化进程的重要前提

农业产业化是我国农村生产力发展的内在要求,是农村和农村经济改革与发展的必然趋势。农业产业化的实质是市场化和社会化,按照市场需求组织农业生产是产业化的发展方向。在我国以家庭经营为主体的农产品生产模式中,如何将市场对农产品的具体需求如品种、规格、加工、包装、质量、品牌等量化为农民可以操作的标准,就成为具体而现实的问题。使农业产品与工业产品一样成为真正的标准化产品,对农业产业化的推进是至关重要的。

3. 发展品牌农业的必由之路

买方市场条件下的农产品竞争的实质是品牌竞争,而农业标准化是农产品创名牌的必由之路。一个农产品品牌的形成,必然建立在对资源、市场、科技、生产经营、配套服务体系等进行充分论证的基础上。克服传统农业经济的盲目性、随意性,要求在优良品种、养殖技术,到农产品加工质量、安全卫生、检验检疫、包装贮运以及生产资料的供应和技术服务等环节上,都要实现标准化的生产与管理。农业标准化将成为发展品牌农业、提高竞争优势的有效途径。

4. 促进农业可持续发展的有效措施

走可持续发展的道路,是我国农业发展的必然选择。当前我国农业的发展面临着需求、资源和环境的约束。一方面,我国农产品供给已由短缺转向总量基本平衡,丰年有余,市场需求对农业发展的约束作用越来越强;另一方面,水资源短缺、水土流失、生态环境恶化、基础设施萎缩,特别是受环境污染的影响,农产品中残留的有毒有害物质增加,影响着农产品质量和效益的提高,也制约着农业的可持续发展。农产品供求关系的重大变化和生态环境的恶化,决定了必须将农业生态和环境质量安全作为农业标准化体系的重要内容,为提高农业经济安全运行质量、促进资源的合理开发与利用提供有力的保障。

二、种植业标准化的内容

标准化的对象涉及经济、技术、科研和管理工作等各个领域。实现标准化的形式因对象不同而有所差异。一般形式有：简化、统一化、系列化、通用化、组合化等。对特定对象而言，标准可分为国际标准、国家标准、部门标准、行业或地方标准、企业标准。

标准化过去主要用于工业生产，是指对工业产品或零件、部件的类型、性能、尺寸、所用材料、工艺装备、技术文件的符号、代号等加以统一规定，并予以实施的一项技术措施。农业标准化起步较晚，涉及的范围和领域也逐步扩大（见图10-1），如农业机械标准、作业质量标准、产品质量标准、作物生产技术规程等。

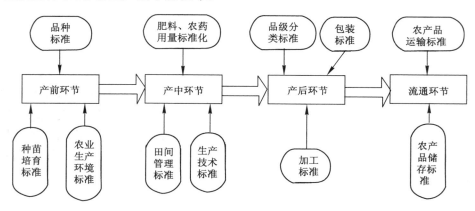

图 10-1　农业产业链中的标准化（卢岚等，2005）

三、农业标准化的实施与推广

1. 围绕农业产业化、市场化发展的需要实施农业标准化

开展农业标准化，要以促进农业生产技术的指标化、规范化、系统化和科学化，促进农业产业化的发展为切入点。在具体实践中，要把农业标准化的实施与发展农业产业化有机地结合起来。

农业标准化要在当地政府的产业化发展规划中提出农业标准化的要求。要把农业标准化的规划和项目重点放在当地农业的支柱产业和主导产品上。各项技术标准、工作标准、管理标准的制定要有利于标准体系的完整性和配套性，更要注重先进技术的推广以及农户便于操作。要把农业标准化渗透到农业产业化的全过程中去，逐步在产品加工、质量安全、贮藏保鲜和批发销售环节实施标准化管理，引导龙头企业建立标准化体系，不断提高产品质量。

2. 以创建当地农产品品牌为动力实施农业标准化

高质量的农产品是创立品牌的前提，而高质量的农产品要严格按照标准化来生产。没有高标准就没有高质量和好品牌，创农产品品牌的过程实际上就是实施农业标准化的过程。农民品牌意识差，并不深刻理解品牌化对提高农产品附加值的重要作用，而且农户自身的力量较小，靠自身建立品牌是很困难的。所以分散生产的农户需要组合成力量更大的合作组织来实现个体无法解决的问题。农村专业合作组织可以起到桥梁的作用，各类专业合作组织可以安排专门人士去研究市场，跟踪市场，与分销商、采购商打交道，充分收集市场信息。这样可以做到按照市场需求的数量和质量，组织生产，引进先进技术和管理方法，合作营销，不断拓宽农户赢利的空间，不断推进资源的优化配置，有力地促进农业增效、农民增收。

3. 建立并完善以农户为核心的推广体系,实施农业标准化

我国用于农业推广的投入并不多,不增加投入,农业标准化的推广难以实现。农业标准化的推广要求各级农业行政管理部门和标准化管理部门、教育和研究机构以及农户有机结合起来形成完整的推广体系。这是组织农业进行标准化生产的前提。农户在农业标准化产业链中占据重要的地位,所以标准化的推广要做到以农户为核心,落实到农户。通过培训和示范,指导农民科学施肥、合理用药,按标准进行生产和管理,提高生产的标准化科学水平。农业标准化的推广属于农村知识传播的一部分,因此农业研究机构、农业教育培训机构和农业推广机构要密切合作,互动协调。农业标准化只有推广和实施,才能变成现实的效益和成果,建立标准化推广体系是农业标准化工作的重要环节。

4. 建立农业标准化示范区实施农业标准化

通过建立农业标准化示范区,以点带面,推动农业标准化生产的发展。农业标准化示范区的建设要从适应农业发展新阶段的要求出发,以市场为导向,以提高农产品质量和市场竞争力,增加农民收入为主线;根据国内外市场的需要,组织贯穿于产前、产中、产后全过程的农产品综合系列标准;运用农业标准化手段,加快先进适用农业技术的推广应用,变粗放经营为集约经营;着力改善农产品的品种和质量,提高农业综合效益。

四、国外种植业生产标准化发展及现状

在国外,特别是工业发达的国家,农产品基本上都实现了标准化,而且都建立了比较完整的农业标准化支撑体系。尤以农产品质量的标准化更为具体、完善。如国际食品法典委员会就是这方面比较权威和具有代表性的国际组织。该组织贯彻、实施联合国粮农组织(FAO)和世界卫生组织(WTO)联合制定的食物标准项目,目的是保护消费者健康和保证公平的食物市场贸易,其工作就是为政府和其他利益团体开展食物进出口检测和认证。此外,法国建立了农产品质量识别标志制度,该制度是建立在自愿参与、自觉遵守产品质量承包协议和有第三方监督基础之上的,强调的是对农产品品质真实情况的证明。美国马萨诸塞州东北有机农场主联合会是一个集标准制定、检测、认证于一体的、比较专业的有机农业标准化组织。其标准分物质和操作两部分,各部分都规定了详尽的允许、规范或禁止的具体要求。如从事有机农业的土地,必须是三年内没有使用无机物的土壤条件,用轮作或其他许可的方法来确保作物虫害和土壤肥力的管理等。同时对各种标准的实施都进行严格的跟踪测试,以发现问题及时纠正。对认证及其程序的规定更是具体和严格。由于发展有机农业的要求很高,相应的有机农业的监测体系也就更为成型。如瑞士的有机农业检测体系(KRAV),是瑞士政府根据欧盟法律正式批准,并经国际有机农业运动联盟认可的瑞士农产品检测机构,也是世界上最大的监测项目之一。世界贸易流通领域亦认可其检测标志。KRAV 的目的在于:促进有机农业生产及其生产方式,制定有机农业生产标准,检测有机农产品,提供生态农业信息。它对有机农产品所建立的标准和监控体系,为其生产的各个环节打下了坚实的基础。其所包括的内容主要涉及农产品和畜产品的生产、加工、分配、销售等领域,并制定了生产、营销、监测的各类文件和详细的管理条例。但有机农业的发展也是以自发、自愿参与为主,即使在当今有机农业迅速发展的美国其发展程度距普及化还有很大的距离。

五、我国种植业生产标准化的现状和存在问题

1. 现状

(1) 农业标准化工作日趋重要。我国对农业标准化工作越来越重视,并不断出台相关

的政策和法规。自 1991 年召开第一次全国农业标准化工作会议以来,在各方面的努力下,我国农业标准化逐步得到人们的理解和支持。在多方面取得了良好的成绩,特别是 1996 年制定了《全国农业标准化"九五"计划》,并逐步实施,推动了农业标准化工作。到目前为止,农业方面的国家标准已有 900 余项,行业标准 1 600 多项,省级农业标准化规范 11 000 多项。全国上下由于农业标准化工程的实施,进一步规范了农产品购销行为和市场秩序,有效地推动了农业科技成果向现实生产力的转化。在《我国标准化工作"九五"计划和 2010 年远景目标纲要》中,就提出要切实加强农业标准化工作。在 1999 年标准化工作思路中,又强调要大力推进农业标准化工作。

(2) 法规和管理办法愈趋完善。既有用于指导、编制农业标准的国家、地方和行业标准管理办法、标准化导则,又有与农产品密切相关的标准、法规,如《绿色食品生产过程标准》、《食品卫生法》、《产品质量法》、《产品质量认证管理条例》等。

(3) 重视标准化信息网络建设。中国标准情报中心和中国标准化信息网(www. china-cas. org),以及《中国标准化》月刊,都把农业标准化作为一项重要内容,及时收集、传递农业标准化信息。

(4) 建立技术规程和标准。在已备案的科技成果中,有一大批是全国和地方的农业生产的技术操作规程和标准。

(5) 已引起学术界的广泛关注。所涉及的研究范围主要有:农业标准化的意义、作用和推行农业标准化的必然性;农业标准化与农业现代化;农业产业化与农业标准化;农业标准化的各个方面,如种子标准化,水产标准化,地方标准制定实施等。此外,也有人从保证农业标准化实施的角度进行研究,认为"我国技术监督系统完善的标准化管理和推广体制与各级农业管理和农业技术推广体制相结合,是农业标准化工作健康发展的有力保证。"

(6) 绿色食品标准化成为热点。绿色食品与普通食品相比有其显著的特征:一是强调最佳生态环境,二是对生产实行全过程质量控制,三是对产品依法实行标志管理。在发展目标上,绿色食品在追求"高产优质高效"的同时,融进了持续发展意识、质量控制意识和知识产权意识;在生产技术上,传统优秀农业技术和高新技术相结合;在生产方式上,通过推广操作规程,将生产各环节有机地融为一体;在管理方式上,实行质量认证和商标管理相结合,技术手段和法律手段相统一;在组织方式上,分散的农户有组织地归入了绿色食品产业一体化发展的进程中,进入了国内外市场,并获得了经济、社会和生态效益。绿色食品不仅在产前、产中、产后全过程标准化,而且,在实施中有高效的组织网络系统,主要采取委托授权的方式,使管理系统与监测系统相分离。一是在全国各地成立了绿色食品委托管理机构,系统地承担绿色食品宣传、发动、指导、管理、服务等工作;二是委托全国各地有省级计量认证资格的环境监测机构,负责绿色食品产地的环境监测与评价;三是委托区域性的食品质量监测机构,负责绿色食品的产品质量检测,以此确保绿色食品监督工作的公正性。实践证明,绿色食品标准化体系,既符合我国国情,也具有较强的适应性和操作性,而且在世界同类食品生产中也是领先的,现已被我国相当一部分地区的农民和食品企业所接受、采用,并获得了显著的经济效益。同时,在全国已有许多省市率先进行农业标准化的工作。

2. 存在的主要问题

对农业标准化的宣传不够,推广、实施力度不大;理论研究还停留在作用、意义的探讨和单过程、单方面的标准化研究阶段;实践经验不足,范围不广,表现在地区差异大,品种限于名优特,工作重点主要在产后等方面;支撑体系较为混乱,检测缺乏权威性,认证不规范,执行不严格,支撑力度不够等。

对农业生产全过程标准化的研究、实施还不全面,特别是很少涉及标准化之后的农产品市场的开发、定位等战略问题及其营销的策略和方式,综合标准化工作还很薄弱。

重视标准制定、轻视标准实施的现象还较普遍,特别是对标准化所带来的效果和影响的研究还不充分。

没有制定同一类农产品的分级标准(如同类农产品可分为准入级、专卖级和出口级)。不适应市场经济的发展,不利于优质农产品的开发和农产品市场的发育与成长。从发展趋势看,随着地方农业标准化的不断深入和完善,必将形成更大的区域性、全国性甚至国际农业标准互认和农业标准统一的局面。

六、种植业标准化的发展趋势

1. 种子质量标准化

种子质量是种子工作的生命线,为农业生产提供纯度高、质量好、增产幅度大、成本低的优良品种的优质种子,是整个种子工作的出发点和归宿。一般从田间生产脱离后的种子,即使是国家正式命名推广的品种,也只能视为半成品,还必须经过机械加工、烘干、精选、分级、拌药等工序,使种子的纯度、净度、发芽率、含水量等指标都达到国家规定的种子质量标准后,才能作为商品种子出售或投入生产使用。目前我国种子质量问题仍是一个薄弱环节,品种混杂退化、检验手段落后、良种不良、掺杂使假等现象较为突出,严重制约了农业生产潜力的充分发挥。要确保种子质量,必须强化种子全面质量管理,努力实现种子标准化。具体措施有:① 增强质量管理意识,并将其贯穿到种子工作的全过程和全体职工之中,使从事种子工作的每一个人都参与质量管理,严把质量关。② 完善质量系列管理制度。按照种子工作的特点,其质量管理系列主要包括品种评价、繁育、收购、保管、加工、检验、销售等内容,从新品种审定,到提纯复壮、原种生产,直至收种、脱粒晾晒、贮藏加工、包装运输等每一道工序,每一个环节都要建立质量管理制度。③ 健全质量检验体系。要健全国家、省(市)、地(市)、县四级种子检验网络,配备先进的检验设备,引进先进的检测技术,提高检验能力和速度,以适应农业商品化、专业化和社会化发展的需要。

2. 产品品质标准化

为了适应优胜劣汰的市场竞争规律,以质取胜成为开拓市场的重要策略之一。与工业企业产品质量(包括符合性质量和适用性质量)一样,农产品品质也是个综合性状,以苹果为例,包括商品品质(颜色、果形、大小、光洁度、损伤、成熟度、病虫害、残药、耐贮运性等)、食用品质(糖酸含量、香气、脆度、果皮厚薄、质地等)、营养品质(各种营养成分含量、不含有毒物质)及加工品质等。农产品品质标准化依赖于栽培和管理技术的规范化。以红富士苹果为例,增大果实的措施有:加强土肥水管理,保持树势健壮;培养壮枝结果,及时更新衰老的果枝;严格控制花果留量,"以花定果"。获得优美、标准果形的措施有:加强花后肥、水供应;适当疏除果枝;保留壮枝上的中心果,多留斜生下垂果枝上的果;调整幼果方向;改善授粉条件。促进果实着色并达到全红果的主要措施有:改善光照条件;调控个体与群体结构;加强着色管理,包括摘叶、转果、套袋和除袋、在地面铺设银色反光膜、控氮增钾、合理喷肥、合理供水、选择适宜的砧穗组合、适期采收等管理技术。

现代科学技术的飞速发展,使产品向高科技、多功能、精细化和多样化方向发展。随着遗传工程技术在农业生产中的推广应用,我国农业生产将向模式化、温室化、工厂化和企业化方向迈进。人类对自然条件的调控能力将逐渐增强,农产品品质标准化水平定会不断提高。

3. 农业服务标准化

农业生产全过程涉及产前、产中和产后三个环节,农业社会化服务应考虑这三个方面。农业服务标准化的主要内容有以下几点。

(1)服务组织体系化。从强化农业社会化综合服务入手,上延下伸,左右相连,建立不同层次、不同性质、不同功能的综合性或专业性服务体系。以社区合作组织为主体的社会化服务体系是千家万户联系大市场的纽带,能大大提高农民的组织程度,改善农民的经营环境,增强家庭经营对自然灾害和市场波动风险的抵抗能力。与此同时,还要充分发挥国家各个行政部门和事业单位伸向基层的服务机构以及乡村企业和各种服务性的经济实体的服务功能。

(2)服务内容系列化。要尽量为村社和农户提供全过程、多功能、"一条龙"的服务。在产前,要尽量为农民提供准确的市场信息,以便防止农业生产的大起大落,减轻农民的损失。在产中,要积极开展统一的服务和技术指导,降低生产成本。在产后,要加强包装、保鲜、防腐、贮藏、运输等技术改造,实现包装、贮藏和运输规范化。对从事农副产品加工的乡镇企业,也应逐步纳入标准化运作轨道

(3)服务经营企业化。按照"立足服务办实体,办好实体促服务,搞好服务促发展"的原则,建立为作物生产服务的组织,实行"独立核算,自负盈亏"的企业管理,走自我积累和自我发展的路子。

(4)服务形式承包化。"双向承包"是一种较好的服务形式。

4. 农业制度标准化

安全、健康与保护消费者的利益及社会公共利益也是现代标准化的主要目的。在美国、德国、日本、英国、法国等经济发达国家,有关农产品从生产到进入消费者的各个环节均有相应的安全标准。如安全标准、卫生标准和环境保护标准,属于强制性标准。因此,要发展对外贸易,扩大农产品出口,赢得国际市场上竞争的胜利,就必须重视有关农产品生产至销售各环节的安全和健康方面的标准化工作。与发达国家相比,我国农业制度标准化工作仍然滞后。许多农产品的生产经营没有按照安全、卫生和环境保护方面的国际或国内标准进行,进入大中城市市场上的农副产品受重金属、农药等污染,其有害物质含量超标现象频见报端,出口退货现象亦时有发生,致使国家、企业、农民及城市居民蒙受损害。因此,借鉴国际农业制度标准,确立绿色营销战略,是我国农业持续发展的重要途径。

5. 生产过程和栽培技术标准化

根据生产特定农产品的需要,从选择生产地域到确定土壤类型,作物品种、种植方式、密度和种植时期,肥料种类、生产厂家、使用数量和时期,灌溉水的质量要求、灌溉时期、灌溉水量,病虫害防治的方法,选用的农药种类、数量、应用时间,农产品的采收时间、分级、质量检测方法、包装、运输等方面,均应制定相应标准和规程,以确保农产品质量。由于我国人均耕地少,生产规模小,作物生产过程和栽培技术的标准化工作难度较大。

第四节　种植业生产智能化

一、概念和发展历史

1. 概念

种植业生产的智能化就是指将信息技术、数据库、机器人、计算机等技术广泛地应用于种植业生产，指导种植业生产，提高种植业生产的科技水平，达到高产、优质、高效，从而实现可持续发展的目的。具体而言，种植业生产的智能化就是指卫星定位系统、遥感技术、农业专家系统（或称为农业智能系统）、数据库、信息处理系统等技术的结合，实现种植业生产和管理的自动化。

2. 发展历史

发达国家 20 世纪 60 年代至 70 年代中期主要是进行科学计算和数据处理；70 年代后期至 80 年代主要进行数据的采集，建立数据库和模型；80～90 年代利用智能技术、遥感技术、图像处理技术和决策支持系统技术等进行信息和知识的处理，对作物生产进行科学的管理。目前，国外信息技术的应用主要表现在：计算机普遍应用在农庄管理，信息管理系统相当普及（财务会计、业务分析、计划管理和税务、畜牧和作物生产跟踪记录），专家系统应用于生产管理，精确农业成为当前的热点，信息高速公路正在伸向农村，卫星数据传输系统的应用，园艺设施农业的智能化和自动化。近几年，发达国家已进入全面采用电子信息技术以及各种高新技术的综合集成时期，并取得了重大突破，大大提高了农业生产的效率，促进了农业生产和管理的科学化、现代化。

近几年，我国在这方面的研究同样取得了很大的发展，特别是农业专家系统的研究、开发以及推广应用已经取得了可喜的成就，但是与发达国家相比还存在一定的差距。

二、种植业生产智能化的技术体系

1. 遥感技术

遥感技术就是通过卫星或飞行器上安装的传感器，并和计算机相连接，对地面目标进行监测分析的一项新技术。利用遥感技术可及时地对大面积农田、森林、草原等进行监测调查，比田间调查具有省时、省钱、省力、及时等优点。

我国从 20 世纪 80 年代开始研究用遥感手段监测和评估洪涝灾害。从最开始时用诺阿气象卫星的 AVIRR 数据，发展到用陆地卫星的 TM、SPOT 等影像数据，用全天候的机载和星载侧视合成孔径雷达（SAR）来监测洪水。在遥感数据传输方面，也在"八五"期间研制成功了实时传输机载 SAR 图像的"机—星—地"系统。在数字图像处理和耕地、林地、居民点、水面等目标物的专题信息提取等方面的技术也日臻成熟。

遥感技术在大田作物估产、病虫害监测等方面得到了应用。小麦条锈病是一种流行性病害，曾在我国多次流行成灾，特别是在 20 世纪 60 年代初曾造成全国性小麦大减产。对于当年条锈病越冬基地发生情况，发病中心的检查仅靠人工方法调查是很不容易的，而且标准很难掌握。这就要求一方面结合观测网，充分利用气象卫星资料对发病宏观生态条件进行研究；另一方面对一些观测网点进行航空红外摄影。近几年我国曾对小麦条锈病应用红外遥感手段进行监测做了一些地面工作，在小麦灌浆期发病轻重不同，其波谱特性是有差异的。小麦在得条锈病前及得病后的差异反映在彩色红外影像上，表现于色调的不同，其中健康小麦呈红色,轻病株色调略暗,而重病株呈暗红色,差异十分明显。红外遥感技术可以探测玉米枯萎病及其发展趋势,根据红外影像,还可以揭示早期到中期不同程度的三级感染。

该技术存在的问题:① 观测结果有时会出现不准确的现象。当利用红外遥感技术对作物病害情况进行观测时,有时会受到其他因素的影响。例如冻害、叶片的枯死等这些反映到红外影像上时,同样会出现明显的差别,所以当这种情况发生时还要对作物进行实地的调查。② 当前的红外遥感技术一般只对作物的叶片起作用,而当植物的果实出现病害时就很难观测。

2. 数据库技术

数据库技术是农业生产中应用最为广泛的技术,因为在农业的生产和科研中,需要对大量的数据进行调查和分析,有时还要对多年的数据进行分析归纳和总结。如果没有一个数据库来管理,那么工作量是很大的,除此之外,数据库是建立农业专家系统、数学模型、各种信息系统的基础和最重要的一个环节。所以说建立一个具有查看、添加、删除、修改功能的数据库是非常有必要的。现在,由于计算机的迅速发展,这项工作已经变得不那么困难。如OFFICE 软件中的 EXCEL、ACCESS 和 FOXPRO(FOXBASE)等都能进行数据库的建立和管理工作。目前数据库技术的局限性很大,因为在建立数学模型的过程中,要考虑很多因素的影响,而不同地区的外界因素又存在着很大的差异。所以一个数学模型往往只适应特定的地区;此外,目前的模型都是应用数学公式进行表达的,非常抽象。如果能和多媒体技术相结合(如用动画的形式把模型表达出来),那么这种模型更能让人接受和理解。目前我国在这方面的研究比较少,大部分的工作主要是基于从国外引进模型,再根据我国的实际情况进行参数的修改。

3. 农业专家系统

农业专家系统综合了大量农业专家的经验,把分散的、局部的单项农业生产技术综合集成起来,经过智能化的、综合性的信息决策处理,能针对不同的生产条件,给出最佳的农业生产管理解决方案,为农业生产全过程提供高水平的信息和决策服务。农业专家系统的发展会对农业发展和现代化产生重大的影响。

农业专家系统的研究是从 20 世纪 70 年代末开始的,以美国为最早,开发了一些农业专家系统,其中最成功的是 COMAX/GOSSYM 系统。它是一个基于模型的专家系统,模拟棉花生长发育和水分营养在土壤中传递过程的模型。GOSSYM 能给出施肥、灌溉的日程表和落叶剂的合理施用,给出棉花生产最佳管理方案。此外,还研制成功了 CERES(作物—环境资源综合系统),模型主要有 CERES—玉米、CERES—小麦和 CERES—水稻等。它们在综合性和应用性两方面都有所加强,不仅能模拟作物的生理和生长过程,还能模拟土壤养分平衡和水分平衡。除美国外,许多国家都研制开发了农业专家系统,如日本的温室控制专家系统、英国 ESPRIT 支持下的水果保鲜系统、德国的草地管理专家决策系统、巴西维考沙联邦大学开发的小型牛奶农场管理知识决策支持系统等。

我国是国际上开展此领域研究与应用比较早的国家之一,许多科研部门开展的各种农业专家系统的研究、开发以及推广应用取得了可喜的成就。如中国农业科学院作物研究所的品种选育专家系统、植物保护研究所的黏虫测报专家系统、土壤肥料研究所的禹城施肥专家系统、农业气象研究所的玉米低温冷害防御专家系统等。这些系统的广泛应用对于农业生产具有很高的指导意义。近年来,随着信息技术的飞速发展,农业信息技术正受到国家有关部门以及各省市领导的重视。"智能化农业信息技术应用示范工程"已被列为国家"863"重点项目,国家科委、国家自然科学基金委、农业部和许多省市都安排了相应的攻关研究课题。"食物安全和农业信息集成技术及其产业化工程"已被列为中国 21 世纪 16 亿人口食物安全的关键技术,"农业信息化"成为未来 10 年中国农业科技的十大方向之一,"信息技术在农业上的应用"成为国家鼓励企业投入的重点领域;农业部已启动了"金农工程",科技部已将"智能化农业信息技术应用示范工程及网络建设"列入 863 计划,在北京、吉林、黑龙江、安徽、云南等地示范,已取得了显著成效。利用因特网,我国建成了中国农业网、中国种子信息网、中国农业科技信息网、中国蓝田金农网、中国农业信息网等多个具有影响力的农业网站,浙江省建立了覆盖全省农村的农民信箱,在信息交流、技术指导等方面发挥了巨大作用。可以说,农业智能化信息技术的应用,已成为推动我国农业前进的巨大动力,给中国农业和农民带来了更多的发展机会,增强了在世界农业和市场农业中的竞争实力。可以预见,以农业专家系统为主要内容的农业信息技术将给 21 世纪的中国农业带来突飞猛进的发展。

大部分的农业专家系统只包含数据库、知识库,没有包含模型库。这样在很大程度上降低了系统的可用性和预测性。模型库应是系统的主要部件,它的存在可以指导人们进行合理的种植,减少盲目性。农业专家系统同样存在着局限性,即大部分的专家系统只是对一个地区的种植方式进行指导和预测;农业专家系统都是静态的,没有真正地实现人机对话。

4. 精确农业

农业要可持续发展,要协调好社会效益、经济效益和生态效益的关系,就必须打开数字化农业之门。"数字农业"与"数字地球"、"数字城市"、"数字部队"等概念对应。它要求对农业各个方面(包括种植业、畜牧业、水产业、林业)的各种过程(生物的、环境的、经济的)全面实现数字化。它是将遥感、地理信息系统、全球定位系统、计算机技术、通讯和网络技术、自动化技术等高新技术与地理学、农学、生态学、植物生理学、土壤学等基础学科有机地结合起来,实现在农业生产过程中对农作物、土壤从宏观到微观的实时监测,以实现对农作物生长、发育状况、病虫害、水肥状况以及相应的环境进行定期信息获取,生成动态空间信息系统;对农业生产中的现象、过程进行模拟,达到合理利用农业资源,降低生产成本,改善生态环境,提供农作物产品和质量的目的。

"数字农业"的方向之一是精确农业。精确农业是美国等经济发达国家继 LISA(低投入可持续农业)后,为适应信息化社会发展要求对农业发展提出的一个新的课题。它是一种关于农业管理系统的战略思想,是信息科学技术在农业中的运用,是以智能化农业的一个重要的表现形式和组成部分而存在的。它是一种以知识为基础的农业微观管理系统。它的全部概念构建在"空间差异"的数据采集和数据处理之上,核心是根据当时当地测定的作物实际需要确定对作物的投入。

精确农业是当今世界农业发展的新潮流,是由信息技术支持的,根据空间变异定位、定时、定量地实施一整套现代化农事操作技术与管理的系统,其基本含义是根据作物生长的局部环境,调节对作物的投入。即一方面查清田块内部的土壤性状与生产力空间变异;另一方面确定农作物的生产目标,进行定位的"系统诊断、优化配方、技术组装、科学管理",调动土壤生产力,以最少的或最节省的投入达到同等收入或更高的收入,并改善环境,高效地利用各类农业资源,取得更好的经济效益和环境效益。一般地说,精确农业由 10 个系统组成,即全球定位系统、农田信息采集系统、农田遥感监测系统、农田地理信息系统、农业专家系统、智能化农机具系统、环境监测系统、系统集成、网络化管理系统和培训系统。精确农业的关键是建立一个完善的农田地理信息系统(GIS),是信息技术与农业生产全面结合的一种新型农业。实行精确农业技术可在减少投入的情况下增加(或维持)产量,提高农产品质量,降低成本,减少环境污染,节约资源,保护生态环境。精确农业技术不仅适用于种植业,也适用于畜牧业、园艺和林业。但是精确农业主要是针对集约化、规模化程度高的生产系统提出的,其边际效益与经营规模成正相关。规模较小的农场精细耕作程度较高,实施精确农业产生的效益就较低。精确农业并不过分强调高产,而主要强调效益。它将农业带入数字和信息时代,是 21 世纪农业发展的重要方向。

5. 数学模型

数学模型是利用数学的方法来解决农业中出现的各种问题,主要是建立在大量数据的基础上形成的一种对作物各种性状的预测。农业数学模型也是农业信息技术的一个重要组成部分。在这方面,国内外都有许多的研究,也取得了一些成就。农业数学模型的建立要受到许多因素的影响,特别是环境因素。所以目前研制开发的农业数学模型的局限性很大,一般只是局限在一个地区。如果要适应其他地区的话,就必须改变数学模型中的参数。所以建立适应广泛的数学模型是该领域的研究方向。

6. 农业自动化技术

农业自动化技术就是通过计算机对来自于农业生产系统中的信息进行及时采集和处理,以及根据处理结果迅速地控制系统中的某些设备、装置或环境,从而实现农业生产过程中的自动检测、记录、统计、监视、报警和自动启停等。农业自动化的基本特征是以机器来代替人类的操作,完成农业生产中的各种作业。自动控制在农业中的应用主要是:灌溉作业的自动控制、耕耘作业的自动控制、果实收获农业的自动控制、农产品加工的自动控制和农业生产工业化等。

7. 互联网络

随着信息技术的发展,互联网已经深入到国民经济发展的各个领域,对农业和农村经济的影响越来越大。互联网的主要目的是提供多种形式的信息服务,主要有以下几点。

(1)电子邮件。它是利用计算机存储、转发原理,通过计算机终端和通信网络进行信息的定向传送。它能传送文本、声音、图像等多种类型的信息。

(2)远程登录。它是指用户可以通过互联网使用远处计算机的硬件资源、软件资源和信息资源。

(3)文件传送。它是一种实时的联机服务功能,可将一台计算机上的文件批量传送到另一台计算机上。

(4)信息查询搜索服务。由于网络上的资源繁多,而且不断地增加,为了便于用户获取所需的信息,近年来有关方面已经开发出不少功能完善、使用方便的查询搜索工具。

8. 多媒体技术

多媒体技术是利用计算机的编码、解码、存储、显示、控制等技术把文字、声音、图形、图像等多种媒体形式的信息综合一体化,进行加工处理和应用的技术。实现多媒体技术需要一定的设备,将多种媒体有机地组织在一起,共同表达一个完整的多媒体信息,做到图、文、声、像一体化,因此具有集成性的特征。此外,多媒体技术还有交互性、数字化、实时性的特征。

进入 20 世纪 90 年代后,多媒体技术迅速发展起来。如中国农业科学院"多媒体小麦管理系统"和廊坊农科院"植物保护咨询系统";1998 年,在财政部、科技部、农业部的支持下,中国农业科学院科技文献信息中心建立了中国第一个多媒体制作中心,为农业多媒体的广泛的应用提供了良好的基础设施环境。随着计算机网络技术和通信技术的发展,多媒体技术在农业领域将得到广泛应用,用户可在因特网里的多媒体农业信息咨询系统中获得各种农业信息。

目前,农业信息技术已经渗透到农业的各个领域当中,已经发挥出了明显的作用:① 实现农业自动化生产;② 实现对自然环境的实时监测,指导农业生产、管理,最大限度地避免自然灾害对农业造成的损失;③ 提高对农业和农村经济发展的决策水平,实现科学化管理;④ 增加农产品产量,提高农产品质量,降低农业生产成本,提高经济效益;⑤ 推动农业科学技术的研究与发展;⑥ 加快农业科技信息传播和合理利用,提高农业生产水平。

第五节　种植业生产安全化

一、种植业生产安全化的概念与现状

1. 种植业生产安全化的概念

种植业生产安全化涉及范围较广,很难下一个确切的定义。联合国粮农组织曾将粮食安全定义为:保证任何人在任何地方都能得到为了生存和健康所需要的足够食品。随着社会的发展,人们对作物生产安全化的理解也逐步深化。目前一个国家或地区种植业生产安全的内涵至少应包括以下几个方面:一是长期稳定地提供充足的粮食,无粮食紧缺现象,更不允许出现因粮食短缺而引起饥饿,这是粮食安全的最基本要求。二是能提供品种多样的作物产品,即五谷杂粮齐全、畜禽鱼蛋奶果蔬俱全,可以满足不同生活方式、不同生活习俗和不同生活水平的居民的需求,这是较高层次的安全,它要求品种的多样性和营养的科学合理性。三是能提供品质优良,无污染、无毒害作用的安全性作物产品,要求这些产品出自良好的生态环境,在其生产、贮运和加工过程中没有受到污染,不含有毒有害物质;同时具有优良的口感口味,营养丰富,这是作物生产安全的高层次要求,也是对居民身心健康的重要保证。四是在作物生产、贮运、加工和消费过程中,既不会对生态环境产生破坏和污染,也不会对居民健康产生影响和危害。即作物产品在其生产、贮运、加工和消费过程中对人体健康和生态环境具有环境安全性、生态合理性,这是作物生产安全的最高层次,也是现代生态理论和环境保护目标所要求的。作物生产是经济再生产和自然再生产有机结合的生产活动。作物生产的自然属性就要求作物生产必须符合生物生长发育的自然规律,作物生产的社会经济属性就要求作物生产应保证人类生存所需作物产品的持续供应和资源环境的永续利用。从这个意义上可将作物生产的安全化定义如下:即作物生产活动必须保证人类生存与发展所必需的物质条件及环境资源可持续利用,最终实现作物生产活动与社会发展的协调一致。

2. 我国农产品安全化生产现状

近几年,我国以无公害农产品、绿色食品、有机农产品(简称"三品")生产为主要内容的农产品安全生产取得了显著成效和突出进展。从 2003 年到 2006 年"三品"发展卓有成效,实物总量扩大了 4 倍多,已占到全国食用农产品商品总量的 20% 左右。一是实物总量迅速扩大。截至 2006 年底,全国累计认证无公害农产品 23 636 个,总量 1.44 亿 t;认定无公害

农产品产地 30 255 个,其中种植业面积 3.5 亿亩;全国有效使用绿色食品标志企业总数 4 615 家,产品总数 12 868 个,总量 7 200 万 t,产地环境监测面积 1.5 亿亩;经中绿华夏有机食品认证中心认证的有机食品企业总数达到 520 家,产品总数 2 278 个,实物总量 195.6 万 t,认证面积 4 664 万亩。二是产品质量稳定可靠。在每年的产品质量例行监督抽检中,无公害农产品质量抽检合格率稳定保持在 96% 左右,绿色食品质量抽检合格率稳定保持在 98% 左右。在农业部组织的农产品例行监测及国家有关部门实施的食品质量抽查中,"三品"抽检合格率也都保持了较高的水平。三是产业水平不断提升。无公害农产品种植业产地平均规模达到 11 250 亩,平均带动农户超过 1 300 多家。绿色食品已在全国 14 个省份 119 个市县(场)创建标准化原料生产基地 151 个,面积超过 4 050 万亩,生产总量达到 1 878 万 t,带动 420 万农户增收 2 亿多。通过"三品"认证的国家级农业产业化龙头企业已超过 300 家,达到国家级农业产业化龙头企业总数的一半多。四是综合效益明显增强。"三品"年种植面积超过 4.5 亿亩,约占全国耕地总面积的 25% 左右。2006 年,"三品"国内年销售额突破 3 000 亿元大关,出口额跃过 30 亿美元,已占到农产品出口总额的 10% 左右。

二、种植业生产安全化的紧迫性

种植业生产已有几千年的历史,在满足社会对农产品需求、促进社会进步方面发挥了重要作用。但是,随着人口增加、社会发展,目前种植业生产的安全性面临着严峻的挑战。加强种植业生产的安全化工作,对于促进种植业生产的健康持续发展和国计民生具有重要意义。

1. 农产品尤其是粮食数量不足的问题依然严峻

农产品数量尤其是粮食数量,仍不能满足人类的需求,饥饿或营养不良仍是全人类面临的大敌。这是由于人口增长速度快,粮食供需矛盾突出;水资源短缺,限制作物单产的提高;耕地面积减少、质量退化,成为粮食总产增加的障碍;病虫草害和自然灾害是粮食高产和稳产的重要限制因素的缘故。

2. 严重的环境污染,使农产品品质和生产过程令人担忧

(1) 农药的大量使用和滥用,对环境和人类生活构成严重威胁。农药的大量使用和滥用,一是使农业生态系统中天敌极度贫瘠,生物多样性指数大大下降,破坏了生态平衡,天敌等自然控害因子的作用显著削弱,引起了害虫再猖獗,使害虫发生频次增加。二是害虫抗药性日趋严重,目前已有 500 多种害虫与螨类对一种或数种化学农药产生抗药性而且抗药性不断上升,增加了防治难度,也缩短了农药的使用寿命。三是农药在生物环境中的生物富集作用,主要是指生物体从生活环境中不断吸收低剂量的农药,并在体内逐渐积累的能力,营养级越高的生物所积累的农药浓度也越高。四是农副产品中的农药残留量增加,也危害人畜健康,使农药中毒人数不断增加。

(2) 化肥的大量使用和滥用,对环境和人类生活构成严重威胁。大量使用化肥,使土壤酸化,土壤的物理性状恶化,特别是氮肥的使用还会导致交换态铝和锰数量的增加,对作物产生毒害作用,影响农产品的产量和品质。化肥也成为水体和大气污染的主要来源。目前化肥过量使用、农作物肥料利用效率降低、残留量加大的问题比较突出。例如我国平均施氮量(纯氮)超过 200 kg/hm^2,而氮肥的利用率为 30%～40%,损失可达 45%。过量使用氮肥引起土壤中硝态氮积累,灌溉或降雨量较大时,造成硝态氮的淋失,导致地下水和饮用水硝酸盐污染;而土壤中氮素反硝化损失和氨挥发损失形成大量的含氮氧化物污染大气。据研

究,氮肥使用量与农产品器官硝态氮积累密切相关。氮肥的使用量越高,农产品硝酸盐积累越多,农产品的品质越差。

　　3. 转基因生物的应用,使作物生产的安全性又面临新问题

　　生物技术广泛应用,将是 21 世纪科学技术的重要特征。为了创造高产、抗病、抗虫的作物品种,降低生产成本,科学家们正在利用自然界丰富的遗传基因,构建新的"物种",即培育转基因植物。尽管转基因生物能解决当前农业面临的许多实际问题,但由于人们对其安全性问题知之不多,因此转基因生物的安全性已引起高度重视。目前转基因植物的安全性主要集中在以下两个方面:一是通过食物链对人类产生影响,即食物安全性;二是通过生态链对环境产生影响,即环境安全性。食物安全性包括转基因产物的直接影响和间接影响。前者是指转基因食品中营养成分增加食物过敏性物质的可能;后者是指经基因工程修饰的基因片段导入后,引发基因突变或改变代谢途径,致使其最终产物可能含有新的成分或改变现有成分的含量所造成的间接影响。例如当植物导入具有毒杀害虫功能的基因后,它是否也能通过食物链进入人体内;转基因食品经胃肠道的吸收是否转移至胃肠道微生物中,从而对人体健康造成影响等问题。环境安全性指的是转基因生物对农业和生态环境的影响,包括转基因向非目标生物漂移的可能性、杂草化以及是否会破坏生物的多样性等问题。

　　另外,人类活动引起的臭氧层破坏、温室效应、酸雨等全球性环境问题对作物生产的安全性构成的影响,还难以预计。

三、种植业生产安全性措施和发展方向

　　1. 水资源优化利用

　　(1) 高效节水技术精细化。喷、微灌溉技术是当今世界上节水效果最明显的技术,目前已成为节水灌溉发展的主流,全世界喷灌面积已发展到 2 000 多万 hm²。目前喷微灌技术的发展趋势是朝着低压、节能、多目标利用、产品标准化、系列化及运行管理自动化方向发展。

　　(2) 农业高效用水工程规模化。实现从水资源的开发、调度、蓄存、输运、田间灌溉到作物的吸收利用形成一个综合的完整系统,显著降低农业用水成本,适应现代农业发展的需求。例如以色列建成的北水南调国家输水工程,由抽水站、加压泵站与国家输水工程组成的供水管网系统具有 7 500 km 输水管道,这一系统日供水量最高可达 480 万 m³。

　　(3) 农业高效用水管理制度化。节水灌溉是一个系统工程,只有科学的管理才能使节水措施得以顺利实施,达到节水的目的。节水管理技术是指按流域对地表水、地下水资源进行统一规划、统一管理、统一调配并根据作物的需水规律控制、调配水源,以最大限度地满足作物对水分的需求,实现区域效益最佳的农田水分调控管理技术。

　　2. 农药、化肥的合理利用及科学管理

　　当前农药和化肥的使用是不可避免的,重点应该在使用量和方式上加强控制和管理。注意加强以下工作:① 加强综合防治,充分发挥农药以外其他防治手段在有害生物治理中的作用,减少农药用量;② 贯彻落实农药法律、法规,确保安全用药;③ 加强农药新品种研制和开发,大力发展生物防治药剂;④ 推广农药使用的新技术和新方法;⑤ 确定农田施肥限量指标,建立新的肥料管理与服务体制。根据精确农业施肥原则,量化施肥,推广使用长效肥料等肥料新品种。

3. 农业病虫草害的综合防治

病虫草害综合防治技术即 IPM 技术,发展趋势主要表现在以下三方面:① 利用害虫暴发的生态学机理作为害虫管理的基础;② 充分发挥农田生态系统中自然因素的生态调控作用;③ 发展高新技术和生物制剂,尽可能少用化学农药。

4. 生物技术在农业生产中的科学利用

近年,农作物生物技术在世界范围内取得了飞速的发展,一批抗虫、抗病、耐除草剂和高产优质的农作物新品种已培育成功,为农业发展增添了新的活力。与此同时,其产业化步伐在各国政府的大力参与下正在加快,逐步成为许多国家经济的重要支柱产业之一,并在解决人类所面临的粮食安全、环境恶化、资源匮乏、效益衰减等问题上将发挥越来越重要的作用。与此同时,我国针对转基因技术的安全性做了大量的分析和评估工作,并采取了一系列的措施。如建立农业生物基因工程安全管理数据库,收集、整理、分析、发布国内外农业生物基因工程安全管理信息,建立农业生物基因工程安全管理监督与监测网络;为转基因植物及其产品安全性评价和政府决策提供依据;研究制定转基因食品安全管理的实施办法,形成配套的法规和管理体系等。

5. 发展生态农业,实现种植业生产的可持续发展

种植业生产的安全性是一个综合体系,是复杂的农业生态系统的各个子系统相协调的最终结果,单凭一项或几项技术是很难达到这一目标的。种植业安全性生产需要多项技术的合理搭配和综合运用,既要满足当代人类及其后代对农产品的需求,又要确保环境不退化、技术上应用适当、经济上能够生存下去的综合体系。这正是生态农业或持续农业的基本内容。

农业的持续发展是人类社会、经济持续发展的基础,没有农业的持续发展,就不可能有人类社会、经济的持续发展。从当前世界农业发展状况来看,持续农业是农业生产安全性比较合适的模式,具体到不同国家存在多种发展模式。我国的具体国情决定了农业生产不能只注重环境,更应该重视农业的发展,提高农民收入,把农业高产高效发展与持续发展结合起来,走集约持续农业的道路。

第六节　种植业生产清洁化

种植业生产引起的各种生态环境问题的严重性表明,与工业领域一样,实施种植业清洁生产存在着紧迫性和必要性。因此种植业清洁生产技术体系成为国家当前急需的农业技术之一,也是新世纪农业发展最有优势的领域之一。

一、种植业清洁生产的内涵

1. 清洁生产的概念

清洁生产起源于 20 世纪 60 年代美国化工行业的污染预防审计,1976 年欧共体在巴黎举行的"无废工艺和无废生产国际研讨会"上提出"清洁生产"的概念。在发达国家、联合国环境规划署及其他组织的推动下,清洁生产于 20 世纪 90 年代形成了一股潮流。1992 年我国《环境与发展十大对策》明确提出新建、扩建、改建项目,技术起点要高,尽量采用能耗物耗小、污染物排放量少的清洁工艺。1993 年召开的第二次全国工业污染防治工作会议提出了工业污染防治必须从单纯的末端治理向生产全过程控制转变,实行清洁生产。

根据《中华人民共和国清洁生产促进法》,清洁生产是指不断采取改进设计、使用清洁的能源和原料、采用先进的工艺技术与设备、改善管理、综合利用等措施,从源头上削减污染,提高资源利用效率,减少或者避免生产、服务和产品使用过程中污染物的产生和排放,以减轻或者消除对人类健康和环境的危害。清洁生产谋求达到两个目标:通过资源的综合利用、短缺资源的代用、二次资源的再利用以及节能、节料、节水,合理利用自然资源,减缓资源的耗竭;减少废料和污染物的生成和排放,促进工业产品在生产、消费过程中与环境相容,降低整个工业活动对人类和环境的风险。清洁生产包括三方面的内容:清洁的能源、清洁的生产过程、清洁的产品。

2. 种植业清洁生产的内涵

所谓种植业清洁生产是指将污染预防的综合环境保护策略,持续应用于种植业生产过程、产品设计和服务中,通过生产和使用对环境温和的绿色农用品(如绿色肥料、绿色农药、绿色地膜等),改善种植业生产技术,减少种植业污染物的产生,减少生产和服务过程对环境和人类的风险性。

二、种植业清洁生产的技术体系

种植业清洁生产不单指某一项单一技术,而是一个技术群(集),包括环境技术体系、生产技术体系及质量标准技术体系。从种植业生产过程分析,包括产前、产中、产后及其管理等方面的清洁生产技术。

1. 产前

产前主要进行的是品种选育技术。贯彻"预防为主,综合防治"的植保方针,培育和选用抗病耐虫优良品种;通过培育壮苗,应用各种生长调节技术,充分发挥农田生态自然控制因素的作用,增强作物抵抗病虫的能力。具体措施有以下几点。

(1)良种繁育

良种应具备优良的品种特性,纯度高,杂质少,籽粒饱满,生命力强。因此,要健全防杂保纯制度,采取有效的措施防止良种混杂退化,做好去杂选优、良种提纯复壮工作。

(2)种子检验

为保证提供优良种子,严防病虫害、杂草的传播,需要对种子进行检查,进行"种子检验"。

2. 产中

(1)节水节肥的综合管理技术体系

在水稻上,尿素作为基肥使用时,采用无水层混施或上水前耕翻时条施于犁沟等;在追肥施用时,则可以在田面落干、耕层土壤呈水分不饱和状态下表施后随即灌水。在旱作上,撒施尿素后随即灌水,可以将尿素带入耕层土壤中,从而达到部分深施的目的。在雨前表施,若雨量适宜,也有类似效果。采用节水节肥技术,可有效减少氮、磷向水体和氮素向大气迁移的数量。

(2)生物防治病虫草害技术

① 利用轮作、间混作等种植方式控制病虫草害。轮作是通过作物茬口特性的不同,减轻土壤传播的病害、寄生性或伴生性虫害、草害等,其效果有时甚至是农药防治所不能达到的。间作及混作等是通过增加生物种群数目,控制病虫草害。如玉米与大豆间作造成的小环境,因透光通风好既能减轻大小叶斑病、黏虫、玉米螟的危害,又能减轻大豆蚜虫的发生。

② 通过收获和播种时间的调整可防止或减少病虫草害。各种病、虫、草都有其特定的生活周期,通过调整作物种植及收获时间,打乱害虫食性时间或错开季节,可有效地减少危害。

③ 利用动物、微生物治虫、除草。在生态系统中,一般害虫都有天敌,通过放养天敌(或食虫性动物)可有效控制病虫危害。如稻田养草食性鱼类治草、治虫;棉田放鸡食虫;利用七星瓢虫、食蚜虫等捕食蚜虫等。

④ 利用从生物有机体中提取的生物试剂替代农药防治病虫草害技术。利用自然界生物分泌物之间的相互作用,运用生物化学、生态学技术与方法开发新型农药将会成为未来发展的新趋势。

(3)无公害农药应用技术

使用无公害农药时应注意以下几点:按照一般施药原则,进行不同品种间的轮换、交替和混合使用,避免害物抗药性迅速发展;注意在一定条件下和常规农药混用或结合施用;要特别注意操作技术和施药质量。无公害农药,特别是杀虫剂,其选择毒杀作用很大程度上是靠胃毒作用或通过嗅觉感受器表现出来的。因此,在使用时,除了方法要适宜外,还要讲求操作技术,施药时要均匀周到,以便最大限度地发挥药剂的潜力。

(4)防治残膜污染技术

防治残膜污染主要采用适期揭膜技术,即从农艺措施入手,改作物收获后揭膜为收获前揭膜,筛选作物的最佳揭膜期。这样既能提高地膜回收率,防治残膜污染,又能提高作物产量。

(5)有机物循环利用技术

该技术通过物质多层次多途径循环利用,提高资源的利用率,尽可能减少系统外部的输入,增加系统产品的输出,提高经济效益,改善生态环境质量。当前我国农村提高生物资源利用的主要途径是农业有机废物的循环利用,种植业与畜牧业结合起来。主要包括以下 6 种形式。

① 以初级产品为主要原料,加工成混合或配合饲料。饲养业→粪便入沼池→沼气作燃料、沼液还田、沼渣培养食用菌→菌料养蚯蚓→蚓粪还田、蚯蚓作饲料。

② 各种饲料和粮食加工副产品。养猪、养奶牛→粪便入沼池→沼肥入鱼塘→塘泥还田。

③ 饲料养畜禽。粪便堆积发酵后养蚯蚓→蚯蚓作饲料→粪便还田。

④ 饲料养鸡。鸡粪混合饲料养猪→猪粪入沼池→沼肥培养食用菌→菌料养蚯蚓→蚯蚓喂鸡。

⑤ 水生植物和草加入畜粪进沼池。沼液还田或入塘、沼渣培养食用菌→菌渣养蚯蚓→蚯蚓作动物蛋白饲料→蛆喂鸡→鸡粪喂猪。

⑥ 猪粪加入粪笼养蝇蛆。蛆喂鸡→鸡粪喂猪。

3. 产后

(1)作物秸秆氨化技术

作物秸秆的氨化技术是用含氨源的化学物质(如液氨、氨水、尿素、碳酸氢铵等)在一定条件下处理作物秸秆,使其更适合草食畜牧饲用的方法。

作物秸秆纤维素含量较高,被列为粗饲料。提高其营养价值的方法主要有以下几点。

① 物理方法。包括切短、粉碎、蒸煮、膨化(热暴、冷暴)等。这些方法可以提高采食量,有的也提高消化率。

② 生物法。包括青贮和用降解纤维素、半纤维素、木质素的微生物进行发酵生产单细胞蛋白等。

③ 化学法。包括碱化、氨化、氧化、酸化、钙化等。

（2）污水自净工程技术

利用多级生物氧化塘处理污水,形成一种特殊的污水处理与利用技术,如污水灌溉、污水塘养鱼、污水种植水生植物等,在利用污水增加生产的同时又净化环境。如辽宁省大洼西安生态养殖场氧化塘处理分为四级:一级处理是通过放养水葫芦吸收氮,然后粪水进入二级处理池,细绿萍吸附磷钾,达渔业水质标准后,排入三级处理池养鱼、蚌,再达灌溉用水标准后,排入农田作灌溉用水。通过四级处理获得十分显著的经济效益和生态效益。

三、种植业清洁生产的管理

1. 宣传教育

种植业清洁生产是对传统种植业生产方式的一场新的技术革命。需要政府组织开展各种形式的宣传活动,利用报纸、杂志、广播、电视等传播媒介,宣传报道种植业生产的成绩和实用的种植业清洁生产技术。还应组织经验交流会,举办不同层次的种植业清洁生产技术培训班。

2. 法制监督

加强法规建设是种植业清洁生产规划实施的可靠保证。现有的关于种植业清洁生产的法律、法规尚不完善,在管理领域中还需要重点研究国家重大经济、社会发展计划和规划对农业生态环境的影响,研究农业环境保护重大规划、大区域生态环境评价方法和管理方法。

3. 科技服务

种植业清洁生产除了加强科技投入和管理外,还要建立比较健全的科技服务网络和社会服务体系。

4. 经济促控

种植业清洁生产的实施不但要采用宣传教育、行政、法律、科技的手段,还应辅以经济的手段加以调控和提高。在社会主义市场经济条件下,通过市场竞争,优胜劣汰,促进技术进步;通过市场规律,优化资源配置。利用奖罚措施鼓励各种植业清洁生产的顺利实施。

 本章习题

1. 我国种植业生产的发展趋势主要表现在哪些方面？
2. 如何理解种植业生产机械化的意义？
3. 我国种植业设施栽培的主要问题有哪些？如何解决？
4. 如何理解种植业生产标准化的意义？如何推进种植业生产标准化？
5. 种植业生产智能化技术体系主要包括哪些技术？
6. 种植业生产安全化的发展方向主要表现在哪些方面？
7. 何谓种植业清洁生产？如何实施种植业清洁生产？

第十一章 农学实验

　　农学实验基本上可以分成五个部分,即作物育种与种子检验实验部分、耕作学实验部分、作物形态与分类实验部分、经济作物形态观察部分和普通遗传学实验部分。根据学生对农学知识要求的掌握深度,主要设计以下几个实验:主要农作物形态识别;种子的形态与结构;种子活力、种子纯度、种子净度的室内检验;叶面积系数测定;测土配方施肥软件;主要农作物产量构成因素分析及产量测定;轮作制度设计。

实验一　主要农作物形态识别

一、目的要求

我国主要农作物的植物学特征和生长习性差异很大。通过本实验,要求学会识别作物植物学特征的主要方法和依据,掌握常见农作物的主要植物学特征和生长习性。

二、实验材料

(1)材料:小麦、大麦、黑麦、水稻、玉米、高粱、大豆等作物的穗子、种子、幼苗及完整植株标本。

(2)用具:放大镜、解剖针、镊子、刀片、米尺等。

三、实验内容

(一)禾谷类作物

禾谷类作物属于禾本科(Gramineae)中的 8 个主要属,它们是小麦属(Triticum)、大麦属(Hordeum)、燕麦属(Arena)、黑麦属(Secale)、稻属(Oryza)、玉米属(Zea)、高粱属(Sorghum)、粟属(Setaria)。因此,它们的种类繁多,但在形态特征和发育上有许多共同点。通常将它们分为两大类,这两类在形态学、生物学和经济性状上又彼此不同。

第一类麦类:包括小麦、大麦、黑麦、燕麦。

第二类杂粮类:包括玉米、高粱、稻、粟。

1. 小麦、大麦、黑麦、燕麦的形态特征

小麦(Triticum aestivum L.)、大麦(Hordeum L.)、黑麦(Secale cereale L.)和燕麦

（Arena sativa L.）是禾本科中的几个不同的属。四种麦类不但生物学特性有较大差异,在植物学形态上也有明显的区别。现将其主要植物学形态特征列表比较,如表11-1所示。

表 11-1   幼苗、穗和种子的形态特征

项目	麦类	小麦	大麦	黑麦	燕麦
幼苗	初生根数目	3~5	5~8	4	3
	叶片大小及颜色	淡绿、紫绿、无色	淡绿	紫或褐	暗褐
	叶鞘上有无茸毛	中、窄	大、宽	小、窄	中、宽
	叶舌	绿	黄绿	深绿	绿
	叶耳	有短茸毛	无茸毛	长茸毛	无茸毛
穗	花序	复穗状花序	穗状花序	穗状花序	圆锥花序
	每个穗轴节上的小穗数	1个	3个	1个	1个
	叶片大小及宽窄	中、窄	大、宽	小、窄	中、宽
	每个小穗中的小花数	3~7朵	1朵	2~3朵	2~5朵
	护颖	宽大、多脉、有脊、顶端尖	窄、扁平无脊、顶端很尖	很窄、边缘有锯齿、有明显的脊	薄膜状、宽大多脉
	小花的外颖	光滑无脊	宽、背圆、包住内颖	宽阔、有隆脊、布满纤毛	卵状披针形,光滑无脊
	芒着生的位置	外颖顶端	外颖顶端	外颖顶端	外颖背部顶下方 1/3 处
种子	是否带壳	不带壳,少量带壳(如二粒小麦)	带壳(内外颖与种子紧密长在一起)或不带壳	不带壳	一般带壳,但内外颖与种子不相粘连
	顶端有无茸毛	有	无	有茸毛	有茸毛
	籽粒表面	有细长毛	光滑或有皱纹	稍有皱纹	光滑
	形状	卵圆或椭圆	长椭圆两头尖	狭长、胚端较尖	纺锤形

2. 水稻的形态特征

（1）根:水稻的根属于须根系,由种子根和不定根组成。种子根只有一条,当种子萌发时由胚根直接发育而成;不定根是由茎的基部数个节上生出。直接从茎节上生出的不定根叫第一次支根,第一次支根上还可生出第二次支根,形成稠密的根群。

（2）茎:水稻的茎一般为圆形、中空,由节和节间组成,节上着生有腋芽,接近地表的茎节上的腋芽能生出分枝,即分蘖。

（3）叶:水稻的叶互生于茎的两侧,种子发芽时最先长出筒状的芽鞘,接着出现的是一片只有叶鞘的不完全叶,随后出现的是完全叶,最上部的一片叶称之为剑叶。完全叶由叶鞘、叶片、叶枕、叶耳、叶舌所组成。

（4）花序:稻穗为圆锥花序,穗的中轴叫穗轴,穗轴上有数个节叫穗节,最下一个穗节叫穗茎节。每个穗节上都可长出一条分枝,称之为一次枝梗,一次枝梗上着生二次枝梗。

（5）果实:稻谷由果实和谷壳(内外颖)构成,果实(糙米)由种子和果皮组成。

取水稻完整植株,按上面所述观察稻的外部形态。

3. 玉米和高粱的形态特征

(1) 玉米的形态特征

玉米和其他禾谷类作物的最大不同点在于,它雌雄同株而异花。玉米雄花序为圆锥花序,位于主茎之顶,其大小、形状、色泽,因类型而不同。雄小穗通常成对,一有柄一无柄或两个都无柄;成对的小穗在穗的侧枝上排成二直行,在穗的主轴上则排成若干直行。每小穗有宽而顶端尖锐、具有茸毛与网纹的护颖一对,其中花两朵,每花有膜状的内外颖各一枚,雄蕊三枚。雌花序(果穗)为肉穗花序,着生在植株中部枝梗(亦叫果穗柄)的上端,此枝梗节间很短,每一节生单叶,通常缺少叶片或叶片很短,由于枝梗的节互相密接,叶鞘互相重叠而形成苞叶。小穗由小穗原基一分为二形成,成行成对地着生在穗轴上,每一小穗有厚而坚硬的护颖两枚,其中有两朵花,上位花结实,下位花退化。因而果穗上籽粒行数成偶数(一般 8~24 行)。结实花具有内外颖各一枚,雌蕊一枚,鳞片二枚,发育不全的雄蕊三枚;雌蕊上花柱呈绢丝状,尖端二裂,开花时伸出苞外接受花粉,退化花仅残留内外颖各一枚(有时亦能结不正常籽粒)。

玉米的果实为颖果,由胚、胚乳、果皮及种皮等几部分组成,形状和颜色因类型品种而有不同,一般有白、黄、红、紫、蓝、褐和黑等颜色。籽粒基部有花柄的遗迹,顶端一小黑点为花柱遗迹。

(2) 高粱的形态特征

高粱是禾本科高粱属的一年生植物,根系十分发达,深度可达 150~170 cm,幅度在 120 cm 左右,纤维根比玉米多一倍多,这是高粱抗旱性强的原因之一。

高粱的茎直立,呈圆筒形,较玉米为细长,茎秆表面具有蜡质,茎高因品种而异,矮者 1.00~1.33 m,高者达 5 m 以上,一般为 2.33~3.00 m,具节 8~14 个,节间上长下短,节间有较浅的纵沟,茎内有髓,含有糖分较高,约有 10%~18%。

高粱的分蘖力较玉米强,一般有 1~2 个,多的可达 5~8 个,分蘖的数目以甜高粱与饲料高粱较多。

高粱的叶互生,叶鞘包于茎节上,叶面光滑无毛,叶缘略有皱褶,中脉发达,呈白色或绿色,一般糖用、饲用或糖饲兼用种的中脉多呈绿色。叶面积仅有玉米的一半,叶舌短,长约 1~3 mm,叶片的长度约为 30~60 cm,宽 5~10 cm。高粱和玉米叶片的主要形态区别见表 11-2。

表 11-2　　　　　　　　　　高粱和玉米叶片的主要形态区别

高粱叶片	玉米叶片
厚而狭小	薄而宽大
叶基小	叶基大
中脉青白,界限较明显,脊低	中脉带黄绿,界限不够明显,脊高
叶面无毛	叶面有毛
叶缘褶皱的程度较小	叶缘褶皱的程度较大

(二) 大豆

食用豆类作物是人类三大食用作物(谷类、豆类、薯类)之一,在农作物中的地位仅次于谷类。在豆类作物中,主要以收获籽粒作为食用的豆类,统称为食用豆类作物。食用豆类作物的种类很多,大豆是种植面积最大的豆类作物。其他豆类作物不但在生物学特性上有较大差异,而且在植物学形态上也有明显差别,这里仅以大豆为例介绍其形态特征。

大豆是野生大豆定向培育的结果,属于豆科,蝶形花亚科,大豆属。大豆的基本特征如下。

(1)根:大豆根属于直根系,由主根、侧根和根毛三部分组成。

(2)根瘤:大豆根瘤是由大豆根瘤细菌在适宜的环境条件下侵入根毛后产生的。

(3)茎:大豆的茎包括主茎和分枝。茎发源于种子中的胚轴和胚芽。

(4)叶:大豆属于双子叶植物。大豆叶有子叶、单叶、复叶之分。

(5)花:大豆花序为总状花序。大豆的花是由苞片、花萼、花冠、雄蕊和雌蕊等部分组成。

(6)荚:大豆的荚由胚珠受精后的子房发育而成。荚的形状有直形、弯镰形和不同程度的微弯镰形。一般栽培品种每荚含2~3粒种子,也有少数4粒、5粒荚的情况。

(7)种子:大豆种子由种皮、子叶和胚组成,形状有圆形、椭圆形、扁圆形、长椭圆形和肾脏形5种。

四、思考题

(1)列表简述水稻、小麦、大麦、玉米等的幼苗、穗子、种子的形态特征。

(2)绘出水稻、小麦、玉米(雄)的小穗结构图,并标明各部分名称。

(3)绘制大豆植株形态图。

实验二　种子的形态与结构

一、目的要求

(1)观察不同类型种子的形态和结构。

(2)了解几种主要植物种子的形态结构。

二、实验材料

(1)棉花、蚕豆种子,蓖麻或油桐种子,水稻、小麦及玉米籽粒,小麦或玉米胚纵切片,向日葵种子,油菜种子。

(2)显微镜、解剖刀、放大镜、镊子。

三、实验内容

1. 比较双子叶植物与单子叶植物种子的形态和构造

取一已浸过水的蚕豆种子(见图11-1),在其较宽的一端有一条长而凹进去的黑沟叫种脐,将有种脐的一端擦干,然后用手轻轻挤压可以看到有水和气泡从一个小孔中冒出来,这个小孔叫种孔。蚕豆发芽时,胚根即由种或种孔的附近穿出来,在种孔相反的一端,有种脉(或称种脊)和合点。蚕豆种子的外围有种皮,种皮内为胚(俗称仁),胚可分为下列四部分。

子叶:俗称蚕豆瓣,共两片,乳厚,贮存养料。

胚芽:包括生长点及围绕其周围的胚胎式叶。

胚茎:在胚茎的下端,子叶即着生其上。

胚根:在胚芽之下,为胚芽相反的一端。

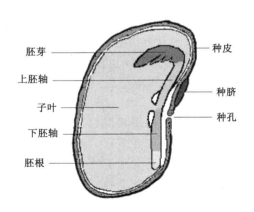

图 11-1　双子叶植物(蚕豆)种子的结构图

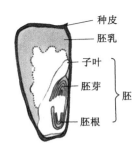

图 11-2　单子叶植物
(玉米)种子的结构图

另取一粒浸软的成熟玉米种子(见图 11-2),把它的果皮和种皮、胚乳都剥掉,小心地分离出完整的胚。在胚较平的一面沿正中线向两边轻轻一掰,胚中央会出现一条裂缝,露出里面的胚芽、胚轴和胚根。

2. 双子叶植物有胚乳种子的形态结构

取一已浸过水的蓖麻种子,种子呈椭圆形,稍侧扁,种子下端的海绵质突起叫种阜,由外种皮基部延伸形成,能吸收水分输入种子内,供萌发之用,背面一隆起的条纹叫种脊(种脉),珠孔埋藏在种阜内。蓖麻种子的种皮有两层,一层厚硬,外具斑点叫外种皮;一层软薄,叫内种皮。小心剥去两层种皮,里面白色物并非子叶,而是营养组织叫胚乳。将胚乳从中央纵切为两半,可以看到在胚乳之间有两片很薄的白色叶片,具有明显的脉纹,这就是子叶。两片子叶之间是胚芽,胚芽下边有胚轴及胚根,胚被包在胚乳中间,二者之间无任何连接。再剥开油桐种子和胚乳,将胚取出进行观察,区别胚的各个部分。

3. 单子叶植物有胚乳种子的形态结构

通常讲水稻种子即谷粒,谷粒由米及颖壳两部分组成,颖壳内的米粒是一个颖果,并不是真正的种子。

取一谷粒观察,外面的谷壳,由内外稃组成,外稃大于内稃,二者边缘互相勾合,其上有维管束分布,使谷壳出现梭状结构,外稃中脉常外延成芒。谷粒基部有一对披针形的退化花外稃。剥掉谷壳,观察糙米外形,米粒形状、颜色亦因品种而不同。米粒(颖果)由果皮、种皮、胚、胚乳组成。

4. 取小麦颖果纵切片于显微镜下仔细观察

(1)果皮与种皮:二者紧密相连,形成籽粒的外皮,试区别果皮与种皮。

(2)胚乳:位于种皮之内,在胚的上方,最外一层细胞颇大,长方形,含蛋白质。蛋白质呈糊粉粒状态,叫糊粉层;其内为薄壁细胞,内储淀粉粒;在胚乳与胚相连接处有一层排列整齐的细胞叫上皮组织(又叫吸收层),在胚生长过程中,通过该层细胞可吸收胚乳内的养料供胚生长。

（3）胚：位于胚乳的下面，包括下列几部分：

① 子叶：一枚，呈盾形（又叫盾片），介于胚和胚乳之间。

② 胚芽：位于胚之上端，其外有一鞘状体包围，叫胚芽鞘。

③ 胚根：位于胚之下端，外有胚根鞘围绕之。

④ 外胚叶：位于胚之侧，为退化子叶。

四、思考题

（1）绘单子叶植物种子（小麦或玉米）胚的结构图，并注字说明。

（2）根据什么原则鉴别有胚乳种子和无胚乳种子？各举数例说明。

（3）以小麦为例，说明禾本科植物种子构造与萌发的特点。

实验三　种子活力、种子纯度、种子净度的室内检验

一、目的要求

（1）熟悉种子检验内容，学习和掌握种子质量检验的原理和扦样、净度分析、纯度检验的方法。

（2）了解四唑染色测定种子的试剂和测定原理，掌握主要农作物种子生活力四唑染色测定的方法和判别有无生活力的鉴定标准。

二、实验材料

（1）材料：主要作物的种子及作物休眠的种子。

（2）用具：培养箱、冰箱、检验桌、分样器、分样板、套筛、感量天平、体视显微镜、解剖镜、小碟或小盘、镊子、吸管、样品盒、刮板、染色盘、放大镜、木盘、小毛刷、单面刀片、矛状解剖针、小针、干燥器、干燥剂、滤纸、吸水纸、电动筛选机、净度分析工作台生长箱等。

（3）试剂：苯酚、过氧化氢、氢氧化钾、氢氧化钠、氯化氢、TTC（2,3,5-三苯基氯化四氮唑，简称四唑）溶液。

三、实验内容

种子质量是由种子不同的特征特性综合而来的一个概念，可概括为八大方面指标：真（真实性）、纯（品种纯度）、净（种子净度）、饱（种子千粒重）、壮（种子发芽率）、健（种子病虫感染率）、干（种子水分）、强（种子活力、芽势）。

种子检验的主要步骤可分为扦样（室内）或取样（田间）、检验和签证（结果报告）。

（一）扦样

扦样是从大量的种子中，随机取得一个质量适当、有代表性的供检样品。扦样是种子检验工作的第一步，是做好种子检验工作的基础和首要环节。扦样是否正确、有代表性，直接影响检验结果的可靠性，因此必须高度重视，认真进行。

1. 划分种子批

种子批是指同一来源、同一品种、同一年度、同一时期收获和质量基本一致，在规定数量之内的种子。一批种子不得超过表11-3所规定的质量，其容许差距为5%。若超过质量时，需分成几批，分别给以批号。例如一批玉米种子12万kg，按照规定其种子批最大质量为4万kg，则该批种子应划分为3个种子批，各扦取一个样品。

表 11-3 几种农作物种子批的最大质量和样品的最小量

作 物	种子批质量/kg	样品最小量/g					
		送验样品	其他植物种子试样	净度分析试样	发芽试验试样	纯度检验送验样品（田间＋室内）	水分测定送验样品
玉米	40 000	1 000	1 000	900	净种子400粒	玉米属、大豆属及种子大小类似的其他属为 2 000 g 稻属、大麦属、小麦属及种子大小类似的其他属 1 000 g 甜菜属及种子大小类似的属 500 g，所有其他属 250 g	需磨碎的种类为 100 g，不需磨碎的种类为 50 g
小麦	25 000	1 000	1 000	120			
大麦	25 000	1 000	1 000	120			
稻	25 000	400	400	40			
大豆	25 000	1 000	1 000	500			
棉花	25 000	1 000	1 000	350			
花生	25 000	1 000	1 000	1 000			
西瓜	20 000	1 000	1 000	250			
高粱	10 000	900	900	90			
黄瓜	10 000	150	150	70			
番茄	10 000	15	15	7			
白菜	10 000	100	100	10			

2. 扦取初次样品

（1）袋装种子扦样法：根据种子批袋装的数量确定扦样袋数。

（2）小包装种子扦样法：如果种子装在小容器（如金属罐、纸盒或小包装）中，可将 100 kg 作为扦样的基本单位。

（3）散装种子扦样法

根据种子批散装的数量确定扦样点。散装扦样时应随机从各部位及深度扦取"初次样品"，每个部位扦取的数量应大体相等。散装扦样器使用长柄短筒圆锥形或圆锥形扦样器。

3. 配制混合样品

如初次样品均匀一致，则可将其合并混合成混合样品。

4. 送验样品的取得

送验样品是指送到检验机构检验的、规定数量的样品。分样方法有机械分样（分样器）和四分法、棋盘式分样法。

5. 试验样品的分取

首先将送验样品充分混合，然后用分样器经多次对分法或抽取递减法分取供各项测定用的试验样品，其质量必须与规定质量相一致。重复样品须独立分取，在分取第一份试样后，第二份试样或半试样须在送验样品一分为二的另一部分中分取。

6. 样品保存

送验样品验收合格并按规定要求登记后，应从速进行检验；如不能及时检验，须将样品保存在凉爽、通风的室内，使质量的变化降到最低限度。为便于复验，应将保留样品在适宜条件（低温干燥）下保存一个生长周期。

（二）种子净度分析

种子净度是指样品中去掉杂质和其他植物种子后，留下的本作物净种子的质量占样品总质量的百分率。净度分析的目的是测定供检样品不同成分的质量百分率和样品混合物特性,并据此推测种子批的组成。

1. 送验样品的称重和重型混杂物的检查

(1) 将送验样品倒在台秤上称重,得出送验样品质量 M。

(2) 若在送验样品中有大小或质量明显大于所测种子的物质,应先挑出来并称重,再分为其他植物种子和杂质。即将送验样品倒在光滑的木盘中,挑出重型混杂物,在天平上称重,得出重型混杂物的质量 m,并将重型混杂物分别称出其他植物种子质量 m_1,杂质质量 m_2。m_1 与 m_2 质量之和应等于 m。

2. 试验样品的分取

(1) 将除去重型混杂物的送验样品混匀,从中分取试验样品一份,或半试样两份,试样或半试样的质量见表 11-3,如水稻种子一份全试样是 40 g,两份半试样分别为 20 g。

(2) 用天平称出试样或半试样的质量(按规定留取小数位数)。

3. 试样的分析分离

分离时可以直接将试样倒在净度分析桌上进行鉴定区分,将试样分离成净种子、其他植物种子和杂质三部分,分别称重,折算为百分率。

净种子、其他植物种子、杂质的概念和分析标准如下:净种子是送验者所叙述的种,包括该种的全部植物学变种和栽培品种。其他植物种子是除净种子以外的任何植物种子单位,包括杂草种子和异作物种子。杂质是除净种子和其他植物种子外的种子单位和所有其他物质和构造。

4. 各分拣成分的称重

将每份[半]试样的净种子、其他植物种子、杂质分别称重,其称量精确度与试样称重相同。其中,其他植物种子还应分种类计数。

5. 结果计算

(1) 检查分析过程中质量增失:不管是一份试样还是两份半试样,应将分析后的各种成分质量之和与原始质量比较,核对分析期间物质有无增失。若增失差距超过原始质量的 5%,则必须重做,填报重做的结果。

(2) 计算净种子的百分率(P)、其他植物种子的百分率(OS)及杂质的百分率(I)。

先求出第一份[半]试样的 P_1、OS_1、I_1。

$P_1 =$(净种子质量÷各成分质量之和)$\times 100\%$

$OS_1 =$(其他植物种子质量÷各成分之和)$\times 100\%$

$I_1 =$(杂质质量÷各成分质量之和)$\times 100\%$

再用同样方法求出第二份[半]试样的 P_2、OS_2、I_2。

若为全试样则各种组成的百分率应计算到一位小数;若为半试样,则各种成分的百分率计算到二位小数。

(3) 求出两份[半]试样间三种成分的各平均百分率及重复间相应百分率差值,并核对容许差距(GB/T 3543.3—1995)。

(4) 含重型混杂物样品的最后换算结果的计算:

$$P_2 = P_1 \times \frac{M-m}{M} \times 100\% \quad OS_2 = OS_1 \times \frac{M-m}{M} + \frac{m_1}{M} \times 100\%$$

$$I_2 = I_1 \times \frac{M-m}{M} + \frac{m_2}{M} \times 100\%$$

其中,P_1、OS_1、I_1 分别为分析两份[半]试样所得的净种子、其他植物种子、杂质的各平均百分率;而 P_2、OS_2、I_2 分别为最后的净种子、其他植物种子及杂质的百分率;($m_1/M \times 100\%$)为重型混杂物中其他植物种子的百分率;($m_2/M \times 100\%$)为重型混杂物中杂质的百分率。

（5）百分率的修约:若原百分率取两位小数,现可经四舍五入保留一位。各成分的百分率相加应为 100.0%,如为 99.9% 或 100.1% 则在最大的百分率上加上或减去不足或超过之数。如果此修约值大于 0.1%,则应该检查计算上有无差错。

6. 其他植物种子数目的测定

（1）将取出[半]试样后剩余的送验样品按要求取出相应的数量或全部倒在检验桌上或样品盘内,逐粒进行观察;找出所有的其他植物种子或指定种的种子,并计出每个种的种子数,再加上[半]试样中相应的种子数。

（2）结果计算可直接用找出的种子粒数来表示,也可折算为每单位试样质量（通常用每千克）内所含种子数来表示。

7. 填写净度分析的结果报告单

净度分析的最后结果精确到一位小数。如果一种成分的百分率低于 0.05%,则填为微量;如果一种成分结果为零,则须填报。

（三）品种纯度鉴定

种子真实性是指供检品种与文件记录（如标签等）是否相符。品种纯度是指品种在特征特性方面典型一致的程度,用本品种的种子数占供检本作物样品种子数的百分率表示。品种纯度鉴定的方法有种子鉴定、幼苗鉴定和田间小区种植鉴定等,可根据具体情况选用。本实验只要求按种子形态鉴定法和部分作物的种子快速测定法进行。

1. 鉴定方法

（1）种子形态鉴定法

随机从送验样品中取 400 粒种子,须设重复,每重复不超过 100 粒种子。逐粒鉴别。主要根据种子的形态特征,必要时可借助放大镜等进行逐粒观察,必须备有标准样品或鉴定图片和有关资料。

水稻种子根据谷粒形状、长宽比、大小、稃壳和稃尖色、稃毛长短、稀密、柱头夹持率等;大麦种子根据籽粒形状、外稃基部皱褶、籽粒颜色、腹沟基刺、腹沟展开程度、外稃侧背脉纹齿状物及脉色、外稃基部稃壳皱褶凹陷、小穗轴茸毛多少、鳞被（浆片）形状及茸毛稀密等;大豆种子可根据种子大小、形状、颜色、光泽、光滑度、蜡粉多少及种脐形状颜色等。

（2）种子快速测定法

随机从送验样品中取 400 粒种子,鉴定时须设重复,每个重复不超过 100 粒种子。

① 苯酚染色法

麦类:将种子浸入清水中 18～24 h,用滤纸吸干表面水分,放入垫有已经 1% 苯酚溶液湿润滤纸的培养皿内（腹沟朝下）。在室温下,小麦保持 4 h,燕麦 2 h,大麦 24 h 后即可鉴定染色深浅。小麦观察颖果染色情况,大麦、燕麦评价种子内外稃染色情况。通常颜色分为五级即浅色、淡褐色、褐色、深褐色和黑色。将与基本颜色不同的种子取出作为异品种。

水稻:将种子浸入清水中 6 h,倒去清水,注入 1%（m/V）苯酚溶液,室温下浸 12 h 取出用清水洗涤,放在滤纸上经 24 h,观察谷粒或米粒染色程度。谷粒染色分为不染色、淡茶褐色、茶褐色、黑褐色和黑色五级;米粒染色分不染色、淡茶褐色、褐色或紫色三级。

② 大豆种皮愈创木酚染色法

将每粒大豆种子的种皮剥下,分别放入小试管内,然后注入 1 mL 蒸馏水,在 30 ℃下浸提 1 h。再在每支试管中加入 10 滴 0.5% 愈创木酚溶液,10 min 后,每支试管加入 1 滴 0.1% 的过氧化氢溶液。1 min 后,计数试管内种皮浸出液呈现红棕色的种子数与浸出液呈无色的种子数。

2. 结果计算和表示

用种子或幼苗鉴定时,用本品种纯度百分率表示。最后结果保留 1 位小数。

$$品种纯度 = \frac{供检种子粒数(幼苗数) - 异品种种子粒数(幼苗数)}{供检种子粒数(幼苗数)} \times 100\%$$

（四）种子生活力的生化（四唑）测定

种子生活力是种子发芽的潜在能力或种胚具有的生命力。

四唑测定是国内外广泛采用的生活力测定方法。其原理是利用 2,3,5-三苯基氯化四氮唑(简称四唑,TTC)无色溶液作为指示剂,当其被种子活组织吸收后,接受活细胞脱氢酶中的氢,被还原成一种红色的、稳定的、不会扩散和不溶于水的三苯基甲䐂。根据胚和胚乳组织的染色反应来区别种子有无生活力。

1. 取试样

从净种子中随机取至少 200 粒种子,每个重复 100 粒或少于 100 粒。如果是测定发芽末期休眠种子的生活力,则只用试验末期的休眠种子。

2. 预措预湿

预措是在种子预湿前除去种子的外部附属物(包括剥去果壳),或在种子非要害部位弄破种皮,如水稻脱去内外稃,刺破硬实等。

预湿有缓慢润湿和水中浸渍。缓慢润湿是将种子放在纸上或纸间吸湿,适用于直接浸在水中容易破裂的种子(如豆科大粒种子),以及许多陈种子和过分干燥的种子;水中浸渍是将种子完全浸在水中,让其充分吸胀,适用于直接浸在水中而不会造成组织破裂损伤的种子。

3. 染色前准备

根据种子构造和胚的位置进行处理。如禾谷类种子沿胚纵切,使胚的主要构造和活的营养组织暴露出来,便可使四唑溶液快速充分地渗入以供观察鉴定。

4. 染色

将准备好的种子样品放入染色盘中,加入四唑溶液完全淹没种子。已经切开胚的种子用 0.1%~0.5% 的溶液,不切开胚的种子用 1% 的溶液。达到规定时间或已明显时,倒去四唑溶液,用清水冲洗。

5. 鉴定前的准备

将已染色的种子进行处理,使胚的主要构造和活的营养组织明显暴露。

6. 观察鉴定

大粒种子用肉眼或手持放大镜进行观察鉴定,小粒种子用 10~100 倍显微镜观察鉴定。凡胚的主要构造或有关活营养组织全部染成有光泽的鲜红色或染色面积大于规定,且组织状态正常的为有生活力的种子,否则为无生活力种子。

7. 计算

计算各个重复中有生活力的种子数,重复间最大差距不得超过规定,平均百分率计算至整数。

四、思考题

(1) 每2人1组,逐项检验,将结果列入表11-4、表11-5、表11-6中。

(2) 列出各项目的检验结果,并进行分析比较,提出处理意见。

(3) 分析染色不正常无生活力种子的类型及其原因。

表 11-4　　　　　　　　　　　净度分析结果记载表

重型混杂物检查:M(送验样品)=　　　　g,m(重型混杂物)=　　　　g,m_1=　　　　g,m_2=　　　　g

		净种子	其他植物种子	杂质	合计	样品原重	质量差值百分率
[半]试样1	质量/g						
	百分率/%						
[半]试样2	质量/g						
	百分率/%						
百分率样间差值							
平均百分率							

表 11-5　　　　　　　　　　其他植物种子数测定记载表

试样重量/g	其他植物种子种类和数目							
	名称	粒数	名称	粒数	名称	粒数	名称	粒数
[半]试样1								
[半]试样2								
剩余部分中								
合计								
折算成每千克粒数								

表 11-6　　　　　　　　　　净度分析结果报告单　　　　　　　样品编号_____

作物名称:　　　　　　　　学名:

成分	净种子	其他植物种子	杂质
百分率/%			
其他植物种子名称及数目或每千克含量(注明学名)			
备注			

实验四 叶面积系数测定

一、目的要求

单位土地面积作物群体的生长量是作物经济产量的基础。评价作物群体大小是否适宜,既要考虑到植株总数,还要考虑到单位土地面积上作物群体叶面积的大小。作物群体叶面积的大小一般用叶面积指数来表示。

二、实验材料

直尺、叶面积测定仪、求积仪、记录表格、鼓风干燥箱、扭力天平(0.01 g)、干燥器、螺旋测微尺和织物测厚器。

三、实验内容

测定叶面积指数是在测定单叶面积、单株叶面积的基础上,再根据单位土地面积内的作物株数,计算叶面积指数。叶面积指数越大,表明单位土地面积上的叶面积越大。但是,叶面积指数不是越大越好,各种作物的不同生育时期都有一个适宜的叶面积指数,其适宜范围与品种、气候等条件密切相关。目前测定叶面积的方法较多,其准确度有差异。因此,在应用这方面资料和具体测定时,要作具体分析和必要的说明。

（一）测定叶面积的方法

测定作物叶面积的方法,因作物不同而异,常用的有以下几种。

1. 纸样称重法

将各点取样叶片(未展开的和桔黄叶片除外),逐叶平铺在厚薄均匀的纸上(纸的均匀程度可预先剪同等大小的纸片称重测定),用铅笔沿叶缘描下,然后用剪刀按铅笔所画叶形剪下,或用工程晒图纸晒制叶形后剪下。全部称重得 W_1,另取已测知面积为 A_1 的纸,称重得 W_2,则叶面积 A_2 为:

$$A_2 = \frac{A_1 \times W_1}{W_2}$$

2. 比叶重法

鲜重法:将取样的全部叶片鲜样称重,再选取其中大、小两个类型的叶片各 10 片,叠集起来,分别用两种规格的已知面积纸板(或木板、玻璃板),压在叠好的叶片上,用刀片小心沿纸板边缘切割,把切下的一定面积的样品在扭力天平上称重。或者用已知面积的打孔器打孔后,将其打孔圆称重。经过计算得出比叶重值(g/cm^2),两个值平均后得到平均比叶重(g/cm^2)。

$$取样点的叶面积(m^2) = \frac{取样点鲜叶重(g)}{平均比叶重(g/cm^2)} \times 0.000\ 1$$

式中,0.000 1 为每平方厘米化为平方米的转换系数。

干重法:按上述方法将切割后已知面积的叶片及其余叶片,测定干重,求出平均比叶重(g/cm^2),再求出其取样点的叶面积。

3. 叶面积仪测定法

目前叶面积的型号有多种,有座台式叶面积仪、手提式叶面积仪。这里介绍国产GCY—200 型光电面积测定仪。其原理是:当均匀光源照射叶面积仪的磨砂玻璃时,由于漫反射,而使其成为一均匀散光亮面。这一均匀亮面经透镜成像于光电池上,使光电池产生电流,经放大后由微安表指示。若将被测叶片放在均匀亮面上,则亮面面积相应减少,光电池上产生的电流也相应减小。

叶面积计算公式如下:

$$X = M - \frac{M}{A} \cdot Y$$

式中　X——叶面积,cm^2;

Y——叶片放在亮面下时的电流读数,μA;

M——亮面面积,cm^2;

A——未放叶片时,亮面成像于光电池上产生的光电流读数,μA。

使用叶面积仪,把仪器调整好后,将被测叶片夹入有机玻璃夹内,插入磨砂玻璃亮面板下,即可从微安表上直接读出叶面积值。

GCY—200 型叶面积仪每次可以测定的叶面积较小,大叶片需要剪碎,实际工作起来比较慢。

L1—3000 型叶面积仪能自动显数,工作次序高,但价格较贵。

4. 求积仪法

将叶片样品在纸上描下叶形后,利用求积仪逐一测定面积。用仪器尖从标记的某点开始,沿叶缘按顺时针方向描述一圈,仍回到原来起点,记下读数,每片叶测定两次,将在允许误差范围内的两次读数平均,即为该叶片的叶面积值。逐叶在记录上登记。

此法较准确,但费时较多,往往是将它作为标准方法来检验其他方法的偏差程度,也可将此法与干重法结合起来使用,以减少工作量。

5. 长×宽面积系数法

长×宽的积,常比实际上的叶面积大,因此要有一个校正系数。校正系数的求出,一般先将大量叶片以标准方法(求积仪或面积仪)测定出实际的面积,然后用相应的长×宽的积去除。逐叶求出其 K 值,最后求出 K 的平均值。

$$校正系数 K = \frac{叶片的实际面积}{长 \times 宽}$$

不同作物的叶片,或同一作物不同时期不同部位的叶片,其校正系数可能不同。应用此法之前,需先求出测作物品种叶面积的 K 值。

6. 直线回归法

此法适于叶形较规则、叶片对称性好的活体测定,每张叶片只需测量一个数据就可以回到室内进行计算。其方法是选择一组一定形状的叶片,精确测量相对应的叶面积;然后计算各叶片特征值与叶面积的相关系数;选择与叶面积相关性最强的叶片特征值与叶面积建立回归方程并进行显著性检验,达到显著后即可应用该方程进行叶面积测定。如测量每个叶片某两点之间的长度,如叶长或叶宽等,将其长度值平方,按回归方程计算系数;然后在田间只要测量叶长、叶宽即可用回归方程换算出叶面积。

$$\sum Y = a \sum X^2 + nb$$

式中　a、b——系数;

n——叶片数。

（二）作物叶面积指数的测定

$$叶面积指数 = \frac{叶面积}{土地面积}$$

（三）实践操作

1. 调查单位面积土地上作物的实际株数

调查时,应根据地块形状和大小、作物密度等条件选取 3～5 个代表点进行。每测点的大小,因作物而异,玉米、高粱等高秆作物,可取 20～30 m^2;麦、稻、谷子、大豆等可取 2～5 m^2。每点可用尺量取正方形或长方形,也可顺行取段计算。

2. 求出测点内平均单株的叶面积

在测点内实有株数中选有代表性的若干株,如玉米、高粱选 3～5 株,麦、稻选 10～20 株,测其叶面积,然后算出平均单株叶面积。

3. 计算叶面积指数

四、思考题

（1）用叶片称重法求叶面积(填入表 11-7 中)。

（2）用叶形纸称重法求校正系数 K(填入表 11-7 中)。

（3）测定叶面积有何实践意义? 在实践操作中应注意什么问题?

表 11-7　　　　　　　　叶面积系数测定记载表　　　　　　测定日期：

作物名称	密度/株·亩$^{-1}$	重复	1 m^2 土地上株数	单株平均面积/m^2	叶面积系数	校正系数 K

实验五　测土配方施肥软件

一、目的要求

（1）初步了解使用测土配方施肥软件方法,达到科学施肥的目的。

（2）了解测土配方施肥的步骤。

二、实验材料

测土配方施肥 3414 试验结果分析器(SG—2.3 版)。

三、实验内容

（一）测土配方施肥技术

测土配方施肥技术是一项以达到平衡施肥目的而开展的土壤测试、肥料试验、肥料配方确定、专用肥料配制、施肥技术指导的一整套综合性的科学施肥技术,也是目前世界上广泛使用的比较先进的科学施肥技术。该技术的核心内容是依据土壤测试结果、农作物的需肥规律和特点,结合肥料效应,有针对性地、科学地确定氮、磷、钾及各种中微量元素的用量和比例,并加工成各种作物的专用配方肥,供给农户,并指导农民正确使用。该技术的最大优点是可以解决作物需肥与土壤供肥、作物需肥之间的矛盾。同时有针对性地补充作物所需的短缺营养元素,作物缺什么元素就补充什么元素,需要多少补多少,实现各种养分平衡供应,满足作物的需要。达到提高农产品产量,改善农产品品质,节省成本,提高肥料利用率和使用效益的效果。

(二)实施测土施肥技术的步骤

测土配方施肥技术是根据土壤测试结果、田间试验、作物需肥规律、农业生产要求等,在合理施用有机肥的基础上,提出氮、磷、钾、中量元素、微量元素等肥料数量与配比,并在适宜时间,采用适宜方法施用的科学施肥方法。测土配方施肥技术包括"测土、配方、配肥、供应、施肥指导"5个核心环节,9项重点内容。

(1)田间试验。田间试验是获得各种作物最佳施肥量、施肥时期、施肥方法的根本途径,也是筛选、验证土壤养分测试技术、建立施肥指标体系的基本环节。通过田间试验掌握各个施肥单元不同作物优化施肥量,基、追肥分配比例,施肥时期和施肥方法;摸清土壤养分校正系数、土壤供肥量、农作物需肥参数和肥料利用率等基本参数;构建作物施肥模型,为施肥分区和肥料配方提供依据。

(2)土壤测试。随着中国种植业结构的不断调整,高产作物品种不断涌现,施肥结构和数量发生了很大的变化,土壤养分库也发生了明显改变。通过开展土壤氮、磷、钾、中微量元素养分测试,了解土壤供肥能力状况。

(3)配方设计。肥料配方环节是测土配方施肥工作的核心。通过总结田间试验、土壤养分数据等,划分不同区域施肥分区;同时,根据气候、地貌、土壤、耕作制度等相似性和差异性,结合专家经验,提出不同作物的施肥配方。

(4)校正试验。为保证肥料配方的准确性,最大限度地减少配方肥料批量生产和大面积应用的风险,在每个施肥分区单元,设置配方施肥、农户习惯施肥、空白施肥三个处理,以当地主要作物及其主栽品种为研究对象,对比配方施肥的增产效果,校验施肥参数,验证并完善肥料施配方,改进测土配方施肥技术参数。

(5)配方加工。配方落实到农户田间是提高和普及测土配方施肥技术的最关键环节。目前不同地区有不同的模式,其中最主要的也是最具有市场前景的运作模式就是市场化运作、工厂化加工、网络化经营。

(6)示范推广。建立测土配方施肥示范区,为农民创建窗口,树立样板,全面展示测土配方施肥技术效果。

(7)宣传培训。农民是测土配方施肥技术的最终使用者,迫切需要向农民传授科学施肥方法和模式;同时还要加强对各级技术人员、肥料生产企业、肥料经销商的系统培训,逐步建立技术人员和肥料商持证上岗制度。

(8)效果评价。检验测土配方施肥的实际效果,及时获得农民的反馈信息,不断完善管理体系、技术体系和服务体系。同时,为科学地评价测土配方施肥的实际效果,必须对一定的区域进行动态调查。

(9)技术研发。技术研发是保证测土配方施肥工作长效性的科技支撑。重点开展田间试验方法、土壤养分测试技术、肥料配制方法、数据处理方法等方面的研发工作,不断提升测土配方施肥技术水平。

(三)测土配方施肥3414试验结果分析器的使用

分析器操作简单,软件操作界面简单易懂。用户只需将试验施肥方案和产量输入分析器,点击"分析"按钮,便可得到所有相关结果。该分析器不但包括了回归分析、方差分析、施肥参数计算以及不同条件下的施肥结果预测等,而且一次性可以同时得到单因素、双因素和三因素的所有结果。不但可以计算最大施肥量(产量预测最大时的施肥情况),而且可以计算经济施肥量(考虑价格因素、经济收入预测最大时的施肥情况)。该软件具有 Excel 导出功能,可以直接保存,也可以进一步通过 Excel 进行其他分析,便于用户保存和分析。

打开分析器后出现一个"请输入试验基本资料"对话框(见图 11-3),按照上面的提示输入相关数据,完成后点击"确定"。也可以不输入资料,直接点击"确定"进入程序(见图 11-4)。

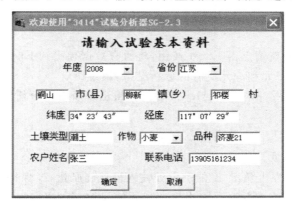

图 11-3 "请输入试验基本资料"对话框

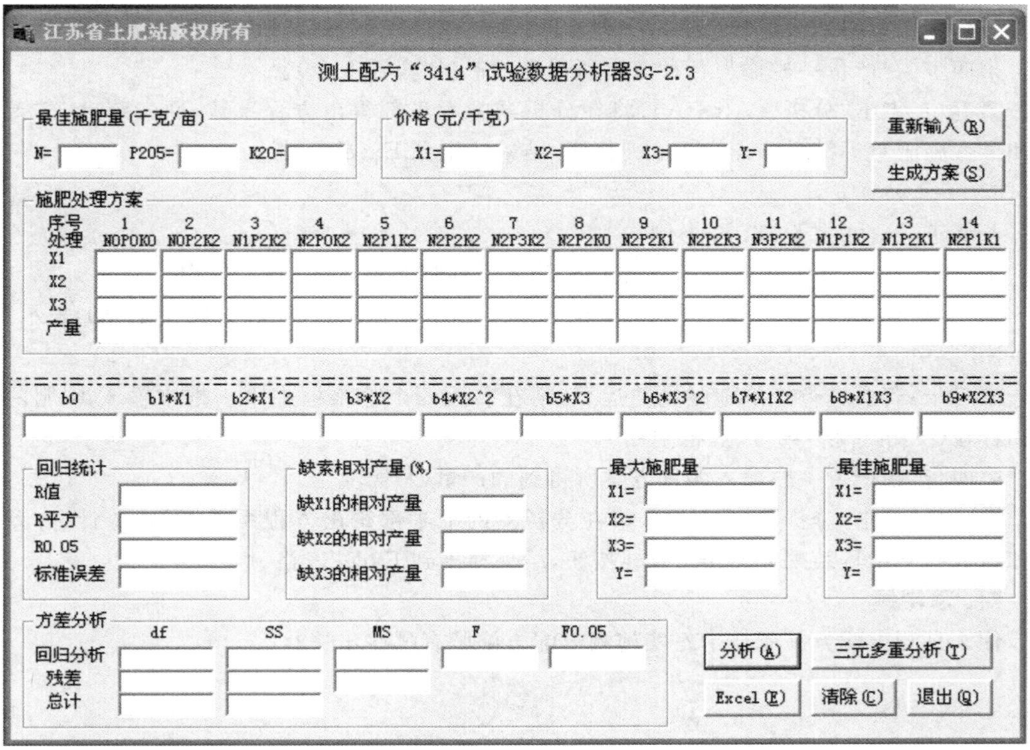

图 11-4 程序界面

1. NPK 三元试验方法

第一步：按照图 11-4 左上角提供的方框输入 N、P、K 的最佳施肥量（kg/亩）。

第二步：点击"生成方案"（Alt＋S），将会在第二栏"施肥处理方案"的框中显示 14×3 个方案。

第三步：如果要进行经济施肥量的计算，请在右上框中输入三种肥料和籽粒的单价；如不计算可省略此步骤。

第四步：在产量一栏输入各种方案所得到的产量。

第五步：点击"分析"（Alt＋A），将在分析器的下半部得出方程系数、回归统计、方差分析和最大施肥量等结果。

如只需进行三元分析请点击 Excel 按钮，将所有数据导出到 Excel 表格。

如需要进行三元、二元和一元所有的分析结果，请继续。

第六步：点击"三元多重分析"（Alt＋T）按钮，将出现所有的分析结果，点击 Excel 按钮，结果导出到 Excel 表格。

2．二元试验方案

有的区县只进行二元试验，以 P、K 为例。

第一步：在图 11-4 左上角 P、K 的空白处输入最佳施肥量，N 保持空白。

第二步：点击"生成方案"按钮，将出现所需要的 8×2 个方案，此时方案里的 X1 表示 P，X2 表示 K，X3 空白。

第三步：若要进行经济施肥量运算，请在右上四个空格的前两个空格输入 P、K 的价格，并在最后一个空格输入籽粒（Y）的价格，第三格为空。

第四步：在产量一栏输入各种方案所得到的产量（只需 8 个）。

第五步：点击"分析"（Alt＋A），将在分析器的下半部得出方程系数、回归统计、方差分析和最大施肥量等结果。点击 Excel 按钮，结果导出到 Excel 表格。

3．一元试验方案

若要进行一元试验，以 K 为例。

第一步：在图 11-4 左上角 K 的空白处输入最佳施肥量，N、P 保持空白。

第二步：点击"生成方案"按钮，将出现所需要的 4 个方案，此时方案里的 X1 表示 K，X2、X3 空白。

第三步：若要进行经济施肥量的运算，请在右上四个价格框中第一框中输入 K 肥的价格和籽粒（Y）的价格，第二、三框空白。

第四步：在产量一栏输入各种方案所得到的产量（只需 4 个）。

第五步：点击"分析"（Alt＋A），将在分析器的下半部得出方程系数、回归统计、方差分析和最大施肥量等结果。点击 Excel 按钮，结果导出到 Excel 表格。

四、思考题

什么是测土配方施肥技术？实施测土配方施肥有哪些步骤？

实验六 主要农作物产量构成因素分析及产量测定

一、目的要求

（1）了解掌握作物产量构成的因素。

（2）使学生熟悉掌握田间测产的各种方法、测产的步骤以及产量计算方法。

二、实验材料

秤、卷尺、记录夹及主要农作物样本等。

三、实验内容

（一）作物产量构成因素分析

不同作物的产量构成因素不同。作物产量是由单位面积上各产量构成因素的乘积计算的。

禾谷类亩产量（斤）＝每亩穗数×每穗粒数×千粒重（g）/500×1 000

薯类＝亩株数×单株薯重（斤），其中亩株数＝667 m²/行距（m）×株距（m）

油菜＝亩株数×每株荚数×每荚粒数×千粒重（斤）/500×1 000

　　　＝亩株数×每株籽粒数

作物产量构成各因素之间有制约和补偿关系，即自动调节能力。这种补偿关系贯穿于作物的一生。不同作物其补偿能力不同，以禾谷类作物最具代表性。

（1）穗数：穗数是补偿能力最大的因素，穗数决定于种植密度和分蘖。分蘖对群体发展有促进作用，可保持一定的群体，有一定补偿产量的能力和作用。其他作物也是这样，例如：具有分枝的作物，主茎受破坏，分枝生长良好。

（2）穗粒数：是由每穗小粒数和每小穗花数决定的。通常穗中部的小穗只能结实 3～4 粒，穗顶部和基部小穗结实少，成不孕小穗。这也是一种补偿作用。

（3）粒重：决定于授粉以后的种子形成过程，与植株上部三叶的光合能力有关，叶面积大，寿命长，加之昼夜温差大，可以提高粒重。

总之，穗数、粒数、粒重只有协调发展才能获得好产量。它们与播种质量、耕地质量、品种特性、环境条件有关，生产上必须按生长发育特性的需要满足其要求。

（二）农作物产量预测

农作物产量预测，在生产和科研上是一项很重要的工作。田间测产的方法主要有查测法和割测法两种。

1. 查测法（抽样估产法）

作物的产量由穗数、穗粒数、粒重三要素构成。查测法就是指分析作物产量的构成要素，查明每个要素的具体数字，然后推算农作物产量的一种方法。

（1）查测法的基本要点

① 查测地块的选择

首先按作物的生长情况分为若干类，然后在各类中随机抽选有代表性的某一地块进行测产。

② 测点的数目、形状和大小的确定

根据地块面积大小和作物生长的差异程度来确定测点的数目。地块小，作物生长整齐，可少取一些;反之,即可多取一些。在一般情况下,等距抽取 5~15 个即可。

测点的形状和大小确定,一般小植株作物(小麦、大麦等),测点的形状以方形框或圆形测规为宜,常用的方形框或圆形测规面积有 3 m²、3.33 m² 等;对大植株或起垄作物,以长竿为好,一般采用 3.33 m、6.66 m 长的测竿等。

③ 测点在地块中的分布

测点在地块中的位置应以分布均匀能代表作物生长的情况为原则,常用的布点方法有以下几种。

开方布点法:这种方法适用于面积较大的各种形状的地块,苗情均匀可顺行,苗情不均匀可横行布点,其计算公式为:

$$测点的间隔距离(m) = \sqrt{\frac{中选地块面积(m^2)}{抽取测点数目}}$$

具体的抽取方法是,第一个测点应从地块一角的半距处抽取,以后每隔一个间隔距离抽取一个测点,直到抽完为止。

对角线布点法:该种方法适用于面积较小的狭长形地块。即在中选地块内拉一条对角线,沿着对角线按测点间隔距离布点。这种布点方法也要先计算出测点的间隔距离,其计算公式为:

$$测点间隔距离(m) = \frac{中选地块对角线全长(m)}{抽取测点数目}$$

布点时,可以在对角线一端的半距处抽取第一测点,以后每隔一个间隔距离抽取一个测点,直到抽完为止。

其他图形布点:在地块上农作物生长不整齐的情况下,查测地块测点往往采用五点形、梅花形、品字形或方正形等图形布点。

④ 千粒重的确定

农作物千粒重可根据当年农作物生长情况、籽粒饱满度,结合各类地块和品种差异,并参考同类品种历年的千粒重,来进行比较切合实际的估算。

(2) 具体查测技术

① 小植株作物查测法

以麦类作物为例,麦类作物测产一般在收获前 5~7 天为好。查测时,要根据麦类作物生长情况确定测点数和布点。布点时,不选田边、沟边的地方,以减少人为的误差。一般情况下,麦田采取对角线五点取样法。麦类作物测产一般采用内径 4 m² 的三面固定。

测产时,在每一个测点上将测产框套在穗部往下移动,清点框内穗数然后平均,再乘以 1 000 倍,即得每 666.6 m² 有效穗数。

穗粒数:在每个测点内随意取 20 穗,并求出平均每穗实粒数。

千粒重:麦类作物接近成熟时,可以经验值估算;或收割脱粒,随机取样 2~3 个千粒种子,称重平均。

$$麦类作物产量(kg/666.7 \ m^2) = \frac{666.7 \ m^2}{测点面积(m^2)} \times \frac{\sum 测点内有效穗数}{测点个数} \times$$

$$\frac{\sum 每穗粒数}{\sum 穗数} \times \frac{千粒重}{1 \ 000 \times 1 \ 000}$$

② 大植株作物查测法

以玉米为例,玉米查测多采用 3.33 m 或 6.66 m 的测竿取点。按测竿长度查清玉米株数和有效穗数,并顺次查清 10～20 个穗上的粒数,算出测点的平均粒数,进一步得出玉米 666.7 m² 的产量。一般采取五点或对角取样。

$$玉米单产(kg/666.7\ m^2) = \frac{666.7\ m^2\ 实际株数 \times 单株结穗数 \times 每穗粒数 \times 百粒重(g)}{1\ 000 \times 100}$$

$$每\ 666.7\ m^2\ 实际株数 = \frac{666.7\ m^2}{平均行距(m) \times 平均株距(m)}$$

测平均行距:无论等行、宽窄行都量 21 行的行间垂直距离,再除以 20 即为平均行距。

测平均株距:每测点量 21 株的株间连续距离,再除以 20 即为每测点平均株距。

单株结穗数的测定:在测定过平均株距的地段上,再数 20 株的总穗数平均,即得每测点单株结穗数。

每穗粒数的测定:每点选取 10～20 果穗(或不取下果穗而拨开苞叶计数),数其行数与粒数,求出平均穗粒数。

百粒重的测定:收获时或在实测取样的果穗中的籽粒晒干选出 100 粒称重,一般应重复三次,取其较为接近的二次平均。

2.割测法(即实割实测法)

这种方法是在作物成熟后期,实际收割前 1～2 天,调查者亲自去田间对农作物进行选点、实割、脱粒、清晒、称重,据以推算产量的一种方法。

(1)实割实测的基本要点

采用割测法测产,一般应注意抓好以下几个环节。

① 作好割测前的准备工作。要熟悉测产地块情况,准备好测点分布草图和测产工具(测竿、测框、标签、袋子、秤等)。

② 要掌握好割测的时间。一般在实际收割前 1～2 天割测为好。过早会因农作物尚未完全成熟而影响产量。

③ 按照确定的测点数目和分布逐点收割。收割后按测点地块捆把、拴挂标签,注明地块名称、面积、测点数目,防止混乱。

④ 样本作物要按地块分开收割、晾晒、脱粒、清理、保管和称重。并要由专人负责,严防混杂和丢失,确保各地块样本的完整性。

⑤ 通过实地调查或座谈,确定好各地块的割、拉、打损失量或损失率,以作为推算产量的依据。

⑥ 对于测产的地块面积、割测样本数目、形状、大小、产量、损失率等都要及时详细地记载下来,并将割测中遇到的问题和处理情况详细地记录下来,以供最后推算产量和总结工作时参考。

(2)具体割测技术

① 麦类作物的割测。麦类作物是小植株作物,一般采用 4 m² 的测框,抽样方法完全与查测法相同。收割后打成捆、拴挂标签运回,分别按测产地块晾晒、脱粒、扬净、称重,再除以测点个数,即得每个测点的平均产量,再乘以 167,即得平均每 666.7 m² 麦类作物的产量。其计算公式为:

$$单产(kg/666.7\ m^2) = \frac{\sum 各测点产量(kg)}{测点数} \times 167$$

② 玉米的割测。在地块中选点取样方法和玉米查测法一样,但割测法是将测点内全部玉米掰下来,并单独脱粒、晒干、扬净、称重,取得每个测点的产量数据,并以此数据推算每666.7 m² 产量。计算公式如下:

$$玉米割测单产(kg/666.7\ m^2) = 平均每个测点的产量(kg) \times \frac{666.7(m^2)}{测点长度(m) \times 平均行距(m)}$$

四、思考题

(1) 作物产量的构成因素有哪些?

(2) 农作物测产有哪些方法?

(3) 测产时有哪些常用方法?

实验七　轮作制度设计

一、目的要求

通过对一个生产单位轮作制度的设计,使学生运用已学的理论知识,掌握与制定轮作制度的原理和方法。

二、实验材料

某村土地利用现状图。

三、实验内容

轮作是在同一块土地上,将几种不同的作物,在一定的年限内,按着一定的顺序轮流种植的形式。一个生产单位的轮作制度是由若干轮作方式组成的。轮作制度是作物布局和熟制类型在时间与空间上的具体体现,是种植制度的重要组成部分。建立合理的轮作制度是合理、充分利用和保护农业资源,实现农业连续增产、稳产的保证,也是建立结构稳定的农业生态系统的需要。

1. 收集资料

在拟定轮作制度时,应对当地的自然条件、生产经济条件及作物栽培等情况进行详细的调查了解,作为拟定轮作制度的依据。

(1) 作物种植制度和轮作倒茬方式。了解轮作中各种作物的播种期和收获期,作物品种搭配以及作物栽培技术等。

(2) 土壤条件及土壤灌水施肥制度。了解地形地势,土壤类型及土壤质地分布,土壤盐渍化程度,土壤生产性能,宜耕期长短,水利设施及灌溉制度,施肥种类、施用方法和时间,绿肥作物的栽培及翻压时间、方法。

(3) 气候条件。特别是气温,降水蒸发量,土壤封冻及解冻期,干旱风及霜冻等自然灾害的发生规律。

(4) 当地土壤耕作的主要经验。秋播、春播及填闲作物以及休闲期的土壤耕作措施与方法,深耕、浅耕及免耕的运用及其效果,基本耕作与播前耕作措施的配合,耙糖保墒及防止水土流失的经验等。

(5) 农机具及劳畜力条件。拖拉机及农具种类、数量,农田作业的机械化程度,耕畜和劳力状况等。

（6）田间杂草的种类、数量及危害程度。

2. 划分轮作类型区，确定各区的作物组成和比例

根据本单位的土壤状况和各地块作物生产性能，确定各地块所应采取的轮作类型。然后根据本单位的生产要求——市场和个人对农、副产品的要求，并考虑既能充分利用又能积极地保护土地资源，确定各轮作区的作物类型和比例，这实际是作物布局的具体实施。

3. 确定轮作田区面积、数目和轮作年限

在每个轮作区内划分出若干个轮作田区，每个轮作田区内的作物较单纯，一般一种或两种。轮作田区是田间农事活动的基本单位。

轮作田区的面积应根据地形、地势及灌水、机械作业等条件确定。一般来讲，每田区面积可取轮作区内各作物种植面积的最大公约数。若某些作物种植过少而特性又相似的，可以与其他作物组成复区或间混种植。在生产上，田区面积一般不小于 30 亩，大的可达 80～100 亩。田区面积确定后，轮作区面积除以田区面积即为轮作田区数，轮作年限一般与轮作田区数相等。

轮作田区方向一般平地可按原方向，考虑运输、耕作的方便，坡地应等高设置，风沙地带应与主风向垂直。

4. 制定各轮作区内作物轮换顺序，列出轮作周期表

确定轮作中的作物轮作顺序，首先要了解各种作物对土壤肥力的要求以及对土壤的影响。作物对土壤的影响一方面取决于作物本身的生物学特性，另一方面取决于其生育期间所进行的农业技术措施，其中主要是土壤耕作、施肥和灌水。安排作物的轮作顺序时应尽量把施肥多的作物与施肥少的作物、直根系作物与须根系作物、豆科作物与禾本科作物轮换种植；将感染杂草作物与抑制杂草作物、感病作物（及品种）与抗病作物（及品种）间隔种植。

在安排轮作顺序时，也需考虑前后作物的生育期衔接，如果间隔太长会造成土地浪费。但短期休闲也有一定意义，要根据地力状况而定。对前后衔接过紧的作物，可采用套种或育苗移栽等。

作物轮作顺序确定后列出轮作周期表。所谓轮作周期表就是一个轮作中各轮作田区每年的作物分布表。同一轮作区的各个田区，虽然以同样顺序来轮换，但是它们是以不同的作物作为循环的开始。在每一年中，各个田区所种植的作物包括该单位在一年中所要播种的全部作物，这样就保证稳定了作物布局，使各作物每年收量平衡。

5. 编写轮作计划书，绘制轮作田区规划图

将初步拟定的轮作制，经广泛吸收、征求群众意见后，经过再次修改审核，使之达到各项生产指标。并有较好的经济效益与生态效益，然后编写出轮作计划书。

为了保证轮作计划的实施，计划书还应包括相应的土壤耕作制，施肥与灌水制等其他与之配套的管理措施。

此外，还应制定轮作过渡计划，由于前作物的不同和地力的差异，各个轮作区内种植的作物往往不能立刻符合所设计轮作方案中规定种植的作物，因此需要按轮作区制定过渡轮作计划。通过适当地安排，使其有计划地、逐步地转变为新轮作所规定的各种作物，此后按计划顺序轮作。对一些特殊类型土壤及不能纳入轮作的非轮作地块，也需制定种植计划。

最后绘制轮作田区规划图。规划图的比例尺采用 1∶2 000～4 000，绘制时要求准确无

误。规划图的地块上应标明所属的轮作区、轮作田区及地块面积。要用符号标记清楚,如50/3—Ⅱ代表此地为第三轮作区的第二轮作田区,面积为50亩。

四、思考题

(1)设计××村的作物轮作制,并编写轮作计划书。

(2)计算该村作物的复种指数。

附录一 节气介绍

二十四节气起源于黄河流域。远在春秋时代,我国就定出仲春、仲夏、仲秋和仲冬等四个节气。以后不断地改进与完善,到秦汉年间,二十四节气已完全确立。

二十四节气的划分是从地球公转所处的相对位置推算而来的。地球从黄经零度起,沿黄经每运行 15 度所经历的时日称为"一个节气"。每年运行 360 度,共经历 24 个节气,每月 2 个。其中,每月第一个节气为"节气",即:立春、惊蛰、清明、立夏、芒种、小暑、立秋、白露、寒露、立冬、大雪和小寒等 12 个节气;每月的第二个节气为"中气",即:雨水、春分、谷雨、小满、夏至、大暑、处暑、秋分、霜降、小雪、冬至和大寒等 12 个中气。"节气"和"中气"交替出现,各历时 15 天,现在人们已经把"节气"和"中气"统称为"节气"。二十四节气反映了太阳的周年视运动,所以节气在现行的公历中日期基本固定,上半年在 6 日、21 日,下半年在 8 日、23 日,前后相差 1~2 天。民间把二十四节气按顺序编成歌谣:春雨惊春清谷天,夏满芒夏暑相连。秋处露秋寒霜降,冬雪雪冬小大寒。各节气的含义分别是:

立春:立是开始的意思,立春就是春季的开始。

雨水:降雨开始,雨量渐增。

惊蛰:蛰是藏的意思。惊蛰是指春雷乍动,惊醒了蛰伏在土中冬眠的动物。

春分:分是平分的意思。春分表示昼夜平分。

清明:天气晴朗,草木繁茂。

谷雨:雨生百谷。雨量充足而及时,谷类作物能苗壮成长。

立夏:夏季的开始。

小满:麦类等夏熟作物籽粒开始饱满。

芒种:麦类等有芒作物成熟。

夏至:炎热的夏天来临。

小暑:暑是炎热的意思。小暑就是气候开始炎热。

大暑:一年中最热的时候。

立秋:秋季的开始。

处暑:处是终止、躲藏的意思。处暑是表示炎热的暑天结束。

白露:天气转凉,露凝而白。

秋分:昼夜平分。

寒露:露水已寒,将要结冰。

霜降:天气渐冷,开始有霜。

立冬:冬季的开始。

小雪:开始下雪。

大雪:降雪量增多,地面可能积雪。

冬至:寒冷的冬天来临。

小寒:气候开始寒冷。

大寒:一年中最冷的时候。

二十四节气中,"四立"反映季节;"两分两至"反映昼夜长短更替;"两雨两雪"反映降水;"三暑两寒"表示温度;此外,"白露、寒露、霜降"既反映降水也反映温度;"惊蛰、清明、小满、芒种"反映物候。

附录二 农谚集锦

（一）

小麦地中种蒜葱，黑穗病菌难进攻。　油菜厢边栽大蒜，迫使蚜虫忙逃窜。
胡萝卜中混大葱，萝卜有虫也不凶。　大蒜行间套玉米，可以控制玉米螟。
麦豆田内间葵花，控制三病好办法。　大豆地边种蓖麻，豆金龟子远远爬。
白菜豆角种一起，白菜免招害虫袭。　甘蓝菜地间薄荷，赶菜粉蝶出老窝。
麦子棉苗做邻居，利用益虫吃害虫。　番茄行间栽甘蓝，可以驱走菜白蛾。
高粱地边栽土烟，吓破高粱粉蚜胆。

（二）

春雨惊春清谷天，夏满芒夏暑相连。　秋处露秋寒霜降，冬雪雪冬小大寒。
每月两节日期定，最多相差一两天。　上半年在六廿一，下半年是八廿三。
一月小寒接大寒，薯窖保温防腐烂。　立春雨水二月间，顶凌压麦种大蒜。
三月惊蛰又春分，整地保墒抓关键。　四月清明和谷雨，种瓜点豆又种棉。
五月立夏到小满，查苗补苗浇麦田。　芒种夏至六月天，除草防雹麦开镰。
小暑大暑七月间，追肥授粉种菜园。　立秋处暑八月天，防治病虫管好棉。
九月白露又秋分，秋收种麦夺高产。　十月寒露和霜降，秋耕进行打场连。
立冬小雪十一月，备草砍菜冻水灌。　大雪冬至十二月，总结全年好经验。
燕子来在谷雨前，放下生意去种田。　有钱难买五月旱，六月连阴吃饱饭。
云雾山中出名茶，姜韭应栽瓜棚下。　豌豆大蒜不出九，种蒜出九长独头。
杨柳梢青杏花开，白菜萝卜一齐栽。　清明玉米谷雨花，谷子抢种至立夏。
清明高粱立夏后，小满芝麻芒种黍。　头伏萝卜二伏菜，三伏还可种荞麦。
白露早来寒露迟，秋分种麦正当时。　地尽其用田不荒，合理密植多打粮。
地是铁来粪是钢，把粪施在刀刃上。　牛粪凉来马粪热，羊粪啥地都不错。
底肥不足苗不长，追肥不足苗不旺。　三分种来七分管，十分收成才保险。
秋耕田地地发暄，冬雪渗下不易干。　人治水来水利人，人不治水水害人。
人不勤俭不能富，马无夜草不能肥。　七月十五红枣圈，八月十五打枣杆。
白天热来夜间冷，一棵豆儿打一棒。　一粒粮食一滴汗，粒粒都是金不换。

（三）

冬雪是麦被，春雪是麦鬼。麦盖三场被，枕着馒头睡。
春打六九头，备耕早动手。雨水修渠道，抽水把地浇。

惊蛰地气通，搂麦要进行。春分麦起身，肥水要紧跟。

清明雨纷纷，植树又造林。谷雨前和后，种瓜又点豆。

立夏种油料，同时插水稻。小满防虫患，农药备齐全。

芒种麦登场，龙口夺粮忙。夏至伏天到，中耕极重要。

小暑管玉茭，人工授粉好。大暑种蔬菜，生活巧安排。

立秋棉管好，力争伏天桃。处暑送肥忙，复种多推广。

白露收大秋，早熟又早收。秋分已来临，种麦要抓紧。

寒露收谷忙，细打又细扬。霜降快打场，抓紧入库房。

立冬不砍菜，受害莫要怪。小雪不畏寒，建设丰产田。

大雪冰封山，积肥管麦田。冬至副业忙，有钱又有粮。

小寒三九天，把好防冻关。大寒不停闲，总结再向前。

沙地搓淤泥，好的真出奇。碱地施层沙，强似把肥加。

谷雨麦怀胎，麦喜胎里富。麦怕胎里旱，麦怕三月寒。

麦收四月风，立夏见麦芒。西南火旱风，收麦要减成。

小满粒不满，麦有一场险。大麦上了场，小麦发了黄。

蚊子见了血，麦子见了铁。秋风镰刀响，寒露割高粱。

寒露下葡萄，白露打核桃。麦出七天宜，麦出十天迟。

谷六麦十三，必定见绿尖。九月菊花开，小麦苗出来。

庄稼是枝花，全靠肥当家。种地不施粪，等于瞎胡混。

地靠人来养，苗靠肥来长。好树开好花，好种结好瓜。

早种三分收，晚种三分丢。苞米种的浅，丢了主人脸。

除虫如除草，一定要趁早。间苗要间早，定苗要定小。

棉花锄七遍，桃子赛蒜瓣。

（四）

雨打清明节，干到夏至节。清明早，小满迟，谷雨种棉正适时。

清明刮了坟头土，沥沥拉拉四十五。清明要晴，谷雨要淋。

谷雨无雨，后来哭雨。清明晴，六畜兴；清明雨，损百果。

谷雨有雨兆雨多，谷雨无雨水来迟。立夏不下，桑老麦罢。

立夏东风到，麦子水里涝。立夏到小满，种啥也不晚。

立夏刮阵风，小麦一场空。小满前后，种瓜种豆。

小满暖洋洋，锄麦种杂粮。过了小满十日种，十日不种一场空。

芒种不种，过后落空。芒种麦登场，秋耕紧跟上。

芒种刮北风，旱断青苗根。夏至无雨三伏热，处暑难得十日阴。

夏至无雨，囤里无米。夏至未来莫道热，冬至未来莫道寒。

夏至有风三伏热，重阳无雨一冬晴。夏至进入伏里天，耕田像是水浇园。

夏至刮东风，半月水来冲。小暑不种薯，立伏不种豆。

小暑风不动，霜冻来得迟。大暑到立秋，积粪到田头。

立秋无雨，秋天少雨；白露无雨，百日无霜。

立秋处暑云打草，白露秋分正割田。

立秋有雨样样有,立秋无雨收半秋。立秋雨淋淋,来年好收成。

处暑种高山,白露种平川,秋分种门外,寒露种河湾。

头秋旱,减一半,处暑雨,贵如金。

白露天气晴,谷子如白银。秋分不割,霜打风磨。

秋分谷子割不得,寒露谷子养不得。粮食冒尖棉堆山,寒露不忘把地翻。

参 考 文 献

[1] (美)卢米斯,(澳)康纳著.作物生态学:农业系统的生产力及管理[M].李雁鸣,等,译.北京:中国农业出版社,2002.

[2] BROWN L R. Who will feed China[M]. New York:W W Norton & Company,1995.

[3] FAO. Food for all[R]. Rome:UN Food and Agriculture Organization,1996.

[4] 白朴.农作物的栽培环境[M].北京:中国环境科学出版社,2003.

[5] 彩万志,庞雄飞,花保祯,等.普通昆虫学[M].第2版.北京:中国农业大学出版社,2011.

[6] 蔡承智,陈阜.作物产量潜力极限研究[M].中国生态农业学报,2005,13(2):145-148.

[7] 曹凑贵.生态学概论[M].北京:高等教育出版社,2006.

[8] 曹敏建.耕作学[M].北京:中国农业出版社,2002.

[9] 曹卫星.作物学通论[M].北京:高等教育出版社,2001.

[10] 曹卫星.作物栽培学总论[M].北京:科学出版社,2006.

[11] 常共宇,曾实,郝令军.黑胚病对小麦品质的影响[J].河南农业科学,2006,11:55-58.

[12] 陈端生,龚绍先.农业气象灾害[M].北京:中国农业大学出版社,1990.

[13] 陈阜,逄焕成.冬小麦/春玉米/夏玉米间套作复合群体的高产机理探讨[J].中国农业大学学报,2000,5(5):12-16.

[14] 陈阜.农业生态学[M].北京:中国农业大学出版社,2002.

[15] 陈锦华.1998年中国国民经济和社会发展报告[M].北京:中国计划出版社,1998.

[16] 陈军营.我国良种繁育技术改革势在必行[J].种子,1998(3):64.

[17] 陈印军,杨瑞珍.我国区域农业发展方向与重点[J].中国农业信息,2003,9:9-10.

[18] 褚贵新,沈其荣,李奕林,等.用15N叶片标记法研究旱作水稻与花生间作系统中氮素的双向转移[J].生态学报,2004,24(2):278-284.

[19] 崔毅.农业节水灌溉技术及应用实例[M].北京:化学工业出版社,2005.

[20] 刁操铨.作物栽培学各论[M].北京:中国农业出版社,1994.

[21] 丁卫新.赤霉病对小麦品质影响的研究[J].现代面粉工业,2013,27(4):28-31.

[22] 董金皋.农业植物病理学[M].北京:中国农业出版社,2001.

[23] 董钻,沈秀瑛.作物栽培学总论[M].北京:中国农业出版社,2000.

[24] 杜永林,黄银忠.超高茬麦田套播水稻轻型栽培技术及其应用[J].耕作与栽培,2004(1):7-10.

[25] 段若溪,姜会飞.农业气象学[M].北京:气象出版社,2002.

[26] 高荣岐，张春庆. 作物种子学[M]. 北京：中国农业出版社，2010.
[27] 高旺盛. 中国区域农业协调发展战略[M]. 北京：中国农业大学出版社，2004.
[28] 郭淑敏，马帅，陈印军. 我国粮食主产区粮食生产态势与发展对策研究[J]. 农业现代化研究，2006，27(1)：1-6.
[29] 郭中伟，甘雅玲. 农田生态系统中的生物多样性[J]. 科技导报，1998，16(4)：19-21.
[30] 韩召军. 植物保护学通论[M]. 北京：高等教育出版社，2001.
[31] 胡晋. 种子检验学[M]. 北京：科学出版社，2017.
[32] 黄国勤，刘秀英，刘隆旺，等. 红壤旱地多熟种植系统的综合效益评价[J]. 生态学报，2006，26(8)：2532-2539.
[33] 黄国勤，张桃林，赵其国. 中国南方耕作制度[M]. 北京：中国农业出版社，1997.
[34] 黄勇，杨青华. 不同质地土壤对高油玉米产量和品质的影响[J]. 玉米科学，2006，14(2)：127-129.
[35] 柯用春，王建伟，周凌云，等. 土壤中水分对金银花品质的影响[J]. 中草药，2005，36(10)：1557-1558.
[36] 李建民. 农学概论[M]. 北京：中国农业科技出版社，1997.
[37] 李隆，李晓林，张福锁. 小麦—大豆间作中小麦对大豆磷吸收的促进作用[J]. 生态学报，2000，20(4)：629-633.
[38] 李名扬. 植物学[M]. 北京：中国林业出版社，2003.
[39] 李秀彬. 中国近 20 年来耕地面积的变化及其政策启示[J]. 自然资源学报，1999，14(4)：329-333.
[40] 李秀彬. 全球环境变化研究的核心领域——土地利用/土地覆被变化国际研究动向[J]. 地理学报，1996，51(6)：553-557.
[41] 李尧权. 作物栽培学[M]. 贵阳：贵州科技出版社，1992.
[42] 李振陆. 作物栽培[M]. 北京：中国农业出版社，2002.
[43] 刘黎明. 土地资源学[M]. 北京：中国农业大学出版社，2004.
[44] 刘晓越. 中国农业现代化进程研究与实证分析[J]. 统计研究，2004(2)：10-16.
[45] 刘巽浩. 耕作学[M]. 北京：中国农业出版社，1994.
[46] 刘巽浩. 中国农作制[M]. 北京：中国农业出版社，2005.
[47] 卢岚，邱先磊，王敬. 中国特色的农业标准化体系研究[J]. 中国软科学，2005(7)：69-75，82.
[48] 路明. 21 世纪现代生态农业展望[J]. 中国农业科学，2001，34(S1)：8-13.
[49] 罗家传，张跃进，姜书贤. 我国小麦良种繁育体系的特点与应用[J]. 种子，2003(1)：58-59.
[50] 彭崑生. 实用生态农业技术[M]. 北京：中国农业出版社，2002.
[51] 宋松泉. 种子生物学[M]. 北京：科学出版社，2008.
[52] 宋同清，肖润林，彭晚霞，等. 亚热带丘陵茶园间作白三叶草的保墒抗旱效果及其相关生态效应[J]. 干旱地区农业研究，2006，24(6)：39-43.
[53] 孙其信. 作物育种学[M]. 北京：高等教育出版社，2011.

[54] 损儒泳,李庆芬,牛翠娟,等.基础生态学[M].北京:高等教育出版社,2002.

[55] 王春平,张万松,陈翠云,等.中国种子生产程序的革新及种子质量标准新体系的构建[J].中国农业科学,2005,38(1):163-170.

[56] 王东阳,姜洁,吴永常.科技兴农,种子先行[M].种子科技,1997(3):4-6.

[57] 王浩,马艳明,赵春,等.优质小麦品种(系)在不同土壤类型上的品质差异[J].山东农业科学,2005,5:19-22.

[58] 王建华,谷丹,赵光武.国内外种子加工技术发展的比较研究[J].种子,2003(5):74-76.

[59] 王建华,张春庆.种子生产学[M].北京,高等教育出版社,2006.

[60] 王立祥,李军.农作学[M].北京:科学出版社,2003.

[61] 王旺多.论我国农业可持续发展模式的战略选择[J].西华大学学报(哲学社会科学版),2005(2):38-40.

[62] 王兴祥,张桃林,何园球,等.花生、南酸枣间作系统氮素利用研究[J].土壤学报,2003,40(4):588-592.

[63] 王育红,姚宇卿,吕军杰,等.水分调控对强筋小麦产量和品质影响[J].干旱地区农业研究,2006,24(6):25-28.

[64] 熊文兰.种植业清洁生产的内涵和技术体系[J].农业环境与发展,2003(1):26-28.

[65] 徐春霞,刘克礼,高聚林.杭锦后旗头道桥乡农田生态系统功能分析[J].内蒙古农业科技,2004(2):10-14.

[66] 徐洪富.植物保护学[M].北京:高等教育出版社,2003.

[67] 许艳丽,刘晓冰,韩晓增,等.大豆连作对生长发育动态及产量的影响[J].中国农业科学,1999,32(4):564-570.

[68] 颜启传,种子检验原理和技术[M].杭州:浙江大学出版社,2001.

[69] 颜启传.种子学[M].北京:中国农业出版社,2001.

[70] 杨培林,郭晶,马振明.国内外设施农业的现状及发展态势[J].农机化研究,2003(1):30-31.

[71] 杨守仁,郑丕尧.作物栽培学概论[M].北京:中国农业出版社,1990.

[72] 杨文钰.农学概论[M].北京:中国农业出版社,2002.

[73] 于振文.作物栽培学各论[M].北京:中国农业出版社,2003.

[74] 翟虎渠.农业概论[M].北京:高等教育出版社,1999.

[75] 张灵光.我国农业标准化的现状与对策[J].中国标准化,2001(11):6-7.

[76] 张天真.作物育种学总论[M].北京:中国农业出版社,2003.

[77] 张小甫,赵朝忠,符金钟,等.我国农业科技发展现状及趋势研究[J].农业科技与信息,2015(12):34-36.

[78] 张玉聚,孙化田,王春生,等.除草剂及其混用与农田杂草化学防治[M].北京:中国农业科技出版社,2000.

[79] 张匀华,李新民,黄春艳,等.农作物病虫害防治技术[M].哈尔滨:黑龙江科学技术出版社,2004.

［80］赵国富,黄冲平,刘伟明.浙江省台州市种植业结构现状与发展对策研究[J],云南农业大学学报,2005,20(2):298-303.

［81］赵英,张斌,王明珠.农林复合系统中物种间水肥光竞争机理分析与评价[J].生态学报,2006,26(6):1792-1801.

［82］中国农科院农业自然资源和农业区划研究所.中国耕地[M].北京:中国农业科技出版社,1995.

［83］中国农学会耕作制度分会.现代农业与农作制建设[M].南京:东南大学出版社,2006.

［84］周治国,孟亚利,陈兵林,等.麦棉两熟共生期对棉苗叶片光合性能的影响[J].中国农业科学,2004,37(6):825-831.

［85］宗锦耀.把握规律,明确方向,推进我国农机化又好又快发展[J].农机科技推广,2007(4):4-8,16.

［86］邹先定,陈进红.现代农业导论[M].成都:四川大学出版社,2006.

［87］左元梅,刘永秀,张福锁.玉米/花生混作改善花生铁营养对花生根瘤碳氮代谢及固氮的影响[J].生态学报,2004,24(11):2584-2590.